Klaus Kannemann, M. Sc.

C unter UNIX

Klaus Kannemann, M. Sc.

C unter UNIX

Eine grundlegende Einführung für Programmierer

Unter Berücksichtigung des ANSI-Standards

Die Deutsche Bibliothek - CIP-Einheitsaufnahme

Kannemann, Klaus:
C unter UNIX : eine grundlegende Einführung für
Programmierer ; unter Berücksichtigung des ANSI-Standards /
Klaus Kannemann. - Braunschweig ; Wiesbaden : Vieweg, 1992

Umschlagsgestaltung: Schrimpf & Partner, Wiesbaden
Druck und buchbinderische Verarbeitung: Paderborner Druckcentrum, Paderborn
Gedruckt auf säurefreiem Papier

ISBN-13: 978-3-322-83056-2   e-ISBN-13: 978-3-322-83055-5
DOI: 10.1007/ 978-3-322-83055-5

Vorwort

Das Buch richtet sich einerseits an Programmierer und System-Analytiker, die bisher hauptsächlich mit herkömmlichen Hochsprachen wie COBOL und FORTRAN befaßt waren und sich nun auf den Übergang zur Programmiersprache C unter UNIX vorbereiten wollen. Andererseits sollen aber auch Techniker, Ingenieure und Wissenschaftler, darunter Chemiker, Physiker, Mathematiker und Statistiker, angesprochen werden, die aus persönlichem Interesse oder beruflicher Notwendigkeit einen intellektuell angemessenen Einstieg in das Programmieren suchen, ohne dabei das Risiko eingehen zu wollen, kostbare Zeit und Energien an obskure oder potentiell obsolete Programmiersprachen oder -systeme zu verwenden. Erfahrene C-Programmierer aus der PC-Welt mögen zahlreiche Einzelheiten und gewisse Aspekte der C-Programmierung unter UNIX von Interesse finden. Die Darstellung der C-Sprache erfolgt selbstverständlich unter gründlicher Berücksichtigung des ANSI-Standards.

In der Tat ist die Beherrschung der Programmiersprache C unter dem Betriebssystem UNIX eine sehr sichere und zukunftsträchtige Anlage des beträchtlichen persönlichen Einsatzes an Zeit und Anstrengung, den der Einstieg in die Materie fordert. C und UNIX vervollständigen, ja potenzieren sich gegenseitig zu einer Technologie-Plattform, deren Anwendungsmöglichkeiten alles Herkömmliche übertreffen und deren Aktualität, Omnipräsenz und Beständigkeit weit in das nächste Millenium gesichert sind. Zu diesen, im wesentlichen techno-pragmatischen Beweggründen mag sich noch die intellektuelle Herausforderung gesellen, an dieser rasanten Entwicklung doch irgendwie teilnehmen zu können, dabei zu sein, nicht abseits stehen zu bleiben.

Zwei Vorgaben liegen diesem Buch zugrunde. *Erstens* sollte dem Leser ein intellektuell angemessener Einstieg durch mitdenkendes Lesen und nachdenkendes Verstehen ermöglicht werden, anstelle ihn zum Nachahmen von mehr oder weniger künstlichen und langatmigen Programmvorlagen einzuladen, die zumeist doch nur an der realen Praxis vorbeigehen. Die Programmbeispiele in diesem Buch sind dementsprechend kurz gehalten, um die Aufmerksamkeit des Lesers an das Wesentliche zu fesseln.

Zweitens sollte die C-Sprache das zentrale Thema darstellen, und *nicht* als Substrat für andere Theorien, Dogmen oder sonstige weitreichende Ambitionen dienen. Diesem disziplinarischen Vorsatz liegt die mechanistische und formale Betrachtungsweise des *applied systems engineering* zugrunde, dessen Konzepte und Begriffskategorien sich durch subjektbezogene Sachlichkeit und Präzision auszeichnen.

Damit entstand zugleich die Aufgabe der Umsetzung dieser Konzepte und Begriffskategorien in eine kohärente und in sich konsistente sprachliche Darstellung. Die damit verbundene techno-literarische Herausforderung wurde dabei gewissermaßen zur Inspiration.

Das vorliegende Buch stellt das Kondensat vieler Erfahrungsjahre in der C-Programmierung unter UNIX dar, von denen der rein persönliche Anteil des Autors jedoch nur einen Bruchteil ausmachen kann. Den Hauptanteil stellt der Erfahrungsschatz, den der Autor als Prüfer und Revisor von zahllosen C-Programmen sammeln und integrieren konnte. In der nostalgischen Erinnerung an jene, von dieser dankbaren Aufgabe erfüllten Jahre, verbleiben alle jene Programmierer, die in den vielen *joint code readings* freimütig Rede und Antwort standen, warum man dies eben so, und jenes genau anders gemacht habe. Die daraus resultierenden Erkenntnisse und Schlußfolgerungen hinsichtlich der intellektuellen Bewältigung von Programmiersprachen und der dabei entstehenden sprachlichen Kommunikationsprobleme haben dieses Buch denn auch geprägt.

Mit Hingabe und Ausdauer waren auch diesmal wieder dabei: Frau A. Kumbartzky, Textgestaltung und -überprüfung sowie Erstellung der Sachverzeichnisse; Frank Kannemann, Auswahl und Vertiefung von Beispielen sowie die Verifikation technischer Einzelheiten; Thomas Kannemann, thematische Aufgliederung. Ihnen gilt mein besonderer Dank.

Vanier, Canada
August 1992   K. K.

Inhaltsverzeichnis

1 Einführung und Vorbereitung

Die vier Abschnitte in diesem ersten Kapitel sollen den Leser in mehrfacher Hinsicht auf die Herausforderung der Programmiersprache C unter dem Betriebssystem UNIX vorbereiten. Erstens soll ein — angemessen kurzer — Einblick in die Betrachtungsweise — um nicht zu sagen Philosophie — des Autors gewährt werden, die denn auch unterschwellig im weiteren dieses Buch geprägt hat. Eng damit verbunden ist die Absicht, den Leser dabei auf die Ausdruckskategorien und Sprachführung vorzubereiten, die einerseits durch die eigentliche Thematik bedingt sind und andererseits auch der originären UNIX-Begriffswelt Gerechtigkeit tun — ja diese sogar nach Möglichkeit widerspiegeln.

Zweitens sollen die Leistungsmerkmale der C-Sprache schon an dieser Stelle ausreichend ausführlich hervorgehoben werden, um die Aufmerksamkeit des Lesers für jene Einzelheiten und Zusammenhänge zu schärfen, auf die sich diese Leistungsmerkmale stützen.

Drittens soll das UNIX-Dokumentationssystem kurz besprochen werden, um den Leser gleich eingangs mit dieser wichtigen kollateralen Ressource vertraut zu machen. Abschließend wird eine vereinfachte formale Schreibweise der C-Syntax vorgestellt, die für das Buch verbindlich ist.

1.1 Grundlegende Betrachtungen

Ein funktionsfähiger, bereits eingeschalteter aber noch im Grundzustand verharrender Digital-Rechner stellt eine *abstrakte Maschine* dar, die erst mit der Ausführung eines Programmes zu der *virtuellen Maschine* wird, die das Programm verkörpert. Bei modernen, multiprozeßfähigen Systemen, wie eben UNIX-Rechner, wo mehrere Programme anscheinend gleichzeitig ablaufen können, erfährt dieses Grundprinzip lediglich eine Erweiterung hinsichtlich des Phänomenes mehrerer beilaufender Prozesse.

Ein Programm stellt seinerseits eine *mechanistische Konstruktion* dar, die bestimmten — sehr genau vorgegebenen — Regeln unterworfen ist. Während physische Maschinen den apriorischen Gesetzen der klassischen Mechanik und Geometrie Genüge tun müssen, gelten für Programme die heuristischen Axiome und Theoreme der formalen Logik und der naiven Mengenlehre. [1]

---

1. Mit der *fuzzy logic*, die auf einem Wahrscheinlichkeitskalkül beruht, hat sich indes auch hier eine Erweiterung angebahnt.

Das erste grundsätzliche Problem des Dialoges zwischen Mensch und Computer besteht darin, der Maschine Anweisungen einzugeben; sie also *programmieren* zu können. *Verbale Programmiersprachen* stellen dazu indes nur eine Alternative dar. Die anderen Möglichkeiten umfassen Auswahl- und Kompositionsverfahren, die von tabellarischen Darstellungen (choice menus) bis zu rein semiotischen Manipulationen (icons and mouse) vorgegebener Programmkonstrukte und -objekte reichen. Schon im fortgeschrittenen Entwicklungsstadium begriffen sind oral-auditive (voice-auditive) sowie taktil-sensorische (tactile-sensory) Formen des Dialoges zwischen Mensch und Computer. Am Horizont zeichnet sich bereits die Möglichkeit der unmittelbaren neuralen Verbindung (direct neural connection) ab. Und — *in the year 2525, if man is still alive* — die ontogenetische Heils- oder Schreckensvision einer organo-krystallinen Symbiose zwischen Mensch und synthetischer Intelligenz mit entsprechender Bewußtseinserweiterung. Als eschatologisches Ultima Thule dann die Verlagerung und Übertragung des Bewußtseins selbst. ... *It's been ten thousand years, man has cried a billion tears ...*

1.2.1 Programmierung

Kehren wir indes zu dem eingangs vorgestellten Vergleich zwischen physischen Maschinen und Programmen zurück. Während die einen sich aus *fundamentalen mechanischen Konstrukten* wie Hebel-, Räder- und Federwerken zusammensetzen, bauen die anderen sich auf *Algorithmen* und anderen *prozedurellen Konstrukten* auf. Und während jene aus vorgefertigten *Bauteilen montiert* werden, müssen diese mit den *Ausdrücken* einer Programmiersprache *kodiert* werden.

Die apriorischen Beschränkungen sind analog gelagert. Während mit einem Satz von vorgefertigten Bauteilen letztendlich nur eine begrenzte Anzahl von Ausführungen oder Typen einer Maschine gebaut werden können, lassen sich mit der vorgegebenen *Ausdrucksmächtigkeit* (semantic power) einer Programmiersprache eben nur bestimmte Kategorien von Programmen realisieren. Konstrukte, die den festvorgegebenen Rahmen — eben die Ausdrucksmächtigkeit — einer Programmiersprache sprengen, können in dieser nicht realisiert werden. Ein Zustand der "Sprachlosigkeit" also. [2] Daraus ergibt sich denn auch das Desideratum einer Programmiersprache, deren semantische Mächtigkeit möglichst viele Kategorien von

---

2. Man denke an die STABIL- und TRIX-Baukästen, mit deren Teilen eine zwar sehr große, aber letztendlich doch beschränkte Anzahl von Konstruktionen möglich war. Im analogen Sinne entspricht die semantische Mächtigkeit einer Programmiersprache dem Sortiment von Bauteilen in einem solchen Bausatz.

Algorithmen und Konstrukten umfaßt. Eine universelle verbale Programmiersprache erscheint allerdings schon aus Gründen der metamathematischen Widerspruchsfreiheit ziemlich unwahrscheinlich.

Die grundsätzliche Funktion einer verbalen Programmiersprache, mit *Ausdrücken* (expressions) und *Sentenzen* (statements) eine *virtuelle Maschine* in einem Computersystem *zu konkretisieren*, erstreckt sich über drei aufeinander aufbauende Funktionalebenen:

- Lexikalische Unterscheidung und Zerlegung der ursprünglichen Eingabe (lexical discrimination and parsing).
- Syntaktische Analyse und Aktzeptanz der lexikalisch aufbereiteten Eingabe (syntactical analysis and acceptance).
- Semantische Erkennung und Zuordnung der syntaktisch aufbereiteten Eingabe hinsichtlich der beabsichtigten Aktionen (semantic interpretation).

Die eigentliche Abbildung der virtuellen Maschine auf die abstrakte Mechanik eines binären Rechenwerkes wird weiter unten noch einmal kurz aufgegriffen.

1.1.2 Betriebssysteme und Benutzerprogramme

Auf der untersten funktionalen Ebene eines Computersystems besteht kein prinzipieller Unterschied zwischen einem *Betriebssystem* (operating system) und einem *Benutzerprogramm* (user program). Beide sind *Programme* und bestehen aus binären Daten, die dem *Rechenwerk* (CPU, central processing unit) in einer steuerbaren Reihenfolge zugeführt, und von diesem entweder als *CPU-Befehle* (instructions) ausgeführt oder aber als *Daten* (data) manipuliert werden. Der grundsätzliche Unterschied liegt auf der operativen Ebene.

Das Betriebssystem wird unmittelbar nach dem physischen Systemstart (power-up) in den Arbeitsspeicher geladen (initial system loading) und läuft dann als *vollkommen eigenständiges Programm* (standalone program) weiter; es ist im allgemeinen das einzige völlig eigenständig laufende Programm in einem herkömmlichen Computersystem. Alle anderen Programme bedürfen dagegen der Unterstützung und Dienstleistungen des Betriebssystems (system services), was auch die Gewährung von Systemressourcen einschließt. Ein Benutzer- oder Anwendungsprogramm (user, application, program), was auch Dienst- und Hilfsprogramme (utility programs) miteinschließt, kann also im allgemeinen nicht eigenständig ablaufen; es ist auf die Unterstützung und Dienstleistungen des Betriebssystems angewiesen. Genau darin liegt der grundsätzliche Unterschied!

In der UNIX-Begriffswelt wird der Vorgang eines ablaufenden Programmes als *Prozeß* (process) bezeichnet. Umgekehrt augedrückt, ein Prozeß ist die *Instanz* (instance) eines sich in der Ausführung befindlichen Programmes. Das UNIX-System unterstützt den *Multiprozeßbetrieb*, wobei multiple Instanzen als *beilaufende Prozesse* (concurrent processes) anscheinend gleichzeitig ausgeführt werden können. Eine exakte Beschreibung der Arbeitsweise des UNIX-Systemes wird in BACH (1986) gegeben. Der Autor (KA, 1992) gibt eine grundlegende Einführung.

1.1.3 Kategorien von Programmiersprachen

Die wohl prominentesten *Hochsprachen* — der Begriff soll gleich nachfolgend erläutert werden — sind schnell aufgezählt:

- **ADA** (benannt nach Ada Gräfin Lovelace)[3]
- **ALGOL** (Algorithmic Language)
- **BASIC** (Beginner's All-Purpose Symbolic Instruction Code)
- **C** (im Sinne der Reihe A, B, ...)
- **COBOL** (Common Business Oriented Language)
- **FORTRAN** (Formula Translation)
- **PASCAL** (benannt nach dem Mathematiker Blais Pascal, 1623-62)
- **PL/I** (Procedural Language One)

Diese und andere verbale Programmiersprachen benutzen zumeist Kürzel, Worte und Phrasen, die aus entwicklungsbedingten Gründen der englische Sprache entlehnt sind. Sowohl FORTRAN als auch COBOL wurden Mitte der fünfziger Jahre in den USA entwickelt; lediglich das kurz darauf folgende ALGOL war das Kind einer internationalen, im wesentlichen europäischen Arbeitsgruppe.

Hochsprachen (high level languages) unterscheiden sich beträchtlich hinsichtlich ihres Wort- und Phrasenreichtums (verbosity). Zum Beispiel stellt COBOL eine sehr wortreiche (verbose) Programmiersprache dar, wogegen die C-Sprache sehr wortkarg (terse) ist. Im Gegensatz zu diesen verbalen Sprachen ist APL (A Programming Language) eine im wesentlichen symbolische Programmiersprache, deren Instruktionen durch mathematisch-semiotische Zeichen dargestellt werden. APL wurde von K.E. Iverson Anfang der sechziger Jahre in Canada entwickelt und hat sich bis heute eine fast religiöse Anhängerschaft — auch in Europa — erhalten. Die ursprüngliche Beschreibung ist in IVERSON (1962) zu finden.

---

3. Benevolante von Charles Babbage, 1791-1871, Erfinder und Konstrukteur von mechanischen Differenzial-Rechenwerken.

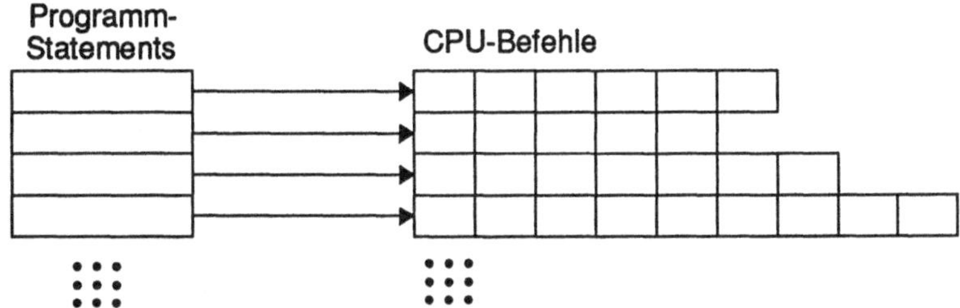

Bild 1.1: Abbildung von Programm-Statements auf CPU-Befehle

Allen verbalen Programmiersprachen ist gemeinsam, daß sie Programm-Statements auf Folgen von CPU-Befehlen abbilden (Bild 1.1). Erst aus den zahlreichen CPU-Typen und Systemarchitekturen ergibt sich die Notwendigkeit der *Abstraktion*; d.h. eine Programmiersprache sollte möglichst *maschinenunabhängig* sein, um das Portieren von Programmen zwischen unterschiedlichen Systemen zu ermöglichen. *Hochsprachen* zeichnen sich durch einen besonders hohen Grad an diesbezüglicher Abstraktion und damit *Portierbarkeit* aus. Der *Abstraktionsgrad* (level of abstraction) spiegelt sich in dem Verhältnis wider, in dem Statements auf CPU-Befehle (instructions) abgebildet werden. Bei Hochsprachen besteht ein entsprechend hohes *Abbildungsverhältnis* (mapping ratio), das in der Größenordnung von 1:10 bis 1:20 oder noch höher liegen kann.

Im genauen Gegensatz dazu stehen die zumeist CPU-spezifischen Assembler-Sprachen (assembly languages), deren Wortschatz aus Kürzeln (mnemonics) besteht, die den CPU-Befehlen in einem zwar nicht ganz eineindeutigen, aber dennoch sehr niedrigen Abbildungsverhältnis entsprechen. Die typischen Größenordnungen liegen hier bei 1:1,5 bis 1:3. Um eine eineindeutige Abbildung zu erzielen, müßte man unmittelbar mit den binären, oktalen oder hexadezimalen Instruktionen (machine instructions) einer CPU arbeiten, wie das bei der Programmierung von kleinen aber hochspezialisierten Steuer- und Prozeßrechnern auch häufig der Fall ist.

Der *Quellkode* (source code) eines in einer Hochsprache kodierten Programmes wird in einer *Textdatei* abgelegt, die von einem *Übersetzer* (compiler) oder *Umsetzer* (interpreter) eingelesen und in CPU-Befehle übersetzt beziehungsweise unmittelbar in vorprogrammierte Aktionen umgesetzt wird. Diese zwei Arten der Programmaufbereitung beziehungsweise -ausführung sollen sogleich kurz erläutert werden.

Übersetzen (compiling)

Die Statements eines Programmes, soweit es sich um die eigentlichen *Primitiven* (primitives) — also Instruktionen und Operatoren — der Programmiersprache handelt, werden unmittelbar in binäre CPU-Befehle übersetzt. Einprogrammierte Daten werden dabei in binärer Form eingebettet. Aufrufe von Funktionen, Subroutinen und anderen Unterprogrammen werden entweder unmittelbar aus System- und Privatbibliotheken eingelesen und eingebunden oder aber zum späteren Einbinden (linking) vorbereitet. Durch Übersetzen wird entweder eine *ausführbare Programmdatei* (executable program file) unmittelbar angelegt, die dann als Benutzerbefehl aufgerufen werden kann, oder aber eine *Objektdatei* (object file), die erst durch weiteres Einbinden von anderen Objektdateien zur ausführbaren Programmdatei wird. Übersetzen erzeugt also auf jeden Fall weiterverwendbare Dateien!

Sowohl ausführbare Dateien als auch Objektdateien sind hochgradig maschinenabhängig hinsichtlich der CPU und der Architektur eines Systems. Die *Portierung* von Kompilierprogrammen zwischen unterschiedlichen Systemen muß daher auf der *Quellkode-Ebene* erfolgen; d.h. die Programme *müssen jeweils erneut kompiliert und eingebunden* werden.

Mit Ausnahme von BASIC und APL werden die oben aufgeführten Programmiersprachen überwiegend als *Kompiliersprachen* (compiled languages) eingesetzt.[4]

Umsetzen (interpreting)

Der Quellkode eines Programmes wird unmittelbar in *vorprogrammierte Aktionen* umgesetzt; d.h. die Programm-Statements steuern den Ablauf des Umsetzers (interpreter). Ausführbare Dateien oder Objektdateien werden dabei nicht erzeugt, obwohl bestimmte Interpreter einen komprimierten und dementsprechend optimierten Ablaufkode (run code) erzeugen können, der dann zur Wiederverwendung mit einem Ausführungs-Interpreter (executor) zur Verfügung steht.

Hinsichtlich des Betriebsmodus muß zwischen *Durchlauf-Interpretern* (stream interpreter) und *Dialog-Interpretern* unterschieden werden, obwohl die meisten Interpreter in beiden Modi arbeiten können. Ersteren müssen vollständige Programme in Quellkode-Dateien eingegeben werden, die zuvor mit einem Editor erstellt wurden. Letztere können interaktiv von

---

4. BASIC wird häufig auch als Interpreter mit optionalem Compiler angeboten. Unter den unzähligen BASIC-Dialekten und -Varianten hebt sich das GFA-BASIC der deutschen Firma GFA-Systemtechnik in dieser und anderer Hinsicht bestechend hervor.

der Tastatur aus wahlfrei programmiert werden, wobei vollständig und fehlerfrei eingegebene Konstrukte sofort ausgeführt werden. Dialog-Interpreter sind zumeist mit Zusatzeinrichtungen wie Programmeditoren und Entfehlerhilfen (debuggers) ausgestattet.

Das Umsetzen von Programmen läuft im allgemeinen wesentlich langsamer ab als die Ausführung kompilierter Programme. Mit dem bereits erwähnten Ablaufkode kann jedoch eine beträchtliche Beschleunigung erzielt werden. Interpreter-Sprachen (interpreter languages) zeichnen sich jedoch durch einen sehr hohen Grad an Portabilität aus. Da wo der entsprechende Interpreter vorhanden ist, kann ein Programm zumeist ohne jegliche Anpassung benutzt werden. Die wohl bekannteste Interpreter-Sprache ist das **BASIC**, gefolgt von **APL**. Darüber hinaus sind auch Interpreter-Versionen von **FORTRAN** und **PASCAL** erhältlich.

Die Kategorie der *prozedurellen Sprachen* (procedural languages) umfaßt neben den schon vorgestellten Beispielen auch alle jene Programmiersprachen und -systeme, wo die Verfahrensfrage im Vordergrund steht — also das *Wie* als Problemstellung bei der Programmierung dominiert, während das *Was* — der eigentliche Zweck — im Hintergrund steht. Hier ist häufig von Programmiersprachen der *3. Generation* die Rede, worauf sich denn auch das Kürzel **3GL** bezieht (third generation languages).

Im Gegensatz dazu sind **4GL**-Programmiersysteme — von "Sprachen" sollte dabei eigentlich weniger die Rede sein — prinzipiell resultatsorientiert, wobei nun der Zweck — das *Was* — in der Problemstellung vorherrscht, während das *Wie* der eigentlichen Verfahrensfrage in den Hintergrund tritt. Typische Beispiele von 4GL-Systemen sind die auf der Bestimmungssprache **SQL** (structured query language) aufbauenden Darstellungseinrichtungen der relationalen Datenbanken sowie die zahlreichen und sehr populären Tabellenauswertungsprogramme (spread sheets).

1.2 Die Programmiersprache C

Der Großbuchstabe "C" symbolisiert keine versteckte, mysteriöse Bedeutung, sondern steht lediglich an dritter Stelle im Alphabet, eben da wo die Aufzählung "A", "B", ... einst stehen geblieben war. Das war Ende der sechziger Jahre in den *Bell Laboratories* (USA), als Dennis Ritchie et al. eine Programmiersprache entwarfen, die sowohl der Weiterentwicklung des damals gerade im Entstehen begriffenen Betriebssystems UNIX dienen sollte als auch unter diesem zur Anwendungsprogrammierung eingesetzt werden konnte. Während der siebziger Jahre wurde die C-Sprache zumeist auf den Kleinrechnern der bekannten PDP11-Klasse (Digital Equipment Corporation) eingesetzt, wobei die Programmierung im Bereich der Prozeßsteuerung und Telekommunikation ein bevorzugtes Anwendungsgebiet war. Obwohl dies auch heute noch — und sogar im erhöhten Maße — zutrifft, hat sich die C-Sprache inzwischen auf fast allen Anwendungsgebieten etabliert. Allerdings sollte auch hier — wie überhaupt in der EDV-Methodologie — sorgfältig zwischen sach- und aufgabengerechter Anwendung und quasi-religiösem Eifer unterschieden werden.

Bezüglich der Kriterien, die für Hochsprachen gelten, wird die C-Sprache oft zu Unrecht als "niedriger" bezeichnet, wobei vermutlich die Begriffe "maschinennah" und "maschinenabhängig" verwechselt oder zusammengewürfelt werden. Das Mißverständnis rührt wahrscheinlich daher, daß die C-Sprache eine Teilmenge von Operator-Primitiven besitzt, die maschinennahe Manipulationen ermöglichen, und deshalb in einem sehr niedrigen Abbildungsverhältnis zu den entsprechenden CPU-Befehlen stehen müssen. Mit der C-Sprache wurde jedoch das Kunststück vollbracht, dabei einen hohen Grad an Abstraktion — und damit eben an Unabhängigkeit — von der CPU und der Systemarchitektur zu gewährleisten!

Das verhältnismäßig geringe Vokabular der C-Sprache im Sinne von verbalen Instruktionen wie 'for, if, else, while...' wird durch einen Satz von Operator-Primitiven zu einer zwar symbolträchtigen, dafür aber sehr straffen (terse) Programmiersprache vervollständigt.

Die eigentliche *Mächtigkeit* (power) einer Programmiersprache liegt jedoch nicht in der Grammatik, sondern in der *Semantik*, auf der sich ja erst die konzeptionellen Elemente der Programmierung aufbauen können. Mit der C-Sprache wurde bis dahin zum ersten Mal die Semantik der *Ablaufsteuerung* (control flow semantics) von der *rein synchronen Entscheidungslogik* (purely synchronous decision logic), deren Konstrukte räumlich fest in die Instruktionsfolge eingebunden sind, zur *asynchronen Reaktionslogik* (asynchronous response logic) erweitert, deren Konstrukte vollkommen andersartig gelagert sind.

Zwei semantische Kategorien wären schon hier vorab zu benennen:

- Die zwischenprozeßliche Kommunikation (IPC, interprocess communication), die den Signal- und Datenaustausch zwischen Prozessen ermöglicht.

- Die Erzeugung und Steuerung multipler Prozesse innerhalb eines Programmes (multiple process creation and control).

Schon allein in dieser Hinsicht sprengte die C-Sprache die starren Rahmen der "klassischen" Programmiersprachen, mit denen bis dahin lediglich streng synchron-deterministische Konstrukte im Sinne einer räumlich-kausalen Logik konzipiert und programmiert werden konnten.

Zum anderen aber brachte die C-Sprache sowohl eine Straffung als auch eine Erweiterung der Semantik zweier grundsätzlicher Kategorien mit sich:

- Die bisher nach den Quell- und Zielmedien ausgerichtete und daher zumeist unübersichtliche und gelegentlich esoterische — um nicht zu sagen exotische — Semantik der Eingabe/Ausgabe-Prozeduren wurde vereinheitlicht und in vertikalen Kategorien zusammengefaßt, die von der maschinennahen Byte-E/A über Zeichen- und Zeichenketten-E/A (character, character string, I/O) bis zur Rahmen-E/A (window I/O) der Darstellungsebene grafischer Schnittstellen und Systeme reicht.

- Die auch von anderen "klassischen" Programmiersprachen unterstützten *Zeiger* (pointers), mit welchen unmittelbar auf Daten- und Funktionsobjekte im Arbeitsspeicher zugegriffen werden kann, wurde dahingehend erweitert, daß Speicheradressen sowohl abgegriffen und zugewiesen als auch arithmetisch und logisch manipuliert werden können. Nur die Programmiersprachen PL/I und PASCAL konnten bis dahin eine zwar ähnliche, aber keineswegs vergleichbar vollständige und flexible Semantik bieten.

Hinsichtlich der Speicherverwaltung wird die C-Sprache zu Recht als *objekt-orientiert* (object-oriented) bezeichnet. Sie unterstützt Datenobjekte, deren Strukturen von skalaren Variablen über Vektoren, solide und hypersolide Matrizen (multidimensional arrays) bis zu irregulären Aggregaten reichen, wobei jeder Objekttyp mit jedem anderen kombiniert und aggregiert werden kann. Mit Zeigern können Objekte einer Typenklasse wahlfrei erfaßt und manipuliert werden, wobei dann insbesondere die *Zeigerarithmetik* (pointer arithmetic) zum Tragen kommt. Allerdings besitzt die C-Sprache keine Operator-Primitiven zur Manipulation von regulären Aggregaten — etwa im Gegensatz zu PL/I, wo zum Beispiel Matrizen als Ganzes manipuliert werden können.

Im Zusammenhang mit der Speicherverwaltung wird die C-Sprache auch gelegentlich als "typenschwach" (weakly typed) bezeichnet. In der Tat erzwingt C keine absolute Konformität hinsichtlich der Zuweisung unterschiedlicher Datentypen. Schlimmer noch, die C-Sprache legitimiert die Verknüpfung unterschiedlicher Datentypen in Ausdrücken, indem sie eigens dafür einen Anpassungsoperator (cast operator) zur Verfügung stellt. Dogmatische Puristen mögen darob in Verzweiflung geraten — dem pragmatisch denkenden und praktisch arbeitenden Systemprogrammierer und -ingenieur geben diese — und zahlreiche andere! — Freiheiten der C-Sprache jedoch weitgehende kreative Möglichkeiten.

Schon auf Grund ihrer historischen Entwicklung ist die C-Sprache unter UNIX "zu Hause"; sie "harmoniert" mit dem Betriebssystem und den ursprünglichen (native) UNIX-Shells, welche die eigentliche Benutzer-oberfläche darstellen. Umgekehrt wird das UNIX-System durch das C vervollständigt — beide sind aufeinander angewiesen, potenzieren sich gegenseitig zu einer kompakten und leistungsfähigen Technologie-Plattform. Erst mit C können die inhärenten Leistungsmerkmale des eigentlichen Betriebssystems — also des Kernels — voll ausgenutzt und in der Anwendung zum Tragen gebracht werden, was sich insbesondere auf die *Steuerung multipler Prozesse* (multiple process control) und die damit eng verbundene *zwischenprozeßliche Kommunikation* (IPC; interprocess communication) sowie auf die *asynchrone Ablaufsteuerung* (asynchronous flow of control) bezieht.

Die enorme Leistungsfähigkeit der C-Sprache unter UNIX beruht indes nicht nur auf der straffen Syntax und der systemkonformen Semantik, sondern stützt sich auch auf die zahlreichen Einrichtungen, die das UNIX-Systempaket zur Verfügung stellt, darunter Werkzeuge und Entfehlerhilfen sowie System- und Anwendungsbibliotheken. Ein Teil der Hilfseinrich-tungen, die auf der Shell-Ebene zur Verfügung stehen, werden im Kapitel 2 einführend vorgestellt. Die standardmäßigen C-Bibliotheken werden im Abschnitt 8.2 zusammenfassend besprochen.

Aus den — eben nur einführend vorgestellten — Leistungsmerkmalen der C-Sprache unter UNIX ergeben sich die Hauptanwendungsgebiete:

• Systemprogrammierung unter UNIX, was insbesondere Kernel-Anpassung und -Erweiterung sowie Gerätetreiber miteinschließt.

• Echtzeitanwendungen, darunter Telekommunikationsprotokolle sowie Programme für die Prozeß- und Fertigungssteuerung mit multiplen asynchronen Freiheitsgraden.

• Hochoptimierte interaktive Anwender-Software, insbesondere auch Programme, die auf grafischen Plattformen aufgesetzt werden können, wie das inzwischen unter **SVR4** verbindlich definierte **OPEN LOOK**.

- Anwendungsspezifische Benutzer-Shells, Übersetzer, Texteditoren und Datenbanken mit besonders ausgeprägten lexikalisch-assoziativen Leistungsmerkmalen.
- Technisch-wissenschaftliche Anwendungen, darunter insbesondere Modell-Simulationen und -Berechnungen, die auf langwierigen Ausschöpfungsmethoden (exhaustion methods) beruhen.

In der UNIX-Welt war die C-Sprache bis Ende der achtziger Jahre von dem "traditionellen" Standard geprägt, der von Kernighan und Ritchie, den federführenden Urhebern, Mitte der siebziger Jahre festgelegt und daraufolgend in als "C Reference Manual" herausgegeben wurde. Der originäre Text, der gestandene Fachleute und Neophyten gleichermaßen verblüffte und zum Grübeln brachte, wurde als Anhang in der ersten Ausgabe von "The C Programming Language" (K&R, 1978) veröffentlicht.

Der *K&R-Standard*, auch *traditioneller Standard* (traditional standard) genannt, stellte also mehr als ein Jahrzehnt lang die theoretische Grundlage der C-Programmierung unter UNIX dar. Zwangläufig mußte dabei eine Gewöhnung stattfinden, die sich wohl noch auf Jahre hinaus erhalten wird. Indes ist das geflügelte Wort von "alten" (oder "schlechten") Gewohnheiten und die damit verbundene Sorge völlig unangebracht.

Denn der 1989 vom American National Standards Institute (ANSI) nach jahrelangen Überlegungen und Debatten ratifizierte *ANSI-Standard* [5] stellt einen optimalen Kompromiß zwischen neuen Erfordernissen und althergebrachten Prinzipien dar, mit dem die weitaus größte Mehrzahl aller C-Programmierer gut auskommen kann. Von besonderer Bedeutung ist jedoch, daß die fundamentale Struktur der C-Sprache unverändert in den ANSI-Standard übernommen wurde; die weitaus meisten Veränderungen setzen darauf auf und wirken sich erweiternd aus. Nur wenige Veränderungen haben eine einschränkende oder etwa negierende Auswirkung. Die Veränderungen schlagen sich hauptsächlich in drei Bereichen nieder:

- C-Quellkode-Aufbereitung durch den Präprozessor.
- Erweiterung der Typung und Straffung der Deklaration von Daten- und Funktionsobjekten.
- Vorgabe einer C-Standardbibliothek mit genormten Funktionen.

Die folgende Darstellung der C-Sprache geht vom ANSI-Standard aus. Die Unterschiede zum traditionellen Standard werden im jeweiligen Kontext hervorgehoben.

---

5. Der Standard wurde unter der Bezeichnung ANSI X3.159 freigegeben. Ein nahezu identischer C-Standard wurde 1990 von der International Standards Organization (ISO) unter der Bezeichnung ISO/IEC 9899 verabschiedet.

1.3 Hinweise zur Dokumentation

Die offizielle UNIX-Dokumentation ist der einzige zuverlässige und verbindliche Schlüssel zu den zahlreichen Spezialeinrichtungen und Sonderfunktionen, die das UNIX-Systempaket zur Verfügung stellt. Im folgenden soll lediglich eine Zusammenfassung des allgemeinen Verweisschemas gegeben werden, gefolgt von einer kurzen Besprechung jener Teile, die für die C-Sprache begriffsbestimmend und verbindlich sind.

Die offizielle Dokumentation besteht aus *Handbüchern* (reference manuals) und *Leitfäden* (user guides). Erstere sind nur zum Nachschlagen gedacht und entsprechend gestaltet, zweitere dienen dem Studium von Themenkomplexen in der Form von abgeschlossenen Artikeln.

Die Handbücher sind in drei Hauptvolumen gegliedert, die zusammen acht Hauptabschnitte enthalten:

Band I: Benutzer-Handbuch (User Reference Manual)

(1)   Allgemeine Benutzerbefehle, die in jeder der beiden UNIX-Shells ausgeführt werden können.

Band II: Programmier-Handbuch (Programmer Reference Manual)

(2)   Systemaufrufe der Kernelschnittstelle

(3)   Bibliotheksaufrufe höherer Programmiersprachen

(4)   Formate und Inhalte von Systemdateien

(5)   Systemspezifische Normen und Vereinbarungen sowie Makros für die Textformatierung

(6)   Spiele und Zerstreuungen (auch das!)

Band III: Systemverwalter-Handbuch (Administrator Reference Manual)

(1m)   Superuser-Befehle und -Anweisungen

(7)   Die für das jeweilige System verbindliche Beschreibung der Gerätekanäle für den Zugriff auf Massenspeicher (z.B. Festplatte und Magnetband), externe Anschlußports, virtuelle Gerätekanäle sowie Bereiche des Arbeitsspeichers.

(8)   Funktionen und Anweisungen zur Systempflege

Das offizielle UNIX-Verweisschema (reference scheme) benutzt einen in Rundklammern gesetzten Index, der den Hauptabschnitt in den Handbüchern angibt, in dem ein Eintrag aufgeführt ist. Typische Beispiele von Einträgen sind: **cc(1)**, der einheimische C-Kompiler; **read(2)**, ein Systemaufruf; **fprintf(3S)**, ein C-Bibliotheksaufruf; **a.out(4)**, die interne Struktur von ausführbaren Dateien; **ascii(5)**, der unter UNIX verbindliche ASCII-Zeichensatz; **wumpus(6)**, ein Spiel; **termio(7)**, Beschreibung der E/A-Steuerung von Terminals; **boot(8)**, Systemstart; **mount(1m)**, **umount(1m)** Superuserbefehle zum logisches Einhängen beziehungsweise Abnehmen von Dateisystemen. Diese quasi-funktionale Schreibweise mit dem Rundklammer-Index ist für das internationale UNIX-Schrifttum verbindlich.

Auch in diesem Buch soll die Schreibweise **cc(1)/BHB**, **mount(1m)/SHB** und **read(2)/PHB** als Verweis auf die entsprechenden Einträge im Benutzer- (BHB), Systemverwalter- (SHB) und Programmier-Handbuch (PHB) benutzt werden.

Auf der Shell-Ebene muß allerdings noch zwischen *UNIX-Befehlen* (UNIX commands) und *Shell-Anweisungen* (builtin shell commands, directives) unterschieden werden. Letztere sind fest in jeweils eine der beiden UNIX-Shells, die *BOURNE-Shell* und die *C-Shell*, eingebunden und stehen generell nicht oder zumindest nicht identisch in der jeweils anderen Shell zur Verfügung. Shell-Anweisungen sind im allgemeinen nicht unter ihren Namen in den Handbüchern aufgeführt, sondern müssen zuerst der richtigen Shell zugeordnet werden, um dann unter deren Eintrag im Benutzer-Handbuch gefunden werden zu können. Die BOURNE-Shell ist unter dem Eintrag **sh(1)/BHB** und die C-Shell unter **csh(1)/BHB** beschrieben. Im folgenden soll die erweiterte Schreibweise **wait(sh)** beziehungsweise **wait(csh)** benutzt werden, um die Zugehörigkeit zu einer Shell anzuzeigen. Die beiden Shell-Anweisungen sind übrigens Varianten des Systemaufrufes **wait(2)**.

Neben den Systemaufrufen im Abschnitt "(2)" sind die C-spezifischen Bibliotheksfunktionen im Abschnitt "(3)" des Programmier-Handbuches von besonderem Interesse:

(3C)   Allgemeine Standardfunktionen

(3M)   Mathematische und statistische Funktionen

(3S)   E/A-Standardfunktionen

(3X)   Erweiterte Funktionen

Die Funktionen der Indexgruppen "(2)", "(3C)" und "(3S)" sind in der C-Standardbibliothek enthalten und werden vom C-Kompiler **cc(1)** automatisch eingebunden. Bei allen anderen Funktionen muß der Bibliotheksverweis angegeben werden. Diese und verwandte Aspekte werden in den Abschnitten 8.2 und 8.3 eingehend besprochen.

Die folgenden vier Leitfäden werden standardmäßig mit dem UNIX-Systempaket ausgeliefert:

1. Leitfaden für den Systemverwalter (Administrator Guide):

Das Dokument enthält Empfehlungen und Richtlinien zur Benutzer- und Dateiverwaltung, Ressourcen-Kontrolle und -Aufrechnung (system accounting) sowie Anweisungen für die Pflege des Betriebs- und Dateisystems.

2. Programmier-Leitfaden (Programmer Guide):

Das Dokument enthält die verbindliche Beschreibung der C-Sprache, der zugehörigen Funktionsbibliotheken sowie insbesondere der Spezialeinrichtungen **lint(1)** und **adb(1)/sdb(1)** zum Prüfen und Entfehlern. Das Funktionspaket **curses(3X)** zur Vollschirmsteuerung wird eingehend beschrieben.

3. Leitfaden der Software-Entwicklungswerkzeuge (Support Tools Guide):

Dieses Dokument ist für den System- und den Anwendungsprogrammierer besonders wichtig. Es enthält ausführliche Beschreibungen der höheren Software-Entwicklungswerkzeuge wie **lex(1)** und **yacc(1)**, des Makro-Übersetzers **m4(1)** und des einheimischen Assemblers **as(1)** (resident assembler) und des Linkers **ld(1)** (loader) sowie eine ausführliche Darstellung der internen Struktur von Objektdateien (Commen Object File Format). Darüber hinaus werden das Quellkode-Verwaltungssystem **sccs(1)** und der Modul-Monteur **make(1)** eingehend beschrieben.

4. Benutzer-Leitfaden (User Guide):

Der Leitfaden gibt eine kürzere, auf den allgemeinen Benutzer ausgerichtete Systembeschreibung mit nützlichen Einstiegsstudien und Übungen zum Gebrauch der BOURNE-Shell und der ursprünglichen UNIX-Editoren.

Von besonderer Wichtigkeit für die C-Programmierung unter UNIX sind die Leitfäden 2 und 3; nur sie allein beschreiben die grundlegenden und grundsätzlichen Prinzipien und Vereinbarungen verbindlich und zuverlässig für das jeweilge System. Zumeist enthält der Leitfaden 3 auch die für das jeweilige System verbindliche Beschreibung des einheimischen (resident) Assemblers. Mit Portierungs-, Anpassungs- und Wiederherstellungsproblemen befaßte Programmierer finden die ausführliche Beschreibung der Struktur von Objektdateien von besonderem Interesse.

Im folgenden soll die Schreibweise "C Language"/PLF und "Common Object File Format"/LSE als Verweis auf die entsprechenden Sektionen im Programmier-Leitfaden (PLF) beziehungsweise im Leitfaden der Software-Entwicklungswerkzeuge (LSE) benutzt werden.

Zumeist wird auch der systemspezifische Leitfaden zur Programmierung von Gerätetreibern (Device Driver Programming Guide) mitausgeliefert. Das Dokument enthält neben einer Erläuterung der Arbeitsweise, Programmierung und Einbindung von Gerätetreibern, die periphere Geräte steuern, und Pseudo-Gerätetreibern, die Prozeßkanäle (pipes) verwalten, auch eine Beschreibung der exklusiven Kernelroutinen "(k)", die nur innerhalb des Kernels aufgerufen werden können. [6]

1.4 Formale Schreibweise der C-Syntax

Die lexikalischen und syntaktischen Regeln einer Programmiersprache werden oft als deren *grammatische Regeln* (grammar rules), oder kürzer, als deren *Grammatik* bezeichnet (grammar). Die Grammatik kann mittels einer *abstrakten Schreibweise* (abstract notation) eindeutig und sinnvoll beschrieben werden, was durch typografische Vereinbarungen unterstützt wird. Die für den weiteren Verlauf dieses Buches verbindliche Schreib- und Darstellungsweise soll im folgenden kurz erläutert werden.

Grundsätzlich muß jedoch zuerst kategorisch zwischen *realem Text* und *abstrahierten Konstrukten* unterschieden werden. Ersteres umfaßt Befehlszeilen und Programmkode sowie Eingabe- und Ausgabedaten in der realen Darstellungsweise eines Bildschirms oder Druckers; letzteres stellt die Abstrahierung und Schematisierung davon dar. Beides soll einheitlich durch `Schreibmaschinen-Font` (courier) dargestellt werden.

Abstrahierte Konstrukte und Schemata bedürfen der abstrakten Schreibweise. Dabei werden Begriffe wie *Name*, *Wort*, *Ausdruck* usw. im naiv-intuitiven Sinn benutzt.

A.   Worte in spitzen Klammern,

```
<Instruktion>, <Ausdruck>, <Variable>, usw.
```

stellen unbestimmte Syntaxelemente dar, die lediglich lexikalischen Beschränkungen unterliegen. Sie dürfen sich nur aus Buchstaben, Ziffern und dem Unterstrich _ zusammensetzen — also aus der alphamerischen Teilmenge des ASCII-Zeichensatzes — und müssen mit einem Buchstaben oder dem Unterstrich beginnen.

---

6. EGAN and TEIXEIRA (1988) geben eine pragmatische Einführung in die Thematik und Problematik.

B.   Verbale Syntaxelemente werden immer in Klartext ausgeschrieben,

```
if, then, for, while, case, usw.
```
Sie dürfen nur in einem festgelegten Zusammenhang benutzt werden.

C.   Worte, die auch ausgelassen werden können, werden *kursiv* in Spitzklammern mit umgebenden eckigen Klammern aufgeführt,

```
[<Variable>]  [<Bezeichner>]
```

D.   Unbestimmte Wiederholbarkeit wird durch drei Punkte angezeigt,

```
<Name_1>, <Name_2>, ...
```

E.   Unbestimmte Auslassung wird ebenfalls durch drei Punkte angezeigt,

```
<Name> ...
```

F.   Der senkrechte Strich entspricht dem logischen Entweder-Oder
(XOR),

```
<Wort_1> | <Wort_2> ...
```

Das Schema entspricht einer vereinfachten Auslegung der bekannten
BACKUS-NAUR-Schreibweise.

Eckige Klammern sollen im folgenden gelegentlich zur symbolischen
Darstellung von Sondertasten und ASCII-Steuerzeichen benutzt werden:

Eingabe: [RETURN] oder auch [RET]

Zeichenlöschen: [BS]

Tabulator: [TAB]

Fluchtzeichen: [ESC]

Steuertaste zum Erzeugen
von ASCII-Steuerzeichen: [CTL]

Steuerzeichen EOT: [CTL_D]

Unterbrechung: [CTL_C]

usw.

2 Die C-Programmierumgebung

In diesem Kapitel soll die Erstellung, Verarbeitung und Verwaltung von C-Quelldateien unter UNIX einführend besprochen werden. Die prozedurelle Arbeitsebene wird dabei von den beiden ursprünglichen UNIX-Shells gestellt. Eine zusammenfassende Einführung erfolgt im ersten Abschnitt.

Quelldateien stellen die Arbeitsgrundlage verbaler Programmiersprachen dar und sind im allgemeinen durch besondere Attribute und Formate gekennzeichnet. Die unter UNIX verbindlichen Eigenschaften werden im zweiten Abschnitt eingehend besprochen. Im nachfolgenden Abschnitt werden darauf aufbauend die wichtigsten Befehle und Anweisungen zur Arbeitsumgebung vorgestellt.

Die Verarbeitung des Quellkodes beginnt und endet nur in den einfachsten Fällen mit dem Kompilieren. Sowohl System- und Fehleranalyse als auch Dokumention bedürfen der Weiterverarbeitung des Quellkodes. Die wichtigsten Einrichtungen dazu werden im vierten Abschnitt einführend vorgestellt. Die Quellkode-Aufbereitung mit dem C-Präprozessor soll davon ausgeklammert als eigenständiges Thema im nachfolgenden Kapitel behandelt werden.

Die Entwicklungsphasen eines Programmes schlagen sich zumeist in zahlreichen Varianten und Versionen nieder, was bei ungeordneter Arbeitsweise zum Chaos führen kann. Die geordnete Verwaltung von Quelldateien wird im letzten Abschnitt einführend besprochen.

Die in diesem Kapitel aufgeführten Beispiele sollten nur in ihrer Eigenschaft als Quelltexte gesehen, und nicht als eigentliche Programme nachvollzogen werden. Sie stellen lediglich das Substrat für die besprochenen Bearbeitungsmethoden dar.

2.1 Die UNIX-Shells

Shells stellen unter UNIX allgemeine Benutzeroberflächen (user interfaces) dar, welche den Dialog mit dem eigentlichen Betriebssystem, dem Kernel, ermöglichen. Sie entsprechen in dieser Hinsicht den TP-Monitoren anderer Systeme. Das UNIX-Systempaket stellt zwei *native* Shells zur Verfügung, die fast immer standardmäßig mitausgelieferte BOURNE-Shell und die zumindest optional erhältliche Grundversion der C-Shell. Die beiden Shells fungieren sowohl als Dialog-Interpreter einer im wesentlichen gemeinsamen Befehlssprache als auch als Durchlauf-Interpreter mit einer jeweils eigenen Programmiersprache.

Die beiden Shells werden unter dem Eintrag **sh(1)/BHB** beziehungsweise **csh(1)/BHB** knapp aber vollständig beschrieben. KA (1992) gibt eine grundlegende Einführung in die Dialog-Anwendung und Programmierung.

Auf der Shell-Ebene muß begrifflich zwischen *Shell-Anweisungen* (builtin shell directives) und *Befehlen* (commands) unterschieden werden. Erstere sind fester Bestandteil der jeweiligen Shell und werden normalerweise innerhalb des aktuellen Shell-Prozesses (current shell process) ausgeführt. Letztere werden als *ausführbare Dateien* (executable files) aufgerufen und laufen dann als eigenständiger *Tochterprozeß* (child process) der aufrufenden Shell ab. Sowohl ursprüngliche UNIX-Programme als auch Benutzerprogramme werden als Befehle aufgerufen. Die ausführbaren Dateien der *UNIX-Befehle* der Indexgruppen "(1)" und "(1m)" sind normalerweise in den Systemverzeichnissen `/bin` und `/usr/bin` sowie `/etc` enthalten.

Die beiden Shells unterscheiden sich beträchtlich hinsichtlich ihrer Anweisungen; zum Beispiel ist export(sh) zwar in der BOURNE-Shell, nicht aber in der C-Shell enthalten; für alias(csh) gilt das genaue Gegenteil. Die Anweisungen echo(sh) und echo(csh) sind dagegen zwar namensgleich in beiden Shells vertreten, unterscheiden sich aber hinsichtlich der Interpretation von Steuerzeichen. Beide *Shell-Anweisungen* können als Varianten des *UNIX-Befehls* echo(1) betrachtet werden.

Im einfachen, befehlsorientierten Dialogbetrieb ist der Unterschied zwischen den beiden UNIX-Shells minimal. Welcher Shell bei der Programmentwicklung der Vorzug gegeben werden soll, hängt vom Arbeitsstil und der einschlägigen Erfahrung des Benutzers ab. Gestandene UNIX-Fachleute ziehen indes zumeist die C-Shell wegen der integrierten Arbeitshilfen und der C-ähnlichen Programmiersprache vor. Als wichtigste und populärste Arbeitshilfen wären die Abbildungsfunktion **alias(csh)** und der gleitenden Befehlspuffer **history(csh)** (history buffer) zu benennen. Mit *alias* können einfache wie komplexe Befehlszeilen auf Befehlskürzel (command tokens) abgebildet werden, womit nicht nur der Befehlsdialog vereinfacht, sondern darüber hinaus auch eine zweckdienlich angepaßte Befehlssprache mit eigenem Vokabular definiert werden kann. Die C-Shell legt den laufenden Befehlsdialog im *history*-Puffer ab, dessen aktuelle Einträge (events) mit Indexen oder Kürzeln einfachst zur wiederholten Ausführung abgerufen werden können, was bei intensiver und repetitiver Terminalarbeit eine ungemeine Erleichterung bedeuten kann.

Im allgemeinen hat sich jedoch die BOURNE-Shell als populärer erwiesen; sie steht beim System V der allgemeinen Benutzergemeinschaft zumeist als Login-Shell uneingeschränkt zur Verfügung. Im folgenden soll daher auch beständig von der BOURNE-Shell ausgegangen werden. Eine grundlegende und eingehende Beschreibung wird in KA(1992) gegeben.

2.2 Quelldateien

C-Quelldateien (source files) mußten bisher als *konforme Textdateien* angelegt werden und konnten sich grundsätzlich nur aus Zeichen gemäß **ascii(5)/PHB** mit einer Oktalwertigkeit von 00 – 0177 zusammensetzen, da Oktetts mit einer Wertigkeit > 0177 bereits beim Erstellen mit den UNIX-Texteditoren nicht eingegeben werden konnten beziehungsweise beim Nacheditieren verloren gingen. Höherwertige Oktetts konnten auch beim Kompilieren zuweilen recht obskure Fehlerzustände verursachen. Diese lexikalische Einschränkung hat inzwischen unter **SVR4** eine gewisse Auflockerung (relaxation) erfahren.

Die Auflockerung besteht darin, daß Zeichen- und Zeichenketten-Konstante sowie Kommentare sich nun auch aus Zeichen mit einer Oktalwertigkeit 0 – 0377 zusammensetzen dürfen, was insbesondere die 8-Bit-Zeichensätze **PC-8** und **LATIN-1** (ISO 8859/1) einschließt, die den ASCII-Zeichensatz als echte Teilmenge einschließen und darüber hinaus auch nationale Sonderzeichen wie Umlaute und Akzente als Oktetts mit einer Wertigkeit 0177 – 0377 enthalten. Darstellungsprobleme entstehen dabei kaum, da die meisten handelsüblichen Terminals und Drucker wahlweise auf verschiedene Standard-Zeichensätze umgeschaltet werden können, darunter auch auf PC-8 und LATIN-1.

Probleme können sich jedoch immer noch bei der Erstellung, Aufbereitung und Weiterverarbeitung dieser *uneigentlichen Textdateien* (improper text files) ergeben; insbesondere mit den UNIX-Texteditoren **ed(1)** und **ex(1)/vi(1)**, mit Textfiltern wie **grep(1)** und **sed(1)** sowie mit dem Quellkode-Verwaltungssystem **sccs(1)** (Abschnitt 2.4). Allerdings ist mit der *Internationalisierung* der jüngsten Ausgaben des **SVR4** eine Bereinigung der derzeit immer noch anzutreffenden Unverträglichkeiten zu erwarten.

Die *Syntaxelemente* der C-Sprache sind jedoch grundsätzlich auf den ASCII-Zeichensatz beschränkt; eine Erweiterung ist in Anbetracht der Geschlossenheit der Programmiersprache nicht zu erwarten. Um auf der Basis eines gemeinsamen Nenners arbeiten zu können, soll deshalb im folgenden beständig von reinen ASCII-Quelldateien ausgegangen werden. Gelegentliche Ausnahmen werden entsprechend hervorgehoben.

Eine wichtige Teilmenge des ASCII-Zeichensatzes soll bereits hier beschrieben werden; auf sie soll im folgenden wiederholt Bezug genommen werden:

1. Die Klein- und Großbuchstaben: a,b, ...,z,A,B, ...,Z
2. Die Ziffern (numerals): 0,1,2,...., 9
3. Der Unterstrich (underscore):

Die insgesamt 63 Zeichen werden als die alpha-numerischen, oder kurz die *alphamerischen Zeichen* (alphameric characters) bezeichnet. Sie stellen jene Teilmenge dar, aus der sich alle *Bezeichner* (identifier) der C-Sprache zusammensetzen müssen, also insbesondere die *Namen* von Variablen und Funktionen.

Als Textdateien besitzen C-Quelldateien eine logische Struktur, die aus Zeilen und Worten variabler Länge besteht. Zeilen werden mit dem Zeilenvorschub (linefeed) LF(012) abgeschlossen; zwei unmittelbar aufeinanderfolgende LFs bestimmen eine Leerzeile. Worte werden durch Leerzeichen (blank, space) SP(040) sowie durch Tabulatorzeichen (horizontal tab) HT(011) getrennt. Der Begriff des *leeren Wortes* ist hier sinnlos. Die Worttrennzeichen sollen im folgenden als *Standardtrennzeichen* (standard separators) bezeichnet werden. Im originären UNIX-Schrifttum ist verschiedentlich auch von "white spaces" die Rede.

Quelldateien werden zweckmäßigst mit den einheimischen UNIX-Texteditoren **ed(1)** oder **ex(1)/vi(1)** (resident text editors) angelegt und bearbeitet, obwohl auch jedes andere ASCII-Editiersystem benutzt werden kann. Der *Zeileneditor* (line editor) **ed(1)** kann mit allen Klassen von Terminals benutzt werden, was insbesondere auch ältere Schreibmaschinen-Terminals (typewriter terminals) und sogar alte Fernschreiber (teletypes) miteinschließt. Der Zeileneditor kann auch bei langsameren Datenübertragungseinrichtungen (z.B. MODEMs mit einer Übertragungsrate < 2400 Baud) sinnvoll und produktiv eingesetzt werden und verursacht auch bei einfacheren Terminal-Emulatoren kaum Probleme. Der Zeileneditor wird unter **ed(1)/BHB** knapp aber vollständig beschrieben. McGILTON and MORGAN (1983) geben eine pragmatische Einführung nebst Beispielen.

Der Dualmode-Editor **ex(1)/vi(1)** kann sowohl als Zeileneditor als auch als *Vollschirmeditor* (full screen editor) betrieben werden; die Umschaltung zwischen den beiden Betriebsmodi kann innerhalb einer Edit-Session erfolgen. Der *ex*-Modus stellt eine Erweiterung von ed(1) dar; d.h. im Grundbereich sind Arbeitsweise und Befehlssatz im wesentlichen identisch. Im *vi*-Modus kommen die hinlänglich bekannten Vorteile eines Vollschirm-Editors zum Tragen; also insbesondere die tastengesteuerte Arbeitsweise. Allerdings kann der *vi*-Modus nur mit solchen Video-Terminals sinnvoll und produktiv benutzt werden, deren minimale Leistungsmerkmale etwa denen der VT100-Klasse (DEC) entsprechen oder besser noch darüber liegen. Die beiden Modi werden unter **ex(1)/BHB** beziehungsweise **vi(1)/BHB** getrennt beschrieben. McGILTON and MORGAN (1983) geben auch hier eine pragmatische Einführung nebst zahlreichen Beispielen. Ein einführendes Beispiel wird im nachfolgendem Abschnitt gegeben.

2.3 Befehle und Anweisungen zur Arbeitsumgebung

Reguläre Dateien (regular files), *Verzeichnisse* (directories) und *Datenkanäle* (named pipes) sind *Objekte*[1], die auf der Shell-Ebene mit Befehlen und Anweisungen manipuliert werden können, wobei die unter UNIX geltenden *Zugriffsvereinbarungen* (access conventions) zu beachten sind. Die originären Begriffsbestimmungen und Termini sind unter dem Eintrag **intro(2)/BHB** zu finden; KA (1992) gibt eine grundlegende Beschreibung des UNIX-Dateisystems. Im folgenden sollen zuerst die wichtigsten Begriffe und Vereinbarungen kurz vorgestellt werden.

Mit der einzigen Ausnahme des *Ursprungsverzeichnisses* (root directory) sind UNIX-Objekte mit *Basisnamen* (basenames) gekennzeichnet, die als *Namensbindung* (links) in Verzeichnissen enthalten sind. Zusätzliche Basisnamen können als weitere Namensbindungen nach Belieben angelegt werden. Basisnamen stellen *Bezeichner* (identifiers) dar, für welche *lexikalische Regeln* (lexical rules) gelten; insbesondere dürfen Bezeichner weder die ASCII-NUL noch den Schrägstrich / (slash) enthalten.

Bezeichner werden nach dem folgenden Schema aufgegliedert:

```
<Bezeichner>: <Präfix>.<Infix1>. … .<Suffix>
```

wobei die Glieder (tokens) durch genau einen Punkt (dot) getrennt werden. Auf dieser Aufgliederung beruhen die Namensvereinbarungen (naming conventions) hinsichtlich des Verwendungszweckes (usage) von Objekten. Die meisten ursprünglichen UNIX-Einrichtungen und -Werkzeuge setzen bei der Eingabe bestimmte Suffixe in den Basisnamen von Quell-, Zusatz- und Bibliotheksdateien voraus und erzeugen bestimmte Suffixe in den Basisnamen ihrer Ausgabedateien. Die im Zusammenhang mit der C-Programmierung wichtigsten Suffixe sind:

```
*.a
```
Link-Bibliotheken, auf die mit dem Kompilierbefehl cc(1) und dem Link-Befehl ld(1) zugegriffen werden soll.

```
*.c
```
C-Quelldateien zur Eingabe in cc(1) und andere C-Werkzeuge.

```
*.h
```
Generische Zusatzdateien (generic header files).

```
*.i
```
Private Zusatzdateien (private header files).

```
*.s
```
Assembler-Quelldateien.

```
*.o
```
Objektdateien.

```
a.out
```
Voreingestellter Bezeichner für ausführbare Dateien (executable binary files), die mit cc(1) und ld(1) erzeugt werden.

---

1. Was dem originären Terminus "files" entspricht, dessen generische Bedeutung in der UNIX-Begriffswelt weit über die übliche Übersetzung mit "Datei" hinausgeht und nur in spezifischen Fällen darauf verengt wird.

Auf Objekte, die sich im *aktuellen Arbeitsverzeichnis* (current working directory) befinden, kann unmittelbar mit deren Basisnamen zugegriffen werden:

```
<Befehl>   [<Optionen>]   <Basisname>
```

Auf Objekte, die sich in anderen Verzeichnissen befinden, muß mit Verweisen zugegriffen werden:

```
<Befehl>   [<Optionen>]   <Verweis>
```

Ein *Verweis* (pathname) setzt sich aus einem *Weiser* (path) und einem Basisnamen zusammen:[2]

```
<Verweis>  :  <Weiser>/<Basisname>
```

Ein Weiser setzt sich aus den Basisnamen des Ausgangsverzeichnisses (origin directory) und der *Zwischenverzeichnisse* (intervening directories) zusammen und endet mit dem Basisnamen des *Zielverzeichnisses* (target directory), welches das Objekt enthält, auf das zugegriffen werden soll.

Je nach dem Ausgangspunkt muß zwischen *absoluten* und *relativen* Weisern (absolute, relative, paths) und dementsprechend zwischen absoluten und relativen Verweisen (absolute, relative, pathnames) unterschieden werden. Ein absoluter Weiser hat seinen Ursprung im *Root*-Verzeichnis und beginnt immer mit einem Schrägstrich / (slash):

```
    /<Bezeichner>/ ... /<Bezeichner>        (absolute)
```

Ein relativer Weiser geht vom aktuellen Arbeitsverzeichnis aus, was durch implizite Verweise dargestellt wird:

```
    ./<Bezeichner>/ ... /<Bezeichner>        (relative)
    ../<Bezeichner>/ ... /<Bezeichner>       (relative)
```

wobei ein Punkt '.' (single dot) das aktuelle Arbeitsverzeichnis, und zwei Punkte '..' (double dot) dessen *Mutterverzeichnis* (parent directory) bezeichnen. Durch wiederholtes Setzen der zwei Punkte kann der Ausgangspunkt in übergeordnete Verzeichnisse verlegt werden:

```
    ../../<Bezeichner>/ ... /<Bezeichner>     (relative)
```

Ein relativer Weiser kann mit dem Bezeichner eines Unterverzeichnisses (subdirectory) beginnen,

```
    <Bezeichner>/ ... /<Bezeichner>          (relative)
```

wenn die Environmentvariable $CDPATH den Nullverweis enthält. Diese und andere Einzelheiten werden in KA(1992) ausführlich beschrieben.

---

2. Im originären UNIX-Schrifttum gilt: <pathname> : <path>/<basename>.

Im folgenden sollen die wichtigsten UNIX-Befehle zum Manipulieren von Quelldateien kurz vorgestellt werden.

Bild 2.1a zeigt das Anlegen einer neuen Quelldatei namens `prog1.c` im aktuellen Arbeitsverzeichnis, wobei der Zeileneditor **ed(1)** benutzt wird.

```
$ ed prog1.c
?
a
#include <stdio.h>
main()
{
 puts("Hallo Freunde");
}
.
w
45
q
$
```

Bild 2.1a: Anlegen einer Quelldatei mit ed(1)

Nach dem Aufruf zeigt der Editor im *Befehlsmodus* (command mode) mit dem Fragezeichen an, daß eine Datei namens `prog1.c` nicht existiert. Mit der Edit-Anweisung a (append) beginnt die Texteingabe (input mode), wobei jede Zeile mit [RETURN] abgeschlossen wird. Mit einem alleinstehenden Punkt am Zeilenanfang wird die Eingabe abgeschlossen und der Befehlsmodus wieder hergestellt. Mit w (write) wird der Text abgespeichert, 45 Zeichen insgesamt, und mit q (quit) wird der Zeileneditor verlassen, worauf der Shell-Prompt erneut erscheint.

Bild 2.1b zeigt das Anlegen der gleichen Quelldatei mit dem Vollschirmeditor **vi(1)**:

```
$ vi prog1.c
"prog1.c" [New file]
 1 [a]#include <stdio.h>
 2 main()
 3 {
 4  puts("Hallo Freunde");
 5 }[ESC]
[:]
:w
"prog1.c" [New file] 5 lines, 45 characters
[:]
:q
$
```

Bild 2.1b: Anlegen einer Quelldatei mit vi(1)

Nach dem Aufruf zeigt der Editor im Befehlsmodus mit [New file] an, daß eine Datei namens prog1.c nicht existiert. Mit der Edit-Anweisung a beginnt die Eingabe in der ersten Zeile — hier mit [a] angedeutet. Jede Eingabezeile wird mit [RET] abgeschlossen. Der Editor numeriert die Zeilen automatisch durch, was mit Optionen eingestellt beziehungsweise abgestellt werden kann.

Der Eingabemodus wird mit der Fluchttaste [ESC] (escape key) abgeschlossen, worauf der Editor in den Befehlsmodus zurückkehrt. Durch Eingabe des Doppelpunktes — hier mit [:] angedeutet — wird eine Befehlszeile am unteren Ende des Editier-Rahmens (edit window) geöffnet; mit den Anweisungen w und q wird der Quellkode dann abgespeichert und der Vollschirmeditor verlassen, worauf der Shell-Prompt erneut erscheint.

Das sehr einfache C-Programm enthält lediglich die Ausgabefunktion **puts(3S)** (put string), mit welcher Zeichenketten ausgegeben werden können. Mit der Präprozessor-Anweisung #include <stdio.h> wird die Zusatzdatei /usr/include/stdio.h angegeben, welche die Funktionsdeklarationen enthält. Dies wird im Abschnitt 3.6 weitergeführt.

Das Programm kann sogleich mit dem *einheimischen* (resident) C-Kompiler **cc(1)** kompiliert werden,

```
$ cc -o prog1x  prog1.c
```

wobei eine *ausführbare Binärdatei* (executable binary file) namens prog1x erzeugt wird. Bei Auslassung der Argumentoption -o prog1x wird der Basisname a.out automatisch zugewiesen. Die Binärdatei kann dann mit ihrem Basisnamen als Befehl aufgerufen werden,

```
$ prog1x
Hallo Freunde
```

Das Kompilieren und Binden von Programmen wird im Zusammenhang mit der Verwaltung von Funktionen im Abschnitt 8.3.1 eingehend besprochen.

Die Attribute der in diesem ersten Arbeitsgang erzeugten Dateien können mit dem Listbefehl **ls(1)** und der Optionskombination -Fl aufgelistet werden. Die in Bild 2.2 gezeigte typische Ausgabe listet zwei mit durch das Minuszeichen '−' gekennzeichnete *reguläre Dateien* (regular files) auf, von denen prog1x als *ausführbar* (executable) gekennzeichnet ist, was durch das x im Zugriffsvektor sowie den Asterisk * am Bezeichner angezeigt wird. Die zahlreichen Optionen des Listbefehls sind unter dem Eintrag **ls(1)/BHB** beschrieben. Der Eintrag **chmod(1)/BHB** beschreibt die Darstellung der Attribute und Zugriffsrechte.

```
$ ls -Fl  progl.c  proglx
-rw-rw-r-- 1 Hubert     113 Jan 30 15:14 progl.c
-rwxrwxr-x 1 Hubert    8645 Jan 30 16:39 proglx*
```

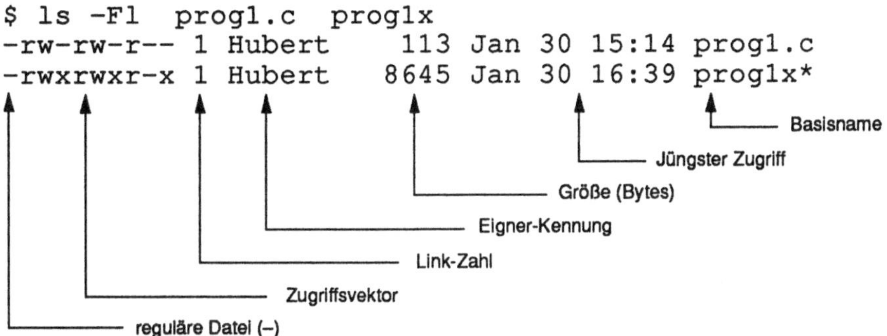

Bild 2.2: Auflisten von Datei-Attributen mit ls(1)

Der Befehl **file(1)** gibt eine Kurzbeschreibung der Dateien aus,

```
$ file  progl.c  a.out
progl.c: c program text
proglx: demand paged ... executable ...
```

Mit dem Ausgabebefehl **cat(1)** (concatenate) kann eine Textdatei einfachst
am Monitor ausgegeben werden:

```
$ cat progl.c
#include <stdio.h>
main()
{
 puts("Hallo Freunde");
}
```

Mit dem Kopierbefehl **cp(1)** (copy) können Dateien sowohl im Arbeitsverzeichnis als auch in andere Verzeichnisse kopiert werden:

```
$ cp progl.c progl.hold.c
$ cp progl.c ./sichern/progl.BAK.c
```

wie zum Beispiel in das Unterverzeichnis ./sichern.

Mit dem Versetzungsbefehl **mv(1)** (move) können Dateien sowohl
umbenannt als auch mit gleichem Bezeichner in andere Verzeichnisse
versetzt werden:

```
$ mv proglx  progly
$ mv progly  ../befehle/progly
```

wie zum Beispiel in das Schwesterverzeichnis ../befehle.

Mit der *Shell-Anweisung* (builtin shell directive) **cd(sh)** kann ein anderes
Verzeichnis angewählt werden:

```
$ cd ../befehle
```

Ohne Argument führt cd zum Eigenverzeichnis (home directory) zurück:

```
$ cd
$ pwd
/benutzer/Hubert
```

wobei mit der Shell-Anweisung **pwd(sh)** der absolute Verweis des aktuellen Arbeitsverzeichnisses abgefragt werden kann.

Mit dem Löschbefehl **rm(1)** können überflüssige Dateien gelöscht werden:

```
$ rm prog1y
```

Eine ausführliche Beschreibung der Datei-Attribute und -Manipulationen wird in KA(1992) gegeben.

2.4 Quellkode-Verarbeitung

Quelldateien von sehr einfachen Programmen werden häufig unmittelbar dem Kompiler zugeführt, ohne daß eine separate Aufbereitung notwendig oder sinnvoll wäre. Mit dem erfolgreichen Kompilieren einer lauffähigen Ausführdatei haben die Quelldateien dann zumeist ihren Zweck erfüllt; für eine zusätzliche Verarbeitung des Quellkodes besteht dann zumeist kein Grund. Triftige Gründe für eine separate Aufbereitung und zusätzliche Verarbeitung von Quelldateien entstehen in folgenden Situationen:

- Wenn mehrere Versionen eines Programmes aus einem Ensemble von Quelldateien (program suite) heraus unterhalten werden sollen.
- Wenn Programme zum Testen und Entfehlern sowie zur Dokumentation hergerichtet werden sollen.

Die Weiterverarbeitung dient zumeist der Fehler- und Systemanalyse sowie zu Dokumentationszwecken. Im folgenden sollen drei dafür besonders geeignete Spezialprogramme vorgestellt werden:

- **cb(1)** (C beautifier), zur Quellkode-Formatierung
- **cxref(1)** (C cross-reference), zur Erzeugung von Querverweisen
- **cflow(1)** (C flow analyzer), zur Darstellung von Aufrufverschachtelungen

Allen nachfolgend vorgestellten UNIX-Einrichtungen ist gemeinsam, daß die Ausgabe über die *Normalausgabe* (standard output) erfolgt; die Ausgabe kann daher nach den folgenden Schemata bequem auf *Auffangdateien* umgelenkt (redirected) oder in *Pipelines* eingespeist werden,

```
<Befehl> [-<Optionen>] <Quelldatei> > <Auffangdatei>
<Befehl> [-<Optionen>] <Quelldatei> | <Befehl> ...
```

Eine ausführliche Beschreibung der E/A-Steuerung auf der Shell-Ebene wird in KA(1992) gegeben.

2.4.1 Quellkode-Formatierung

Das folgende Fragment eines Hauptprogrammes `prog3.c` zeigt einen
zwar durchaus zulässigen Kodierungsstil, der aber nicht zu unrecht unter
Puristen verpönt ist, da er recht schwer lesbar ist und in dieser Form wohl
kaum zu Dokumentationszwecken verwendet werden kann.

```
$ cat prog3.c
...
main()
{...
x=1;y=2;...
while(...){
for(...){
if(...) if(...)y=z/w; else z=funk(z+x);
else u=gunk(w+v);
z=sqrt(z+x);...
}
}
...
}
```

Mit dem C-Formatierbefehl **cb(1)** kann der unansehnliche Quellkode strukturiert werden, wobei die Option −s (standard style) das von Kernighan
and Ritchie (1978) empfohlene *kanonische* Programmformat erzeugt:

```
$ cb -s prog3.c > prog3.cb.c
```

wobei die Normalausgabe von *cb* auf die Datei `prog3.cb.c` umgelenkt
wurde. Der nachgebesserte Quellkode steht nun zu weiteren Zwecken —
darunter auch ein späteres Kompilieren — zur Verfügung:

```
$ cat prog3.cb.c
...
main()
{...
  x = 1;
  y = 2;
  ...
  while (...) {
        for (...) {
                if (...)
                    if (...)
                        y = z / w;
                    else
                        z = funk(z + x);
                else
                    u = gunk(w + v);
                z = sqrt(z + x);
        }
  }
}
```

Gleichzeitig wäre eine im gleichen Stil kodierte Quelldatei namens
prog3.sub1.c zu betrachten, welche die Definitionen der im Hauptprogramm aufgerufenen Benutzerfunktionen funk und gunk enthält:

```
$ cat prog3.sub1.c
...
 double funk(double u)
 {double v, gunk(double);
 v=gunk(2.5*u);
 return(v);
 }

 double gunk(double u)
 {double w, funk(double);
 w=u*log(u);
 return(w);
 }
```

Ohne die Option −s formatiert *cb* etwas kompakter:

```
$ cb  prog3.sub1.c  > prog3.sub1.cb.c
$ cat prog3.sub1.cb.c
...
double funk(double u)
{
   double v, gunk(double);
   v=gunk(2.5*u);
   return(v);
}

double gunk(double u)
{
   double w;
   w=u*log(u);
   return(w);
}
```

2.4.2 Erzeugung von Querverweisen

Unter der Annahme, daß die Basisnamen der Quelldateien eines im
aktuellen Arbeitsverzeichnis enthaltenen *Programm-Ensembles* (program
suite) einheitlich mit dem *Präfix* prog3 beginnen und mit dem *Suffix* '.c'
enden und sich nur durch *Infixe* unterscheiden, können die Quelldateien
mit dem aus dem Asterisk * geformten *lexikalischen Muster* (lexical
pattern) prog3.*.c kollektiv erfaßt und manipuliert werden. Mit dem
Befehl **cxref(1)** und der Option −c (combined listing) sollen die *Querver-
weise* (cross-references, x-refs) auf Daten- und Funktionsobjekte innerhalb
des Ensembles erzeugt werden:

```
$ cxref -c prog3*.c  >  prog3.xref
$ cat prog3.xref

SYMBOL        FILE                    FUNCTION      LINE
...
funk()
              prog3.c                 main          *3  14
              prog3.sub1.c            --            *2
gunk()
              prog3.c                 main          *3  14
              prog3.sub1.c            --             8
              prog3.sub1.c            funk          *3  4
...
log()
              /usr/include/math.h     --            *28
              prog3.sub1.c            gunk           10

u             prog3.c                 main          *3  4  13
              prog3.sub1.c            --             2  8
              prog3.sub1.c            funk          *2  4
              prog3.sub1.c            gunk          *8  10
...
```

In dem gezeigten Fragment der Auflistung wird jedes externe Daten- und
Funktionsobjekt als *Symbol* nach den Dateien aufgeschlüsselt, in denen es
enthalten ist, und innerhalb dieser nach den Funktionen in denen es
enthalten ist, was mit den entsprechenden Zeilennummern vervollständigt
wird. Ein Asterisk (*) kennzeichnet die Deklaration eines Objektes. Die
Optionen sind unter **cxref(1)/BHB** beschrieben.

2.4.3 Darstellung von Aufrufverschachtelungen

Der Befehl **cflow(1)** kann ebenfalls mit einem lexikalischen Muster aufgerufen werden, um die Verschachtelungen der Funktionsaufrufe (call
nestings) innerhalb des Programm-Ensembles aufzulisten:

```
$ cflow prog3*.c > prog3.cflow
$ cat prog3.cflow
1       main: int(), <prog3.c 3>
...
6       gunk: double(), <prog3.sub1.c 9>
7           log: <>
...
10      funk: double(), <prog3.sub1.c 3>
11          gunk: 4
...
2       sqrt: <>
...
```

Die Aufrufsverschachtelungen sind einfach und sinnfällig dargestellt. Das Hauptprogramm (main program) beginnt in der 3. Zeile von der Quelldatei `prog3.c` und ruft seinerseits die Benutzerfunktionen `funk(...)` und `gunk(...)` auf, deren Quelldatei `prog3.subl.c` und interne Aufrufe ebenfalls aufgelistet werden, sowie die Bibliotheksfunktion **sqrt(3M)** Mit dem angedeuteten Karo <> (diamond) werden alle jene Aufrufe gekennzeichnet, die undefiniert blieben, weil ihre Quelldateien nicht einbezogen waren; wie hier die Bibliotheksaufrufe `log` und `sqrt`.

2.4.4 Weitere Hilfseinrichtungen

Da C-Quelldateien immer *konforme* Textdateien sein müssen, stehen alle UNIX-eigenen Textverarbeitungseinrichtungen unbeschränkt zur Verfügung. Von besonderem Interesse sind dabei die folgenden Möglichkeiten:

- Lexikalisch-asssoziatives Absuchen von einzelnen und gruppierten Quelldateien nach vorgegebenen Zeichenketten.
- Vergleichen von Quelldateien hinsichtlich Veränderungen
- Systematisches Variieren von Stammdateien durch vorprogrammiertes Editieren.
- Formatierte Druckerausgabe

Die wichtigsten diesbezüglichen Einrichtungen sollen nachfolgend kurz vorgestellt werden.

2.4.4.1 Lexikalisch-asssoziatives Absuchen

Trotz aller guten und hinreichend bekannten Vorsätze zur fortschreitend-begleitenden Dokumentation von Software-Projekten entsteht bei größeren Programm-Ensembles doch immer wieder die Frage, was sich denn *wo*, und *wo* sich *was* nicht befindet. Insbesondere muß bei Problem-Situationen — um nicht zu sagen Panik-Situationen — die aktuelle "Lage der Dinge" bekannt beziehungsweise schnellstens herausfindbar sein. Die *Lage* der "Dinge" — d.h. Objekte, Aufrufe, Ausdrücke, usw. — kann mit den Such- und Ausgabe-Befehlen (search and retrieval commands) der Gruppe **grep(1)** (general regular expression processing) zumeist bestens erhellt werden:

- **grep(1)**, zur Suche mit jeweils einer Zeichenkette, die durch einfache lexikalische Suchmuster (regular expressions) bestimmt werden kann.
- **egrep(1)** (extended grep), zur Suche mit jeweils einer Zeichenkette, die durch erweiterte lexikalische Suchmuster bestimmt werden kann.
- **fgrep(1)** (fast grep), zur Suche mit multiplen Zeichenketten, dafür aber ohne jegliche lexikalische Leistungsmerkmale.

Das gemeinsame Aufrufschema ist:

```
[e|f]grep [-<Optionen>] <Suchmuster> <Quelldatei> ...
```

Alle drei Varianten geben die gefundenen Zeilen über die Normalausgabe (standard output) aus. Die hier wichtigsten Optionen sind:

i   (indiscriminate) Groß- und Kleinbuchstaben werden nicht unterschieden.

n   (number) Relative Zeilennummern werden mitausgegeben.

v   (veto) Logische Invertierung der Suchvorgabe; d.h. es werden nur jene Zeilen ausgegeben, die das Suchmuster nicht enthalten.

Die drei Befehle und die übrigen Optionen sind gemeinsam unter dem Eintrag **grep(1)/BHB** beschrieben.

Zum Beispiel können mit *grep* die Quelldateien nach Zeilen durchsucht werden, welche die Bezeichner funk oder gunk enthalten

```
$ grep -n 'funk' prog3*.c
prog3.c:3:{float u,v,w,x,y,z,funk(),gunk();
prog3.c:14:z=funk(z+x); y=exp(sqrt(z*w));...
...
prog3.sub1.c:4:v=gunk(2.5*u);
prog3.sub1.c:8:float gunk(u) float u;
...
```

Der Dateiname und die auf die Datei bezogene Zeilennummern gefolgt von den gefundenen Zeilen wurden ausgegeben.

2.4.4.2 Das Vergleichen von Quelldateien

Nicht allzu selten und insbesondere bei hektischer Arbeitsweise geschieht es, daß die jüngste Version eines Programmes sich als schlechter erweist als eine vorhergehende. Bei größeren Quelldateien ist der inspizierende Vergleich von Programmauflistungen zumeist ein zeitraubendes, um nicht zu sagen hoffnungsloses Unterfangen; insbesondere dann, wenn der erstweilige Programmierer nicht mehr dabei ist.

Als einfaches Beispiel betrachte man die beiden folgenden Fragmente. Der Unterschied würde in einer 500-zeiligen Programmauflistung mit Sicherheit kaum ins Auge fallen:

```
$ cat prog3.c              $ cat prog4.c
...                        ...
{                          {
...                        ...
if(w)                      if(w)
y=z/w;                     y=z-w;
z=tanh(z+x);               z=tanh(z+x);
u=sin(w-v);                u=sin(w/v);
...                        ...
```

Das Vergleichsprogramm **comm(1)** (commonality) trennt die Unterschiede nach Dateizugehörigkeit und gibt diese zusammen mit dem gemeinsamen Teil (common part) über die Normalausgabe (standard output) aus. In dem folgenden Beispiel wurde die Ausgabe auf eine Auffangdatei namens `prog3_4.comm` umgelenkt, die dann ausgedruckt werden kann:

```
$ comm prog3.c prog4.c > prog3_4.comm
$ cat prog3_4.comm
prog3.c                 prog4.c                 common
                                                {
                                                ...
                                                if(w)
                        y=z-w;
y=z/w;
                                                z=tanh(z+x);
u=sin(w-v);
                        u=sin(w/v);
                                                ...
...
```

Das verwandte Zweiweg-Differenzprogramm **diff(1)** gibt lediglich die erkannten Unterschiede über die Normalausgabe aus, die im folgenden Beispiel wiederum auf eine Auffangdatei umgelenkt wurde:

```
$ diff prog3.c prog4.c > prog3_4.diff
$ cat prog3_4.diff
4c4
< y=z/w;
---
> y=z-w;
6c6
< u=sin(w-v);
---
> u=sin(w/v);
```

Die Winkelzeichen deuten die Dateizugehörigkeit an. Eingestreute Kodes wie `4c4` sind Editierbefehle des Zeileneditors ed(1), mit denen das linke (<) Textsegment in das rechte (>) überführt werden kann und die zugleich die entsprechenden Zeilennummern angeben. Einzelheiten sind unter den Einträgen **ed(1)/BHB** und **diff(1)/BHB** zu finden.

In sehr konfusen Situationen, wo die zeitliche Reihenfolge mehrerer Quelldateien nicht mehr feststellbar ist, kann eine Dreiweg-Differenzanalyse mit **diff3(1)** durchgeführt werden. Dabei werden die Abweichungen in einer Datei hinsichtlich des jeweils gemeinsamen Teils der beiden anderen festgestellt. Eine Beschreibung wird unter dem Eintrag **diff3(1)/BHB** gegeben.

2.4.4.3 Programmiertes Editieren

Wenn Stammdateien oder eine größeren Anzahl von Quelldateien eines Programm-Ensembles häufig variiert werden müssen, kann der programmierbare Durchlauf-Editor **sed(1)** (stream editor) effektiv eingesetzt werden. Eine zweite Möglichkeit besteht darin, den Zeileneditor **ed(1)** mit einer vorprogrammierten Befehlsdatei zu benutzen.

Der Durchlaufeditor kann sowohl mit einer separaten Befehlsdatei (command file) als auch mit einem Skript benutzt werden, das in der aufrufenden Befehlszeile als *zitiertes* (quoted) Argument gesetzt wird. Bei komplexeren Editieraufgaben wird zumeist mit einer Befehlsdatei gearbeitet, die entfehlert werden kann und zur Weiterbenutzung zur Verfügung steht. Das folgende Beispiel zeigt eine einfache Befehlsdatei namens sedbef, die zuvor mit einem Dialog-Editor wie ed(1) oder ex(1)/ vi(1) angelegt wurde.

```
$ cat sedbef
1i\
/*-----------------------------\
 Copyright Notice\
 This programm may not be ...\
 ...\
------------------------------*/
s/funk/proc/g
```

Die Befehlsdatei enthält zwei Editier-Anweisungen: Erstens, eine Copyright-Anzeige soll als Kommentar unmittelbar vor der ersten Zeile eingefügt werden (i: insert); zweitens sollen alle (g: global) Instanzen des Wortes funk durch proc ersetzt (s: substitute) werden.

Die Editier-Prozedur kann nun auf beliebige Quelldateien angewendet werden, wobei durch Umlenkung der Ausgabe von *sed* zugleich neue Quelldateien angelegt werden können:

```
$ sed -f sedbef prog3.c > prog3x.c
$ sed -f sedbef prog3.sub1.c > prog3x.sub1.c
...

$ cat prog3x.c
/*---------------------------------
Copyright Notice
This programm may not be ...
...
------------------------------*/
...
main()
{
...
}
```

Der Durchlauf-Editor wird unter seinem Eintrag **sed(1)/BHB** recht knapp beschrieben; eine originäre Beschreibung wird vom Urheber selbst in McMAHON (1978) gegeben. McGILTON and MORGAN(1983) geben eine pragmatische Einführung nebst Beispielen.

Beim Zeileneditor **ed(1)** kann ebenfalls eine Befehlsdatei angelegt werden, wobei die Syntax sich geringfügig unterscheidet:

```
$ cat edbef
1i
/*-----------------------------
  Copyright Notice
  ...
-----------------------------*
.
1,$s/funk/proc/g
w prog3x.c
q
```

Die Copyright-Anzeige wird wiederum mit `1i` unmittelbar vor der ersten Zeile eingefügt; ihr Text erstreckt sich bis zu dem Punkt mit dem die Eingabe abgeschlossen wird. Mit der Anweisung `1,$s` ... erfolgt danach eine globale Substitution von `funk` durch `proc`. Mit `w prog3x.c` wird der modifizierte Quellkode in einer neuen Datei abgespeichert. Mit `q` wird der Editvorgang beendet.

Der Zeileneditor wird dann unter Umlenkung der Normaleingabe (standard input) auf die Befehlsdatei aufgerufen, wobei die Anzahl der eingelesenen und ausgegebenen Zeichen angezeigt wird:

```
$ ed prog3.c < edbef
213
330
```

Die Editier-Anweisungen und die weitreichenden lexikalischen Leistungsmerkmale werden unter **ed(1)/BHB** knapp aber gründlich beschrieben. McGILTON and MORGAN(1983) geben auch hier eine pragmatische Einführung nebst Beispielen.

2.4.4.4 Formatierte Druckerausgabe

Quelldateien sowie die mit den oben beschriebenen Hilfsprogrammen
erzeugten Auffangdateien können als einfache Textdateien mit dem Ausgabebefehl **cat(1)** unmittelbar an den Gerätekanal (device file) des Druckers
ausgegeben, oder mit dem Befehl **lp(1)** (line printer) als Druckauftrag
aufgegeben werden:[3]

```
cat <Ausgabedatei> > /dev/lp

lp [-<Optionen>] [-P<Druckerkennung>] <Ausgabedatei> ...
```

Bei längeren Auflistungen kann mit dem Formatierbefehl **pr(1)** (print) eine
einfache, für Arbeitsdokumente zumeist ausreichende Formatierung erzielt
werden. *pr* gibt den formatierten Text über die Normalausgabe (standard
output) aus, die dann auf den Gerätekanal des Druckers umgelenkt, oder in
eine Pipeline eingespeist werden kann; wie zum Beispiel in

```
$ pr -n -164 prog3.c > /dev/lp
$ pr -n -164 prog3.c | lp ...
```

Mit der symbolischen Option −n (number) werden die Textzeilen
fortlaufend durchnumeriert, und mit der Argumentoption −164 wird die
Seitenlänge auf 64 Zeilen einschließlich der Kopfzeile festgelegt, wie etwa
für A4-Papier. Das Resultat ist:

```
Feb 5 10:35 1990           prog3.cb              Page 1
 1 #include <math.h>
 2 main()
 3 {
 ...
```

Die zahlreichen Formatier-Optionen werden unter dem Eintrag **pr(1)/BHB**
eingehend beschrieben.

Für anspruchsvolle Dokumentationszwecke steht das Textformatiersystem
nroff(1) (new runoff) zur Verfügung, mit dem komplexere Layouts
programmiert werden können, wobei die Formatierungsanweisungen allerdings in den Textkörper eingestreut werden müssen. Der Eintrag **nroff(1)/
BHB** dient lediglich zu Nachschlagezwecken und ist zum Einstieg
ungeeignet. Eine originäre Beschreibung wird in OSSANNA(1976)
gegeben. McGILTON and MORGAN(1983) geben eine pragmatische Einführung nebst Beispielen.

---

3. Der Verweis /dev/lp kann sowohl einen CENTRONICS-Parallelport als auch einen
   seriellen TTY-Port gemäß CCITT V.24 (RS-232C) darstellen. Gegebenenfalls kann die
   Umlenkung auch auf einen generischen TTY-Kanal wie /dev/tty3 erfolgen.

2.5 Verwaltung von Quelldateien

Die Entwicklungsphasen eines Programmes schlagen sich zumeist in zahlreichen Varianten und Versionen nieder, was bei primitiver Arbeitsweise in einer ständig wachsende Anzahl von Quelldateien resultiert, wobei der Verbrauch an Speicherkapazität nur das kleinere Problem darstellt. Die weitaus schwerwiegendere Gefahr liegt darin, daß die Übersicht über die Zusammenhänge und Übergänge verloren geht.

Der Verwaltung von Quelldateien im Sinne des Begriffes *source code management* liegt nicht nur ein organisatorischer Zweck zugrunde, sondern auch ein rein technischer, der bei der System-, Progressiv- und Fehler-Analyse von ungemeiner Bedeutung ist. Von anderen namhaften Systemen her mag zum Beispiel das **ISPF** (integrated structured programming facility; IBM) und das **CMS** (code management system; DEC) bekannt sein, sowie andere Programm-Verwaltungssysteme, die von unabhängigen Vendoren angeboten werden.

Das UNIX-Systempaket stellt dafür das Verwaltungssystem **sccs(1)** (source code control system) zur Verfügung. Eine gründliche, wenngleich gelegentlich kryptische Beschreibung wird im Leitfaden Software-Entwicklungswerkzeuge (Support Tools Guide) gegeben. Die Beschreibung im Benutzer-Handbuch muß bei älteren Ausgaben von dem Eintrag **admin(1)** nach den einzelnen sccs-Anweisungen hin aufgeschlüsselt werden. Im folgenden soll lediglich eine kurze und pragmatische Einführung gegeben werden, die sich ohne weiteres auf die Verwaltung einzelner Quelldateien anwenden läßt.

Die Verwaltung beginnt mit schon mit der *Urversion* (root version) eines Programmes, dessen Quelldatei dementsprechend gleich anfangs als sccs-Ursprungsdatei (seed file) — hier des Namens prog1.c — angelegt wird:

```
$ vi prog1.c
...
/*------------------------------------------
 Private and personal property of ...
 ...
 ... and the universe is unfolding as
 ... it should ... DESIDERATA
 ... as should this program ...
 ------------------------------------------*/
/*------------------------------------------
 Modul-Name: %M%
 Version-Indikator: %I%
 Qualifizierung: %Q%
 Modul-Typ: %Y%
 Ausgabe-Datum: %H%
```

```
 Letztes Delta-Datum:  %G%
 Stammdatei-Verweis:  %P%
----------------------------------------------*/
#include <stdio.h>
main()
{
 puts("\07\nHallo Welt\n\07");
 exit(0);
}
 ...
```

Der *Kopfteil* (header) der Ursprungsversion besteht aus einer *Eigentumser-klärung* (proprietary notice) und einer persönlichen *Anmerkung* (credo) sowie einem *Identifikations-Paragraphen* (identification stub), dessen Zeilen Einträge mit sccs-Variablen enthalten. Die Variablen %M%, %I%, %Q% und %Y% sind Benutzervariable, die beliebig belegt werden können. Im Gegensatz dazu sind %H%, %G% und %P% Systemvariable, die von sccs verwaltet werden. Der Rest ist einfacher C-Quellkode.

Mit dem sccs-Befehl **admin(1)** kann aus der Ursprungsdatei progl.c nun eine *Stammdatei* (master file) namens s.progx.c erzeugt werden:

```
$ admin -n -fb -fmHaupt -fqBeispiel -ftC-Kode -iprogl.c \
s.progx.c -y"Ursprungsdatei. Autor: Hubert Horatio"
$
```

Wegen der zahlreichen Argumente mußte die überlange Befehlszeile mit dem Rückstrich '\' (backslash) auf einer weiteren Zeile fortgesetzt werden (command line continuation). Die gezeigten Optionen stellen eine für solche Zwecke typische Kombination dar. Die Bedeutungen im einzelnen sind:

-n	(null) Null-Versionen können eingefügt werden.
-fb	(branching flag) Die Stammdatei unterstützt eine Baumstruktur.
-fm	(module flag) Modul-Name, hier Haupt; vom Benutzer vorzugeben und als die Variable %M% abgreifbar.
-fq	(qualification flag) Qualifizierung, hier Beispiel; vom Benutzer vorzugeben und als die Variable %Q% abgreifbar.
-ft	(type flag) Modul-Typ, hier C-Kode; vom Benutzer vorzugeben und als die Variable %Y% abgreifbar.
-i	(input file) Ursprungsdatei, hier progl.c.
s.<Name>	Name der zu erzeugenden Stammdatei; hier s.progx.c.
-y"..."	Zeichenkette als Anmerkung.

Die zahlreichen anderen Optionen sind unter dem Eintrag **admin(1)/BHB** beschrieben.

Der Befehl admin wurde wurde ohne Fehlermeldung ausgeführt. Mit dem
Befehl **ls(1)** können die Attribute der neuangelegten Stammdatei inspiziert
werden, wobei zu beachten ist, daß diese automatisch schreibgeschützt ist:

```
$ ls -l s.progx.c
-r--r--r-- 1 Hubert team1 1008 Feb 6 16:57 s.progx.c
```

Mit dem Befehl **file(1)** wird die Datei als *sccs*-Stammdatei identifiziert:

```
$ file s.progx.c
s.progx.c: sccs file
```

Mit dem *sccs*-Befehl **get(1)** kann eine eigentliche Quelldatei aus der
Stammdatei entnommen werden:

```
$ get s.progx.c
1.1
23 lines
```

wobei zwei Meldungen ausgegeben werden: Die Versionsnummer, hier 1.1,
und die Anzahl der Zeilen, hier 23.

Mit **cat(1)** soll die Quelldatei inspiziert werden:

```
$ cat progx.c
/*-------------------------------------------------
 Private and personal property of ...
 ...
 Modul-Name: Haupt
 Version-Indikator: 1.1
 Qualifizierung: Beispiel
 Modul-Typ: C-Kode
 Ausgabe-Datum: 2/6/92
 Letztes Delta-Datum: 2/6/92
 Stammdatei-Verweis: /Hubert/projekt/s.progx.c
 -----------------------------------------------*/
#include <stdio.h>
main()
{
 puts("\07\nHallo Welt\n\07");
 exit(0);
}
```

Wie zu ersehen ist, wurden die sccs-Variablen im Identifikations-
Paragraphen mit den vorgegebenen beziehungsweise aktuellen Werten
belegt. Die Quelldatei kann nun als eine authentische Version (authentic
version) kompiliert oder freigegeben werden. Sie kann genau deswegen
nicht zur Weiterbearbeitung und insbesondere nicht zum Editieren benutzt
werden, da sie automatisch schreibgeschützt ist, wie ls(1) anzeigt:

```
$ ls -l progx.c
-r--r--r-- 1 Hubert team1 594 Feb 6 17:04 progx.c
```

Die der `sccs`-Stammdatei entnommene Quelldatei wird im Gegensatz zu jener von file(1) als C-Quellkode identifiziert:

```
$ file progx.c
progx.c: c program text
```

Mit der Option -e (edit) wird der Stammdatei eine *Arbeitsdatei* (working file) entnommen:

```
$ get -e s.progx.c
1.1
new delta 1.2
23 lines
```

für die dann auch das Schreibrecht besteht, wie das w im Zugriffsvektor anzeigt:

```
$ ls -l progc.c
-rw-r--r-- 1 Hubert team1 547 Feb 7 10:58 progz.c
```

Die Arbeitsdatei wird jetzt zu einer neuen Version editiert, wobei der obere Kopfteil gelöscht und die Ausgabe-Mitteilung verändert werden:

```
$ vi progx.c
...
/*-----------------------------------------
 Modul-Name: %M%
 Version-Indikator: %I%
 ...
 Stammdatei-Verweis: %P%
-----------------------------------------*/
#include <stdio.h>
main()
{
 puts("\07\nHello world\n\07");
 exit(0);
}
...
```

Zu beachten ist, daß der Identifikations-Paragraph in einer Arbeitsdatei nur die `sccs`-Variablen enthält — deren aktuelle Werte werden ja erst in der authentischen Quelldatei substituiert!

Mit dem `sccs`-Befehl **delta(1)** wird die modifizierte Arbeitsdatei in der Stammdatei abgelegt, wobei *Anmerkungen* (comments) eingetragen werden können (was mit Leereingabe übersprungen werden kann):

```
$ delta s.progx.c
comments? Englische Version
1.2
1 inserted
8 deleted
15 unchanged
```

delta gibt die Versionsnummer (1.2) sowie eine Aufzählung der Veränderungen aus.

Die Weiterentwicklung des Programmes zur Version 1.3 ist im nachfolgenden skizziert.

```
$ get -e s.progx.c
1.2
new delta 1.3
16 lines

$ vi progx.c
...
  Stammdatei-Verweis: %P%
...
  puts("\07\nBonjour Monde\n\07");
...

$ delta s.progx.c
comments? Franz.Version
1.3
1 inserted
1 deleted
15 unchanged
```

Der Inhalt einer Stammdatei kann mit dem sccs-Befehl **prs(1)** abgefragt werden:

```
$ prs s.progx.c
s.progx.c:
D 1.3 92/02/06 16:57:27 Hubert 3 2 00001/00001/00015
MRs:
COMMENTS:
Franz.Version

D 1.2 92/02/06 16:35:10 Hubert 2 1 00001/00008/00015
MRs:
COMMENTS:
Englische Version

D 1.1 92/02/06 16:26:22 Hubert 1 0 00023/00000/00000
MRs:
COMMENTS:
Ursprungsdatei. Autor: Hubert Horatio
```

Jede in der Stammdatei enthaltene Version kann jederzeit als authentische Quelldatei reproduziert werden, wie hier zum Beispiel die inzwischen zurückliegende Version 1.2, wozu get(1) mit der Argumentoption −r<Version> aufgerufen wird:

```
$ get -r1.2 s.progx.c
1.2
16 lines
```

Die der Stammdatei entnommene Version wird mit `cat` inspiziert:

```
$ cat progx.c
/*--------------------------------------------
 Modul-Name: Haupt
 Version-Indikator: 1.2
 Qualifizierung: Beispiel
 Modul-Typ: C-Kode
 Ausgabe-Datum: 2/6/92
 Letztes Delta-Datum: 2/6/92
 Stammdatei-Verweis: /Hubert/projekt/s.progx.c
------------------------------------------*/
#include <stdio.h>
main()
{
 puts("\07\nHello world\n\07");
 exit(0);
}
```

Ein Testkompilieren mit nachfolgendem Aufruf ergibt:

```
$ cc progx.c

$ a.out
[Piep]Hello world[Piep]
```

Eine authentische Quelldatei wird im allgemeinen als offizielle Programm-Version ausgegeben.

Die in der Stammdatei enthaltenen Versionen können mit dem sccs-Befehl **sccsdiff(1)** einfachst verglichen werden, wobei das Vergleichs-schema dem bereits oben besprochenen Befehl diff(1) entspricht:

```
$ sccsdiff -r1.2 -r1.3 s.progx.c
14c14
< puts("\07\nHello world\n\07");
---
> puts("\07\nBonjour Monde\n\07");
$
```

Die Leistungsmerkmale des Quellkode-Verwaltungssystems sccs(1) gehen weit über die eben vorgestellten Einzelheiten hinaus. Insbesondere kann `sccs` mit dem Modul-Monteur **make(1)** zu einem hochproduktiven Software-Entwicklungswerkzeug verbunden werden.

3 Quellkode-Aufbereitung

Die programmierbare *Aufbereitung* (preprocessing) von Quelldateien mit dem C-Präprozessor (preprocessor) ist eine praktisch unentbehrliche Phase in der professionellen und kommerziellen Software-Entwicklung. In der Tat ist der Präprozessor eines der wichtigsten Programmierwerkzeuge im Bereich des *software engineering* überhaupt.

Vom rein funktionalen Standpunkt gleicht der Präprozessor einem programmierbaren Durchlaufeditor, dessen Ausgabe unmittelbar oder mittelbar dem eigentlichen Kompiler zugeführt wird. Neben den fest vorgegebenen lexikalischen Übersetzungsfunktionen stehen spezielle Anweisungen zur Verfügung, mit denen die Aufbereitung unmittelbar aus dem Quelltext heraus gesteuert werden kann. Die folgenden Leistungsmerkmale stehen dabei im Vordergrund:

- Die Darstellung von lexikalisch invarianten aber obskuren Textelementen durch symbolische Konstante, die als sinn- und augenfällige Synonyme oder Akronyme kodiert werden können.
- Die zusammenfassende Parametrisierung von numerischen Konstanten, die mit gleichen Werten und identischer Bedeutung verstreut im Quelltext eingebettet werden müssen.
- Die Abstraktion von funktional identischen Kodesegmenten durch Makros mit Argument-Substitution.
- Durch Symbole gesteuertes Einfügen und Ausgrenzen von Textsegmenten.
- Das Einbinden von Zusatzdateien, deren Inhalte in die Quelldatei eingefügt werden.

Unter geschickter Ausnutzung dieser Leistungsmerkmale können zwei fundamentale Zielvorstellungen des *software engineering* realisiert werden:

- *Robustheit* (robustness) hinsichtlich der praktisch unvermeidlichen Veränderungen infolge der Weiterentwicklung, Anpassung und Pflege während der Lebensdauer (life cycle) eines Software-Produktes. Insbesondere können Prüf- und Entfehlerkonstrukte fest in den Quellkode eingebettet und dann bedingt kompiliert werden.
- *Abstraktion* (abstraction) in dem Sinn, daß ein einziges, von untergeordneten Partikularitäten weitgehend abstrahiertes *virtuelles* Programm in eine ganze Klasse von spezifischen, *realen* Programmen umgesetzt werden kann.

Von allen Veränderungen der C-Sprache, die der ANSI-Standard mit sich gebracht hat, ist die Quellkode-Aufbereitung mit am stärksten betroffen. Damit ist auch die Gefahr am größten, daß nichtkonforme und insbesondere ältere C-Programme nicht nur fatale Kompilierfehler verursachen — was wenigsten noch ein erkennbarer Fehlerzustand ist —, sondern mit versteckten Fehlern kompiliert werden, die sich aus unterschiedlichen Übersetzungen und Substitutionen während der Aufbereitung ergeben — was ein wesentlich heimtückischeres Problem ist. Dem soll im folgenden besondere Aufmerksamkeit gewidmet werden.

Die in diesem Kapitel aufgeführten Beispiele sollten nur in ihrer Eigenschaft als C-Quelltexte gesehen und nicht als Programme nachvollzogen werden, da sie lediglich das Substrat für die besprochenen Bearbeitungsmethoden stellen.

3.1 Der C-Präprozessor

Beim Kompilieren führt der C-Kompiler automatisch eine *Quellkode-Aufbereitung* (source code preprocessing) durch, die nicht willkürlich ab- und angeschaltet werden kann. Die Aufbereitung kann jedoch als separater Schritt vor dem eigentlichen Kompilieren ausgeführt werden, wobei aufbereitete Quelldateien erzeugt werden, die zur Analyse und Weiterbearbeitung zur Verfügung stehen, bevor sie eventuell dem Kompiler zugeführt werden.

Der Aufbereitungsschritt kann sowohl mit dem Kompilierbefehl **cc(1)** als auch mit dem als eigenständiges Dienstprogramm fungierenden C-Präprozessor **cpp(1)** (c-preprocessor) nach den folgenden Aufrufsschemata ausgeführt werden:

```
cc -E|-P [-C] … <Quelldatei> [-o<Ausgabedatei>.i]
cpp [-P] [-C] … <Quelldatei> [<Ausgabedatei>]
```

Kommentare werden in beiden Fällen normalerweise automatisch aus dem Quelltext entfernt; mit der Option -C kann eine Beibehaltung erzwungen werden. Die Option -E bei *cc* entspricht dem Aufruf von *cpp* mit der Option -P, wobei die Ausgabe über die *Normalausgabe* (standard output) erfolgt, die dann auf eine Auffangdatei *umgelenkt* (redirected) oder über eine Pipeline in einen anderen Befehl eingespeist werden kann:

```
cc -E|cpp -P … <Quelldatei> > <Auffangdatei>
cc -E|cpp -P … <Quelldatei> | <Befehl> ...
```

Eine ausführliche Beschreibung dieser und verwandter Aspekte der E/A-Steuerung auf der Shell-Ebene wird in KA(1992) gegeben.

Bei cpp erzeugt die Option −P Kompiler-Anweisungen zur Synchronisation von Zeilennummern und Dateinamen bei Zusatzdateien (Abschnitt 3.7). Bei cc entspricht die Option −P jedoch dem Aufruf von cpp ohne −P — also das genaue Gegenteil! Zusätzlich wird bei Auslassung der Argumentoption −o von cc automatisch eine Ausgabedatei angelegt, deren Basisname sich lediglich durch den Suffix .i von dem der Quelldatei unterscheidet. Bei cpp wird nur dann eine Ausgabedatei erzeugt, wenn deren Bezeichner angegeben ist. Die beiden Aufrufsschemata sind also gleichwertig:

```
cc −P <Quelldatei>
cpp    <Quelldatei>   <Quelldatei>.i
```

Die weiteren Optionen sind unter den Einträgen **cc(1)/BHB** und **cpp(1)/ BHB** beschrieben.

Als einfaches Aufrufbeispiel mit Umlenkung sei die Aufbereitung der im Abschnitt 2.5 erstellten Quelldatei progx.c zu betrachten, wobei die Normalausgabe von cpp auf eine Auffangdatei namens hold.c umgelenkt wird, die dann mit dem Ausgabebefehl **cat(1)** inspiziert werden kann und für weitere Manipulationen zur Verfügung steht:

```
$ cpp −P progl.c > hold.c
$ cat hold.c
# 1 "progx.c"
# 1 "/usr/include/stdio.h" 1 3
...
...
# 1 "progx.c" 2
main()
{
puts("\07\nHello World\n\07");
exit(0);
}
```

Dabei wurden Kommentare entfernt und Kompiler-Anweisungen erzeugt, da die Option −C ausgelassen und die Option −P gesetzt wurde.

Die Quellkode-Aufbereitung verläuft in mehreren Einzelschritten, die in vier steuerbare Hauptphasen (preprocessing phases) zusammengefaßt werden können:

- Lexikalische Aufbereitung
- Symbolische Substitutionen
- Bedingte Zusammenstellung
- Einbinden von Zusatzdateien

Die Hauptphasen sollen im folgenden eingehend besprochen werden.

3.2 Lexikalische Aufbereitung

In dieser Phase, die weitgehend automatisch abläuft, werden die folgenden vier Schritte ausgeführt:

- Kommentare werden ersatzlos entfernt, falls die Option −C nicht gesetzt ist.
- Zeilenfortsetzungen werden zu ganzen Zeilen zusammengefügt.
- Die vom ANSI-Standard vorgegebenen Trigraph-Folgen werden in ASCII-Zeichen übersetzt.
- Die ANSI-Makros werden durch Zeichen- und Zeichenketten-Konstante ersetzt.

Der ANSI-Präprozessor unterscheidet sich also schon in dieser Phase beträchtlich vom traditionellen Präprozessor. Insbesondere muß den Trigraph-Folgen besondere Aufmerksamkeit geschenkt werden.

3.2.1 Kommentare

Kommentare (comments) werden im Quelltext mit zwei Dyaden begrenzt, die sich aus dem Schrägstrich '/' (slash) und dem Asterisk '*' zusammensetzen:

```
... /* <Kommentar> */ ...
```

Die beiden Dyaden verlieren ihre abgrenzende Wirkung innerhalb von *umgebenden Doppelzitaten* "..." (enclosing double quotes); ein Kommentar wird dann als zitierte Zeichenkette (quoted character string) interpretiert. Das Problem kann bei *umgebenden Einzelzitaten* '...' (enclosing single quotes) nicht entstehen, da diese nur einzelne Zeichen umschließen dürfen.

Kommentare können grundsätzlich immer da inseriert werden, wo *Ausdrücke* (expressions) zulässig sind (Abschnitt 4.2). Begrifflich wird zwischen mehreren Formen von Kommentaren unterschieden.

Einzeilen-Kommentare (single line comments) stellen eine abgeschlossene Zeile im Quelltext dar:

```
/* Happy days are here again ... */
```

Mehrzeilen-Kommentare (multi-line comments) können über eine beliebige Anzahl von Zeilen fortgesetzt werden:

```
/* ------------------------------------------
   You are a child of the universe,
   no less than the stars and the trees.
   ...                      DESIDERATA
------------------------------------------*/
```

Mehrere Kommentare können innerhalb einer Zeile eingestreut werden (interspersed comments):

```
/* output */ y = /* input */ x - z /* loss */
```

Kommentare dürfen nicht ineinander verschachtelt werden (no nested comments); d.h. Konstrukte wie etwa das folgende sind nicht zulässig:

```
/* Erster Kommentar ...
   ...
      /* zweiter Kommentar ... */
   ...
   Fortsetzung des ersten ...   */
```

Auf eine besondere Schwachstelle des Präprozessors soll bereits hier hingewiesen werden. Bei Divisionsausdrücken mit einem mit dem Asterisk * geschmückten Zeigerausdruck als unmittelbarer Divisor, wie in

```
...x/*z...
```

entsteht ein gelegentlich obskurer Fehler, da die Dyade /* als Einleitung eines Kommentars mißinterpretiert wird. Das Problem kann durch ein oder mehrere eingestreute Leerzeichen oder durch umgebende Rundklammern (enclosing parentheses) vermieden werden:

```
...x/ *z...              ...x/(*z...)...
```

Die weitverbreitete Angewohnheit, Kode-Segmente wahlweise oder zeitweilig als Kommentare von der Kompilierung auszugrenzen, mag beim Arbeiten mit *trial and error* gerade noch tolerierbar sein, kann jedoch zum hoffnungslosen Kode-Wildwuchs ausarten. Das *Auskommentieren* (commenting-out) kann jedoch auf keinen Fall eine wohldurchdachte Kompilier-Logik ersetzen, die sich auf die im nachfolgenden besprochenen Aufbereitungsanweisungen stützt .

3.2.2 Zeilenfortsetzung

In diesem Schritt werden Zeilenfortsetzungen zusammengefügt und Zeilen mit dem Zeilenvorschub LF (O12) (linefeed) abgegrenzt. Letzteres bezieht sich zumeist auf importierte Quelldateien, deren Zeilen mit alternativen Steuerzeichen begrenzt sind, wie zum Beispiel mit dem Zeilenanfang CR (015) (carriage return).

Eine Zeile kann mit dem Rückstrich (backslash) / unmittelbar gefolgt vom Zeilenvorschub [RET] über mehrere Einzelzeilen fortgesetzt werden (line continuation), die dann zu einer Zeile zusammengefügt werden. Die Anwendung liegt zumeist bei längeren Zeichenketten und Makros sowie bei komplexen Bedingungen, die mit der Anweisung #if kodiert werden.

Das folgende eine Beispiel mag die Anwendung veranschaulichen:

```
$ cat prog.c
...
#define MM "aaaaaaaaaaaaa\[RET]
bbbbbbbbbbbbbbbbbbbbbbbbb";
... MM .
...

$ cpp prog.c
...
... "aaaaaaaaaaaaaabbbbbbbbbbbbbbbbbbbbbbbbb";
...
```

3.2.3 Die ANSI-Trigraph-Folgen

Mit den ANSI-Trigraph-Folgen (trigraph sequences) soll die Möglichkeit gewährleistet werden, C-Programme auch mit älteren Terminals eingeben zu können. Tabelle 3.1 zeigt die Abbildung auf ASCII-Zeichen:

??=	#	Dur-Zeichen (sharp sign)
??/	\	Rückstrich (backslash)
??-	~	Tilde (tilde, wavy)
??!	|	Vertikalstrich (vertical bar)
??'	^	Caret
??(	[	linke eckige Klammer (left square bracket)
??)	]	rechte eckige Klammer (right square bracket)
??<	{	linke geschweifte Klammer (left brace)
??>	}	rechte geschweifte Klammer (right brace)

Tabelle 3.1: Die ANSI-Trigraph-Folgen

Um zum Beispiel das folgende C-Statement zu erhalten,

```
... int var[3] = {11, 22, 33};
```

müßte kodiert werden:

```
... int var??(3??) = ??<11, 22, 33??>;
```

Demgegenüber ist im Auge zu behalten, daß Zeichenketten, die diese Zeichenfolgen mit einer anderen Bedeutung enthalten, dabei sinn- und zweckenstellend verändert werden. Eine Möglichkeit, die Trigraph-Folgen lexikalisch abzuschirmen — etwa mit Fluchtzeichen (escape characters) oder durch Zitierung (quoting) — besteht dabei nicht. Es muß also jeweils mit der Präprozessor-Option entschieden werden, ob eine globale Umsetzung der Trigraph-Folgen stattfinden soll oder nicht.

3.2.4 Die ANSI-Makros

Tabelle 3.2 zeigt die ANSI-Makros und deren typische Substitutionen, die bei der Aufbereitung eingesetzt werden.

Makro	Beispiel	Bedeutung
`__STDC__`	`1`	1: ANSI; $\neq$ 1; nicht ANSI
`__LINE__`	`12`	Absolute Zeilennummer
`__FILE__`	`"prog.c"`	Basisname der Quelldatei
`__DATE__`	`"Jan 8 1991"`	Datum der Aufbereitung
`__TIME__`	`"14:08:17"`	Uhrzeit der Aufbereitung

Tabelle 3.2: ANSI-Makros

Der Makro `__STDC__` bestätigt mit der Ziffer 1, daß die jeweilige Version des C-Präprozessors beziehungsweise des C-Kompilers ANSI-konform ist; jede andere Ziffer zeigt das Gegenteil an. Der Makro `__LINE__` gibt die absolute Zeilennummer an der Stelle der Substitution an und kann zum Entfehlern benutzt werden. Diese beiden Makros ergeben ganzzahlige Konstante, die in allen konstanten Ausdrücken und insbesondere zur Vorbelegung von integralen Variablen benutzt werden können.

Die restlichen drei Makros, deren Bedeutung offensichtlich ist, ergeben doppelzitierte (double quoted) Zeichenketten, die als Zeichenketten-Konstante zur Vorbelegung von Zeichenvektoren und Zeigern vom Typ `char` benutzt werden können (Abschnitt 5.3.1.1 und 5.4).

3.2.5 Lexikalische Substititonsregeln

Sowohl für die ANSI-Makros als auch für symbolische Konstante (Abschnitt 3.4) und Makros (Abschnitt 3.5) gilt, daß eine Substitution **nicht** stattfindet, wenn der Bezeichner beziehungsweise das Symbol sich innerhalb von umgebenden Einzel- oder Doppelzitaten befindet:

```
'...__STDC__...'                    "...__LINE__..."
```

oder unmittelbar an ein alphamerisches Zeichen angrenzt:

```
...a__STDC__ ...                    ...__LINE__x...
```

oder mit einem Einzel- (`'`) oder Doppelzitat (`"`) oder dem Backslash (`\`) angeführt wird:

```
...'__FILE__ ...                    ..."__DATE__ ......\__TIME__ ...
```

In diesen Fällen findet keine Substitution statt!

3.3 Aufbereitungsanweisungen

Mit *Aufbereitungsanweisungen* (preprocessor directives) kann die Verarbeitung des Quellkodes unmittelbar aus der Quelldatei heraus gesteuert werden. Eine Anweisung beginnt mit dem *Dur-Zeichen* # (sharp sign) und wird je nach Typ mit einem Bezeichner und Argumenten vervollständigt:

```
#<Anweisung> [<Argumente>]
```

wobei Standardtrennzeichen zum Einrücken der Anweisung (ANSI+) und Trennen der Argumente benutzt werden können. Nur eine Anweisung kann jeweils in einer Zeile stehen; sie darf von Kommentaren, nicht aber von anderen Anweisungen oder kompilierbaren Quellkode gefolgt werden. Anweisungszeilen können beliebig innerhalb einer Quelldatei eingefügt werden, wobei jedoch bestimmte Regeln zu beachten sind. Tabelle 3.3 listet die Aufbereitungsanweisungen auf.

#	Anmerkung
#define	<Symbol> [...]
#undef	<Symbol>
#ifdef	<Symbol>
#ifndef	<Symbol>
#if	<konstanter Ausdruck>
#elif	<konstanter Ausdruck>
#else	
#endif	
#include	<Dateiname>
#line	<Zeilennummer> [<Dateiname>]
#error	<Fehlermeldung>
#pragma	<Bezeichner>

Tabelle 3.3: Aufbereitungsanweisungen

Die lediglich aus dem Dur-Zeichen # bestehende Null-Anweisung hat keinerlei Wirkung und wird immer — selbst bei der Option -C — durch eine Leerzeile ersetzt. Sie kann für Kommentare benutzt werden.

Mit der Anweisung define kann die Quellkode-Aufbereitung im Sinne einfacher Editier-Vorgänge gesteuert werden:

• Symbolische Substitution von Konstanten
• Makro-Substitutionen
• Setzen von symbolischen Schaltern

Bereits definierte Symbole können mit der Anweisung `undef` gelöscht werden, um unerwünschte oder überflüssige Substitutions- beziehungsweise Schaltwirkungen abzustellen. Ein gelöschtes Symbol kann nachfolgend erneut und verschieden definiert werden.

Mit den Anweisungen `ifdef`, `ifndef`, `if`, `elif`, ..., `endif` erfolgt ein bedingtes Einfügen und Ausgrenzen von Quellkode-Segmenten, das durch symbolische Schalter und Auswertung von Ausdrücken logisch gesteuert werden kann.

Mit `include` können Zusatzdateien in den Quelltext eingebunden werden, was sowohl die offiziellen, unter ANSI und UNIX vorgegebenen Systemdateien als auch private Dateien einschließt. Dies wird im Abschnitt 3.7 weitergeführt.

Mit der Anweisung `line` kann der Ausgangswert der internen Zeilennumerierung (internal line numbering) sowie der aktuelle Dateiname (current filename) für die *unmittelbar nachfolgende Zeile* erneut festgelegt werden. Eine typische Anwendung besteht darin, die durch bedingtes Einfügen und Ausgrenzen von Kodesegmenten verzerrte Zeilennumerierung mit der ursprünglichen zu synchronisieren, was durch Vorgabe der um Eins erhöhten aktuellen Zeilennummer erreicht werden kann. Symbolisch ausgedrückt:

```
nnn #line                    <nnn+1>
```

Die Anwendung wird im Abschnitt 3.6 weitergeführt.

Wenn Programme aus verschiedenen Quelldateien "zusammengestückelt" werden, empfiehlt sich eine Abgrenzung in der Form:

```
...
#line     123    "progy.c"
...
#line     99     "progz.c"
...
```

Die internen — und nicht die ursprünglichen! — Zeilennummern werden in Fehlermeldungen beim Kompilieren und Binden (linking) angegeben und müssen bei Entfehlerhilfen wie **sdb(1)** (symbolic debugger) benutzt werden.

Mit der Anweisung `error` wird die Aufbereitung bedingungslos abgebrochen (error exit), wobei optional eine Fehlermeldung ausgegeben werden kann. Dies wird im Abschnitt 3.6 im Zusammenhang mit der Bedingungslogik weitergeführt. Die Anweisung `pragma` ist als eine kompiler-spezifische Funktion reserviert und muß mit einem jeweils vorgegebenen Bezeichner aufgerufen werden.

3.4 Symbolische Substitutionen

In der einfachsten Form wird ein *Symbol* definiert, dessen Instanzen innerhalb einer Quelldatei bedingt durch eine Folge von Wortzeichen (token sequence) ersetzt werden, was im wesentlichen einer vorprogrammierten Substitution entspricht:

```
#define <Symbol> <WZ> [<WZ> …]
```

Ein Symbol darf sich nur aus *alphamerischen Zeichen* (alphameric characters; Abschnitt 2.2) zusammensetzen und muß sich von den nachfolgenden Wortzeichen unterscheiden, da andernfalls schon bei der ersten Substitution eine endlose Rekursion entsteht, was gleich weiter unten wieder aufgegriffen wird. Die Folge von Wortzeichen terminiert normalerweise mit dem letzten Wortzeichen vor dem Zeilenende, kann jedoch mit dem Backslash \ unmittelbar gefolgt vom Zeilenvorschub über mehrere Zeilen fortgesetzt werden (Abschnitt 3.2.2). Alle dazwischenliegenden Zeichen — also auch Leer- und Tabulatorzeichen — werden mitsubstituiert. Für die Ausführung gelten die im Abschnitt 3.1.4 aufgeführten lexikalischen Substitutionsregeln.

Die folgende Aufstellung veranschaulicht das Substitutionsprinzip und die verschiedenen lexikalischen Einschränkungen. Mit der folgenden Definition des Symbols HF ergeben sich die nachfolgenden Substitutionen:

```
…
#define  HF     "Hallo Freunde"
…
…(…  HF …)…              …(… "Hallo Freunde" …)…
…(HF)…                  …("Hallo Freunde")…
…(…\HF…)…               …(…\HF…)…
…(…"HF…)…               …(…"HF…)…
…(…'HF…)…               …(…'HF…)…
…(…aHF…)…               …(…aHF…)…
…('…HF…')…              …('…HF…')…
…("…HF…")…              …("…HF…")…
…
```

d.h. nur jene Instanzen des Symbols HF wurden ersetzt, die den im Abschnitt 3.2.5 beschriebenen lexikalischen Substitutionsregeln genügen.

Mit der Anweisung undef kann eine vorhergehende symbolische Definition gelöscht werden:

```
#undef                  HF
```

um ein Symbol zur Wiederbenutzung freizusetzen. Ein ohne undef erneut definiertes Symbol verursacht eine (lästige) Fehlermeldung, aber keinen fatalen Fehlerzustand. Ein undef mit einem nicht definierten Symbol wird schweigend übergangen.

Symbolische Konstante werden häufig dazu benutzt, quasi-konstante numerische Werte zu parametrisieren und durch Akronyme zu ersetzen. Ein typisches Beispiel ist die Symbolisierung der Oktalwerte von ASCII-Steuerzeichen:

```
...
#define    NUL    00
#define    SOH    01

...
#define    LF     012
...
```

Ein zweites, auf die eigentliche C-Sprache vorgreifendes Beispiel ist die Parametrisierung von Objektdimensionen in Definitionen und Deklarationen und Konstrukten der Ablaufsteuerung :

```
...
#define    ZEILEN     2000
#define    SPALTEN    8000
...
...  tabelle[ZEILEN][SPALTEN], ...;
...
...  while(i < ZEILEN)
          ... while(j < SPALTEN)
          ...
...
```

Anwendungsspezifische Konstante sollten im allgemeinen nicht unauffindbar im Quelltext vergraben, sondern zweckmäßigst mit sinnvollen Bezeichnern definiert werden:

```
...
#define    DELTA    0.00015
...
          if(abs(x - y) < DELTA) ...
```

Ein Gleiches gilt für mathematische Konstante. Die Zusatzdatei /usr/include/math.h enthält die wichtigsten Definitionen wie e=2.718..., π=3.141... und ln(2)=0.693... :

```
...
#define    M_LN2    0.69314718055994530942
#define    M_PI     3.14159265358979323846
#define    M_E      2.71828182845904523536
...
```

Die Zusatzdatei /usr/include/sys/param.h enthält die systemspezifischen Konstanten des Betriebssystems. Bei numerischen Anwendungsbibliotheken werden die benötigten Definitionen zumeist in separaten Dateien mitgeliefert. Die Anweisung include zum Einbinden von Zusatzdateien wird im nachfolgenden Abschnitt 3.7 eingehend besprochen.

Symbolische Konstante können mit der Argumentoption -D auch
dynamisch aus der Shell-Befehlszeile heraus vorgegeben werden,

```
$ cpp|cc -D<Symbol>=<Konst> [-D<Symbol>=<Konst> ...] ...
```

wie zum Beispiel in:

```
$ cat prog.c
...
... puts(HF);
...
$ cpp -DHF="Hallo Freunde" prog.c
...
... puts("Hallo Freunde");
...
```

Allerdings darf das Symbol HF dabei nicht schon in der Quelldatei vordefiniert sein!

Rekursive symbolische Substitutionen haben — von Glasperlenspielen
abgesehen — keine nennenswerte Anwendung in der Praxis; sie treten
zumeist nur als Probleme auf. In seiner wohl einfachsten Form taucht das
Problem auf, wenn mit der (guten) Absicht gearbeitet wird, eine Definition
auf diese Weise *in situ* zu "neutralisieren"; wie etwa in,

```
#define     A    A
...
... A ...
...
```

was bei den traditionellen C-Präprozessoren eine Rekursionsschleife
erzeugte, die zumeist zu einem Fehlerzustand mit Abbruch führte. Ein
Gleiches galt für tiefer verschachtelte Substitutionen, wie zum Beispiel in:

```
...
#define     A    B
#define     B    C
...
    #undef  A
...
#define     Z    A
...
```

wo jede Substitution von A bis Z unweigerlich eine endlose Rekursion
verursachte. Ein *circulus vitiosus* dieser Art konnte — wie angedeutet —
zumeist einfachst mit einem strategisch plazierten undef aufgebrochen
werden.

Beim ANSI-Präprozessor werden alle jeweils ersetzten Symbole unverzüglich aus dem Wertebereich der Übersetzungswiederholung (rescanning)
entfernt, was endlose Rekursionen von vornherein ausschließt. Dies wird
im Zusammenhang mit Makro-Definitionen noch einmal aufgegriffen.

3.5 Makro-Definitionen

Makros (macros) unterscheiden sich dahingehend von symbolischen Konstanten, daß *Parameter* definiert werden können, welche beim Aufruf (macro call) mit *Argumenten* belegt werden, die dann innerhalb des Makro-Kodes substituiert werden.[1]

Makros (macros) werden mit der Anweisung define nach dem folgenden Schema definiert:

```
#define       <Bezeichner>(a,b,…)      <Makro-Kode>
```

Der Bezeichner (identifier), der sich nur aus *alphamerischen Zeichen* (Abschnitt 2.2) zusammensetzen darf, muß unmittelbar an die linke Rundklammer der Parameterliste angrenzen; eingestreute Leerzeichen würden die gesamte nachfolgende Makro-Definition auf eine rein symbolische Substitution reduzieren, was gelegentlich zu obskuren Fehlerzuständen führen kann. Dies wird weiter unter noch einmal aufgegriffen. Die Makro-Definition terminiert normalerweise mit dem letzten Wortzeichen vor dem Zeilenende. Längere Makros können jedoch mit dem Backslash \ unmittelbar gefolgt vom Zeilenvorschub über fast beliebig viele Zeilen fortgesetzt werden (Abschnitt 3.2.2). Für Makros gelten die im Abschnitt 3.2.5 aufgeführten lexikalischen Substitutionsregeln.

Beim Aufruf eines Makros erfolgt innerhalb des Makro-Kodes eine rein symbolische Substitution der *Parameter* durch die *Argumente*, wie das folgende Schema verdeutlichen mag:

```
#define       mk(a,b,c,…)     … a … b … c …
...
... mk(x,y,z,…) ......     … x … y … y … ...
```

Die Anzahl der beim Aufruf gesetzten Argumente muß der Anzahl der Parameter genau entsprechen: Sowohl zu wenige als auch zu viele Argumente verursachen einen fatalen Fehlerzustand. Makros können mit einer leeren Parameterliste definiert werden, was dann einer einfachen symbolischen Substitution entspricht. Für die Substitution der Argumente innerhalb des Makro-Kodes gelten identisch die im Abschnitt 3.2.5 aufgeführten lexikalischen Substitutionsregeln. Insbesondere werden also Parameter, die innerhalb des Makro-Kodes mit Einzel- oder Doppelzitaten (single, double, quotes) umgeben sind oder an alphamerische Zeichen angrenzen, *nicht* durch durch Argumente ersetzt.

---

1. Der begriffliche Unterschied zwischen *Parametern* und *Argumenten* ist bei Funktionen verbindlich (Abschnitt 8.1) und soll der Beständigkeit wegen auch im Zusammenhang mit Makros benutzt werden.

Darüber hinaus gelten die folgenden Aufrufsregeln, deren Nichtbeachtung zu obskuren Fehlerzuständen führen kann.

Argumente, die Kommas oder Rundklammern enthalten, müssen mit Einzel- oder Doppelzitaten umgeben werden:

```
... mk('p,q', "u,v",...) ...     ... ... 'p,q' ... "u,v" ... ...
... mk(' (w) ', " (w) ",...) ...     ... ... ' (w) ' ... " (w) " ... ...
```

Argumente, die eingestreute Doppelzitate enthalten, müssen mit Einzelzitaten umgeben werden und *vice versa*:

```
... mk('..."...', "...'...",...) ...     ... ... '..."...' ... "...'..." ... ...
```

Derartige lexikalische Manipulationen sind jedoch zumeist nur bei Zeichen- und Zeichenketten-Substitutionen notwendig.

Als erstes konkretes Beispiel eines Makros wäre das Quadrat einer Zahl zu betrachten. Im Gegensatz zu anderen Hochsprachen wie FORTRAN und PL/I besitzt die C-Sprache keinen eigentlichen Potenzoperator (proper exponentiation operator); d.h. das Quadrat (square) muß explizite als Multiplikation kodiert werden:

```
        ... a * a ...
```

Der sinnvolle Ansatz ist, dafür einen Makro zu definieren, der dann wie eine Funktion aufgerufen werden kann:

```
#define   quad(a)    a * a
...
... quad(x) ...
...
```

was in der Substitution resultiert,

```
        ... x * x ...
```

Allerdings entsteht ein Problem, wenn eine Summe oder eine Differenz als Argument substituiert und zum Quadrat erhoben werden soll:

```
... quad(x + y) ...     resultiert in    ... x + y * x + y ...
```

Da der Multiplikationsoperator * Vorrang über den Additionsoperator + hat, wird der Ausdruck sinnentstellend ausgewertet:

```
        ... x + (y * x) + y ...
```

was nicht der beabsichtigten Auswertung entspricht. Um die Integrität von Argument-Ausdrücken mit Operatoren *niedrigeren* Vorranges zu gewährleisten, müssen die symbolischen Variablen mit Rundklammern (parentheses) umgeben werden:

```
#define   quad(a)    (a) * (a)
```

womit sich dann auch das sinnvolle Resultat ergibt:

```
... quad(x + y) ...      ... (x + y) * (x + y) ...
```

Ein weiteres, weniger offensichtliches und deshalb wesentlich heimtückischeres Problem entsteht, wenn ein solcher Makro als Operand mit Operatoren *höheren* Vorranges benutzt wird. Als ein sehr vorgreifendes Beispiel
sei der Anpassungsoperator (cast operator; Abschnitt 6.2.2) betrachtet, der
Vorrang über allen arithmetischen Operatoren hat:

```
... (int)quad(u) ...      ... (int)(a) * (a) ...
```

Hier würde sich der Anpassungsoperator (int), der seinen rechtsseitigen
Operanden als Ganzzahl vom Typ int (Abschnitt 4.3.1.2) interpretiert, nur
auf den *ersten* Multiplikanten beziehen, was nicht im Sinne des originären
Ausdruckes wäre. Zum Beispiel würde der Ausdruck

```
... (int)quad(1.5) ...
```

interpretiert als und ausgeführt im Sinne von:

```
... (int)(1.5) * (1.5) ...      ... (1) * (1.5) ...
```

mit dem inkorrekten Resultat von 1.5. Um einen solchen Makro "hieb- und
stichfest" zu machen, müssen also zusätzlich noch äußere Rundklammern
gesetzt werden:

```
#define   quad(a)   ((a) * (a))
```

Die Interpretation ergibt dann:

```
... (int)((1.5) * (1.5))...      ... (int)(2.25) ...
```

was das korrekte Resultat von 2.0 bringt. *Vorrang* (precedence) sowie die
rechts- und linksseitige *Verknüpfungsrichtung* (associativity) von Operatoren werden im Abschnitt 6.1.2 eingehend behandelt.

Auf ein weiteres leicht zu übersehendes lexikalisches Problem soll hier
noch einmal explizite hingewiesen werden: Zwischen dem Makro-
Bezeichner (macro identifier) und der linken Rundklammer dürfen sich
keine Leerzeichen einschleichen. Eine derart fehlerhafte Definition wie

```
#define   quad (a)((a) * (a))
```

würde beim Aufruf in einer rein symbolischen Substitution resultieren:

```
... quad(x) ...      ... (a)((a) * (a))(x) ...
```

Makros können rekursiv aufgerufen werden; mit der obigen Definition
ergibt der Aufruf:

```
... quad(quad(u) + quad(v)) ...
```

das Resultat:

```
... ((u) * (u) + (v) * (v)) * ((u) * (u) + (v) * (v)) ...
```

was der Formel $(u^2 + v^2)^2$ entspricht.

Makros können sukzessiv verschachtelt werden; wie zum Beispiel in:

```
#define    quad(a)        ((a) * (a))
#define    quad_diff(a,b)        (quad(a) - quad(b))
...
... quad_diff(x, y) ...
...
```

mit dem Resultat:

```
... (((x) * (x) - (v) * (v))) ...
```

was der Formel $(u^2 - v^2)$ entspricht.

Damit entsteht sogleich die Frage der endlosen Rekursion bei selbstaufrufenden Makros, was bei dem traditionellen C-Präprozessor entweder sofort als Fehlerzustand erkannt wurde oder aber bei früheren Versionen zu einer endlosen Verarbeitungsschleife mit gelegentlichem Systemabsturz (crash) führte. Bei dem ANSI-Präprozessor entsteht kein derartiges Rekursionsproblem, da die *Übersetzungswiederholung* (rescanning) bereits ersetzte Symbole ausschließt. Das Verhalten der jeweiligen Version des Präprozessor wird unter **cpp(1)/BHB** beschrieben.

Als ein typisches Beispiel wäre eine Umdefinierung der Quadratwurzelfunktion sqrt(3M) zu betrachten:

```
...
#define    sqrt(a)        sqrt(abs(a))
...
```

Unter ANSI resultiert der Aufruf in der beabsichtigten Substitution:

```
... sqrt(x) ...                ... sqrt(abs(x)) ...
```

Bei früheren Versionen des Präprozessors würde dies eine endlose Rekursion verursachen, die dann zumeist nur noch mit der Interrupt- oder Abbruchstaste, oder mit dem Befehl kill(1) abgebrochen werden konnte.

Makro-Bezeichner sollten sich jedoch im allgemeinen von jenen System- und Bibliotheksfunktionen unterscheiden, die im gleichen Programm aufgerufen werden, um Verwechselungen zu vermeiden. Der richtigere Ansatz wäre wohl, einen ausreichend differenzierten Bezeichner zu benutzen:

```
#define    sqrt_abs(a)    sqrt(abs(a))
...
```

Unter dem ANSI-Standard steht eine *erweiterte* Argumentsubstitution zur Verfügung. Als erstes wäre die wahlweise *einfache* (plain) und *doppelzitierte* (double quoted) Substitution von Zeichenketten zu betrachten, wobei das Dur-Zeichen # als Modifikator benutzt wird:

```
...
#define    dz(z,...)          z   #z ...
...
```

Mit dem Aufruf ergibt sich dann:

```
... dz(Hallo,...) ...           ... Hallo  "Hallo" ... ...
```

Eine typische Anwendungsmöglichkeit ergibt sich im Zusammenhang mit der Ausgabefunktion **printf(3S)**, deren Argumente aus einem doppelzitierten Format und einer Variablenliste bestehen; wie zum Beispiel in:

```
... printf("x = %d y = %d ... ", x, y, ...) ...
```

Solche gelegentlich ziemlich langwierigen Aufrufe können bequem und einfachst durch einen Makro ersetzt werden:

```
#define    ausg(a,b,...,f)       printf(#a f #b f ...,a,b,...)
```
womit der vereinfachte Aufruf

```
... ausg(x,y,...," = %d ") ...
```
ersetzt wird durch:

```
... printf("x" " = %d" "y" " = %d " ... , x, y, ...) ...
```
Die Folge von doppelzitierten Zeichenketten wird dann beim Kompilieren zu einer einzigen Zeichenkette zusammengefaßt (Abschnitt 4.2.3.3).

Eine andere gelegentlich recht nützliche Anwendungsmöglichkeit besteht darin, Zeichenvektoren mit gleichnamigen Zeichenketten vorzubelegen (Abschnitt 5.3.1.1):

```
...
#define    zv(a)       a[] = #a
...
```

Mit dem Aufruf ergibt sich dann:

```
... zv(hallo) ...           ... hallo[] = "hallo" ...
```

Zu beachten ist, daß bei der #-Substitution keine rekursive Substitution stattfindet, was aus dem verschachtelten Aufruf ersehen werden kann:

```
#define    dz(z)       z   #z
...
... dz(dz(ab)) ...           ... ab  "ab"  "dz(dz(ab))" ...
```

Bei der #-Substitution ist zugleich ein *lexikalischer Schutz* (lexical protection) wirksam, der sich ausschließlich auf die Doppelzitate (double quotes) und den als *Fluchtzeichen* (escape character) fungierenden Backslash bezieht. Mit der vorhergehenden Makro-Definition ergeben sich die unterschiedlichen Substitutionen:

```
... dz("ab\c") ...           ... "ab\c"  "\"ab\\c\"" ...
```

d.h. den Doppelzitaten und dem Backslash wird innerhalb der #-Substitution automatisch ein Backslash \ vorangestellt. Der Grund und die Anwendung für diese Form der Substitution liegt in der Interpretation von Zeichenketten beim Kompilieren (Abschnitt 4.2.3.3).

Der ANSI-Standard ermöglicht darüber hinaus die *Verkettung* (concatenation) von Argumenten, wozu die Dyade ## benutzt wird:

```
#define   vk(a,b,c)      a ## b ## #c
...
... vk(xx,yy,zz) ...          ... xxyy"zz" ...
...
```

Eine Wechselwirkung zwischen der verkettenden Dyade ## und der doppelzitierenden Monade # ensteht dabei nicht. Diese Erweiterung erweist sich nützlich, wenn Bezeichner von Objekten dynamisch zusammengesetzt werden sollen, wie zum Beispiel in :

```
#define   dd(s,m)        msg_##s[] = #m
...
... dd(xx,Hallo) ...          ... msg_xx[] = "Hallo" ...
...
```

wobei zugleich auch die Möglichkeit der doppelzitierten #-Substitution ausgenutzt wurde.

Eine weitere Anwendungsmöglichkeit wird im Zusammenhang mit der gerichteten Auswertung von Ausdrücken im Abschnitt 6.8.2 besprochen.

Eine Reihe von anwendungsorientierten Allgemeinzweck-Makros sind in der Zusatzdatei /usr/include/macro.h enthalten, darunter die numerischen Vergleiche max(a,b) und min(a,b) sowie Makros zur Manipulation von Zeichen und Zeichenketten. Makros für die Systemprogrammierung sind in /usr/include/sys/sysmacros.h enthalten.

Die in den Zusatzdateien der ANSI-Standardbibliothek enthaltenen Makros werden im Abschnitt 8.2.2 zusammenfassend besprochen.

3.6 Bedingte Inklusion von Kode-Segmenten

Jedes mit der Anweisung `define` definierte Symbol,

```
#define   <Symbol>        ...
```

— also auch der Bezeichner einer symbolischen Konstanten oder eines Makros — kann als Schalter benutzt werden, um das bedingte Einfügen (conditional inclusion) von Quellkode-Segmenten zu steuern, womit sich eine komplexe Kompilier-Logik (compile logic) aufbauen läßt. Im allgemeinen werden jedoch ausreichend sinnvolle, mit Großbuchstaben kodierte Symbole benutzt:

```
#define   VERSION_X
```

Das einfachste Konstrukt ist das bedingte Einfügen von Kode-Segmenten mit der Anweisung `ifdef`:

```
...
#ifdef     <Symbol>
...
...        [Bei <Symbol> eingefügtes Kodesegment]
...
#endif
#line                    ...
...
```

Der `ifdef`-Paragraph muß mit der Anweisung `endif` abgeschlossen werden. Mit der unmittelbar nachfolgenden Anweisung `line` kann die interne Zeilennumerierung mit der ursprünglichen synchronisiert werden.

Mit der Anweisung `else` kann eine komplementäre Alternative bestimmt werden:

```
...
#ifdef     <Symbol>
...
...        [Bei <Symbol> eingefügtes Kodesegment]
...
#else
...
...        [Ohne <Symbol> eingefügtes Kodesegment]
...
#endif
#line      ...
...
```

`ifdef-else`-Paragraphen können beliebig ineinander verschachtelt werden, wobei die übliche Regel gilt, daß ein `else` sich auf das jeweils unmittelbar vorhergehende `ifdef` bezieht und das erste nachfolgende `endif` den Paragraphen abschließt. `ifdef` kann mit der nachfolgend besprochenen Anweisung `elif` zu logischen Leitern erweitert werden.

Als ein erstes Beispiel wären zwei Versionen eines Programmes zu
betrachten:

```
...
23   #ifdef  DEU
24   puts("Alles Gute");
25   #else
26   puts("Good Luck");
27   #endif
28   #line 29
29   ...
...
```

Mit einer symbolischen Definition wird dann die Aufbereitung gesteuert:

```
#define  DEU                      #undef   DEU
...                               ...
puts("Alles Gute");              puts("Good Luck");
...                               ...
```

wobei die zweite (englische) Version sowohl durch das Auslassen des
Symbols DEU als auch durch das proforma undef erzeugt wird. Letzteres
ist dem Auslassen der Definition vorzuziehen, da "verwaiste" Symbole
leicht andere Probleme verursachen können. Zu beachten ist, daß mit der
Anweisung line die interne Zeilennumerierung mit der ursprünglichen
synchronisiert wurde.

Mit der Anweisung ifndef erfolgt eine invertierte Auswertung, was bei
Auslassung der symbolischen Definition zur Vorbestimmung (default)
benutzt werden kann:

```
...
#ifndef   <Symbol>
...
...          [Ohne <Symbol> eingefügtes Kodesegment]
...
#else
...
...          [Bei <Symbol> eingefügtes Kodesegment]
...
#endif
#line     ...
...
```

ifndef kann wie ifdef mit der nachfolgend besprochenen Anweisung
elif zu logischen Leitern erweitert werden.

Mit der Anweisung if können ganzzahlige Ausdrücke als Bedingungen
ausgewertet und in bedingtes Einfügen und Ausgrenzen umgesetzt werden,
wobei — wie in der C-Sprache selbst — jeder ganzzahlige Wert $\neq 0$ die
Affirmation, und einzig der Nullwert 0 die Negation bestimmt:

```
...
#if          <Ganzzahl-Ausdruck>
...
...          [Affirmation bei ≠ 0]
#else
...          [Negation bei 0]
...
#endif
#line        ...
...
```

Der Ausdruck kann sich aus ganzzahligen Konstanten, Operatoren und
Rundklammern zusammensetzen, wobei die arithmetischen, relationalen
und Bool'schen Operatoren der C-Sprache sowie Rundklammern zum
Abgrenzen von Ausdrücken gelten. Tabelle 3.4 listet die Operatoren nach
absteigendem Vorrang (descending precedence) auf.

(...)	Rundklammern zum Begrenzen von Ausdrücken
!	Logische Negation (NOT)
* / %	Multiplikation, Division und Divisionsrest
+ -	Additon und Subtraktion
< <= >= >	Arithmetische Vergleiche
== !=	Gleichheit und Ungleichheit
&& ||	Logisches (Bool'sches) AND und OR

Tabelle 3.4: Operatoren der Präprozessor-Auswertung

Eine typische Anwendung ist die Überprüfung von parametrisierten
Konstanten, wie zum Beispiel Objektdimensionen, die anderswo definiert
wurden:

```
...
#define      ZEILEN       nnn
#define      SPALTEN      mmm
...
...
#if          ZEILEN * SPALTEN > 100000
#error       Zeilen/Spalten-Dimension
#else
...
... tabelle[ZEILEN][SPALTEN] ...
...
#endif
#line        ...
...
```

Mit dem unären Frage-Operator `defined` kann die Definition eines Symbols festgestellt werden:

```
#if       defined  <SYMBOL>
```

Zum Beispiel kann der ANSI-Standard abgefragt werden:

```
#if       defined __STDC__
...
#if       __STDC__ == 1
...
...       [strenger ANSI-Standard]
...
#else
...
...       [Erweiterung/Abweichung]
...
#endif
#error    Nicht ANSI
#endif
#line     ...
...
```

Ausdrücke können mit den Bool'schen Operatoren zu Bedingungen verknüpft werden, wie zum Beispiel in:

```
...
#if       defined __STDC__ && __STDC__ == 1
...       [strenger ANSI-Standard]
#else
...
#endif
#line     ...
...
```

was gleichwertig im Sinne der de Morgan'schen Inversionsregel mit dem Negationsoperator ausgedrückt werden kann:

```
...
#if       !defined __STDC__ || !__STDC__ == 1
...
```

Komplexere Bedingungen können über mehrere Zeile fortgesetzt werden:

```
...
#if       (ZEILEN * SPALTEN > 10000) \[RET]
          || (ZEILEN > SPALTEN)\[RET]
          || (ZEILEN * SPALTEN == 0)
#error    ...
#else
...
#endif
#line     ...
...
```

Die Anweisung `elif` (ANSI+) kann in allen `if`-artigen Konstrukten im
Sinne von `if-else` eingesetzt werden; sie muß ebenfalls mit einem
auswertbaren Ausdruck als Argument gesetzt werden:

```
#elif      <Ausdruck>
```

Mit `elif` können von `ifdef`, `ifndef` und `if` ausgehend logische
Leitern (logical ladders) mit genau bestimmten Alternativen konstruiert
werden:

```
...
#ifdef     <Symbol₁>
...            [Erste bestimmte Alternative]
...
#elif      defined <Symbol₂>
...            [Zweite bestimmte Alternative]
...

               ...
...
#elif      defined <Symbolₙ>
...            [Letzte bestimmte Alternative]
...
#else
...            [komplementäre Alternative (default)]
               [#error   Keine bestimmte Alternative!]
#endif
#line      <nächste Zeilennummer>
...
```

Der am Ende der Leiter optional gesetzte `else`-Zweig kann als komplementäre Alternative (catch-all) oder mit der Anweisung `error` als Fehler-
ausgang (error exit) benutzt werden. Die Leiter muß mit genau einem
`endif` abgeschlossen werden. Mit einer nachfolgenden Anweisung `line`
kann die Zeilennumerierung synchronisiert werden.

Als Beispiel einer logischen Leiter wäre zu betrachten,

```
...
#ifdef     DEU
           puts("Alles Gute");
               ...
#elif      defined FRA
           puts("Bonne Chance");
               ...
#else
#error     Keine bestimmte Alternative!
#endif
#line      ...

...
```

Symbolische Substitution kann sinnvoll mit bedingter Einfügung verknüpft werden. Das vorhergehende Beispiel kann modifiziert zusammengefaßt werden:

```
...
#ifdef      DEU
#define     MSG             "Alles Gute"
            ...
#elif       defined FRA
#define     MSG             "Bonne Chance"
            ...
#elif       defined ENG
#define     MSG             "Good Luck"
            ...
#endif
...
#if         defined DEU || defined FRA || defined ENG
            puts(MSG);
#else
#error      ...
#endif
#line       ...
...
```

d.h. die Ausgabe-Zeichenketten werden in einem einzigen Statement substituiert, welches der Kompilierung nur bei definierten Substitutionen zugeführt wird.

Symbole können mit der Argumentoption −D dynamisch aus der Shell-Befehlszeile heraus vorgegeben werden,

```
$ cpp|cc ... -D<Symbol> [-D<Symbol> ...]... <Quelldatei>
```

wie zum Beispiel in:

```
$ cc ... -DFRA ... prog.c
```

wobei das Symbol allerdings nicht schon innerhalb der Quelldatei vordefiniert sein darf!

Die Steuerung der Kompilierung durch Symbole erweist sich insbesondere da nützlich, wo verschiedene maschinenabhängige Versionen eines Programmes unterhalten werden müssen. Dabei wird häufig mit einer einzigen Quellkode-Stammdatei (source code master file) gearbeitet, die dann Anweisungen der folgenden Art enthält:

```
...
#ifdef      TOWER_XX
...
#elif       defined WRKSTN_YY
...
#endif
...
```

3.7 Einbinden von Zusatzdateien

Mit der Anweisung `include` können *Zusatzdateien* (include, header, files) überall im Quelltext in dem Sinn eingebunden werden, daß ihr gesamter Inhalt von der `include`-Zeile ausgehend eingefügt wird. Die Anweisung kann in zwei Formen kodiert werden:

```
#include     "Verweis"
#include     <Verweis>
```

wobei die im Abschnitt 2.3 vorgestellten Formen eines Verweises zu beachten sind.

Bei *absoluten Verweisen* (absolute pathnames) sind beide Kodierungsformen gleichwertig:[2]

```
#include     "/Hubert/c_progr/konst.i"
#include     </Hubert/c_progr/konst.i>
```

Der Unterschied liegt bei der Interpretation von *relativen Verweisen* (relative pathnames) und reinen *Basisnamen* (basenames). Bei der doppelzitierten (double quoted) Form geht die Suche nach der Zusatzdatei vom *Stammverzeichnis* (parent directory) der Quelldatei aus und geht erst dann zu dem Systemverzeichnis `/usr/include` über, wenn die Datei dort nicht gefunden wurde. Mit einer Quell- und der Zusatzdatei im gleichen Stammverzeichnis wird lediglich kodiert:

```
...
#include     "konstante.i"
...
```

d.h. der *Weiser* (path)[3] der Quelldatei gilt automatisch für die Zusatzdatei. Dieses Prinzip gilt also insbesondere, wenn sich sowohl die Quelldatei als auch die Zusatzdatei im *aktuellen Arbeitsverzeichnis* (current working directory) befinden.

Im Gegensatz dazu geht bei relativen Verweisen und Basisnamen in *Spitzklammern* (angular brackets),

```
...
#include     <stdio.h>
...
```

die Suche normalerweise von dem Systemverzeichnis `/usr/include` aus, in welchem sich die Standard-Zusatzdateien der UNIX-Systembibliotheken befinden.

---

2. Absolute Verweise können jedoch ernsthafte Portierungsprobleme mit sich bringen.

3. Es sei daran erinnert, daß gilt: <Verweis> : <Weiser>/<Basisname>

Mit der Argumentoption -I von **cpp(1)** und **cc(1)** kann die Suchfolge jedoch zuerst auf ein vorgegebenes Stammverzeichnis gelenkt werden, bevor das Systemverzeichnis /usr/include abgesucht wird:

```
cpp|cc … -I<Stammverzeichnis> … <Quelldatei> …
```

Für die Basisnamen von Zusatzdateien gelten Vereinbarungen bezüglich des *Suffix* (suffix conventions), die während der Aufbereitungsphase zwar nicht erzwungen werden, wohl aber aus Gründen der Konformität und damit der Portierbarkeit eingehalten werden sollten. Es gelten die folgenden Vereinbarungen:

<Name>.i   Generelle Zusatzdateien (general include files), die zumeist ausgelagerten Quellkode enthalten und an den entsprechenden Stellen in Quelldateien eingebunden werden. Sie werden zumeist in privaten Unterverzeichnissen abgelegt.

<Name>.h   Spezielle Zusatzdateien, auch *Kopfdateien* genannt (header files), die im allgemeinen Deklarationen und Definitionen enthalten und deswegen zumeist am Kopf von Quelldateien eingebunden werden.

Standard-Kopfdateien, welche die zum Aufruf von System- und Bibliotheksfunktionen notwendigen Definitionen und Deklarationen enthalten, sind normalerweise in dem Systemverzeichnis /usr/include enthalten.

Zusatzdateien können beliebig verschachtelt werden, wobei jedoch ein leicht zu übersehendes Problem entstehen kann: Der *Weiser* (path) der jeweiligen Datei bestimmt den Ausgangspunkt der relativen Verweise und Basisnamen von nachfolgenden Zusatzdateien, wobei ein kumulativer Effekt entsteht. Etwaige Probleme können durch eine sinnvolle Organisation der Stammverzeichnisse von Zusatzdateien und durch sorgfältiges Kodieren der Verweise vermieden werden. Bei **cpp(1)** kann mit der Option -H eine Auflistung der Verweise der eingebundenen Zusatzdateien ausgegeben werden. Da wo diese Option nicht vorhanden ist, können die Verweise über eine Pipeline mit **fgrep(1)** (Abschnitt 2.4.4.1) aus der Ausgabe von cpp extrahiert werden, wozu die Option -P gesetzt werden muß, um die Kompiler-Anweisungen zu erzeugen:

```
cpp -P <Quelldatei> | fgrep "#include"
```

Die naheliegende Alternative, nur mit absoluten Verweisen zu arbeiten, kann die Portierbarkeit eines Quellkode-Ensembles unter Umständen schwer beeinträchtigen!

Der ANSI-Standard schreibt einen Satz von 15 Zusatzdateien vor, deren Inhalt verbindlich vorgegeben ist:

```
assert.h    ctype.h    errno.h     float.h     limits.h
locale.h    math.h     setjmp.h    signal.h    stdarg.h
stddef.h    stdio.h    stdlib.h    string.h    time.h
```

Diese Dateien sind zumeist (aber nicht immer) in dem Systemverzeichnis / usr/include enthalten[4] und müssen daher mit Winkelklammern angegeben werden:

```
#include    <Name.h>
```

Eine Kurzbeschreibung der ANSI-Zusatzdateien wird im Abschnitt 8.2.2 im Zusammenhang mit der ANSI-Standardbibliothek gegeben.

---

4. Bei bestimmten Versionen des ANSI-Kompilers, die von unabhängigen Herstellern für das SVR3 und frühere UNIX-Versionen nachgeliefert werden, muß die ANSI-Bibliothek als ein separates Verzeichnis eingerichtet werden.

4 Die C-Programmstruktur

In diesem Kapitel soll die generelle Struktur von C-Programmen vorgestellt werden, wobei der Ansatz didaktisch so ausgerichtet ist, daß die dabei entwickelten Begriffe zugleich eine Grundlage bilden, auf der sich ein Verständnis höherer Programmierwerkzeuge wie des lexikalischen Präkompilers lex(1) und des syntaktischen Metakompilers yacc(1) aufbauen kann.

Wie das in Bild 4.1 gezeigte Schema anzeigen soll, geht die Struktur von C-Programmen von der lexikalischen Ebene aus, auf der die syntaktischen Elemente erkannt und zu Ausdrücken zusammengestellt werden, die sich über die nachfolgenden Kompositionsebenen zu immer komplexeren Einheiten höherer Ordnung integrieren: Von Ausdrücken zu Statements über Block-Statements und Funktionen bis zu Modulen. Diesem Schema soll denn auch die thematische Organisation dieses Kapitels folgen.

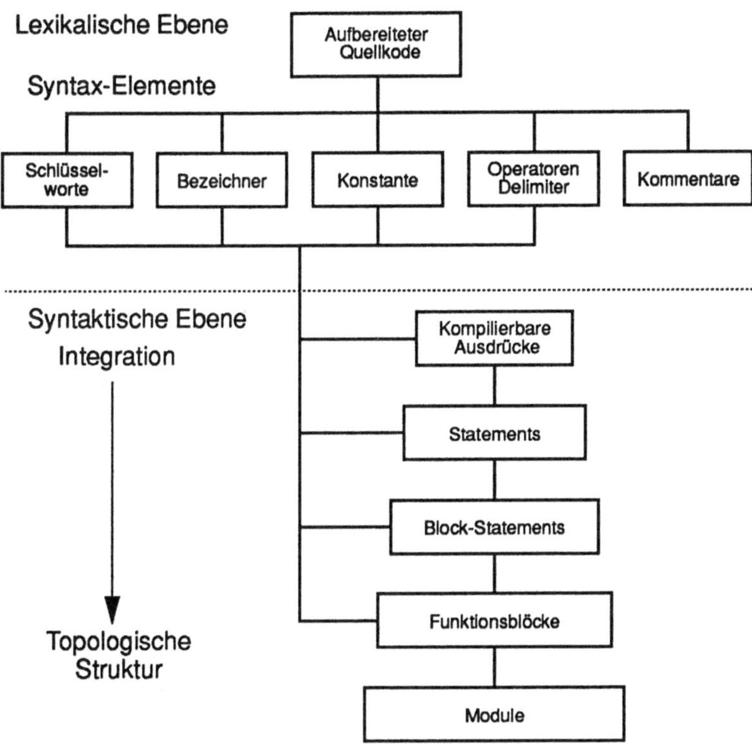

Bild 4.1: Struktur-Schema von C-Programmen

4.1 Die lexikalische Ebene

Ebenso wie bei gesprochenen natürlichen Sprachen das Abgrenzen von
Wortlauten (sounds) mit dem *Gehör* (auditory discrimination) auf der
phonetischen Ebene beginnt, müssen die *Wortzeichen* (tokens) einer
verbalen Programmiersprache zuerst auf der *lexikalischen Ebene* aus dem
aufbereiteten Quellkode *unterschieden* werden (lexical parsing). Erst mit
der kategorischen Einordnung von Wortlauten in *Wortarten* da, und von
Wortzeichen in *syntaktische Elemente* hier, sind die Voraussetzungen der
sprachlichen Verarbeitung beziehungsweise der synthetischen Integration
nach syntaktischen Regeln gegeben. Darauf baut sich letztendlich die
semantische Ebene des sprachlichen Verstehens da, und des sinnvollen
Kompilierens von Programmkode zu CPU-Befehlen hier auf.

Auf der lexikalischen Ebene erfolgt die Unterscheidung und Abgrenzung
der Wortzeichen durch *Standard-Trennzeichen*, *Interpunktionszeichen* und
Zitationszeichen:

- Standard-Trennzeichen (standard separators, white spaces):
  Das Leerzeichen **SP** (040) (space, blank); das Tabulatorzeichen **HT** (09)
  (tab character) sowie der Zeilenvorschub **LF** (012) (linefeed, newline).

- Interpunktionszeichen (punctuation marks):

  ! % & ( ) * + , − / : ; < = > [\ ] ^ { | } ~

- Zitationszeichen, oder einfach *Zitate* (quotes):
  "..." umgebende Doppelzitate (enclosing double quotes)
  '...' umgebende Einzelzitate (enclosing single quotes)

Zu beachten ist, daß die Interpunktionszeichen nur eine Teilmenge der
nichtalphamerischen Zeichen darstellen: @, $, #, ? und ` sind *keine* Inter-
punktionszeichen. Die Interpunktionszeichen setzen sich erst auf der
syntaktischen Ebene zu Operatoren und Begrenzern zusammen.

Zitate begrenzen *Zeichen-* und *Zeichenketten*-Konstante, die eine besondere Klasse von Wortzeichen darstellen. Innerhalb von umgebenden
Einzel- oder Doppelzitaten müssen gleichartige Zitate mit dem Rückstrich
\ (backslash) als *Fluchtzeichen* (escape character) abgedeckt werden.

Standard-Trennzeichen können in ihrer trennenden Funktion beliebig oft
und in beliebiger Kombination im Quelltext vorkommen. Lediglich das
Leerzeichen (SP) und das Tabulatorzeichen (HT), nicht aber der Zeilenvorschub (LF) können innerhalb umgebender Einzel- oder Doppelzitate
eigentliche Bestandteile von solchen Wortzeichen sein, die Zeichen- beziehungsweise Zeichenketten-Konstante darstellen. Alle anderen Wortzeichen
dürfen keine Trennzeichen enthalten.

4.2 Die syntaktischen Elemente

Die auf der lexikalischen Ebene abgegrenzten Wortzeichen gliedern sich in vier eigentliche Kategorien von syntaktischen Elementen (syntactical elements) auf:

- Bezeichner
- Schlüsselworte
- Generische Konstante
- Operatoren und Begrenzer

Als uneigentliche fünfte Kategorie sind Kommentare (comments) zu betrachten, was nachfolgend noch einmal kurz aufgegriffen wird.

4.2.1 Schlüsselworte

Schlüsselworte (keywords) sind "reservierte Worte" (reserved words) in dem Sinn, daß sie nicht als Bezeichner — also nicht als "Namen" —, sondern nur in einem genau bestimmten Kontext benutzt werden dürfen. Tabelle 4.1 listet die generischen Schlüsselworte der C-Sprache auf, wobei die Instruktionen mit einem Asterisk (*), und die ANSI-Zusätze durch Fettdruck gekennzeichnet sind.

```
auto        break*      case*       char        const
continue*   default     do*         double      else*
enum        external    float       for*        goto*
if*         int         long        register    return*
short       signed      sizeof*     static      struct
switch*     typedef     union       unsigned    while*
void        volatile
```

Tabelle 4.1: Schlüsselworte der C-Sprache

Schlüsselworte müssen von anderen Schlüsselworten und Bezeichnern durch Standard-Trennzeichen abgegrenzt werden. Typische Beispiele sind:

```
auto char a,b,c ...          extern int i,j,k,...
...                          ...
if(...) continue;            while(...)...
...                          ...
else break;                  return(char *(...))...
```

Bestimmte Versionen des C-Kompilers unterstützen *uneigentliche Schlüsselworte* (improper keywords), die als Kompiler-Anweisungen fungieren, wie zum Beispiel asm und fortran, mit denen Assembler- beziehungsweise FORTRAN-Kodesegmente unmittelbar in den C-Quelltext inseriert und dann einkompiliert werden können.

4.2.2 Bezeichner

Grammatisch kann ein *Bezeichner* (identifier) [1] in verbalen Programmier-sprachen mit dem Substantiv in natürlichen Sprachen verglichen werden; beide repräsentieren abstrakte Vorstellungen, abstrahierte Begriffe und reale Gegenstände, die mit Verben manipuliert werden sollen. In der C-Sprache werden die folgenden Objekte durch Bezeichner dargestellt:

- Funktions- und Speicherobjekte (function and storage objects)
- Statement-Marken (labels)
- Nominalskalen und -konstante (enumeration scales and constants)

Bezeichnern müssen von anderen Bezeichnern und Schlüsselworten durch Standard-Trennzeichen oder Interpunktionszeichen abgegrenzt werden. Typische Beispiele sind:

```
... double gamma, delta_1, x_epsilon,...
...
... gamma = x_epsilon ...        ... goto abbruch ...
...
... funk1(gamma, delta_1, x_epsilon) ...
```

Bezeichner werden also durch *Zeichenketten* (character strings) dargestellt, für welche die folgenden lexikalischen Regeln gelten:

A. Sie dürfen sich nur aus alphamerischen Zeichen (alphameric characters; Abschnitt 2.2) zusammensetzen.

B. Sie dürfen nur mit einem Groß- oder Kleinbuchstaben oder dem Unterstrich '_' (underscore) beginnen, nicht aber mit einer Ziffer.

C. Zwischen Groß- und Kleinbuchstaben wird lexikalisch unterschieden (case discrimination).

D. Eine Längenbegrenzung (maximal length) besteht nicht. Jedoch wird jeder Bezeichner nur auf eine bestimmte Anfangslänge hin interpre-tiert; alle darüber hinaus nachfolgenden Zeichen werden einfach ignoriert. Die Anzahl dieser *gesicherten Zeichen* (significant characters) variiert mit dem *Geltungsbereich* (scope) des Bezeich-ners. Es gilt:

D1. Für *interne Bezeichner* (internal identifiers), die bei der Kompilierung einer Quelldatei vollkommen aufgehen (resolved references), wird die gesicherte Länge auf normalerweis mindestens 31 Zeichen fest-gelegt, wobei zwischen Groß- oder Kleinbuchstaben unterschieden wird.

---

1. Was nicht mit dem Terminus "descriptor" gleichgesetzt oder alterniert werden sollte.

D2. Bei *externen Bezeichnern* (external identifiers), die bei der Kompilierung nicht aufgehen (unresolved references) und erst durch Binden (linking) ineinander überführt (resolved) werden, ist sowohl die gesicherte Länge als auch die Majuskel/Minuskel-Unterscheidung maschinenabhängig, wobei drastische Unterschiede bestehen können. Zum Beispiel beträgt die gesicherte Länge nur 7 Zeichen bei den Rechnern der venerablen PDP11-Klasse (DEC), dagegen aber > 100 Zeichen bei den Serien 5000 und 7000 sowie anderen Rechnern der TOWER-Klasse (UNISYS, NCR u.a.); in beiden Fällen mit Majuskel/Minuskel-Unterscheidung.

4.2.3 Generische Konstante

Generische Konstante (generic constants),[2] nachfolgend einfach Konstante genannt, stellen Daten dar, die bereits auf der Quellkode-Ebene eingegeben und daher unmittelbar in den binären Objektkode einkompiliert werden. Konstante stellen keine eigentlichen Datenobjekte dar und können daher während der Programmausführung (object time) nicht variiert werden.

Konstante können einerseits nach der Art ihrer Speicherung (storage) in zwei Kategorien aufgeteilt werden:

• Skalare Konstante: Numerische Konstante und Zeichenkonstante
• Zeichenketten-Konstante

Skalare Konstante (scalar constants) stellen nur einen einzigen Wert dar und werden intern als nicht adressierbare und unteilbare Einheiten abgelegt. Im Gegensatz dazu werden *Zeichenketten-Konstante* (character string constants) intern als Vektoren abgelegt, die über Adressen ganz oder teilweise abgegriffen werden können.

Andererseits können Konstante nach ihren Verwendungszweck (usage) in zwei Gruppen aufgegliedert werden:

• Numerische Konstante: Ganzzahl- und Gleitpunkt-Konstante
• Zeichen- und Zeichenketten-Konstante

Die nachfolgenden Unterabschnitte sollen diese Aufgliederung widerspiegeln.

---

2. Im Gegensatz zu symbolischen Konstanten (Abschnitt 3.4).

4.2.3.1 Numerische Konstante

Numerische Konstante (numerical constants) werden als *bloßliegende Zeichenketten* (unquoted character strings) kodiert, die sich aus einer Teilmenge des ASCII-Zeichensatzes gemäß **ascii(5)** zusammensetzen, wobei lexikalische Regeln und typenbedingte Einschränkungen gelten. Lediglich die Kodierungsform bestimmt, ob eine numerische Konstante als Ganzzahl- (integer) oder als Gleitpunkt-Konstante (floating point) interpretiert wird. Mit Suffixen kann die Typung innerhalb dieser beiden Gruppen variiert werden. Generische Festpunkt-Konstante (fixed decimal constants) sind für die C-Sprache nicht definiert.

Einschränkungen bezüglich der Größenordnung und des internen Ablageschemas (internal storage scheme) werden zumeist in der Tabelle "Hardware Characteristics" im Kapitel "C Language"/PLF aufgeführt, was nachfolgend im konkreten Zusammenhang weitergeführt wird.

4.2.3.1.1 Ganzzahl-Konstante

Ganzzahl-Konstante (integer constants) stellen signierte Ganzzahlen dar. Sie können in drei Zahlensystemen kodiert werden:

- Dezimal, mit der Basis 10
- Oktal, mit der Basis 8
- Hexadezimal, mit der Basis 16

Bei der *Dezimal-Kodierung* (decimal coding) werden die Stellenwerte (digits) aus den gewöhnlichen zehn Ziffern $\{0,1,...,9\}$ (common numerals) zusammengesetzt, was den herkömmlichen Stellenwerten entspricht, wobei der *führende Stellenwert* (leading digit) allerdings keine Null 0 enthalten darf. Ohne jegliches Vorzeichen oder mit einem optionalen Pluszeichen + (ANSI+) stellt die Zahl einen positiven Wert dar; ein vorangestelltes Minuszeichen − signiert einen negativen Wert. Zifferngruppierungen mit Punkten, wie in 8.123.456 (europäisch), oder Kommas, wie in 8,123,456 (nordamerikanisch), sind unzulässig.

Typische Beispiele von Dezimal-Konstanten sind:

```
int p=23, q, ...            q = p - 17;
while(x < 100) ...          for(i = 1; i < 321; i += 3) ...
```

Dezimal-Konstante werden fast ausschließlich zur Vorgabe von signierten numerischen Parametern benutzt. Im Gegensatz zu Oktal- und Hexadezimal-Konstanten lassen sich ihre Stellenwerte nicht auf festliegende Gruppen von Bits abbilden.

Bei der *Oktal-Kodierung* (octal coding) werden die Stellenwerte aus den
acht Ziffern {0,1,…,7} zusammengesetzt, was den 8 Stellenwerten
0,1,…,7 entspricht. Der Ziffernkette muß eine symbolische Null 0 vorangestellt werden, um sie als Oktal-Konstante zu kennzeichnen. Eine
typische Anwendung ist, ASCII-Steuerzeichen zu definieren:

```
#define  BEL  07        #define  ESC  033
#define  BS   010       #define  DEL  0177
...                     ...
```

Ohne jegliches Vorzeichen oder mit einem optionalen Pluszeichen +
(ANSI+) stellt eine Oktal-Konstante einen positiven Wert dar; ein vorangestelltes Minuszeichen − signiert einen negativen Wert. Im allgemeinen
sollten Oktal-Konstante jedoch nicht zur Darstellung von signierten
Werten benutzt werden!

Die Oktal-Darstellung erlaubt eine unmittelbare Abbildung der Stellenwerte auf Gruppen zu je 3 Bits; wie zum Beispiel in Oktetts:

```
033 : 00 011 011      0177 : 01 111 111      0377 : 11 111 111
```

was zumeist zur Vorgabe von genau bestimmten Bit-Mustern benutzt wird;
wie zum Beispiel Mikrokode bei der Programmierung von Steuer- und
Rechenwerken.

Bei der *Hexadezimal-Kodierung* (hexadecimal coding) werden die Stellenwerte aus den zehn Ziffern {0,1,…,7} und den ersten fünf Buchstaben
{A,a; B,b; C,c; D,d; E,e; F,f} zusammengesetzt, was den 16
Stellenwerten 0,1,…,9,10,A(11),…,F(15) entspricht. Dabei können
wahlweise Groß- und Kleinbuchstaben benutzt werden. Die symbolische
Dyade 0X oder 0x muß vorangestellt werden, um Hexadezimal-Konstante
als solche zu kennzeichnen. Typische Kodierbeispiele sind:

```
#define  X_ON   0X11     #define  SUB  0x1A
#define  X_OFF  0X13     #define  DEL  0x7f
...
```

Ohne jegliches Vorzeichen oder mit einem optionalen Pluszeichen +
(ANSI+) stellt eine Hexadezimal-Konstante einen positiven Wert dar; ein
vorangestelltes Minuszeichen − signiert einen negativen Wert.

Ebenso wie Oktal-Konstante werden Hexadezimal-Konstante im allgemeinen nicht als signierte Werte benutzt, sondern hauptsächlich zur
Vorgabe von genau bestimmten Bit-Mustern. Die Hexadezimal-Darstellung
erlaubt dabei eine unmittelbare Abbildung der Stellenwerte auf Gruppen
von jeweils 4 Bits, also auf halbe Oktetts (half-bytes, niblets, jargon); wie
zum Beispiel in:

```
0x40dc : 0100 0000 1101 1100
0X7FFE : 0111 1111 1111 1110
```

was vorwiegend zur Vorgabe von Steuer-Oktetts, Mikro-Kodes und anderen genau bestimmten Bit-Mustern benutzt wird.

Ganzzahl-Konstante, die innerhalb der Größenbeschränkung des Objekttyps int liegen (Abschnitt 5.3.1.2), werden internal auch so abgelegt. Größere Konstante werden automatisch als Objekttyp long abgelegt. Die Speicherlänge beider Objekttypen ist maschinenabhängig, beträgt aber bei vielen Rechnertypen 4 Bytes sowohl bei int als auch bei long. Da wo dies zutrifft können signierte Dezimal-Konstante in der Größenordnung von $-2^{31} \le K < 2^{31}$, also etwa $|K| < 2.15 \times 10^9$ variieren, also bis zu 9 Dezimalstellen haben.[3] Vorzeichenfreie Oktal- und Hexadezimal-Konstante können dabei bis zu 11 beziehungsweise 8 Stellen haben. Konstante, welche die jeweils maximale Größenordnung überschreiten, werden vom Kompiler mit einer Fehlermeldung zurückgewiesen.

Konstante, die zwar innerhalb der Größenbeschränkung von int liegen, aber aus Konformitäts- oder Kompatibilätsgründen als long oder unsigned interpretiert werden sollen, müssen mit den Suffixen L (oder l) beziehungsweise U (oder u) kodiert werden. Die beiden Suffixe können kombiniert werden, wie zum Beispiel in 37465023UL und -9871221u (explicitely coded long, unsigned, constants).

4.2.3.1.2 Gleitpunkt-Konstante

Gleitpunkt-Konstante (floating point constants) stellen *reelle Zahlen* (real numbers) dar. Sie können in zwei Formen kodiert werden:

- Gewöhnliche Dezimalform
- Exponentialform

Die *gewöhnliche Dezimalform* (common decimal form) folgt dem bekannten Muster

[-] [...nnn] . [mmm...]

wobei der Punkt '.' (decimal point) den *ganzzahligen Teil* ...nnn (integral part) von dem *Dezimalbruch* mmm... (fractional part) trennt. Alle Dezimalstellen werden mit den Ziffern {0,1,...,9} kodiert. Ohne jegliches Vorzeichen oder mit einem optionalen Pluszeichen + (ANSI+) stellt eine Hexadezimal-Konstante einen positiven Wert dar; ein vorangestelltes Minuszeichen − signiert einen negativen Wert. Stellengruppierung mit Kommas oder Punkten ist unzulässig. Typische Beispiele sind 23.456 und -456.987, usw. Diese Form der Kodierung wird bei Werten mittlerer Größenordnung zumeist der Lesbarkeit wegen vorgezogen.

---

3. Wie z.B. bei den M680XX-Rechnern der TOWER-Klasse.

Die *Exponentialform* (exponential form) wird bei Werten extremer Größenordnungen — d.h. extrem kleine oder große Werte — benutzt. Sie folgt dem Muster

```
[-][...nnn].[mmm...]e|E[-|+]hhh
```

wobei die gewöhnliche Dezimalform durch einen exponentiellen Teil erweitert wird, der als signierte Zehnerpotenz die Größenordnung der Konstante bestimmt. Die Buchstaben e oder E können wahlweise benutzt werden; ein Pluszeichen kann zur Lesbarkeit im Exponenten gesetzt werden. Der Dezimalwert darf nicht vollkommen ausgelassen werden; d.h. die Form E+20 wäre unzulässig!

Stellengruppierung mit dem Komma oder dem Punkt ist auch hier unzulässig. Typische Beispiele korrekter Kodierung sind -5.345E+12, 1.234e-09, -0.63E2, 22e-12 usw.

Bei Gleitpunkt-Konstanten ist die Unterteilung float, double und long double (Abschnitt 5.3.2) zu beachten. Die Typung kann mit Suffixen bestimmt werden, wobei die folgenden Regeln gelten:

- *Ohne* den Suffix F werden Gleitpunkt-Konstante *automatisch* intern nach dem Objekttyp double abgelegt, dessen Speichergröße zumeist 8 Bytes beträgt. Da wo dies zutrifft, können Gleitpunkt-Konstante innerhalb der Größenordnung $10^{-307} \leq |K| \leq 10^{308}$ variieren, mit einer gesicherten Genauigkeit von 15 Stellen.[3]

- *Mit* dem Suffix F (oder f) können Gleitpunkt-Konstante *optional* in den Objekttyp float gezwungen werden, dessen Speichergröße zumeist 4 Bytes beträgt. Da wo dies zutrifft, können die Konstanten innerhalb der Größenordnung $10^{-307} \leq |K| \leq 10^{308}$ variieren, mit einer gesicherten Genauigkeit von 15 Stellen.[3] Typische Kodierbeispiele sind: 120.345F, -3.E+12F, usw.

- *Mit* dem Suffix L (oder l) können Gleitpunkt-Konstante *optional* in den Objekttyp long double (ANSI+) gezwungen werden, dessen Speichergröße maschinenabhängig ist. Da wo keine eigentliche Implementierung besteht, fällt long double mit double zusammen — etwa wie long zumeist immer noch mit int zusammenfällt.

Bei Gleitpunkt-Konstanten, die als Operanden in Ausdrücken oder als Argumente in Funktionsaufrufen fungieren, ist die Typung wegen der automatischen Aufwertung von float zu double von besonderer Wichtigkeit. Dies wird in den Abschnitten 6.4 und 8.1.3.1 im konkreten Zusammenhang weitergeführt.

4.2.3.2 Zeichen-Konstante

Zeichenkonstante (character constants) bestehen grundsätzlich aus nur einem einzigen Zeichen, das mit Einzelzitaten '...' umgeben werden muß (enclosing single quotes). Jedes *darstellbare* (printable) ASCII-Zeichen einschließlich des Leerzeichens (space, blank) kann als Zeichen-Konstante gesetzt werden. Typische Kodierbeispiele sind:

```
... char a = 'a',...          ... if(a == 'b') ...
... while(a == ' ') ...       ... putchar('c') ...
```

Ein sich als Zeichen-Konstante selbst darstellendes Einzelzitat muß mit dem Backslash \ als Fluchtzeichen (escape character) abgedeckt werden, und dieser mit sich selbst:

```
'\''                          '\\'
```

Tabelle 4.2 listet eine Teilmenge der nichtdarstellbaren ASCII-Steuerzeichen (control codes) auf, die durch symbolische Kodes dargestellt werden können. Sie müssen ebenfalls mit Einzelzitaten umgeben werden: '\n','\t' usw.

\b	Rückschritt (BS; backspace)
\f	Seitenvorschub (FF; form-feed)
\n	Zeilenvorschub (LF, NL; linefeed, newline)
\r	Zeilenanfang (CR; carriage return)
\t	Horizontaler Tabulator (HT)
\v	Vertikaler Tabulator (VT)
\a	Ton-Signal (BEL; audible bell, alert)
\k	erzeugt mit $0 \leq k \leq 377$ jedes 8-Bit-Oktett

Tabelle 4.2: Symbolische Darstellung von Ausgabe-Steuerzeichen

Mit der Form '\k' können Oktetts mit einer beliebigen Oktalwertigkeit kodiert werden, wie zum Beispiel die übrigen ASCII-Steuerzeichen:

```
#define   CTL_D   '\4'      #define   CTL_Q   '\17'
#define   CTL_S   '\19'     #define   DEL     '\177'
```

Darüber hinaus können auf diese Weise Oktetts mit einer beliebigen Oktalwertigkeit bis zu 0377 als Zeichenkonstante kodiert werden.

Zeichenkonstante, die eine Ziffer darstellen, unterscheiden sich grundsätzlich von einziffrigen Zahlenkonstanten: '5' $\neq$ 5, '7' $\neq$ '\07' usw. Der numerische Wert einer ASCII-Zeichenkonstanten entspricht dem vorzeichenfreien 7-Bit-Wert, der unter **ascii(5)/PHB** tabelliert ist: '5' = 53, 'A' = 65 usw.

8-Bit-Zeichenkonstante werden häufig im Zusammenhang mit erweiterten Zeichensätzen wie **PC-8** und **LATIN-1** (ISO 8859/1) benutzt, wie zum Beispiel in,

```
#define    Ae1    '\216'    /* PC-8 */              (Ä)
#define    ae1    '\204'    /* PC-8 */              (ä)
...
#define    Sz1    '\236'    /* PC-8 */              (ß)
...
#define    Ae2    '\304'    /* LATIN-1 */           (Ä)
#define    ae2    '\344'    /* LATIN-1 */           (ä)
...
#define    Sz2    '\337'    /* LATIN-1 */           (ß)
```

Zeichenkonstante werden intern als ganzzahlige 8-Bit-Werte nach dem integralen Objekttyp `char` dargestellt (Abschnitt 5.3.1.1), wobei die Vorzeichen-Interpretation maschinenabhängig ist. Da wo der Typ `char` als vorzeichenbehaftet (signed) gilt,[3] werden Zeichenkonstante mit einem Wertebereich $-128 \leq K \leq 127$ dargestellt, wobei das 8. Bit das Vorzeichen bestimmt; andernfalls gilt $0 \leq K \leq 255$. Zeichenkonstante sind daher in Ausdrücken und Funktionsaufrufen mit allen integralen Objekttypen (Abschnitt 5.3.1) kompatibel, wobei allerdings zu beachten ist, daß dabei eine *integrale Aufwertung* (integral promotion) unter Bewahrung des Vorzeichens erfolgt (Abschnitte 6.4 und 8.1.3.1).

Der ANSI-Standard unterstützt erweiterte Zeichenkonstante (wide character constants), die mit dem Präfix L kodiert werden: `L'c'`, `L'\t'`, `L'\277'` usw. Diese Konstanten werden im Zusammenhang mit dem ANSI-Typ `wchar_t` (Abschnitt 5.3.4) benutzt und zumeist nach dem Objekttyp `int` intern dargestellt.

4.2.3.3 Zeichenketten-Konstante

Zeichenketten-Konstante (character string constants) werden als doppelzitierte Zeichenketten (double quoted strings) mit *umgebenden Doppelzitaten* `"..."` (enclosing double quotes) kodiert.

Jedes darstellbare ASCII-Zeichen kann als Bestandteil einer Zeichenkette gesetzt werden; mit Ausnahme der NUL können nichtdarstellbare Steuerzeichen gemäß Tabelle 4.2 durch symbolische Kodes dargestellt werden. Ein typisches Beispiel einer Zeichenketten-Konstanten als Argument der Ausgabefunktion **puts(3S)** wäre:

```
...
puts("\n\7Hallo Welt\7\n");
...
```

Ein sich als Bestandteil einer Zeichenketten-Konstanten selbst darstellendes Doppelzitat muß mit dem Backslash abgedeckt werden, und dieser mit sich selbst:

```
... "Das Doppelzitat \" und der Backslash \\" ...
```

Überlange Zeichenketten können mit dem Backslash unmittelbar gefolgt vom Zeilenvorschub über mehrere Zeilen fortgesetzt werden:

```
... "Sehr lange Zeichenkette ... mit erster\[RET]
Zeilenfortsetzung ...  zweiter\[RET]
Zeilenfortsetzung ..."
```

wobei jedoch Sorge getragen werden muß, daß sich keine unerwünschten Leerzeichen am Anfang der Fortsetzungszeilen einschleichen.

Zeichenketten-Konstante werden intern als adressierbare *Byte-Vektoren* mit *Elementen* vom Objektyp char abgelegt, welche die einzelnen Zeichen enthalten. Vom Kompiler wird automatisch ein abschließendes Element hinzugefügt, das die ASCII-NUL als *Begrenzer* (delimiter) enthält. Zeichenketten-Konstante, die aus k Zeichen bestehen, werden also intern als $k+1$ Bytes abgelegt.

Aus genau diesem Grund darf die ASCII-NUL nicht als Bestandteil einer Zeichenkette auftreten; sie kann auch nicht mit dem Backslash abgedeckt werden. Eine inserierte NUL würde also die Zeichenkette terminieren, wobei der Rest verlorengeht:

```
... "Bis hierher \0 und nicht weiter" ...
```

Die *leere Zeichenkette* (null string) ist sinnvoll und wird mit zwei unmittelbar aufeinanderfolgenden Doppelzitaten kodiert: "" Sie wird intern durch eine NUL dargestellt.

Zeichenketten-Konstante, die nur ein einziges Zeichen enthalten, unterscheiden sich grundsätzlich von Zeichenkonstanten und einziffrigen Zahlenkonstanten, da jene als Vektoren interpretiert und abgelegt werden, und diese als Skalare. Es gilt also: "a" ≠ 'a', "1" ≠ 1 usw.

Zwei oder mehr aufeinanderfolgende und nur durch Standard-Trennzeichen (standard separators) getrennte Zeichenketten-Konstante werden vom Kompiler automatisch zu einer Zeichenkette zusammengefügt:

```
... "\n\7Hallo " "Freunde" " wie geht's\7\n" ...
```

Der ANSI-Standard unterstützt erweiterte Zeichenketten-Konstante (wide character string constants), die mit dem Präfix L kodiert werden:

```
... L"erweiterte Zeichenketten-Konstante" ...
```

Diese Konstanten werden ebenfalls im Zusammenhang mit dem ANSI-Typ wchar_t (Abschnitt 5.3.4) benutzt und intern zumeist als Vektoren mit Elementen vom Objekttyp int dargestellt.

4.2.4 Operatoren und Begrenzer

Die vierte Kategorie von syntaktischen Elementen sind *Operatoren* und *syntaktische Begrenzer*, die sich aus *Interpunktionszeichen* (punctuation marks; Abschnitt 4.1) zusammensetzen. Sie verknüpfen Schlüsselworte, Bezeichner und Konstante zu *Ausdrücken* (expressions) und grenzen diese ab:

- Syntaktische Begrenzer (syntactical delimiters):

  ```
  (...)   :   ;   {...}
  ```
- Operatoren (operators):

  ```
  (...)   [...]    ... ? ... : ...                          (paarweise)
  !   %   &   *   +   -   .   ,   /   <   =   >   ^   |   ~   (monadisch)
  !=   %=   *=   +=   -=   /=   ^=   |=   &=   <=            (dyadisch)
  ==   >=   &&   ++   --   <<   >>   ->   ||   c
  <<=   >>=                                                 (triadisch)
  ```

Die Operatoren können nach ihrer lexikalischen Beschaffenheit gruppiert werden. Die Bedeutung sowie die Rang- und Verknüpfungsfolge von Operatoren wird im Kapitel 6 behandelt.

4.2.5 Kommentare

Kommentare (comments), die mit zwei spiegelgleichen Dyaden abgegrenzt werden,

```
... /* <Kommentar> */ ...
```

wurden bereits im Zusammenhang mit der Quellkode-Aufbereitung durch den Präprozessor im Abschnitt 3.2 vorgestellt. Sie können hier als eine *uneigentliche Kategorie* von syntaktischen Elementen betrachtet und in diesem Sinne überall im Quellkode eingefügt werden. Kommentare werden beim Kompilieren bereits in der Aufbereitungsphase ersatzlos entfernt.

Zu beachten ist, daß die beiden Dyaden innerhalb von umgebenden Doppelzitaten "..." ihre abgrenzende Wirkung verlieren; ein Kommentar wird dann als Bestandteil der Zeichenketten-Konstanten interpretiert. Das Problem kann bei Einzelzitaten '...' nicht enstehen, da diese nur einzelne Zeichen umschließen dürfen.

Auf die lexikalische Schwachstelle des Präprozessors, Divisionsausdrücke der Form .../*x... als Kommentar-Einleitung zu interprtetieren, sei auch in diesem Zusammenhang noch einmal hingewiesen.

4.3 Ausdrücke

Ausdrücke (expressions) bilden die nächsthöhere Einheit in der C-Programmstruktur. Sie stellen einerseits die kleinste, *syntaktisch vollständige Einheit* in dem naiv-intuitiven Sinn dar, daß eben "nichts fehlt". Sie stellen andererseits die kleinste *semantisch abgeschlossene Einheit* in dem Sinn dar, daß sie definierte Resultate erzeugen. Ein einfacher arithmetischer Ausdruck wie ... a + b ... verkörpert diese zwei Aspekte.

Damit entsteht zugleich die Frage der Disposition: Wie soll das erzeugte Resultat weiterbenutzt werden, was zugleich damit zusammenhängt, wie der Ausdruck bezüglich der unmittelbar angrenzenden Kode-Segmente interpretiert werden soll. Die zwei Möglichkeiten sind:

- Verknüpfung zu neuen Ausdrücken, wobei das erzeugte Resultat unmittelbar in die Auswertungsfolge eintritt.

- Abgrenzung als abgeschlossene Sentenz, wobei das erzeugte Resultat explizite zur Verfügung steht.

Die zweite Möglichkeit wird als *Statement* im nachfolgenden Abschnitt weitergeführt.

Die einfachsten Formen von Ausdrücken sind Konstante und Bezeichner:

```
... 1.2E+10 ...              ... x ...
```

Sie werden als *primäre Ausdrücke* (primary expressions) bezeichnet. Alle anderen Formen von Ausdrücken bauen sich rekursiv darauf auf. Typische Beispiele sind:

```
... x = 1.2E+10 ...          ... w * (x + y) ...
... ++i ...                  ... j-- ...
... x[i][j]...               ... funk1(x,y,z)...
```

Mit Ausnahme der primären Ausdrücke setzen sich alle Ausdrücke aus *Operatoren* und *Operanden* zusammen. In diesem Zusammenhang wird zwischen den folgenden Typen von Operatoren unterschieden:

- *Präfix-* und *Postfix*-Operatoren (prefix, postfix, operators) beziehen sich auf einen einzigen Operanden, der einen Verweis auf ein Daten- oder Funktionsobjekt darstellen muß. Diese Operatoren sind daher grundsätzlich objektbezogen.

- *Unäre* Operatoren (unary operators), die sich auf jeweils einen nachgestellten Operanden beziehen.

- *Binäre* Operatoren (binary operators), die sich auf jeweils zwei umgebende Operanden beziehen.

- Ein *ternärer* Operator (ternary operator), der sich auf jeweils drei umgebende Operanden bezieht.

Einfachere Beispiele sind:

```
... mat[i][j]...        ...funk(x,y,z)...        (Postfix)
... h++ ...             ... k-- ...
... ++i ...             ... --j ...              (Präfix)
... *ze ...             ... &w ...               (unär)
... !w ...              ... ~s ...
... a + b ...           ... u / v ...            (binär)
... p && q ...          ... s & t ...
... x ? y : z ...                                (ternär)
```

Die *Verknüpfungsrichtung* (associativity) und der *Vorrang* (precedence)
von Operatoren sowie die *Auswertungsfolge* (evaluation order) von
Operanden werden im Kapitel 6 im Zusammenhang mit den verschiedenen
Operator-Typen eingehend besprochen.

Gemäß der Art des erzeugten Resultat können Ausdrücke als arithmetisch,
relational (vergleichend), logische (Bool'sch) oder bit-bezogen bezeichnet
werden. Einfachere Beispiele sind:

```
... x + 1 ...                   (arithmetisch)

... a > b ...                   (vergleichend, relational)

...(a > b) && (c == d)...       (logisch verknüpft)

... u ^ 2 ...                   (bit-bezogen)
```

Ausdrücke werden *positionsfrei* kodiert (free field coding), wobei die
konstituierenden syntaktischen Elemente — also Bezeichner, Schlüsselworte, Konstante und Operatoren — uneingeschränkt durch Standard-
Trennzeichen getrennt werden können, ohne daß ein festgelegtes Spalten-
schema vorgeschrieben ist. Auf diese Weise können Ausdrücke über
mehrere Zeilen fortgesetzt werden, was auch eine strukturierte Kodierung
mathematischer Formeln erlaubt:

```
... initial_value
              + q_factor * ( /* Summe Gewinn */
                    product_1
                    + product_2
                    ...
                )

              - r_factor * ( /* Summe Verluste */
                    loss_1
                    + loss_2
                    ...
                )
        ...
```

4.4 Einfache Statements

Im offiziellen UNIX-Programmier-Leitfaden wird der Begriff durch die Grundform definiert:

```
<statement> : <expression>;
```

d.h. durch Begrenzen mit dem Semikolon ; als Delimiter wird ein Ausdruck zum Statement. Hier soll an die im vorhergehenden Abschnitt eingangs angestellten pragmatichen Betrachtungen angeknüpft werden.

Als *einfaches Statement* (simple statement), oder als *Statement* schlechthin, wird die kleinste *unabhängig* kompilierbare Einheit bezeichnet, die sich aus Ausdrücken zusammensetzt. Aus der Sicht des Kompilers bedeutet dies, daß ein Statement unabhängig von den unmittelbar vorhergehenden und nachfolgenden Kode-Segmenten kompiliert werden kann. Aus der Sicht des Programmierers stellt ein Statement eine *sinnvoll* abgeschlossene Einheit dar. Zwei Gegenbeispiele mögen diesen rein konzeptionellen Aspekt erhellen:

```
   ...                              ...
       a + b;                              c = a + b;
   ...                              ...
```

Das erste Statement ist zwar syntaktisch abgeschlossen und auch unabhängig kompilierbar, aber hinsichtlich seines Zweckes nicht sinnvoll. Das zweite, mit dem Zuweisungsausdruck vervollständigte Statement ist eine sinnvoll abgeschlossene Einheit, indem es das Resultat des Ausdrucks in einer Aufnahmevariablen ablegt.

Statements werden *positionsfrei* kodiert (free field coding) und können mehrfach in einer Zeile enthalten sein (multiple statement line):

```
<Statement>; <Statement>; ...
```

wie zum Beispiel in

```
... c = a + b; z = x * y - c; ...
```

was einerseits eine Frage des Stils und der Ästhetik ist und andererseits das Entfehlern beträchtlich erschweren kann.

Überlange Statements können durch Zeilenvorschub an den Wortgrenzen ihrer konstituierenden syntaktischen Elemente — also Bezeichner, Schlüsselworte, Konstante und Operatoren — über mehrere Zeilen fortgesetzt werden (continuation). Im allgemeinen sollte und kann das Aufbrechen von syntaktischen Elementen vermieden werden. Da wo dies nicht möglich ist, wie zum Beispiel bei überlangen Zeichenketten-Konstanten, kann eine Zeile mit dem Backslash unmittelbar gefolgt vom Zeilenvorschub auf die nächste Zeile fortgesetzt werden (Abschnitt 3.2.2).

Das *Null-Statement* (null statement) enthält keine Ausdrücke und wird als alleinstehendes Semikolon kodiert,

```
... <Statement>;   ;   <Statement>; ...
```

und geht in der eigentlichen Übersetzungphase spurlos auf. Mit dem Null-Statement können Konstrukte, die normalerweise mit einem ausführbaren Statement vervollständigt werden müssen, syntaktisch korrekt abgeschlossen werden; wie zum Beispiel bei `for`- und `while`-Schleifen, die lediglich dazu benutzt werden sollen, eine im Schleifenkopf programmierte Bedingung zu erzwingen oder abzuwarten:

```
...                      ...
while(...);              for(...);
...                      ...
```

Dies wird im Zusammenhang mit der Ablaufsteuerung in den Abschnitten 7.1.2.2 und 7.1.3.2 weitergeführt.

Ausführbare Statements — der Begriff soll unmittelbar nachfolgend erklärt werden — können mit einer *Marke* (statement label) versehen werden, die sowohl am Zeilenanfang als auch nach vorhergehenden Statements innerhalb einer Zeile kodiert werden kann:

```
...
<Marke>: <statement>;
...
... <Statement>; <Marke>: <Statement>; ...
```

wobei ein Doppelpunkt : (colon) die Marke von dem zugeordneten Statement trennt. Marken müssen innerhalb eines Funktionsblockes (Abschnitt 4.5.2) einzigartig (unique) sein; d.h. eine Marke darf sich nicht identisch wiederholen. Eine Beschränkung bezüglich der Anzahl von unterschiedlichen Marken besteht nicht. Für Marken gelten die lexikalischen Regeln für Bezeichner (Abschnitt 4.2.2).

Die wohl bekannteste Form der Anwendung liegt bei dem umstrittenen `goto`-Konstrukt (Abschnitt 7.1.1.2):

```
... goto <Marke>;
...
<Marke>: <statement>;
```

wobei dann auch von *Sprungmarken* (`goto`-labels) die Rede ist.

Einfache Statements werden nach ihrer Wirkung in zwei Kategorien unterteilt:

- *Ausführbare Statements* (executable statements)
- *Deklarative Statements* (declarative statements)

Ausführbare Statements können im naiv-intuitiven Sinn dahingehend charakterisiert werden, daß ihre Wirkung (action) sich erst während der Programmausführung (object time) einstellt, wie zum Beispiel bei Ausgabe-Statements. Die typischen Aktionsklassen sind:

- Auswertung und Zuweisung (evaluation and assignment)
- Eingabe und Ausgabe, E/A (I/O, input, output)
- Funktionsaufrufe (function calls)

Im Gegensatz dazu sind *deklarative* Statements hauptsächlich durch ihre unmittelbare Wirkung während des Kompiliervorganges bestimmt, wobei die Auswirkung (effect) sich durchaus mittelbar auf die Programmausführung erstrecken kann. Drei Klassen sind hier zu betrachten:

- Typungsvereinbarungen von Daten- und Funktionsobjekten (type specifications)
- Anlegen von Datenobjekten (object definitions)
- Anmelden von angelegten Objekten (object declarations)

4.5 Struktur-Einheiten höherer Ordnung

Im Zuge der vertikalen Integration werden einfache Statements zu Struktur-Einheiten höherer Ordnung zusammengefaßt:

- Block-Statements
- Funktionsblöcke
- Module

Mit diesen höheren Einheiten entsteht zugleich das Konzept der Umgebung (locality), auf welche sich der Geltungsbereich von Objektbezeichnern (scope of identifiers) im Sinne der Begriffe *lokal* und *global* bezieht. Dies wird im Abschnitt 5.2.1 weitergeführt.

4.5.1 Block-Statements

Die auf einfachen Statements aufbauende nächsthöhere Struktur-Einheit ist das *Block-Statement* (block statement), was im folgenden kurz als Block bezeichnet werden soll. [4] Blöcke dienen zwei Hauptzwecken, die sich nicht gegenseitig ausschließen müssen:

---

4. Was nicht mit *Statement-Blöcken* im Sinne von *Anhäufungen* gleichgesetzt oder alterniert werden sollte. Im originären C-Schrifttum ist gelegentlich auch von *compound statements* — wörtlich "zusammengefügten Statements" — die Rede.

- Um den Geltungsbereich (scope) von Objektbezeichnern und damit den Zugriff auf Objekte abzugrenzen.
- Um multiple Statements kollektiv zu steuern.

Blöcke werden jeweils von einem Paar geschweiften Klammern { ... } (paired braces) abgegrenzt:

```
... { /* Block-Anfang */
    ... <Statement>; ...
    ... <Statement>; ...
    } /* Block-Ende */
...
```

Innerhalb eines Blocks müssen alle Statements mit dem Semikolon abgeschlossen werden, auch das letzte unmittelbar vor der abschließenden Klammer. Zu beachten ist jedoch, daß die Klammer selbst nicht unmittelbar von einem Semikolon gefolgt werden muß, welches dann nur als Null-Statement fungieren würde.

Blöcke können vollkommen alleinstehend innerhalb einer Folge einfacher Statements eingefügt und optional mit einer Marke (label) versehen werden:

```
...<Statement>; [<Marke>:]{<Block>} <Statement>;...
```

Eine Marke, die als Sprungmarke am Ende eines Blocks steht, muß mit einem Semikolon als Null-Statement versehen werden:

```
... {...; goto <Marke>; ... <Marke>:;} ...
```

Blöcke können beliebig *verschachtelt* (nested blocks) werden, wobei jedoch Sorge getragen werden sollte, daß die Übersicht nicht verloren geht. Der typische Kodierungsstil ist:

```
... { /* Anfang Block A */
    ... <Statements in A>;
    ... { /* Anfang Block B */
        ... <Statements in B>;
        ... { /* Anfang Block C */
            ... <Statements in C>;
        ... } /* Ende Block C */
        ... <Statements in B>;
    ... } /* Ende Block B */
    ... <Statements in A>;
    } /* Ende Block A */
...
```

Eine der Hauptanwendungen von Blöcken liegt bei den Konstrukten der synchronen Ablaufsteuerung:

```
if(...) {<Block_1>}              while(...) {<Block>}
    else {<Block_2>}              for(...) {<Block>}
```

Dies wird im Kapitel 7 grundlegend weitergeführt.

4.5.2 Funktionsblöcke

Ein *Funktionsblock* (function block) ist die kleinste eigenständige kompilierbare Struktur-Einheit. Er enthält den eigentlichen *Funktionskörper* (function body) und bildet zusammen mit dem *Funktionskopf* (function header) die *Definition* einer aufrufbaren Funktion:

```
... <Bezeichner>(...) /* Funktionskopf */
            { /* Anfang Funktionskörper */
            ... <Statements>; ...
            ... { /* Block  A */
               ... <Statements A>; ...
               } /* Ende A */
            ...
            } /* Ende Funktionskörper */
```

Jedes C-Programm muß einen `main`-Block enthalten, der das *Hauptprogramm* (main program) darstellt:

```
main(...)
    { /* Anfang main */
    ...
    ... <Statements>; ...
    ...
    } /* Ende main */
```

Im Gegensatz zu PL/I (IBM) und anderen prozedurellen Hochsprachen erlaubt die C-Sprache keine *eingebetteten* (embedded) oder *verschachtelten* (nested) Funktionsblöcke. Funktionen werden im Kapitel 8 grundlegend besprochen.

4.5.3 Quellkode-Module

Ein *Quellkode-Modul* (source module) stellt die maximale Struktur-Einheit in dem Sinne dar, daß es beliebig viele Funktionsblöcke enthalten kann, die dann gemeinsam zu einem *Objekt-Modul* kompiliert werden. Module enthalten zumeist eine Anzahl verwandter und subsidiärer Funktionen mit gemeinsamen Definitionen und Deklarationen von anderen Objekten:

```
/* Modul mit mehreren Funktionen */
...
...  <Definitionen und Deklarationen>
...
...  <Funktion1>(...)
      { /* Anfang Funktionskörper1 */

         ...

      } /* Ende Funktionskörper1 */

...
...  <Funktion2>(...)
      { /* Anfang Funktionskörper2 */

         ...

      } /* Ende Funktionskörper2 */
...
...
...
```

Größere Programmverbunde (program suites) werden zumeist in der Form von mehreren Quellkode-Modulen erstellt und verwaltet, von denen genau eines das Hauptprogramm `main` enthält. Die einzelnen Module können unabhängig von einander kompiliert, getestet und entfehlert werden. Die resultierenden Objekt-Module (object modules) können mit dem Linker **ld(1)** (loader) zu einem größeren Objekt-Modul oder zu einer ausführbaren *Programmdatei* (executable program file) gebunden werden. Dies wird im Abschnitt 8.3.2 weitergeführt.

5 Datenobjekte

Im Abschnitt "Objects and Lvalues" der ursprünglichen Beschreibung der C-Sprache von Kernighan and Ritchie (K&R 1978) wurde der Begriff *Objekt* knapp und bestens definiert: "An object is a manipulatable region of storage."[1] Die Begriffsbestimmung, daß ein Objekt einen manipulierbaren Bereich des Arbeitsspeichers (memory, core, storage) darstellt, soll hier lediglich dahingehend verengt werden, daß es sich dabei vorerst um reine *Datenobjekte* (data objects) handeln soll und nicht um *Funktionsobjekte* (function objects), die im Kapitel 8 eingehend behandelt werden sollen.

Der im gleichen Zusammenhang eingeführte Begriff *L-Wert* (lvalue, left value) leitet sich aus dem linksseitigen Ausdruck bei Zuweisungen ab und stellt im erweiterten Sinne einen Verweis auf einen *zugreifbaren* Speicherbereich dar. Der dazu komplementäre Begriff *R-Wert* (rvalue, right value) stellt demgemäß einen *zuweisbaren* Ausdruck dar. Dies wird im Zusammenhang mit der Typung und Artung von Ausdrücken im Abschnitt 6.2 weitergeführt. Im folgenden sollen die beiden Termini in dem eben beschriebenen *naiven* Sinn benutzt werden.

Die C-Sprache ist eine ausgesprochen *objektorientierte* (object-oriented) Programmiersprache [2] mit einem relativ knappen, aber vollkommen ausreichenden Satz von primitiven[3] Objekttypen, mit denen Typen höherer Ordnung nach Bedarf definiert werden können. C unterstützt Objektformen, die von den herkömmlichen Variablen und Anreihungen bis zu hochstrukturierten Aggregaten reichen und dabei flexible Objektmanipulationen mit weitgehenden Freiheiten zulassen.

Im Gegensatz zu den "klassischen" Programmiersprachen, wo Datenobjekte grundsätzlich nur *permanent* angelegt und mit *festvorzugebenden* Bezeichnern (identifiers) erfaßt und manipuliert werden konnten, zeichnet sich die C-Sprache durch zwei besondere Leistungsmerkmale aus:

* *Dynamisches* Anlegen und Freisetzen von Speicherbereichen, die als transiente Datenobjekte jeglicher Art und Form benutzt werden können (dynamic memory allocation, deallocation).

---

1. Was in der 2. Edition (K&R 1988) etwas knapper gefaßt wird: "An object is a named region of storage."

2. Was hier als Leistungsmerkmal im erweiterten Sinn gelten soll. C++ und **Objective** C sind dagegen *objektbezogene* Programmiersysteme im engeren Sinn. Der subtile Unterschied kann durch das durchaus korrekte Adjektiv *object-related* ausgedrückt werden.

3. Primitiv: Im Sinne von nicht zusammengesetzt, nicht unterteilbar. Dementsprechend soll im folgenden auch gelegentlich von *den Primitiven* die Rede sein.

- *Zeiger* (pointers), mit denen Objekte innerhalb einer Typenklasse völlig wahlfrei erfaßt und manipuliert werden können.

Die *dynamische Speicherverwaltung* (dynamic memory management) wird im Abschnitt 5.8 eingehend behandelt. Im folgenden soll vorerst die Verwaltung von permanenten Datenobjekten behandelt werden.

Da Zeiger selbst als permanente Datenobjekte angelegt werden können, ergibt sich die erste grundsätzliche Aufteilung von diesen gemäß Inhalt und operativen Gebrauch:

- *Generische Datenobjekte*, die Nutzdaten enthalten.
- *Zeiger*, welche die Adressen von Objekten enthalten.

Diese Unterscheidung soll im folgenden beständig als die *Artung* (kind) von Objekten bezeichnet werden.

Die *Verwaltung* von permanenten Objekten (object management) erfolgt auf drei logischen Ebenen:

- *Vereinbarung* (specification), wobei die Typung und Artung eines Objektes festgelegt wird.
- *Definition*, wobei ein neues Objekt als "manipulierbarer Bereich" im Arbeitsspeicher angelegt wird.
- *Deklaration* (declaration), wobei ein bereits angelegtes externes Objekt zum Zugriff innerhalb eines Moduls oder eines Blocks angemeldet wird.

Mit Vereinbarungen können neue Typungen und Artungen (derived types) festgelegt werden, die sich auf den primitiven, in der C-Sprache fest vorgegebenen Typen sowie anderen bereits vereinbarten Typungen aufbauen. Typungsvereinbarungen werden im Abschnitt 5.7 zusammenfassend behandelt.

Die Eigenschaften von permanenten Datenobjekten werden durch die folgenden *Attribute* bestimmt:

- *Speicherklasse* (storage class), was sich sowohl auf die Zugriffseigenschaften als auch auf das Arbeitsverhalten von Objekten bezieht.
- *Typung* (typing),[4] was sich auf den Inhalt und die Struktur von Objekten bezieht und die zulässigen und sinnvollen Manipulationen bestimmt.
- *Dimension*, was sich auf Anreihungen gleichartiger Objekte bezieht.

Im folgenden sollen zuerst die grundlegenden Schemata zur Definition und Deklaration von permanenten Datenobjekten vorgestellt werden.

---

4. Als Gerund des Substantives *type* zu verstehen.

5.1 Definitionen und Deklarationen

Das allgemeine Grundschema eines *Definitions-Statements* zum Anlegen
von Datenobjekten besteht aus den folgenden Klauseln:

```
[<SK>] [<Typung>] <Deklarator>[=<Vorbelegung>], ...
```

mit der *Speicherklasse* (storage class):

```
<SK>: auto|static|register
```

der *Typung* (typing):

```
 <Typung>:    [<Vorsatz>] [<Typ>]
<Vorsatz>:    const|volatile|const volatile
    <Typ>:    [<Zusatz>] <integraler Typ>|
              enum|<Gleitpunkt-Typ>|
              struct|union <Spezifikation|Bezeichner>|
              <ANSI-Typ>|<vereinbarter Typ>|void
<Zusatz>:    signed|unsigned
<integraler Typ>: char|short|int|long
<Gleitpunkt-Typ>: float|double|long double
```

und dem *Deklarator* (declarator),

```
<Deklarator>:    <Bezeichner>[<Dimension>]
                 *...<Bezeichner>[<Dimension>]
```

wobei ein *ungeschmückter* (plain) Bezeichner eigentliche Datenobjekte,
und ein mit Asterisks (*) *geschmückter* (adorned) Bezeichner Zeigerobjekte kennzeichnet, was denn auch die *Artung* (kind) bestimmt. Beide
Objektarten können durch eine nachfolgende *Dekoration* (decoration) mit
einer Dimensionsklausel als *Anreihungen* (arrays) definiert werden. Die
Erweiterung auf Array-Zeiger wird im Abschnitt 5.5.3.2 besprochen.

Mehrere Objekte gleicher Typung aber unterschiedlicher Artung können
mit einem Statement durch aufeinanderfolgende Deklaratoren definiert und
vorbelegt werden, wie dieses einfache Beispiel zeigen mag:

```
static int k, ivekt[3] = {1,2,3}, *izeig = ivekt,...;
```

wo eine Indexvariable, ein Ganzzahlvektor mit 3 Elementen sowie ein
Zeiger gleichzeitig angelegt und vorbelegt werden.

Definitons-Statements müssen am Anfang einer Struktur-Einheit (Block,
Funktionsblock, Modul) und grundsätzlich noch vor dem ersten ausführbaren Statement (executable statement) gesetzt werden. Die Position
bestimmt den *Geltungsbereich* (scope) der aufgeführten Bezeichner;
insbesondere müssen diese innerhalb eines Geltungsbereiches einzigartig
(unique) sein. Dies wird im nachfolgenden Abschnitt 5.2 weitergeführt.

Beim Auslassen der Speicherklasse wird diese durch die Position des Definitions-Statements innerhalb der Quelldatei bestimmt:

* `auto`, innerhalb von Block-Statements und Funktionsblöcken;
* `extern`, außerhalb jeglicher Blöcke.

Die Speicherklassen sowie der Geltungsbereich von Bezeichnern werden im nachfolgenden Abschnitt 5.2 beschrieben.

Die *Typung* (typing)[4] besteht aus einem optionalen *Vorsatz* (qualifier) und dem eigentlichen *Objekttyp* (type). Sie kann ausgelassen werden, wenn das Definitions-Statement durch Angabe der Speicherklasse oder durch die Position am Modulkopf eindeutig als solches bestimmt ist. Der Typ `int` wird dann implizite ohne Vorsatz und Zusatz angenommen. Die Typung kann durch einen mit `typedef` vereinbarten Typungsbezeichner ersetzt werden, was im Abschnitt 5.6.3 weitergeführt wird.

Mit dem *Vorsatz* (qualifier; ANSI+) wird die Variabilität (variability) des Inhaltes von Objekten im Extremen festgelegt: Mit `const` soll die Möglichkeit von Veränderungen innerhalb des Programmes — im wesentlichen also Zuweisungen — ausdrücklich ausgeschlossen werden[5], während mit `volatile` die Möglichkeit jeglicher Veränderungen ausdrücklich offengehalten werden soll, was auch Eingriffe durch Signal-Funktionen, beilaufende Prozesse und Gerätetreiber zuläßt. Die beiden Möglichkeiten schließen sich nicht gegenseitig aus: Die Kombination `const volatile` ist zulässig und durchaus nicht widersprüchlich. Durch Angabe eines Vorsatzes soll dem Kompiler die Möglichkeit einer objektbezogenen Optimierung gegeben werden. Ohne jeglichen Vorsatz wird ein Objekt im herkömmlichen Sinn als "normal" behandelt.

Mit dem *Zusatz* (specifier) `signed` (ANSI+) oder `unsigned` können die Integral-Typen `char`, `short`, `int` und `long` als *vorzeichenbehaftet* beziehungsweise *vorzeichenfrei* bestimmt werden. Die beiden Möglichkeiten schließen einander aus. Bei Auslassung des Zusatzes wird `signed` angenommen. Der Zusatz ist nur bei den Integral-Typen zulässig, und bei allen anderen Typen unzulässig.

Der *Typ* (type) bestimmt den Inhalt von Objekten und die damit zulässigen Manipulationen. Die Bedeutung von `void` hängt von der Art des zu definierenden Objektes ab. Einerseits können damit Pseudo-Datenobjekte ohne eigentliche Speicherbereiche definiert werden[6]; andererseits typenfreie (generische) Zeiger (generic pointer), was im Abschnitt 5.4 weitergeführt wird. Drittens können mit `void` Funktionen ohne Rückgabewert definiert und deklariert werden.

---

5. Der ANSI-Standard legt nicht fest, ob und wie der Vorsatz `const` erzwungen wird.

Die Typen `char`, `short`, ..., `double` sind *Primitive* (primitives) in dem Sinn, daß sie Bestandteil der C-Sprache, und damit dem Kompiler bereits "bekannt" sind. Der Typ `enum` wird zum Anlegen von Nominalskalen und -variablen benutzt, was im Abschnitt 5.3.4 weitergeführt wird. Die Typen `struct` und `union` sind von höherer Ordnung und müssen erst durch Spezifikationen konkretisiert werden. Vereinbarte Typen (derived types) bauen sich auf primitiven, höheren und anderen bereits vereinbarten Typen auf und müssen mit eigenen Typen-Bezeichnern versehen werden. Dies wird im Abschnitt 5.6.3 weitergeführt.

Der *Deklarator* (declarator) mit dem *Bezeichner* (identifier) muß immer angegeben werden. Beim Auslassen der Dimension wird ein Objekt als *Singleton* — also als eine einzige Instanz — angelegt, in welchen jeweils nur ein Satz von Werten abgelegt werden kann. Primitive Singletone reduzieren sich auf *skalare Variable*, in denen jeweils nur ein skalarer Wert abgelegt werden kann.

Beim Auslassen der *Vorbelegungsklausel* (initialization clause) werden externe oder mit `static` definierte Objekte mit Null-Oktetts vorbelegt; bei den Typen `auto` und `register` ist die Vorbelegung vollkommen unbestimmt. Unter ANSI können Objekte jedweder Art unabhängig von der Speicherklasse vorbelegt werden.

Lediglich externe (nicht aber interne!) Objekte können deklariert werden, wobei von einem bereits angelegten oder noch anzulegenden externen Objekt ausgehend ein gleichnamiger Bezeichner angemeldet wird. Das allgemeine Schema eines Deklarations-Statements ist:

```
extern [<Typung>]<Deklarator>[,<Deklarator>,...];

<Deklarator>:[*]<Bezeichner>[<Dimension>]
```

wobei das Schlüsselwort `extern` vorgeschrieben ist (ANSI+). Hinsichtlich der Typung gelten die Regeln von Definitons-Statements. Mehrere Objekte können mit einem Statement deklariert werden; eine Vorbelegung ist jedoch nicht zulässig. Zu beachten ist, daß der Vorsatz und der Zusatz abweichend von der originären Definition deklariert werden kann. Die Dimension kann mit einem Indikator angezeigt werden, was im Abschnitt 5.5.2.1 besprochen wird. Deklarationen müssen wie Definitionen am Anfang einer Struktur-Einheit — also Block oder Modul — gesetzt werden, was im Abschnitt 5.2.1.1 weitergeführt wird.

---

6. Eine gelegentlich sehr nützliche Anwendung bei Team-Projekten besteht darin, solche aussagekräftigen Bezeichner wie 'crap', 'junk', ..., 'test', etc. vorweg zu vereinnahmen, was zumeist durch entsprechende Deklarationen in schreibgeschützten Zusatzdateien erfolgt.

5.2 Speicherklassen

Die *Speicherklasse* (storage class) bestimmt die folgenden Merkmale eines Datenobjektes:

- Den eigentlichen *Speicherbereich* (storage region) bezüglich des Programm-Abbildes (program image) im Arbeitsspeicher.
- Den *Geltungsbereich des Bezeichners* (scope of identifier) und damit die Zugriffsmöglichkeiten innerhalb der topologischen Programm-Struktur.
- Die *Vorbelegung* mit Benutzerdaten (initialization) sowie die Beständigkeit von Laufzeitdaten (object time data conservation).

Beim Laden in den Arbeitsspeicher werden ausführbare C-Programme auf drei getrennte Bereiche abgebildet:

- Eine *Textsektion* (text section)[7], die den eigentlichen Ausführkode des Programmes enthält.
- Ein *statischer Datenbereich* (static data region), der externe und mit `static` definierte Datenobjekte enthält.
- *Dynamische Datensektionen* (dynamic data sections), die mit `auto` definierte Datenobjekte enthalten. Diese werden zumeist als Silos (stacks) bezeichnet.

Bild 5.1 zeigt das logische Schema dieser Aufgliederung; die physische Reihenfolge der Aufteilung im Arbeitsspeicher ist maschinenabhängig.

Ausführkode Textsektion (.text)	statischer Datenbereich (.data, .bss)	dynamische Datensektionen (stacks)

Bild 5.1: Schematische Aufgliederung im Arbeitsspeicher

Zu beachten ist, daß der statische Datenbereich in zwei Sektionen unterteilt ist. Die Sektion `.data` enthält alle vorbelegten, und `.bss` (block started by symbol) alle nichtvorbelegten Datenobjekte; letztere werden jedoch automatisch mit Null-Oktetts vorbelegt.

---

7. Der Terminus "(program) text" bezieht sich in diesem Zusammenhang auf binäre CPU-Befehle (machine instructions), die *Oktetts* mit einer Oktalwertigkeit 00 – 0377 sind und bis zu 8 Bits belegen können. Die entsprechenden Programmdateien werden im UNIX-Sprachgebrauch als *binäre Dateien* (binary files) bezeichnet. Im Gegensatz dazu enthalten *Textdateien* (text files) reine ASCII-Zeichen mit einer Oktalwertigkeit 00 – 0177, die also nur 7 Bits belegen können. Diese bedauerliche Zweideutigkeit des Wortes "text" mag gelegentlich Anlaß zu Mißverständnissen geben.

Die Lage der Speicherbereiche wird in "Common Object File Format"/LSE detailliert beschrieben. Im folgenden soll zuerst das Konzept des Geltungsbereiches erläutert werden.

5.2.1 Der Geltungsbereich von Bezeichnern

Der *Geltungsbereich von Objektbezeichnern* (scope of identifiers) und damit die Zugriffsmöglichkeiten auf Objekte bezieht sich auf die im Abschnitt 4.5 beschriebenen Struktur-Einheiten:

- Block-Statements
- Funktionsblöcke
- Module (Quelldateien)

Erst aus der topologischen Position eines Definitions-Statments — nämlich *außerhalb* und *innerhalb* von Blöcken — ergeben sich die Begriffe *extern* und *intern*, wovon allerdings nur das erstere zugleich ein Schlüsselwort ist. Im weiteren Sinne spiegeln die beiden Begriffe zwar die herkömmliche Grobeinteilung in *global* und *lokal* wider, sind aber wesentlich spezifischer hinsichtlich der topologische Programm-Struktur, was gleich nachfolgend erläutert werden soll.

5.2.1.1 Externe Objekte

Externe Objekte werden außerhalb von Funktionsblöcken — und damit außerhalb jeglicher Block-Statements überhaupt — im Kopfteil eines Moduls definiert und optional vorbelegt und können selektiv in anderen Modulen deklariert und damit benutzt werden. Die Bedingungen liegen bei den Schlüsselworten **extern** und **static**.

Bild 5.2 zeigt ein Szenario mit zwei Modulen A und B in den Quelldateien `mod_A.c` beziehungsweise `mod_B.c`, wo A das Hauptprogramm nebst einer subsidiären Funktionen `sub1`, und B die Funktionen `funk` und `gunk` enthält.

Die Variablen **p** und **q** in A, und **r** und **s** in B sind durch ihre Position im Modulkopf als *externe* Objekte definiert, wobei der Begriff allerdings sogleich relativiert werden muß.

Einerseits ist die Variable p bezüglich A in dem Sinn extern, daß innerhalb von A überall unbeschränkt auf sie zugegeriffen werden kann, wie im Block `main`. Andererseits ist ein zweites p intern in `sub1` definiert, wobei ein völlig unterschiedliches Objekt angelegt wird. Hinsichtlich B ist p als externes Objekt im Modulkopf deklariert und steht somit innerhalb von B unbeschränkt zur Verfügung, wird allerdings auch hier in `gunk` erneut als internes Objekt definiert.

```
$ cat mod_A.c                    # Modul (Quelldatei) A
int p = 1111;
static int q = 2222;
void funk(void), gunk(void);
main()
{
 int s = 3333;
 printf("\n(A)main p:%d, q:%d, s:%d",p,q,s);
 subf(); funk(); gunk();
 exit(0);
}
void sub1(void)
{
 extern int s;
 int p = 4444;
 printf("\n(A)sub1 p:%d, q:%d, s:%d",p,q,s);
}

$ cat mod_B.c                    # Modul (Quelldatei) B
extern int p;
static int r = 5555;
int s = 6666;
void funk(void)
{
 printf("\n(B)funk p:%d, r:%d, s:%d",p,r,s);
}
void gunk(void)
{
 int p = 7777, s = 8888;
 printf("\n(B)gunk p:%d, r:%d, s:%d",p,r,s);
}
$ cc mod_A.c mod_B.c
$ a.out
(A) main p:1111, q:2222, s:3333
(A) sub1 p:4444, q:2222, s:6666
(B) funk p:1111, r:5555, s:6666
(B) gunk p:7777, r:5555, s:8888
```

Bild 5.2: Der Geltungsbereich von externen Objekten

Die im Modulkopf von B definierte externe Variable s wird in A lediglich
in sub1 mit extern deklariert; die in main **ohne** extern definierte
Variable s ist intern und ein völlig anderes Objekt.

Die Wirkung des Schlüsselwortes extern und das Verhalten der Varianten
von p und s sind durch die ausgegebenen Vorbelegungen klar ersichtlich.

Die Wirkung des Attributes `static` hängt von der Position des Definitions-Statement ab. In dem Beispiel bewirkt `static`, daß die Integer-Variablen q und r nur in dem definierenden Modul A beziehungsweise B global zur Verfügung stehen, in den jeweils anderen Modulen aber nicht mit `extern` deklariert und somit auch nicht zur Verfügung gestellt werden können. Der subtile Unterschied zwischen den Begriffen *global* und *extern* ist daraus ersichtlich.

Die in diesem Beispiel vorgestellte Ausgabefunktion **printf(3S)** soll auch nachfolgend wiederholt auf gleiche Weise zur heuristischen Darstellung von Objekt-Inhalten benutzt werden. Eine eingehende Beschreibung dieser Funktion wird im Abschnitt 9.4.4 gegeben.

Mit dem Kompilierbefehl **cc(1)** wurden die beiden Quelldateien gemeinsam kompiliert und zu einer ausführbaren Programmdatei gebunden, die dann mit dem Bezeichner `a.out` aufgerufen wurde. Eine ähnliche Verfahrensweise wird auch in den nachfolgenden Beispielen unterstellt. Kompilieren und Linken wird im Abschnitt 8.3 eingehend besprochen.

5.2.1.2 Interne Objekte

Interne Objekte werden innerhalb von Funktionsblöcken und Block-Statements definiert und optional vorbelegt und stehen nur innerhalb dieser unter ihren Bezeichnern zur Verfügung. Bild 5.3 zeigt die Geltungsbereiche in einem Hauptprogramm, das zwei ineinander verschachtelte Block-Statements enthält. Zu beachten ist, daß die internen Geltungsbereiche der identisch benannten Variablen h sich überlagern und dabei im Sinne der Verschachtelung aufheben.

```
$ cat pgma.c
main()
{
 int h = 9999, a = 1111;
 printf("\nmain size(h):%d, h:%d, a:%d",sizeof(h),h,a);
 { /* Block A */
  short h = 8888;
  printf("\nA size(h):%d, h:%d, a:%d",sizeof(h),h,a);
   { /* Block B */
    char h = 'h';
    printf("\nB size(h):%d, h:%d, a:%d",sizeof(h),h,a);
   } /* Ende Block B */
  printf("\nA size(h):%d, h:%d, a:%d",sizeof(h),h,a);
 } /* Ende Block A */
 printf("\nmain size(h):%d, h:%d, a:%d",sizeof(h),h,a);
 exit(0);
}
```

```
$ cc pgma.c
$ a.out
main size(h):4, h:9999, a:1111
   A size(h):2, h:8888, a:1111
   B size(h):1, h:104,  a:1111
   A size(h):2, h:8888, a:1111
main size(h):4, h:9999, a:1111
```

Bild 5.3: Überlagerung von internen Geltungsbereichen.

Der Geltungsbereich der nur einmal am Anfang des `main`-Blocks
definierten Variablen a erstreckt sich unverändert in die verschachtelten
Blöcke A und B hinein und darüber hinaus bis zum Ende des `main`-Blocks.
Die Geltungsbereiche der Varianten von h sind ersichtlich aus den Vorbelegungen sowie aus der jeweiligen *Objektgröße* (size), die mit der *Kompilerfunktion* `sizeof(...)` bestimmt werden kann. Dies wird im Abschnitt 5.3
weitergeführt.

Das Beispiel zeigt zugleich, wie kritische Objekte, die in übergeordenten
Blöcken definiert sind, durch namensgleiche Definition in internen
Blöcken *ausgeblendet* (masked) werden können.

5.2.2 Vorbelegung und Beständigkeit

Die Speicherklasse bestimmt bei Datenobjekten sowohl die Art der *Vorbelegung* (initialization) als auch die *Beständigkeit* (conservation) der darin
enthaltenen Arbeitsdaten während der Laufzeit eines Programmes.

Externe oder mit `static` definierte Objekten werden als *permanente
Objekte* im statischen Datenbereich (Bild 5.1) angelegt und grundsätzlich
nur einmal beim Programmeintritt vorbelegt; ohne explizite Vorbelegung
erfolgt eine gesicherte automatische Vorbelegung mit Null-Oktetts.
Externe Objekte sind beständig in dem Sinn, daß ihre Inhalte nicht durch
das Überschreiten von Block- oder Funktionsgrenzen verändert werden.

Externe oder mit `static` definierte Objekte jeglicher Form können mit
Konstanten und *konstanten Ausdrücken* (constant expressions), die sich aus
generischen Konstanten und Operatoren zusammensetzen, vorbelegt
werden. Zeiger können dazu noch mit den Adressenkonstanten bereits
definierter externer Objekte vorbelegt werden. Externe Objekte können
jedoch nicht mit *variablen Ausdrücken* (variable expressions), die andere
Variable enthalten, vorbelegt werden.

Bei internen Objekten bestimmen dagegen die Speicherklassen `auto` und
`static` sowohl das Vorbelegungsverhalten als auch die Beständigkeit der
Arbeitsdaten beim Verlassen und *Wiedereintritt* in Block-Statements und
Funktionsblöcke (reentrancy).

Interne Objekte, die in Block-Statements oder Funktionsblöcken mit dem Schlüsselwort `auto` oder ohne Angabe der Speicherklasse definiert werden, werden als *transiente Objekte* im dynamischen Speicherbereich angelegt (Bild 5.1), deren Speicherplatz beim Verlassen des definierenden Blockes im allgemeinen zur Weiterverwendung zur Verfügung steht. Das Vorbelegungsverhalten in der Speicherklasse `auto` unterscheidet sich daher zwangsläufig von dem unter `static`.

Objekte jeglicher Form — also auch Aggregate (ANSI+) — können bei `auto` sowohl mit Konstanten und konstanten Ausdrücken als auch mit variablen Ausdrücken vorbelegt werden. Diese Objekte werden beim Eintritt und bei jedem Wiedereintritt in den Blockbereich mit den vorgegebenen Werten vorbelegt beziehungsweise erneut vorbelegt. Das folgende Fragment veranschaulicht die Vorbelegung mit variablen Ausdrücken, die erst zur Laufzeit ausgewertet werden:

```
int a = 2, ...;
main()
{
  auto int b = a + 3, ...;
  ...
  ... { /* Block A */
      auto int c = a * b + 4, ...;
      ...
      }
  ...
}
```

wo die bereits vorbelegte externe Variable a in der Vorbelegung von b, und beide in der Vorbelegung von c benutzt werden.

Zum anderen aber sind mit `static` definierte interne Objekte in dem Sinn permanent, daß ihr Speicherplatz erhalten bleibt. Sie behalten ihre Arbeitsdaten beim Verlassen des definierenden Blockes und stellen diese beim Wiedereintritt unverändert zur Verfügung. Zwei zwar vorwegnehmende, aber ausreichend einfache Beispiele mögen zuerst das Wiedereintrittsverhalten illustrieren.

In Bild 5.4a werden in Block A die zwei internen Integer-Variablen a und b implizite mit `auto` beziehungsweise explizite mit `static` definiert und jeweils mit 0 vorbelegt. Der Block wird als `for`-Schleife (Abschnitt 7.1.3.2) dreimal ausgeführt; d.h. mit einem Eintritt und zwei Wiedereintritten der Ablauffolge (control flow), wobei die beiden Variablen jeweils um Eins hochgezählt, und die aktuellen Inhalte ausgegeben werden. Wie aus dem nachfolgenden Resultat zu ersehen ist, wird die `auto`-Variable a

jedesmal auf 0 zurückgesetzt, während die `static`-Variable b nur einmal
mit 0 vorbelegt wird, dann ihren Wert behält und somit beim Wiedereintritt
hochgezählt werden kann.

```
$ cat pgmb.c
main()
{
  int i;
  for (i = 0; i < 3; i++)
      { /* Anfang A */
        int a = 0;
        static int b = 0;
        a++; b++;
        printf("auto: %d  static:%d\n", a, b);
      } /* Ende A */
} /* Ende main */
$ cc pgmb.c
$ a.out
auto: 1  static:1
auto: 1  static:2
auto: 1  static:3
```

<u>Bild 5.4a: Vorbelegung und Beständigkeit in Block-Statements</u>

Die eben beschriebenen Merkmale von `auto` und `static` übertragen sich
identisch auf Funktionsblöcke. Das in Bild 5.4b gezeigte Beispiel eines
Hauptprogrammes mit einer wiederholt aufgerufenen subsidiären Funktion
produziert genau dasselbe Resultat.

```
$ cat pgmc.c
main()
{
 funk(); funk(); funk();
 exit(0);
}
funk()
{
 auto int a = 0;
 static int b = 0;
 a++; b++;
 printf("auto: %d  static:%d\n", a, b);
}
$ cc pgmc.c
$ a.out
auto: 1  static:1
auto: 1  static:2
auto: 1  static:3
```

<u>Bild 5.4b: Vorbelegung und Beständigkeit in Funktionsblöcken</u>

Zwar steht der Bezeichner eines mit `static` definierten internen Objektes
außerhalb des definierenden Blocks nicht explizite zur Verfügung, doch
kann mit Zeigern auch nach Verlassen des Blocks noch mittelbar auf das
Objekt zugegriffen werden. Ein etwas vorgreifendes Beispiel mag dies
veranschaulichen:

```
$ cat pgmd.c
main()
{
 char *z;
 { /* Block A */
  static char msg[] = "Hallo";
  printf("\n  in A: %s",msg);
  z = msg;
 } /* Ende A */
 printf("\nnach A: %s",msg);
}

$ cc pgmd.c
$ a.out
  in A: Hallo
nach A: Hallo
```

Der Zeiger `z` vom Typ `char` wird im `main`-Block definiert. In Block A
wird ein mit `static` definierter Zeichenvektor `msg` mit einer Zeichenkette vorbelegt und dann ausgegeben. Die Adresse wird dem Zeiger noch
innerhalb des Blocks zugewiesen. Nach Verlassen des Blocks steht das mit
`static` definierte interne Objekt noch unverändert zur Verfügung.

Globale oder in übergeordneten Blöcken definierte Objekte können in
internen Blöcken unter Übergabe des aktuellen Inhaltes namensgleich
repliziert werden (replication), um Veränderungen der Originale zu unter-
binden. Das folgende Fragment zeigt den Ansatz dazu:

```
...
int a,...;
 ...
  { /* Anfang Block A */
   int b = a, a = b,...;
   ...
  } /* Ende Block A */
...
```

Die blockinterne Variable `b` wird mit dem aktuellen Inhalt der Variablen `a`
vorbelegt. Unmittelbar nachfolgend wird `a` als blockinterne Variable
definiert und mit `b` vorbelegt. Die Anwendung liegt zumeist bei Schnittstellen, in welche *Benutzerkode* (user code) einprogrammiert werden soll.

5.2.3 Register-Variable

Register-Variable können grundsätzlich nur als *skalare* Objekte primitiver Typen — also als *Variable* im engeren Sinne — definiert werden. Sie werden nach jeweiliger Verfügbarkeit von CPU-Registern in diesen abgelegt; überzählige Variable werden als gewöhnliche Speicherobjekte abgelegt. Darüber hinaus können von den primitiven Typen nur jene als Register-Variable definiert werden, deren Speichergröße die jeweilige Registergröße nicht überschreitet; bei 32-Bit-Mikroprozessoren also mit Sicherheit nur die Typen `char`, `short` und `int`. Die Gleitpunkt-Typen `float` und `double` können wegen ihrer internen Darstellung (Fraktion und Exponent; Abschnitt 5.3.3) nicht in Registern abgelegt werden.

Daraus ergibt sich sofort, daß die jeweils gewährte Anzahl von echten Register-Variablen nur sehr beschränkt sein kann und vom CPU-Typ abhängt, was einen hohen Grad von Maschinenabhängigkeit darstellt und somit gewisse Portabilitätsprobleme verursachen kann. Zu beachten ist, daß der Kompiler zwar unzulässige Positionierung und Typen mit Fehlermeldungen zurückweist, überzählige Definitionen von zulässigen Variablen aber nicht zurückmeldet.

Register-Variable können grundsätzlich nur als *interne Objekte* in Block-Statements und Funktionsblöcken, *nicht aber als externe Objekte* definiert werden. Sie können vorbelegt werden, sind jedoch zwangsläufig transient im Sinne von `auto`:

```
... {
      register int h=0, ... ;
      ...
} ...
```

Register-Variable werden zumeist da benutzt, wo "Reibungsverluste" minimiert werden sollen; wie zum Beispiel bei schnell rotierenden Schleifen mit multidimensionalen Objekten, deren Indexe ständig im Zugriff stehen, wie dieses etwas vorgreifende Fragment zeigen mag:

```
... {
      register i,j,k, ...;
      ...
         for(i=0; ....)
            for(j=0; ...)
               for(k=0; ...)
               {...
                 w[i][j][k] = u[i][j][k] + v[i][j][k];
                 ...
               }
      ...
   }
...
```

Da wo die Speichergröße von Zeigern die CPU-Registerbreite nicht
überschreitet, wie zum Beispiel bei 4 Bytes und 32-Bit-CPUs, können
Zeiger als Register-Variable definiert werden. Die Anwendung liegt häufig
beim Durchlaufen mit Absuchen von sehr großen Zeichenvektoren, wie
dieses ebenfalls etwas vorgreifende Fragment andeuten mag:

```
...
...   char text[80000], ....;
...
...   {
          register char *cp = text,...;
          ...
          while(*cp++ != NUL) ...
          ...
      } ...
...
```

Der Zeiger cp vom Typ char wird mit der Anfangsadresse des Vektors
text vorbelegt, der bis zu 80000 Zeichen aufnehmen kann. Im Kopf der
while-Schleife (Abschnitt 7.1.2.2) wird der Inhalt der jeweiligen
Speicheradresse — also das jeweilige Element von text — mit der
ASCII-NUL verglichen, worauf die Adresse unmittelbar um Eins hochgezählt wird. Die rasant laufende Schleife wird bei der ersten NUL
abgebrochen. Zeiger werden im Abschnitt 5.4 formal eingeführt. Die
Zeiger-Operatoren-Kombination *cp++ wird im Abschnitt 6.3.2
besprochen.

5.3 Die primitiven Objekttypen

Die C-Sprache stellt insgesamt 6 primitive *Objekttypen* (data types) zur Verfügung:

```
<Typ>: char|short|int|long|float|double|long double
```

die zusammen mit Bit-Feldern (Abschnitt 5.6.1.1) als die *arithmetischen Typen* (arithmetic types) bezeichnet werden. Der Pseudo-Typ enum wird im Abschnitt 5.3.3 besprochen.

Die Speichergröße (storage size) der primitiven Objekttypen ist maschinenabhängig. Tabelle 5.1 zeigt die typische Speichergröße in Bits für M680XX-Rechner im Vergleich zur PDP-11 (DEC).

Typ	char	short	int	long	float	double
PDP-11	8	16	16	32	32	64
M680XX	8	32	32	32	32	64

Tabelle 5.1: Vergleich von Speichergrößen (Bits)

Der augenfällige Unterschied liegt bei **int**: 16 Bits (PDP) gegen 32 Bits (TOWER). Nicht ersichtlich aus der Speichergröße sind Unterschiede in der internen Darstellung der Gleitpunkt-Typen (Abschnitt 5.3.2).

Unterschiede in den Speichergrößen der primitiven Typen können recht heimtückische Portierbarkeitsprobleme verursachen; insbesondere da wo solche Unterschiede durch Vereinbarungen von Typen höherer Ordnung noch multipliziert werden. Die für das jeweilige System verbindlichen Größen werden zumeist unter "Hardware Characteristics"/PLF aufgeführt.

Mit der Kompiler-Funktion `sizeof(...)` können die Speichergrößen (Bytes) von jeglichen Objekttypen für das jeweilige System verbindlich festgestellt werden. Das folgende einfache Programm zeigt dies für die primititven Objekttypen:

```
$ cat sizes.c
main()
{
 printf("\nchar:%d, short:%d, ..., double:%d\n",
        sizeof(char),sizeof(short),...,sizeof(double));
}


$ cc sizes.c
$ a.out
char:1, short:2, int: 4, long:4, float:4, double:8
```

Die 4 Typen `char`, `short`, `int` und `long` sowie Bit-Felder werden als
Integral-Typen (integral types) bezeichnet, wobei allerdings noch zwischen
dem Zeichentyp `char` und den eigentlichen Ganzzahl-Typen `short`, `int`
und `long` unterschieden werden muß.

5.3.1 Die Integral-Typen

Diese primitiven Typen zeichnen sich dadurch aus, daß die in ihnen enthaltenen Bit-Muster als Ganzzahlen (integers) interpretiert und nach den
Regeln der modularen Ganzzahl-Arithmetik (modular integer arithmetic)
manipuliert werden können, wobei der Modulus durch die Anzahl der Bits
bestimmt wird.

Die C-Sprache stellt insgesamt vier Integral-Typen zur Verfügung:

```
[signed|unsigned]  char|short|int|long
```

Mit dem Zusatz `unsigned`, der auch in Deklarationen gesetzt werden
kann, erfolgt eine vorzeichenfreie Interpretation bei arithmetischen Operationen, wobei das als Vorzeichen-Bit (sign bit) fungierende höchstwertige
Bit (highest order bit) dem numerischen Wert zugeordnet wird. Mit oder
ohne den Zusatz `signed` (ANSI+) erfolgt eine vorzeichenbehaftete Interpretation, wobei das Vorzeichen-Bit das Vorzeichen bestimmt. Dies wird
nachfolgend weitergeführt.

Neben den primitiven Integral-Typen, die sich grundsätzlich aus ganzen
Bytes zusammensetzen, können sekundäre Integral-Typen als Bit-Felder in
Strukturen definiert werden, wobei die Anzahl der Bits innerhalb der durch
den Typ `int` gesetzten Grenzen variiert werden kann. Dies wird im
Abschnitt 5.6.1.1 eingehend besprochen. Die unter dem ANSI-Standard
vereinbarten Integral-Typen werden im Abschnitt 5.3.4 besprochen.

5.3.1.1 Der Zeichen-Typ

In Anlehnung an das originäre C-Schrifttum soll auch hier vom *Zeichen-
Typ* (character type) die Rede sein, obwohl der Terminus "Byte-Typ"
zutreffender wäre.

Das Schlüsselwort `char` wird als Typ in Definitionen und Deklarationen
gesetzt:

```
[<SK>][<VS>] [signed|unsigned] char
            <Name>[<Dimension>][=<Vorbelegung>],... ;
```

Für den Vorsatz (VS) und die Speicherklasse (SK) gelten die in den
Abschnitten 5.1 und 5.2 aufgeführten Regeln.

Bei Auslassung der Dimension werden die Objekte als *Zeichen-Variable* (character variables) mit genau 1 Byte = 8 Bits Speichergröße angelegt, die unabhängig von der Speicherklasse sowohl mit Zeichen-Konstanten (Abschnitt 4.2.3.2) als auch mit Ganzzahl-Konstanten (Abschnitt 4.2.3.1.1) vorbelegt werden können:

```
... char  a = 'a', b = 07, c = '\r', d = 86, ... ;
```

Zeichenvektoren (character vectors, string variables), deren Elemente Skalare vom Typ `char` sind, können explizite unter Angabe der Länge definiert und optional mit einer entsprechenden Anzahl von Zeichen-Konstanten vorbelegt werden:

```
... char zv[5] = {'H','a','l','l','o'}, ...;
```

wobei die Anzahl der Zeichen die der Elemente nicht überschreiten darf; andernfalls entsteht ein fataler Kompilierfehler. Bei weniger Zeichen werden die verbleibenden Elemente mit Null-Oktetts vorbelegt.

Bei Auslassung der Länge wird diese durch die Anzahl der Vorbelegungswerte bestimmt:

```
... char  zv[] = {'H','a','l','l','o'}, ...;
```

Hinsichtlich des Inhalts von Zeichenvektoren muß streng zwischen Zeichenfolgen (character sequences) und Zeichenketten (character strings) unterschieden werden. Erstere können, letztere *müssen* mit der ASCII-NUL — also einem Null-Oktett — enden. Zeichenvektoren können einfachst mit Zeichenketten-Konstanten (Abschnitt 4.2.3.3) vorbelegt werden:

```
... char  zv[] = "Hallo", ...;
```

was der expliziten Kodierung entspricht,

```
... char  zv[6] = {'H','a','l','l','o','\0'}, ...;
```

Zeichenvektoren können in jeder Speicherklasse vorbelegt werden — also auch in `auto` (ANSI+). Externe, nicht mit `static` definierte Zeichenvektoren können selektiv global und lokal in anderen Modulen deklariert werden:

```
extern char zv[6],...;     oder      extern char zv[],...;
```

wobei die Dimension durch leere Klammern angedeutet werden kann. Die Definition und Deklaration sowie die Vorbelegung von dimensionierten Objekten wird im Abschnitt 5.5.2 weitergeführt.

Die Bedeutung von Zeichenvektoren geht jedoch weit über das Abspeichern und Manipulieren von Zeichenketten hinaus. Byte-adressierbare Linear- und Ring-Puffer werden ausschließlich als Zeichenvektoren angelegt; darunter insbesondere E/A-Puffer, die mit den E/A-Funktionen read(2), write(2), gets(3S) und puts(3S) benutzt werden. Dies wird im Kapitel 9 weitergeführt.

Zeichenvektoren sind lineare Anreihungen (arrays) und können nicht wie Variable manipuliert werden; sie können insbesondere nicht als Ganzes, sondern müssen Element für Element zugewiesen werden. Für Manipulationen mit Zeichenketten stehen zahlreiche spezielle Bibliotheksfunktionen zur Verfügung, insbesondere die unter **string(3)/PHB** gemeinsam aufgeführten Kopier-, Vergleichs- und Substitutionsfunktionen.

Zeichen-Variable und *Elemente* von Zeichenvektoren können in Ausdrücken benutzt werden, die *R-Werte* (rvalues) ergeben. Sie können insbesondere in verschiedenen Darstellungen mit **printf(3S)** ausgegeben werden:

```
...  char a = 'a', b = 98, c, d, ..., zv[] = "Hallo";
     c = a + 1; d = a + b;
     printf("\n%c %c %c %c %d", zv[0], a, b, c, d);
...
     H a b b -61
```

wobei die Format-Effektoren %c (character) und %d (decimal) zur Ausgabe von Einzelzeichen bzw. numerischen Werten benutzt werden.

Im Gegensatz dazu können die Bezeichner von Zeichenvektoren nur im Sinne von Zeigern (Abschnitt 5.4) in Ausdrücken und Funktionsaufrufen benutzt werden, wie zum Beispiel bei der Ausgabe:

```
...  printf("... %s ...", zv, ...);
```

wobei dann der Format-Effektor %s (string) benutzt werden muß.

Variable und skalare Elemente vom Type char können bis zu 256 verschiedene Bitmuster speichern, was auch signierte und unsignierte ganzzahlige Werte in den Bereichen −128 bis 127 beziehungsweise 0 bis 255 einschließt. Die folgende Tabelle zeigt die signierte und die unsignierte Interpretation nach aufsteigender Oktalwertigkeit:

oktal	00	01	...	0177	0200	...	0376	0377
signed	0	1	...	127	−128	...	−2	−1
unsigned	0	1	...	127	128	...	254	255

Beim Überschreiten der Oktalwertigkeiten 0177 und 0377 in Zuweisungen erfolgt dementsprechend eine Zeichenumkehr beziehungsweise ein Rücksetzen modulo 256 auf Null.

Zur vorzeichenfreien Interpretation muß der Zusatz **unsigned** in der Definition und bei externen Objekten auch in der Deklaration gesetzt werden:

```
... unsigned char u ...
```

Der grundsätzlich auf 7 Bit beschränkte ASCII-Zeichensatz wird in Skalaren vom Typ `char` durch nichtnegative Ganzzahlen im Dezimalbereich 0 bis 127 dargestellt; eine tabellarische Auflistung wird unter **ascii(5)/PHB** gegeben. Zur Unterscheidung zwischen Groß- und Kleinbuchstaben, Buchstaben und Ziffern, darstellbaren und nichtdarstellbaren ASCII-Zeichen steht ein Satz von Makros zur Verfügung, die in der Zusatzdatei `<ctype.h>` definiert und unter dem Eintrag **ctype(3)/PHB** beschrieben sind.[8] Der erweiterte Zeichentyp `wchar_t` (ANSI+) wird im Abschnitt 5.3.4 vorgestellt.

5.3.1.2 Die Ganzzahl-Typen

Die Schlüsselworte `short`, `int` und `long` werden als Typ in Definitionen und Deklarationen gesetzt:

```
[<SK>] [<VS>] [signed|unsigned] short|int|long
         <Name>[<Dimension>] [=<Vorbelegung>]... ;
```

Für den Vorsatz (VS) und die Speicherklasse (SK) gelten die in den Abschnitten 5.1 und 5.2 erläuterten Regeln.

Bei Auslassung des Types mit `unsigned` wird `int` angenommen; d.h.

```
... unsigned h ...    entspricht    ... unsigned int h ...
```

Bei Auslassung der Dimension werden die Objekte als skalare Variablen angelegt, die unabhängig von der Speicherklasse mit Ganzzahl- oder Zeichen-Konstanten vorbelegt werden können; wie zum Beispiel in:

```
... short a = 97, b = 0141, c = 0X61, d = 'a', ...;
... int i = 0 ,j = 1, k = -3, ...;
... long lo = 987654321, ...;
```

Die Definition und Vorbelegung von dimensionierten Objekten wird im Abschnitt 5.5.2 weitergeführt.

Die drei Typen unterscheiden sich — falls überhaupt — lediglich durch die Speichergröße (size), im Sinne der Relation:

$$\text{sizeof(short)} \le \text{sizeof(int)} \le \text{sizeof(long)}$$

wobei tatsächliche Unterschiede maschinenabhängig sind.[9] Tabelle 5.1 zeigte bereits die typischen Größen für M680XX-Rechner.

---

8. Die Makros können nicht mit 8-Bit-Zeichensätzen (PC-8, Latin-1) benutzt werden.

Die mit einer gegebenen Speichergröße von N Bits mögliche Anzahl M von Bit-Mustern wird aus der Zweierpotenz berechnet:

$$M = 2^N = 10^{N \log(2)} \sim 10^{0.301N}$$

was den vorzeichenfreien (unsigned) Wertebereich bestimmt: $0 \le x < M$.

Tabelle 5.2a gibt die Wertebereiche für drei Speichergrößen als übersichtliche (und leicht zu behaltende) Zehnerpotenzen.

Typ	N	M	± Wertebereich
short	16	$\sim 6.55{\times}10^4$	$\sim |x| < 3.27{\times}10^4$
int/long	32	$\sim 4.29{\times}10^9$	$\sim |x| < 2.15{\times}10^9$
long	64	$\sim 1.84{\times}10^{19}$	$\sim |x| < 9.22{\times}10^{18}$

Tabelle 5.2a: Wertebereiche für Speichergrößen

Tabelle 5.2b listet die genauen Grenzwerte für Rechner der M680XX-Klasse auf; die Konstanten sind in der Zusatzdatei `<limits.h>` enthalten (ANSI+) und können mit den aufgeführten Bezeichnern unmittelbar abgegriffen werden.

Konstante	Wert	Bedeutung
`SHRT_MAX`	`32767`	Maximum (signed) `short`
`SHRT_MIN`	`(-32768)`	Minimum (signed) `short`
`USHRT_MAX`	`65535`	Maximum unsigned `short`
`INT_MAX`	`2147483647`	Maximum (signed) `int`
`INT_MIN`	`(-INT_MAX-1)` `(-2147483646)`	Minimum (signed) `int`
`UINT_MAX`	`4294967295U`	Maximum unsigned `int`
`LONG_MAX`	`2147483647L`	Maximum (signed) `long`
`LONG_MIN`	`(-LONG_MAX-1)` `(-2147483646L)`	Minimum (signed) `long`
`ULONG_MAX`	`4294967295UL`	Maximum unsigned `long`

Tabelle 5.2b: Integer-Grenzwerte als Konstante definiert

---

9. Kernighan and Ritchie (1978) bemerken dazu: "Man sollte sich eigentlich nur darauf verlassen, daß 'short' nicht länger als 'long' ist."

Unter dem traditionellen Standard sind die Grenzwerte für Ganzzahl-Typen in der Zusatzdatei <values.h> enthalten. Eine Beschreibung wird unter dem Eintrag **values(5)/PHB** gegeben.

Die folgende Tabelle zeigt die signierte und die unsignierte Interpretation des Types **short** mit 16 Bits nach aufsteigender Hexadezimalwertigkeit.

Hex	X0	X1	...	X7FFF	X8000	...	XFFFE	XFFFF
signed	0	1	...	32767	−32768	...	−2	−1
unsigned	0	1	...	32767	32768	...	65535	65535

Beim Überschreiten der Wertigkeiten X7FFF und XFFFF in Zuweisungen erfolgt eine Zeichenumkehr beziehungsweise ein Rücksetzen modulo 65536 auf Null.

Ganzzahl-Typen können als *R-Werte* mit **printf(3S)** und den Format-Effektoren %d (decimal), %i (integer), %u (unsigned), %O (octal) und %X (hexadecimal) in verschiedenen numerischen Formaten ausgegeben werden:

```
...
int h = -1023; ...
    printf("%d %i %u %O %X",h,h,h,h,h);
...
    -1023   -1023   4294966273   37777776001   FFFFFC01
```

5.3.2 Die Gleitpunkt-Typen

Die Schlüsselworte **float**, **double** und **long double** (ANSI+) werden
als Typ in Definitions- beziehungsweise Deklarations-Statements gesetzt:

```
[<SK>][<VS>]  float|double|long double
        <Bezeichner>[<Dimension>][=<Vorbelegung>] ... ;
```

Für den Vorsatz (VS) und die Speicherklasse (SK) gelten die in den
Abschnitten 5.1 und 5.2 erläuterten Regeln. Bei Auslassung der Dimension
werden die Objekte als skalare Variablen angelegt, die unabhängig von der
Speicherklasse mit Konstanten vorbelegt werden können; wie zum Beispiel
in:

```
... float  x = 0.023F, y = -8014.12F,...;
... double u = 2.6725347E+10, v = -1.23043195E-8,...;
```

Die Definition und Vorbelegung von dimensionierten Objekten wird im
Abschnitt 5.5.2 weitergeführt.

Für die Gleitpunkt-Typen gilt nach der ANSI-IEEE-Norm 754-1985 das
mathematische Modell:

$$(-1)^S \times 2^{(E-B)} \times 1.F$$

mit dem Vorzeichen (sign) S, dem Exponenten E (exponent) und seinem
Bezugswert (bias) B sowie der Fraktion (fraction) F. Aus hardware-techni-
schen Gründen wird die Hochzahl der Zweierpotenz nicht als signierter
Absolutwert, sondern als die Differenz zwischen einem vorzeichenfreien
Exponenten und einem Bezugswert ausgedrückt. Dies wird gleich
nachfolgend erläutert.

Bild 5.5 zeigt das für M680XX-Rechner typische Schema der internen
Darstellung (internal representation) der Gleitpunkt-Typen **float** und
double. Zu beachten ist, daß das Vorzeichenbit (S) sich nicht auf den
Exponenten, sondern auf den Gesamtwert bezieht.

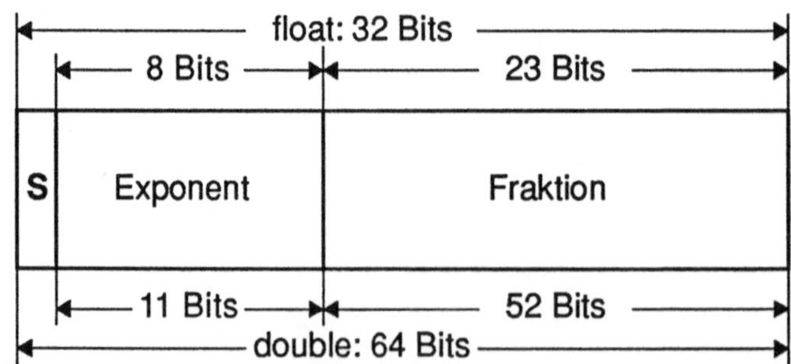

Bild 5.5: Schema der Gleitpunkt-Typen für M680XX-Rechner

Bei Gleitpunktwerten muß sowohl der *Wertebereich* (range) als auch die *Präzision* (precision) der internen Darstellung in Betracht gezogen werden. Aus den im Bild 5.5 gezeigten Größen können die Kennwerte berechnet werden. Für den Wertebereich ergibt sich folgendes Kalkül:

Der vorgegebene *Bezugswert* (bias) für einen Exponenten mit M Bits beträgt $B = 2^{(M-1)} -1$; also 127 für 8-Bit-Exponenten und 1023 für 11-Bit-Exponenten. Die Differenz zwischen dem aktuellen Exponenten und dem Bezugswert liegt in dem Wertebereich $-2^{(M-1)} + 1 \leq (E-B) \leq 2^{(M-1)}$; also $-127 \leq (E-B) \leq 128$ für float und $-1023 \leq (E-B) \leq 1024$ für double.

Für die Zweierpotenz in dem obigen mathematischen Modell gelten also die Wertebereiche $2^{-127} \leq 2^{(E-B)} \leq 2^{128}$ (float) und $2^{-1023} \leq 2^{(E-B)} \leq 2^{1024}$ (double), woraus sich schließlich die Wertebereiche für Zehnerpotenzen ergeben: [10]

$$10^{-37} \leq Z \leq 10^{38} \text{ (float)} \qquad \text{und} \qquad 10^{-307} \leq Z \leq 10^{308} \text{ (double)}$$

Für die *Präzision*, die als die Anzahl der *gesicherten Dezimalstellen* (s.d.; significant digits) der Fraktion F ausgedrückt wird, ergibt sich aus den im Bild 5.5 gezeigten Größen:

$$\log(2^{23}) \sim 6.92 \text{ (float)} \qquad \text{und} \qquad \log(2^{52}) \sim 15.6 \text{ (double)}$$

also knapp 7 s.d. für float und etwa 15.6 s.d. für double; d.h. 6 beziehungsweise 15 Stellen der Fraktion sind immer gesichert.

Tabelle 5.3 listet die genauen Grenzwerte für Rechner der M680XX-Klasse auf; die Konstanten sind in der Zusatzdatei `<float.h>` enthalten (ANSI+) und können mit den aufgeführten Bezeichnern unmittelbar abgegriffen werden.

Symbol	Wert	Bedeutung
`FLT_DIG`	6	s.d. `float`
`FLT_MIN`	1.17549435e-38F	Maximum |x| `float`
`FLT_MAX`	3.40282347e+38F	Minimum |x| `float`
`DBL_DIG`	15	s.d. `double`
`DBL_MIN`	2.2250738585072014e-308	Maximum |x| `double`
`DBL_MAX`	1.7976931348623157e+308	Minimum |x| `double`

Tabelle 5.3: Grenzwerte für Gleitpunkt-Typen

---

10. Nach der mathematischen Umrechnungsformel $2^x = 10^{x\log(2)}$

Unter dem traditionellen Standard sind die Grenzwerte für Gleitpunkt-Typen in der Zusatzdatei <values.h> enthalten. Eine Beschreibung wird unter dem Eintrag **values(5)/PHB** gegeben.

Bei der internen *Umsetzung* (internal conversion) eines in Dezimalform eingegebenen Gleitpunktwertes zur internen Darstellung wird zuerst die größtmögliche positive oder negative Zweierpotenz so herausdividiert, daß der verbleibende Quotient Q im Bereich $1 \le Q < 2$ liegt; die dabei resultierende Hochzahl wird um 127 (bias) erhöht im Exponenten abgelegt. Der Quotient Q hat dann die Form 1.F; d.h. die Eins vor dem Dezimalpunkt ist gesichert, und nur die eigentliche Fraktion F wird als binärer Wert abgespeichert. Ein einfaches Rechenbeispiel mag dies für einen *kommensurablen Wert* (commensurable value) veranschaulichen: [11]

$$7.25 \;=\; 4 + 2 + 1 + 0.25 \;=\; 2^2 + 2^1 + 2^0 + 0 + 2^{-2}$$

$$=\; 2^2 \times (1 + 2^{-1} + 2^{-2} + 0 + 2^{-4})$$

$$=\; 2^2 \times \{1.1101\} = 2^2 \times 1.F$$

Die binäre Fraktion F = 1101 und der Exponent E = 129 = 127 + 2 werden dann abgespeichert. Für den gegebenen Gleitpunktwert 7.25 ergibt sich also die interne Darstellung vom Type `float`:

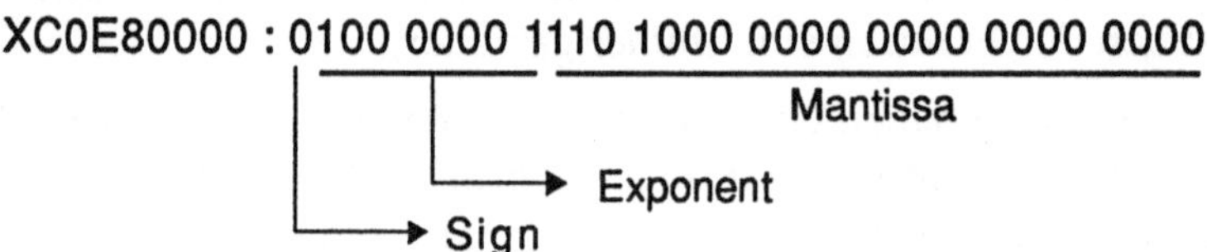

Das Beispiel wird im Unterabschnitt 5.6.1.1 im Zusammenhang mit Bit-Feldern in Strukturen sowie im Abschnitt 6.5.2 im Zusammenhang mit den binären Bit-Operationen noch einmal aufgegriffen.

Inkommensurable Werte (incommensurable values) können nicht durch eine endliche Summe von negativen Zweierpotenzen dargestellt werden. Für den Quotienten des Dezimalbruchs 0.1 ergibt sich zum Beispiel die unendliche Bit-Reihe 110011001<u>1100...</u> , die in keiner endlichen Mantissa abgelegt werden kann. Bei der internen Darstellung solcher Werte entstehen zwangsläufig *Rundungsfehler* (rounding errors), die bei Präzisionsberechnungen in Betracht gezogen werden müssen.

---

11. Eine ungemein beliebte Prüfungsaufgabe; insbesondere bei Klausuren und mündlichen Prüfungen.

Neben den *gewöhnlichen* Größen, die — wie im obigen Beispiel — eindeutig dargestellt werden können, sind noch die *außergewöhnlichen* Größen zu betrachten, die nicht eindeutig dargestellt werden können. Tabelle 5.4 zeigt die für M680XX-Rechner typische Darstellung dieser Größen für die Typen `float` und `double`.

Wert	float	double
+0	X00000000	X00000000 00000000
−0	X80000000	X80000000 00000000
+Unendlich (+∞)	X7F800000	X7FF00000 00000000
−Unendlich (−∞)	XFF800000	XFFF00000 00000000
+Unzahl (NaN)	X7F8uuuuu	X7FFuuuuu uuuuuuuu
−Unzahl (NaN)	XFF8uuuuu	XFFFuuuuu uuuuuuuu

Tabelle 5.4: Die interne Darstellung außergewöhnlicher Größen

Wie aus der Hexadezimal-Darstellung zu ersehen ist, gilt bei beiden Nullwerten $E = 0$ und $F = 0$; lediglich das Vorzeichen bleibt erhalten. Bei den unendlichen Größen (infinity) gilt $E = 255$ (float) und $E = 1023$ (double), und $F = 0$ für beide Typen; auch hier bleibt das Vorzeichen erhalten. Die beiden Unzahlen (Not-a-Number) unterscheiden sich von Unendlich lediglich darin, daß $F \neq 0$ ist.

Auf Grund ihrer Darstellung sind Gleitpunkt-Typen fast ideale Operanden für multiplikative Arithmetik. Bei additiver Arithmetik mit Operanden unterschiedlicher Größenordnung muß hingegen zuerst ein Abgleichen zwischen den unterschiedlichen Exponenten vorgenommen werden, wobei der jeweils größere Exponent angenommen wird. Dementsprechend muß die Fraktion des jeweils kleineren Operanden nach rechts (d.h. nach unten) verschoben werden, wobei binäre Stellenwerte aus dem Fraktionsfeld heraustreten und damit zwangläufig verlorengehen können. Diese "verlorene" Größe stellt den Rundungsfehler (rounding error) dar.

Dieser Rundungsfehler wird zumeist (aber nicht immer) durch Aufrunden mit der kleinsten intern noch darstellbaren Größe kompensiert, was durch den Wert 1 der Konstanten `FLT_ROUNDS` in der Zusatzdatei `<float.h>` angezeigt wird (ANSI+). Abrunden auf 0 wird durch 0 angezeigt, und Unbestimmtheit durch −1. Zwei weitere, etwas exotischere Möglichkeiten, Aufrunden zu +∞ oder −∞, werden durch 2 beziehungsweise 3 angezeigt. Bei kritischen und portierbaren Anwendungen kann dem Rundungsmodus des jeweiligen Systems durch Abgreifen der Konstante `FLT_ROUNDS` in der Kompilierlogik (Abschnitt 3.5) Rechnung getragen werden.

Ein verwandter Aspekt ist die *numerische Diskrimination* (numerical discrimination) bei additivier Arithmetik, die bei kritischen Anwendungen mit iterativer Konvergenz bezüglich eines Grenzwertes oder einer Nulldifferenz eine enorm wichtige Rolle spielt. Ein Konvergenzkriterium (convergence criterion) wird in der mathematischen Form $|z - x| < \varepsilon$ formuliert, wobei ε (epsilon) den kritischen Wert der Differenz darstellt, der durch (oft langwierige) Iteration erreicht oder unterschritten werden soll. Dabei ist wichtig, daß der vorgegebene ε-Wert noch oberhalb der Diskriminationsgrenze liegt, da andernfalls das Kriterium nicht gewährleistet ist.

Nach ANSI wird die numerische Diskrimination als der kleinste Wert ε angegeben, für welchen die Unterscheidung $1 \neq 1 + \varepsilon$ noch gilt. Die für M680XX-Rechner typischen Minimumwerte für `float` und `double` sind:

```
FLT_EPSILON      1.19209290e-07F
DBL_EPSILON      2.2204460492503131e-16
```

Die beiden Konstanten sind in der Zusatzdatei `<float.h>` enthalten und können mit den angegebenen Bezeichnern unmittelbar abgegriffen werden (ANSI+).

Der Typ `long double` fällt bei den meisten ANSI-C-Kompilern, die für M680XX- und 80X86-Rechner aus- und nachgeliefert werden, mit `double` zusammen — etwa wie `long` immer noch mit `int` zusammenfällt. Die charakteristischen Konstanten und Grenzwerte sind ebenfalls in der Zusatzdatei `<float.h>` enthalten (ANSI+).

Im Gegensatz zum traditionellen C-Kompiler führt der ANSI-Kompiler reine `float`-Arithmetik nicht mehr automatisch mit `double`-Präzision aus; diese muß mit dem Typ `double` implizite, oder mit dem Anpassungsoperator (cast operator) explizite erzwungen werden. Dies wird im Zusammenhang mit der Auswertung von Ausdrücken in den Abschnitten 6.2.3 und 6.4 weitergeführt.

Gleitpunkt-Variable können mit der Ausgabefunktion **printf(3S)** und den Format-Effektoren `%f` (float), `%E` (exponential) und `%G` (general) in verschiedenen numerischen Formaten und mit fast jeder gewünschten Stellengenauigkeit ausgegeben werden (Abschnitt 9.4.4):

```
...
float x=-7263.985; double z=1.0928374518332I6E+10;
...
    printf("%8.3f %8.7E %15.5f %G",x,x,z,z);
...

-7263.985  -7.2639849E+03  10928374518.33216  1.09284E+10
```

5.3.3 Enumerierte Nominalvariable

Der Sinn dieses Pseudo-Types liegt darin, *Nominalvariable* zu definieren, die mit *Nominalwerten* aus einer *Nominalskala* belegt werden können. Eine Nominalskala wird nach dem folgenden Schema definiert:

```
enum <Skala> {<Nominal1>,<Nominal2>,...}

<Nominal> : <Bezeichner>[=<Skalenwert>]
```

wo das Nominal eine Zeichenkette darstellt, für welche die generellen Regeln für Bezeichner gelten (Abschnitt 4.2.2). Der mit einem Nominal optional assoziierte Skalenwert wird als Ganzzahlkonstante (Abschnitt 4.2.3.1.1) kodiert; er dient dazu, den Ausgangswert jeweils neu festzulegen, von dem die nachfolgenden Nominale um Eins hochgezählt werden. Ohne jegliche Skalenwerte beginnt die Enumerierung mit 0 und wird durchgehend hochgezählt.

Eine mit **enum** definierte Nominalskala stellt selbst keine abgreifbare oder zuweisbare Variable dar; die dazu benötigten Nominalvariablen können unmittelbar nachfolgend oder separat unter Bezug auf die Skala definiert und optional mit Skalenwerten vorbelegt werden:

```
enum <Skala> <Nvar1>[=<Nwertk>], <Nvar2>...;
```

Den Variablen können dann beliebige Nominalwerte zugewiesen werden. Ein Beispiel mag dies sogleich veranschaulichen:

```
...
enum farb_skala {weiss = 1,rot,blau,gelb,gruen,...};
enum farb_skala vgrnd=weiss, hgrnd ...;
...
... vgrnd = gruen ...
... if(vgrnd == rot) ...
...
```

Die zuerst definierte Farbenskala `farb_skala` wird mit den Nominalwerten `weiss`, `rot`, ... vorbelegt. Die beiden Nominalvariablen `vgrnd` und `hgrnd` werden bezüglich der Skala definiert, wobei erstere mit dem Nominalwert `weiss` vorbelegt wird; sie können dann willkürlich mit Farbwerten belegt und auf ihre jeweilige Belegung hin geprüft werden.

Intern wird **enum** als Typ **int** verwaltet, wobei die Skala mit einer Folge von Ganzzahlen vorbelegt wird, die durch optionale Skalenwerte bestimmt werden kann. In dem obigen Beispiel werden die Nominalwerte `weiss=1`, `rot`, ... auf die Ganzzahlfolge 1, 2, ... abgebildet. Ohne den Skalenwert würde die Folge mit 0 beginnen. Negative Ganzzahlwerte sind zulässig.

Der Geltungsbereich einer mit **enum** definierten Nominalskala erstreckt sich maximal auf ein Modul, wenn sie an dessen Kopf und somit außerhalb jeglicher Funktionblöcke definiert wird; d.h. die Skala selbst kann in anderen Modulen nicht als externes Objekt deklariert und muß gegebenenfalls jedesmal erneut definiert werden. Nominalvariable können jedoch als externe Objekte definiert, vorbelegt und deklariert werden. Innerhalb von Funktionsblöcken und Block-Statements gelten die üblichen Regeln hinsichtlich des Geltungsbereiches (Abschnitt 5.2.1.2).

Zu beachten ist, daß die C-Sprache keine Konformität bei Zuweisungen an Nominalvariable erzwingt; d.h. in dem obigen Beispiel wäre eine Zuweisung wie,

```
... vgrnd = -20 ...
```

durchaus zulässig!

Nominalwerte sind überall da zulässig, wo ganzzahlige Werte erwartet werden. Eine gelegentlich recht nützliche Anwendung besteht darin, numerische Indexe in Anreihungen durch entsprechend definierte Nominalwerte zu ersetzen, wie zum Beispiel in diesem vorgreifenden Fragment, wo eine Anreihung von Adressen-Strukturen (Abschnitt 5.6.1) mit enumerierten Namen abgegriffen wird:

```
enum namen {abba = 0, babba, ..., zappa};
... struct p_adresse adresse[24] ... ;
... adresse[abba]...
```

Nominalvariable und -werte lassen sich auch sinnvoll und bequem in relationalen (vergleichenden) Ausdrücken (Abschnitt 6.6.1) und somit in den Entscheidungskonstrukten der bedingten Ablaufsteuerung (Abschnitt 7.1.2) verwenden. In switch-case-Konstrukten können die Nominalwerte als Sprungmarken (case labels), und entsprechend definierte Nominalvariablen als Steuervariable benutzt werden. Dies wird im Abschnitt 7.1.3.1 noch einmal aufgegriffen.

Wie bereits angedeutet wurde, ist **enum** ein Pseudo-Typ. Das obige Beispiel hätte analog, mit gleicher Deutlichkeit und gleicher Effizienz auch mit define-Anweisungen (Abschnitt 4.3) kodiert werden können:

```
...
#define    abba   0
#define    babba  1
...
#define    zappa 24
...
```

was für ausgesprochene Puristen jedoch Anathema sein mag.

5.3.4 ANSI-Typen

Der ANSI-Standard schreibt eine Anzahl von Typen vor, die zwar keine
Primitiven im engeren Sinne darstellen, wohl aber unmittelbar aus diesen
abgeleitet werden. Diese *ANSI-Typen* dienen hauptsächlich der Konformität und Portabilität sowie der Anwendungserweiterung und werden im
Zusammenhang mit ANSI-Bibliotheksfunktionen beschrieben. Im
folgenden sollen nur die drei wichtigsten Typen vorgestellt werden, deren
Typenvereinbarungen in der Zusatzdatei `<stddef.h>` enthalten sind, die
bei entsprechenden Definitionen und Deklaration mit `#include` eingebunden werden muß (Abschnitt 3.5).

Der *vorzeichenbehaftete* (signed) Integral-Typ `ptrdiff_t` soll ausschließlich *arithmetische Differenzen zwischen Zeigern* (arithmetic pointer
differences) aufnehmen, die dann als *Verschiebungsgrößen* (offsets) in der
Zeiger-Arithmetik (pointer arithmetic) weiterbenutzt werden können
(Abschnitt 6.9.1):

```
...  ptrdiff_t   zd ...;
...  char *z1 ..., *z2 ...;
...
...  zd = z2 - z1 ...
```

Der *vorzeichenfreie* (unsigned) Integral-Typ `size_t` soll ausschließlich
Speichergrößen (size) in Bytes aufnehmen und bestimmt den Typ des
Rückgabewertes der Kompilerfunktion `sizeof(...)` sowie den Parameter-
Typ von Bibliotheksfunktionen, die mit solchen Werten arbeiten, wie zum
Beispiel **malloc(3X)** (Abschnitt 5.8):

```
...  size_t   gx ...;
...
...  gx = sizeof(...)...        ... malloc(gx) ...
```

Der *vorzeichenbehaftete* (signed) Integral-Typ `wchar_t` soll ausschließlich Zeichen aus erweiterten Zeichensätzen mit Zeichengrößen bis
zu 32 Bits aufnehmen (wide characters), was insbesondere auch die
logografischen Zeichensätze fernöstlicher Sprachen einschließen soll. Bei
der Vorbelegung mit Zeichen- und Zeichenketten-Konstanten (Abschnitte
4.2.3.2 und 4.2.3.3) muß — wie angedeutet — der Präfix **L** benutzt werden.

```
...  wchar_t   wz = L'c', wzk[] = L"Hallo", ...;
```

Die zur Systemprogrammierung und insbesondere zur Programmierung
von Kernel-Segmenten und Gerätetreibern benötigten System-Typen sind
in der Zusatzdatei `<sys/types.h>` definiert und unter dem Eintrag
types(5)/PHB beschrieben.

5.4 Zeiger

Zeiger (pointers) stellen *keinen* Typ, sondern eine eigene *Art* (kind) von Datenobjekten dar, die der Typung logisch übergeordnet ist. Sie können jedoch in dem Sinn als *Primitive* betrachtet werden, daß sie ureigner Bestandteil der C-Sprache und somit dem C-Kompiler bekannt sind.

Im Gegensatz zu anderen Programmiersprachen stellen Zeiger in C kein optionales Hilfsmittel dar, sondern sind ein unabkömmlicher Bestandteil. Ein Großteil der offiziellen System- und Bibliotheksfunktionen arbeitet mit Zeigern als Argumente, um Zeichenketten und Aggregate höherer Ordnung wie Arrays und Strukturen sowie Funktionsobjekte zu erfassen. Darüber hinaus sind Zeiger ein unentbehrliches Hilfsmittel bei der Höchstoptimierung von speicher- und rechenintensiven Anwendungen.

Mit Zeigern können sowohl Daten- als auch Funktionsobjekte innerhalb einer Typenklasse wahlfrei erfaßt und manipuliert werden; letzteres wird im Abschnitt 8.1.4 weitergeführt. Auf *dynamisch angelegte Speicherregionen* (dynamically allocated storage regions; Abschnitt 5.8) kann nur mit Zeigern zugegriffen werden. Erst mit Zeigern erfolgte die Erweiterung von der 'klassischen" *Alibi*-Dynamik, wo Objekte physisch versetzt werden, zur *Alias*-Dynamik, wo Objekte stationär bleiben und lediglich Zeiger manipuliert werden. Typische Beispiele sind Sortiervorgänge und Meldungsschlangen (message queues), wo lediglich Zeiger, nicht aber die zu sortierenden beziehungsweise zu bewegenden Objekte versetzt werden.

Zeiger werden einheitlich als Objekte mit 4 Bytes Speichergröße angelegt, um Adressen als vorzeichenfreie Ganzzahlen zu enthalten. Theoretisch kann damit ein zusammenhängender Bereich der Größenordnung 4×10^9 — also ein niedriger Giga-Bereich — adressiert werden. Zeiger stellen indes keine Skalare im Sinne von "Adressenvariablen" dar, sondern müssen als Vektoren im geometrischen Sinn verstanden werden, wobei die *Richtung* und der *Betrag* in geometrischen Vektoren der *Adresse* und der *Verschiebungsgröße* (offset) in Zeigern entsprechen; letztere soll im folgenden ebenfalls als *Betrag* bezeichnet werden. Auf dieser Analogie baut sich denn auch die enorm flexible *Zeiger-Arithmetik* (pointer arithmetic) der C-Sprache auf (Abschnitt 6.9.1).

Bei Zeigern muß streng nach der *Artung* (kind) der zu erfassenden Datenobjekte unterschieden:

• Generische Datenobjekte, die Nutzdaten enthalten.

• Zeiger, die Verweise auf andere Datenobjekte enthalten.

Der darauf basierende grundsätzliche Unterschied soll in den folgenden zwei Unterabschnitten grundlegend besprochen werden.

5.4.1 Primäre Zeiger

Mit *primären Zeigern* (primary pointers) werden *generische Datenobjekte* erfaßt, die selbst keine Zeiger darstellen. Diese Zeiger werden nach dem folgenden Schema definiert beziehungsweise ohne die Vorbelegung deklariert, wobei der Bezeichner (Name) mit *genau einem* Asterisk *geschmückt* (adorned) wird:

```
[<SK>] [<Typung>]

    *<Name>[<Dimension>][=<Vorbelegung>],... ;
```

Für die Typung und die Speicherklasse (SK) gelten die in den Abschnitten 5.1 und 5.2 erläuterten Regeln. Bei Auslassung des Types wird **int** angenommen. Bei Auslassung der Dimension wird der Zeiger als *Singleton* — also als einzige Instanz — angelegt. Anreihungen von Zeigern werden im Abschnitt 5.5.3.1 besprochen. Bei Auslassung der Vorbelegung werden externe und mit `static` definierte Zeiger mit dem *Null-Zeiger* (null pointer) vorbelegt, der in der Zusatzdatei `<stdio.h>` definiert ist. Die Vorbelegung wird weiter unten weitergeführt.

Durch den *Typ* wird der *Betrag* (size) des Zeigers bestimmt; er entspricht der Speichergröße im Sinne von `sizeof(<Typ>)`; also 1, 2, 4, ... Bytes für die primitiven Typen `char`, `short`, `int`, ... (Tabelle 5.1).

Zwischen der eigentlichen Speichergröße und dem Betrag eines Zeigers muß streng unterschieden werden. In dem folgenden Beispiel wird mit `sizeof(zx)` die eigene Speichergröße, und mit `sizeof(*zx)` der Betrag eines Zeigers zx vom Typ `double` bestimmt:

```
...
double *zx;
... printf("\nSpeichergroesse(zx):%d, Betrag(*zx):%d"
        sizeof(zx), sizeof(*zx));
...
        Speichergroesse(zx): 4, Betrag(*zx): 8
```

Zeiger können mit Konstanten und Ausdrücken vorbelegt, und durch Zuweisung dynamisch belegt werden. Die dabei benutzten Werte, Ausdrücke und Funktionen müssen dem Typ des Zeigers entsprechen oder aber mit dem Anpassungsoperator (cast operator) angepaßt werden. Dies wird im Abschnitt 6.2 eingehend besprochen.

Auf bekannte und adressierbare Speicherbereiche, wie zum Beispiel Steuer-, Status- und Datenregister von Geräteschnittstellen, kann über numerische Adressenkonstanten unmittelbar zugegriffen werden, wobei die zu erfassende Größe des Speicherbereiches bekannt sein muß. Mit Zeigern der primitiven Typen `char`, `short` und `int` können solche

Speicherbereiche als Bytes, Halb- und Ganzworte (halfword, fullword) unmittelbar erfaßt werden. Andere Größen können mit `typedef` vereinbart werden (Abschnitt 5.6.3).

Zeiger jeglicher Speicherklasse können mit solchen Konstanten oder konstanten Ausdrücken vorbelegt und belegt werden. Dabei werden zumeist Hexadezimal-Konstante (Abschnitt 4.2.3.1.1) benutzt, wie in dem folgenden Fragment, wo ein Zeiger vom Typ `short` mit den Adressenkonstanten eines Status- und des Datenregisters erst vorbelegt beziehungsweise erneut belegt wird:

```
...
#define AUX1_STAT   0XF5FE45
#define AUX1_DATA   0XF5FE47
...
... short *z_status = (short *) AUX1_STAT, ...;
... z_status = (short *) AUX1_DATA;
...
```

wobei davon ausgegangen wird, daß die beiden Register eine Größe von je 2 Bytes haben; also mit einem Zeiger vom Typ `short` erfaßt werden können. Dementsprechend werden die Adressenkonstanten mit dem Anpassungsoperator (`short *`) an den Typ `short` und die Artung des Zeigers angepaßt (type casting). Die Typung und Artung sowie die Anpassung von Ausdrücken wird im Abschnitt 6.2 eingehend behandelt. Die eben gezeigte Form der unmittelbaren Adressierung bleibt zumeist der Systemprogrammierung vorbehalten.

Zeiger können unabhängig von der Speicherklasse mit Adressen externer oder mit `static` definierter Objekte im gleichen oder übergeordneten Geltungsbereich vorbelegt werden. Das folgende Beispiel zeigt die verschiedenen Formen der Vorbelegung. Anreihungen, wie der gezeigte Integer-Vektor `v[2]`, werden im Abschnitt 5.5.2 eingehend besprochen.

```
$ cat zeig1.c
int v[2] = {11,22}, *z1 = v, *z2 = &v[0];
main()
{
  static int h = 33, *z3 = &h;
  int k = 44, *z4 = &h;
  printf("\nAdr(v): %d, v[0]: %d",v, v[0]);
  printf("\n     z1: %d,  *z1: %d",z1,*z1);
  printf("\n     z2: %d,  *z2: %d",z2,*z2);
  printf("\nAdr(h): %d,    h: %d",&h,h);
  printf("\n     z3: %d,  *z3: %d",z3,*z3);
  ...
}
```

```
Adr(v):  8492,  v[0]:  11
    z1:  8492,  *z1:  11
    z2:  8492,  *z2:  11
Adr(h):  8508,    h:  33
    z3:  8508,  *z3:  33
...
```

Zu beachten ist, daß die Adresse des ersten Elementes des Integer-Vektors
v sowohl mit dessen einfachen Bezeichner v als auch mit dem Ausdruck
&v[0] zugewiesen werden kann. Wie die Ausgabe zeigt, werden Adresse
und Inhalt durch die Zeiger identisch wiedergegeben, wobei zwischen den
ungeschmückten Zeigern z1, z2, ... (Adresse) und den mit dem Asterisk
geschmückten Zeigern *z1, *z2, ... (Inhalt) zu unterscheiden ist.

Ebenfalls zu beachten ist, daß sowohl die Variable h als auch der interne
Zeiger z3 mit static definiert sind; d.h. der *statische* Zeiger wird mit
einer *statischen* Adressenkonstanten vorbelegt. Im Gegensatz dazu kann
der mit auto definierte Zeiger z4 mit der Adresse der ebenfalls mit auto
definierten Variablen k, und optional auch mit der Adresse von v vorbelegt
werden. Ein mit static definierter Zeiger kann jedoch nicht mit der
Adresse eines mit auto definierten Objektes vorbelegt werden.

Schließlich sind noch die Geltungsbereiche zu beachten. Der extern
definierte Zeiger z1 hätte nicht mit der Adresse der Variablen h vorbelegt
werden können, da diese ja in einem untergeordneten Geltungsbereich —
eben dem main-Block — definiert ist und somit auf der externen Ebene
nicht zur Verfügung steht. Aus dem Nichtbeachten dieser subtilen Unterschiede können gelegentlich obskurere Fehlerzustände entstehen.

Der Unterschied zwischen einem *ungeschmückten* (plain) und einem
geschmückten (adorned) Zeiger mag durch das folgende, etwas vorgreifende Fragment weiter verdeutlicht werden:

```
int v[2] = {11,22}, *z1 = v, ...;
...
printf("\nv[0]:%d  *z1:%d *z1+1:%d", v[0], *z1, *z1+1);
printf("\n  z1:%d z1+1:%d &v[1]:%d", z1, z1+1, &v[1]);
printf("\n      *(z1+1):%d  v[1]:%d", *(z1+1), v[1]);
...
      v[0]:11       *z1:11     *z1+1:12
       z1:8492  z1+1:8496   &v[1]:8496
            *(z1+1):22       v[1]:22
```

In der ersten Ausgabezeile stellt *z1 den Inhalt des ersten Elementes dar;
die nachfolgende Addition bezieht sich denn auch darauf. In der zweiten
Zeile stellt z1 die Adresse des ersten Elementes dar; die Addition erhöht

diese um 4, was dem *Betrag* eines Zeigers vom Typ `int` entspricht. In der
dritten Zeile wird der Additionsausdruck mit dem Asterisk geschmückt,
womit der Inhalt des zweiten Elementes ausgegeben wird.

Bei *geschmückten* Zeigern fungiert der Asterisk als *Wertungsoperator*, mit
dem auf den Inhalt einer Adresse zugegriffen werden kann (indirection,
dereferencing, valuation). In dieser Funktion als unärer Präfix-Operator
(unary prefix operator) bindet der Asterisk mit höchstem Vorrang (highest
precedence) an den unmittelbar nachfolgenden Bezeichner oder Klammer-
ausdruck. Ein Konflikt mit dem binären Multiplikationsoperator * entsteht
dabei nicht:

```
...   printf("\n 3**z1:%d 3**z1+1",3**z1, 3**z1+1);
...
```

```
            3**z1:33   3**z1+1:34
```

Zeiger vom Typ `char` können unabhängig von der Speicherklasse unmittelbar mit der Adresse von Zeichenketten vorbelegt werden,

```
...   const char *msg = "Hallo Freunde",...;
```

wobei der Vorsatz `const` besonders sinnvoll ist, da bei einer Neubelegung
des Zeigers die Adresse der Zeichenkette unwiderruflich verlorengehen
würde. Zu beachten ist, daß mit dieser Art der Vorbelegung *kein* Zeichenvektor (Abschnitt 5.3.1.1) als Objekt definiert wird! Insbesondere kann die
Zeichenkette nur abgegriffen, nicht aber verändert werden (ANSI+). Die
Vorbelegung von Zeiger-Anreihungen (pointer arrays) wird im Abschnitt
5.5.3 eingehend besprochen.

Mit Zeigern erfaßte Zeichenketten können mit **printf(3S)** und dem Format-
Effektor `%s` ausgegeben werden,

```
...   printf("\n %s", msg);
...
```

```
      Hallo Freunde
```

wobei der ungeschmückte Zeiger die gesamte Zeichenkette erfaßt.

Externe und mit `static` definierte Zeiger werden bei Auslassung der
Vorbelegungsklausel automatisch mit dem NULL-Zeiger (null pointer)
vorbelegt, der in der Zusatzdatei `<stddef.h>` (ANSI+) durch den
Ausdruck `(void *)0` definiert ist. Dies wirft sogleich die Bedeutung des
Types `void` für Zeiger auf.

Mit `void` definierte Zeiger sind *typenneutral* und können mit Adressen
von Objekten jeglichen Types vorbelegt und belegt werden; sie werden
daher sinnfällig als *opak* (opaque) bezeichnet. Bei Verwendung als *R-Wert*
in Ausdrücken muß dann eine typengerechte Anpassung vorgenommen
werden, wie zum Beispiel bei Zuweisung und Ausgabe:

```
... int v[2] = {11,22}, z1, ...;
... void *zv = v, ...;
... z1 = (int*)zv;
... printf("\n*(int*)zv:%d z1:%d", *(int*)zv, *z1);
...
                    *(int*)zv:11   *z1:11
```

Opake Zeiger werden zumeist im Zusammenhang mit der dynamischen Speicherverwaltung benutzt (Abschnitt 5.8).

5.4.2 Zeiger höherer Ordnung

Zeiger, mit denen andere Zeiger erfaßt werden, sollen im folgenden beständig als *Zeiger höherer Ordnung* (higher order pointers) bezeichnet werden.

Zeiger zweiter Ordnung (secondary pointers), mit denen *primäre Zeiger* erfaßt werden sollen, werden nach dem folgenden Schema definiert beziehungsweise ohne die Vorbelegung deklariert, wobei der Bezeichner (Name) mit genau zwei Asterisks *geschmückt* (adorned) wird:

```
[<SK>] [<Typung>]
     **<Name>[<Dimension>][=<Vorbelegung>],...;
```

Zeiger höherer Ordnung, mit denen *Zeiger der jeweils vorhergehenden Ordnung* erfaßt werden sollen, werden dann rekursiv definiert, wobei die Bezeichner mit einer der Ordnung entsprechenden Anzahl von Asterisks geschmückt werden:

```
... *...*<Name>[<Dimension>][=<Vorbelegung>],...;
```

Durch wiederholtes *Aufwerten* (repeated dereferencing) mit dem Asterisk kann ein Zeiger höherer Ordnung sukzessiv reduziert und schließlich auf ein Ausgangsobjekt zurückgeführt werden. Das folgende Fragment veranschaulicht die Vorbelegung und den Abgriff einer Kette von *verschachtelten Zeigern* (nested indirection), die von einer Variablen ausgeht:

```
...
... int h = 999, *zh = &h, **zzh = &zh, ***zzzh = &zzh;
...
    printf("\n%d %d %d %d", h, *zh, **zzh, ***zzzh);
...
                    999  999  999  999
```

Zeiger höherer Ordnung sind im Zusammenhang mit Anreihungen (arrays) von besonderer Bedeutung, was im Abschnitt 5.5.3 weitergeführt wird.

5.5 Homogene Aggregate

Die *Zusammensetzung* (composition) und *Form* eines Objektes bezieht sich
auf zwei Aspekte:

• Die konzeptionelle Art der Anwendung.

• Die interne Topologie der Ablage im Arbeitsspeicher.

Die von der C-Sprache unterstützten Objektarten bilden eine Hierarchie
aufsteigender Komplexität:

1. *Singletone*, die genau ein Element genau eines Types speichern.

2. *Homogene Aggregate*, wie Vektoren (Listen), Matrizen (Tabellen) sowie
   Anreihungen höherer Dimensionen, die multiple Elemente *genau eines
   Types* speichern. Sie sollen im folgenden einfach als "arrays" bezeichnet
   werden.[12]

3. *Strukturen und Überlagerungen* (unions), die *heterogene Aggregate* von
   Komponenten jeglichen Types darstellen können.

Arrays sind zugleich *reguläre Aggregate* bezüglich der *Anordnung* ihrer
Elemente (elements), wogegen Strukturen und Überlagerungen im allgemeinen *irreguläre* Aggregate von Komponenten (members) sind.

In diesem Abschnitt sollen lediglich die beiden ersten Kategorien
behandelt werden. Strukturen und Überlagerungen werden im nachfolgenden Abschnitt 5.6 eingehend besprochen.

5.5.1 Singletone und Skalare

Singletone (singletons) werden ohne jegliche Dimension definiert und
deklariert:

```
[<SK>] [<Typung>]  <Name1>[=<Vorbelegung>] [,<Name2>,...];
```

wobei der eigentliche Typ sowohl primitiv als auch höherer Ordnung sein
kann. In diesem Sinn wird auch ein Objekt höherer Ordnung als Singleton
angelegt; wie zum Beispiel eine einzelne Struktur:

```
... struct p_adresse  PERS ...;
```

Hier stellt das Objekt PERS einen Singleton dar, obgleich es vom Typ der
Struktur p_adresse ist und somit weder eine Variable noch einen Skalar
darstellt. Da Singletone keine explizite Dimension besitzen, wird ihnen der
Rang (rank) 0 zugewiesen.

---

12. Die Betonung von 'array' liegt auf der zweiten Silbe. "Anreihung" bleibt als *elegante
    Variation* vorbehalten.

Als *Skalare* (scalars) sollen im folgenden nur solche Singletone, Elemente und Komponenten bezeichnet werden, die jeweils nur einen Wert enthalten können. Insbesondere sollen *skalare Singletone* als *skalare Variable* (scalar variables) bezeichnet werden. Da wo die Klarheit nicht beeinträchtigt wird, soll auch einfach von *Variablen* die Rede sein. Skalare Variable haben den Rang 0.

Als erläuterndes Beispiel wäre das Fragment einer Definition zu betrachten:

```
... int vekt[100], i, ...;
```

wo das Objekt vekt als *Vektor* mit 100 Elementen des Types int definiert wird und i dagegen als *Integer-Variable*. Das *Element* vekt[5] ist ein Singleton vom Typ int und daher ein *Skalar*, aber keine Variable.

Bereits in diesem Zusammenhang muß hervorgehoben werden, daß in der C-Sprache mit einer Ausnahme alle primitiven Operationen auf Skalare beschränkt sind. Zum Beispiel können lediglich die *Elemente* eines Vektors mit arithmetischen Operatoren verknüpft werden:

```
... vekt[1] = vekt[2] * vekt[3] + i ...
```

Insbesondere gibt es keine arithmetischen, logischen, relationalen oder bit-bezogenen Operatoren, mit denen Vektoren oder Objekte höherer Ordnung als ganzes manipuliert werden können.[13] Die einzige Ausnahme (ANSI+) sind Zuweisungen von Strukturen und Überlagerungen (Abschnitte 5.6.1 und 5.6.2).

5.5.2 Arrays

Ein Array ist ein reguläres Aggregat von Elementen *gleicher* Typung, wobei keine Beschränkung hinsichtlich der gemeinsamen Typung besteht. Die Elemente können Skalare primitiver Typen sein, andere Arrays, Strukturen oder Überlagerungen (unions); wie zum Beispiel in:

```
static  p_adresse  adressen[2][150] ...;
```

wo eine Tabelle (table) von 2 x 150 Adressen-Sätzen nach einem Struktur-Typ p_adresse angelegt wird.

Die Anzahl der Dimensionen bestimmt den *Rang* (rank) eines Arrays; Listen und Vektoren haben den Rang 1, Tabellen und Matrizen den Rang 2 usw. Arrays mit Rang 3 werden gelegentlich als *solide* Arrays, und solche mit Rang > 3 als *hypersolide* Arrays bezeichnet.

---

13. Z.B. im Gegensatz zu APL, dessen Operatoren auf kommensurable Objekte jeglicher Ordnung angewendet werden können. PL/I ermöglicht einfache Tabellen-Operationen.

5.5.2.1 Definitionen und Deklarationen

Arrays vom Rang 1, 2, 3, ... werden nach den einheitlichen Schemata angelegt:

```
[<SK>] [<Typung>] <Name>[L] [={<Vorbelegung>}] ...
[<SK>] [<Typung>] <Name>[L][M] [={<Vorbelegung>}] ...
[<SK>] [<Typung>] <Name>[L][M][N] [={<Vorbelegung>}] ...
 ...        ...        ...
```

wobei die bereits eingeführten Begriffe und Regeln für die Speicherklasse (SK) und die Typung gelten (Abschnitte 5.1 und 5.2). Ein Array kann mit jedweder Typung angelegt werden. Die Dimensionsgrößen L, M, N, ... müssen als vorzeichenfreie Ganzzahlen kodiert oder als entsprechende Konstante substituiert werden. Die Dimensionierung eines Arrays wird häufig als *Dekoration* (decoration) bezeichnet.

Leere Arrays, wie zum Beispiel,

```
... int x[0],...;
```

konnten unter dem traditionellen Standard als Zeiger benutzt werden; sie sind jedoch unzulässig unter dem ANSI-Standard.

Bei *vollständiger Vorbelegung* (complete initialization) kann die Größe *der führenden Dimension* (leading dimension) L ausgelassen werden. Die Vorbelegungs-Schemata werden im nachfolgenden Unterabschnitt 5.5.2.3 eingehend besprochen.

Die Netto-Speichergröße wird nach der einfachen Formel berechnet:

Speicher (Bytes) = L x M x N x sizeof(<Type>)

Als einfaches Beispiel wäre eine räumliche Transformationsmatrize zu betrachten:

```
static   double   euler1[3][3] ...;
```

Die Netto-Speichergröße beträgt: $3 \times 3 \times 8 = 72$ Bytes.

Die C-Sprache schreibt keinen maximalen Rang für Arrays vor; bei den meisten standardmäßig ausgelieferten C-Kompilern liegt die praktische Grenze bei 14. Die maximale Netto-Speichergröße wird natürlich durch den jeweils verfügbaren Arbeitsspeicher bestimmt.

Bei *Deklarationen* externer Arrays kann die Größe der *führenden Dimension* (leading dimension) ausgelassen werden:

```
extern   [<Typung>]   <Name>[], ...
extern   [<Typung>]   <Name>[][M], ...
extern   [<Typung>]   <Name>[][M][N], ...
```

5.5.2.2 Die Zugriffs-Topologie

In C, wie in anderen prozedurellen Sprachen, kann auf die Elemente von Arrays mit *Indexen* (indexes, subscripts) zugegriffen werden. Bei Arrays höheren Ranges besteht darüber hinaus noch die Möglichkeit, *Subarrays* mit Indexen zu adressieren. Wegen ihrer Offensichtlichkeit stellt die Indexierung zwar die einfachste und gewissermaßen benutzerfreundlichste Art des Zugriffs dar, ist jedoch mit einer beträchtlichen Ineffizienz behaftet, was sich aus der Umsetzung von Indexen zu Speicheradressen zur Laufzeit ergibt. Dies macht sich insbesondere beim wiederholten Durchlaufen größerer Arrays drastisch bemerkbar, wie zum Beispiel beim iterativen Matrizenkalkül nichtlinearer Regressionen und Optimierungen. Eine deutliche Verbesserung des Laufzeitverhaltens kann jedoch mit der *Zeiger-Arithmetik* (pointer arithmetic) erzielt werden, was im Abschnitt 6.9.1 eingehend behandelt wird.

In C sind Indexe auf nichtnegative Ganzzahlen beschränkt, welche durch Konstante, Ausdrücke oder Funktionen dargestellt werden können. Mit den Dimensionen, die in den Definitionen vorgegeben sind,

```
... <Name>[L]...;
... <Name>[L][M] ...;
... <Name>[L][M][N]...;
... ...
```

gelten die Zugriffsschemata für Elemente, wobei die beiderseitigen Schranken (two-sided bounds) zu beachten sind:

```
... <Name>[i] ...            0 ≤ i < L
... <Name>[i][j] ...         0 ≤ j < M
... <Name>[i][j][k] ...      0 ≤ k < N
... ...                        ...
```

Zum Beispiel gilt für die Definition einer einfachen Tabelle,

```
... tab[10][40] ...;
```

das Zugriffschema und die Schranken:

```
... tab[i][j] ...            0 ≤ i < 10, 0 ≤ j < 40
```

wobei `tab[0][0]` das erste, und `tab[9][39]` das letzte Element in der topologischen Anreihung der Tabelle darstellt. Dies wird gleich nachfolgend weitergeführt.

Eine besondere Eigenschaft der C-Sprache ist, daß die Indexierung fast beliebig tief verschachtelt werden kann. Ein einfaches aber typisches Beispiel mag dies veranschaulichen. Gegeben sind die Definitionen:

```
... char text[40000], ...;
... int zeilen[5000], zwahl[100], ...;
```

Ein bis zu 40000 Zeichen großer Textkörper soll in maximal 5000 Zeilen unterteilt werden, deren Indexe in dem Vektor `zeilen` abgelegt werden. Von den Zeilen sollen jeweils bis zu 100 wahlfrei abgegriffen werden, deren Indexe in dem Vektor `zwahl` enthalten sind. Der Zugriff wird durch eine zweistufige Index-Verschachtelung bewirkt:

```
... text[zeilen[zwahl[i]]] ...
```

Der algebraisch interessierte Leser wird sofort erkennen, daß es sich hier um eine Verknüpfung von Abbildungen (composite mapping) handelt. Eine formale Beschränkung hinsichtlich der Verschachtelungstiefe von Indexen besteht nicht (ANSI+); die praktische Grenze liegt beim verfügbaren Speicherbereich sowie dem tolerierbaren Leistungsabfall beim Zugriff.

Arrays werden immer als eine zusammenhängende Anordnung (contiguous arrangement) von Elementen im Arbeitsspeicher angelegt. Als erstes und einfachstes Beispiel wäre ein einfacher Vektor zu betrachten:

```
... int vekt[5] ...;
```

Die Index-Topologie stellt zugleich die Anordnung im Arbeitsspeicher dar:

```
vekt |  [0]  [1]  [2]  [3]  [4]  |
```

d.h. das erste Element ist `vekt[0]` und das letzte `vekt[4]`.

Als nächstes wäre eine Matrize (oder Tabelle) zu betrachten:

```
... int mat[3][4] ...;
```

Bild 5.6a zeigt die Index-Topologie und die Speicheranordnung der Matrize, wo `mat[0][0]` das erste und `mat[2][3]` das letzte Element ist.

Die eigentliche Anordnung der Elemente im Arbeitsspeicher spiegelt die Index-Topologie wider, d.h. die Zeilen sind von oben nach unten hintereinander ausgelegt, so daß beginnend mit `mat[0][0]` das gesamte Array zeilenlängsweise (row major order) linear durchlaufen werden kann. Die Index-Topologie und die Anordnung im Arbeitsspeicher sind im wesentlichen von anderen Hochsprachen her bekannt.

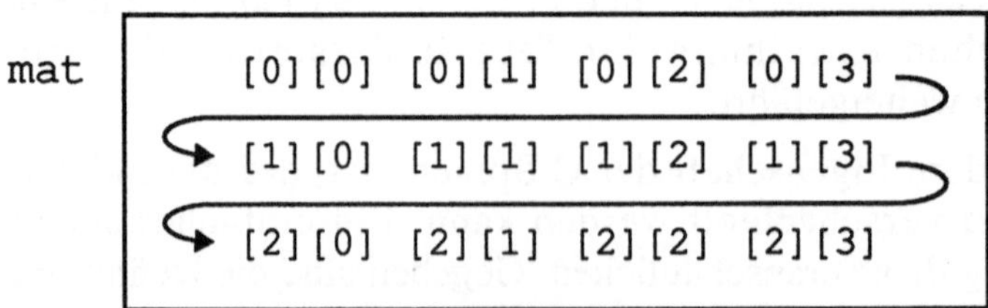

Bild 5.6a: Index-Topologie und Speicheranordnung in Matrizen

mat[0]	[0] [1] [2] [3]
mat[1]	[0] [1] [2] [3]
mat[2]	[0] [1] [2] [3]

Bild 5.6b: Vektor-Interpretation einer Matrize

Die C-Sprache unterstützt jedoch die *Aufteilung* (partitioning) von Arrays höheren Ranges in *Subarrays*, die dann als Arrays niederen Ranges unabhängig voneinander manipuliert werden können. Von der ursprünglichen Definition der obigen Matrize mit $3 \times 4 = 12$ Elementen ausgehend, kann diese als ein Vektor betrachtet werden, dessen 3 Elemente Vektoren mit je 4 skalaren Elementen sind. Bild 5.6b zeigt dies. Tatsächlich können die 3 Vektoren mat[0], mat[1] und mat[2] wie ursprünglich definierte Vektoren mit je 4 skalaren Elementen gehandhabt werden.

Dieses Prinzip überträgt sich entsprechend erweitert auf Arrays höheren Ranges. Als abschließendes Beispiel sei ein solides Array betrachtet:

```
... int solid[3][4][5]...;
```

Die Index-Topologie läßt sich durch drei Blätter (sheets) darstellen, von denen jedes eine Matrize mit 4 x 5 skalaren Elementen darstellt, wo sol[0][0][0] das erste, und sol[2][3][4] das letzte Element ist. Aus der Anordnung der Elemente im Arbeitsspeicher ergibt sich, daß beginnend mit dem ersten Element sol[0][0][0] das gesamte Array blatt- und zeilenlängsweise bis zum letzten Element sol[2][3][4] linear durchlaufen werden kann. Bild 5.7a zeigt die Verknüpfung der Blätter. Die Durchlauffolge wird im Abschnitt 6.9.1 im Zusammenhang mit der Zeiger-Mechanik wieder aufgegriffen.

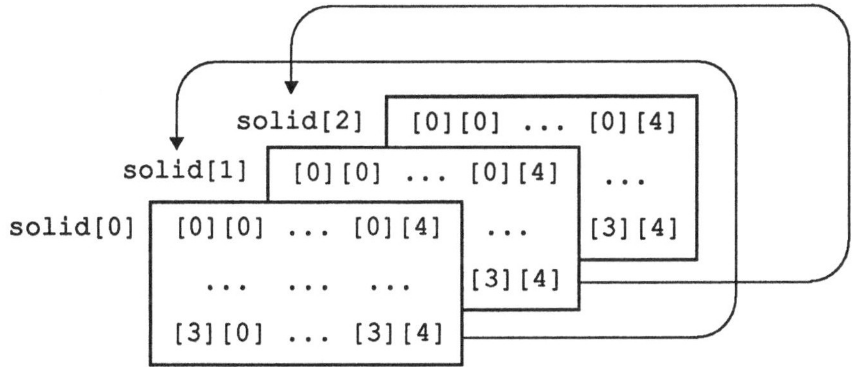

Bild 5.7a: Index-Topologie und Speicheranordnung in soliden Arrays

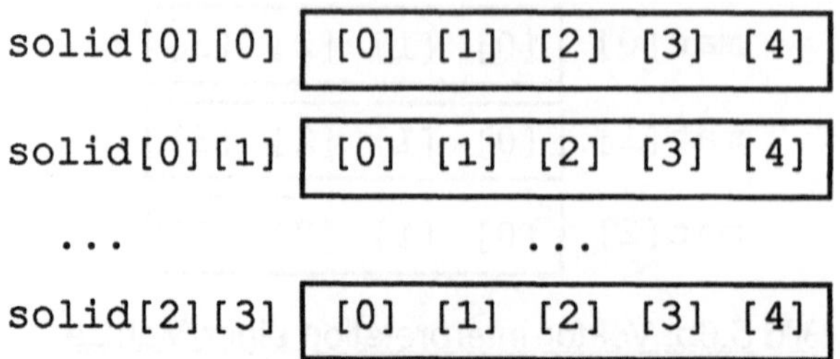

Bild 5.7b: Matrizen-Interpretation eines soliden Arrays

Bei Arrays mit Rang 3 ergeben sich mehrere Möglichkeiten der Aufteilung. Erstens kann das solide Array als ein Vektor betrachtet werden, dessen 3 Elemente Matrizen von 4 x 5 skalaren Elementen sind. Bild 5.7a zeigt dies. Die 3 Matrizen `solid[0]`, `solid[1]` und `solid[2]` können wie ursprünglich definierte Arrays mit je 4 × 5 skalaren Elementen gehandhabt werden.

Zweitens kann das solide Array mit $3 \times 4 \times 5 = 60$ skalaren Elementen als eine Matrize betrachtet werden, deren $3 \times 4 = 12$ Elemente Vektoren mit je 5 skalaren Elementen sind. Bild 5.7b zeigt dies. Die 12 Vektoren `solid[0][0]`, `solid[0][1]`, ..., `solid[2][3]` können wie ursprünglich definierte Vektoren mit je 4 skalaren Elementen gehandhabt werden.

Schließlich könnte das solide Array noch als ein Vektor von 3 Vektoren behandelt werden, deren je 4 Elemente wiederum Vektoren von je 5 skalaren Elementen sind.

Im allgemeinen kann ein Array mit Rang $r > 1$ aufgeteilt werden in Arrays mit Rang $r-k$, deren Elemente Subarrays mit Rang k sind, wobei $k < r$ gilt.

Die Speichergröße der Subarrays kann mit der Kompilerfunktion `sizeof(...)` bestimmt werden. Für das obige Beispiel ergibt sich:

```
sizeof(solid)       = 240
sizeof(solid[i])    = 80           0 ≤ i < 3
sizeof(solid[i][j]) = 20           0 ≤ j < 4
sizeof(solid[i][j][k]) = 4         0 ≤ k < 5
```

Die Ausdrücke `solid`, `solid[i]` und `solid[i][j]` stellen *Zeigerausdrücke* (pointer expressions) dar, die erst durch weitere Indexierung, wie `solid[i][j][k]`, oder durch *Aufwertung* (dereferencing) mit dem Asterisk, wie `**solid[i]` oder `*solid[i][j]`, zu skalaren Elementen werden. Dies wird im Zusammenhang mit Array-Zeigern im Abschnitt 5.5.3.2 weitergeführt.

5.5.2.3 Vorbelegung

Arrays können in jeder Speicherklasse — also auch in `auto` (ANSI+) — mit Konstanten und konstanten Ausdrücken (Abschnitt 4.1.3) vorbelegt (initialized) werden. Mit `static` definierte Arrays werden bei Auslassung der Vorbelegungsklausel automatisch mit Null-Oktetts vorbelegt. Mit `auto` definierte Arrays können darüber hinaus auch mit variablen Ausdrücken, die R-Werte erzeugen, vorbelegt werden.

Im folgenden wird von Arrays von skalaren Elementen ausgegangen, die mit Konstanten und konstanten Ausdrücken vorbelegt werden sollen, was hier unter dem Wort "Vorbelegungswert" (W) zusammengefaßt werden soll.

Vektoren können nach dem folgenden Schema definiert und vorbelegt werden:

```
... <Typung> V[L] = {<W1>, <W2>, ..., <WL>},...;
```

wobei die Werte $<W_1>$, $<W_2>$, ..., $<W_L>$ dem Typ, und ihre Anzahl der Länge L des Vektors entsprechen sollten. Der Kompiler erzwingt jedoch keine strenge Konformalität: Bei weniger als L Ausdrücken werden die verbleibenden Elemente lediglich mit Null-Oktetts vorbelegt; die Verantwortung liegt einzig und allein beim Programmierer. Nur bei überzähligen Werten entsteht ein fataler Kompilierfehler. Bei Akzeptanz werden die Werte von links nach rechts im Sinne von aufsteigenden Indexen zugewiesen:

```
V[0] = <W1>, V[1] = <W2>, ...
```

Die Längenkonstante kann ausgelassen werden, wobei die resultierende Länge des Vektors dann von der Anzahl der Werte bestimmt wird:

```
... <Typung> V[] = {<W1>, <W2>, ..., <WL>}, ...;
```

Das folgende Beispiel soll die drei Möglichkeiten veranschaulichen. Mit der konformen Werteliste in,

```
... int prim[5]={2,3,5,7,11}, ...;
```

wird ein Vektor `prim` mit 5 Integer-Elementen angelegt und vollständig vorbelegt im Sinne von:

```
prim[0]=2, prim[1]=3, ..., prim[4]=11.
```

Mit der unvollständigen Werteliste in

```
... int prim[5]={2,3,5}, ...;
```

wird der Vektor unvollständig vorbelegt:

```
prim[0]=2,prim[1]=3, prim[2]=5, prim[3]=0, prim[4]=0.
```

Bei Auslassung der Längenkonstante in:

```
... int prim[]={2,3,5}, ...;
```

wird ein Vektor mit genau 3 Elementen angelegt und entsprechend vorbelegt.

Zeichenvektoren (character vectors) können mit einer Liste von einzelzitierten Zeichenkonstanten beziehungsweise mit einer doppelzitierten Zeichenkette vorbelegt werden:

```
... char zvekt[5]  = {'H','a','l','l','o'};
... char zkvekt[]  = "Hallo";
```

wobei

```
sizeof(zvekt):5          aber          sizeof(zkvekt):6
```

da Zeichenketten-Konstante automatisch mit einer ASCII-NUL abgeschlossen werden (Abschnitt 4.1.3.2).

Matrizen können mit einer Anzahl von Werten vorbelegt werden, die sich aus dem Produkt der beiden Dimensionen ergibt:

```
... <Typung> A[L][M]  = {<W1>, <W2>, ..., <WLM>},...;
```

wobei die Vorbelegung im Sinne der Elementenfolge erfolgt:

```
A[0][0]=<W1>, A[0][1]=<W2>,..., A[L-1][M-1]=<WLM>
```

Bei Auslassung der ersten Dimensionskonstanten wird diese aus der Anzahl der Werte so bestimmt, daß die kleinste aufnehmende Matrize resultiert. Ein Beispiel mag dies veranschaulichen. Mit der Definition,

```
... short mat[][3]  = {1,2,3,4,5,6,7};
```

wird eine 3 × 3 Matrize mit der unvollständigen Vorbelegung angelegt:

```
mat   ┌─────────────┐
      │  1   2   3  │
      │  4   5   6  │
      │  7   0   0  │
      └─────────────┘
```

Bei Matrizen kann die Werteliste im Sinne der Aufteilung in Vektoren (Abschnitt 5.5.2.2) strukturiert werden:

```
... A[L][M]  = { {<W1>, <W2>, ..., <WM>},
                 {<WM+1>,<WM+2>, ..., <W2M>},
                 ...
                 {<W(L-1)M+1>, ..., <WLM>} };
```

Bild 5.8a verdeutlicht dies.

$$A[0]\ \boxed{[0]\ \ [1]\ \ \ldots\ \ [M-1]}\ =\ \{\{<W_1>,<W_2>,\ldots,<W_M>\},$$

$$A[1]\ \boxed{[0]\ \ [1]\ \ \ldots\ \ [M-1]}\ =\ \ \{<W_{M+1}>,<W_{M+2}>,\ldots,<W_{2M}>\},$$

$$\ldots\qquad\qquad\ldots\qquad\qquad\ldots$$

$$A[L-1]\ \boxed{[0]\ \ [1]\ \ \ldots\ \ [M-1]}\ =\ \ \{<W_{(L-1)M+1}>,\ldots,<W_{LM}>\}\};$$

Bild 5.8a: Strukturierte Vorbelegung einer Matrize

Dabei besteht die Möglichkeit, einzelne Vektoren — also Zeilen — unvollständig zu lassen. Eine Abwandlung des vorhergehenden Beispiels mag dies veranschaulichen:

```
static short tab[3][3] = {{1,2,3},{4},{7,8}};
```

mit der resultierenden unvollständigen Vorbelegung in Bild 5.8b.

$$tab[0]\ \boxed{1\quad 2\quad 3}\ =\ \{\{1,\ 2,\ 3\},$$

$$tab[1]\ \boxed{4\quad 0\quad 0}\ =\ \ \{4\},$$

$$tab[2]\ \boxed{7\quad 8\quad 0}\ =\ \ \{7,8\}\};$$

Bild 5.8b: Unvollständige Vorbelegung einer Matrize

Das Vorbelegungsprinzip erstreckt sich analog auf Arrays höheren Ranges:

```
... A[L][M][N]... = {<W1>, <W2>, ..., <WLMN...>},...;
```

wobei eine lineare Liste von L x M x N ... Werten benutzt werden kann. Die Vorbelegung erfolgt dann im Sinne der Elementenfolge:

```
A[0][0][0]... = <W1>,   A[0][0][1]... = <W2>,...,
        ...,A[L-1][M-1][N-1]... = <WLMN...>
```

Bei unvollständigen Listen werden auch die restlichen Elemente automatisch mit Null-Oktetts vorbelegt. Beim Auslassen der Dimensionsgröße L wird das kleinste aufnehmende Array angelegt.

Zum Beispiel wird mit der Definition,

```
... int sol[3][4][5] = {1,2, ..., 60};
```

ein solides Array angelegt und im linearen Sinne durchgehend vorbelegt:

```
sol[0][0][0]=1, sol[0][0][1]=2, ..., sol[2][3][4]=60
```

Bei höherrangigen Arrays sollte jedoch mit strukturierten Vorbelegungs-
listen gearbeitet werden, die gemäß einer Aufteilung in Subarrays angelegt
werden können. Dies soll mit einem soliden Array vorgestellt werden.
Inhärent in der Dimensionierung,

```
... int sol[3][4][5] ...
```

ist die Aufteilung in einen Vektor von 3 Matrizen zu je 4 x 5 skalaren
Elementen; d.h. die Vorbelegungsliste kann zuerst als Vektor von 3
Blättern strukturiert werden,

```
... = { {<Blatt1>}, {<Blatt2>}, {<Blatt3>} };
```

Jedes Blatt kann jetzt in 4 Zeilen zu je 5 Werten aufgegliedert werden.
Kodiert in entsprechend strukturierter Form ergibt sich also:

```
... sol[3][4][5] =
    { /* Anfang Vorbelegung */
    { {1,2,3,4,5},...,{16,17}      }, /* Blatt 1 */
    { {21,...,25},...,{36,...,40} }, /* Blatt 2 */
    { {41,...,45},...,{56,...,60} }  /* Blatt 3 */
    }; /* Ende Vorbelegung */
```

wobei die Zuordnung bequem mit eingestreuten Kommentaren dokumen-
tiert werden kann. Zu beachten ist, daß die 4. Zeile im ersten Blatt sol[0]
unvollständig vorbelegt ist und automatisch mit Null-Oktetts vervollständigt wird. Bild 5.9 zeigt die resultierende Vorbelegung.

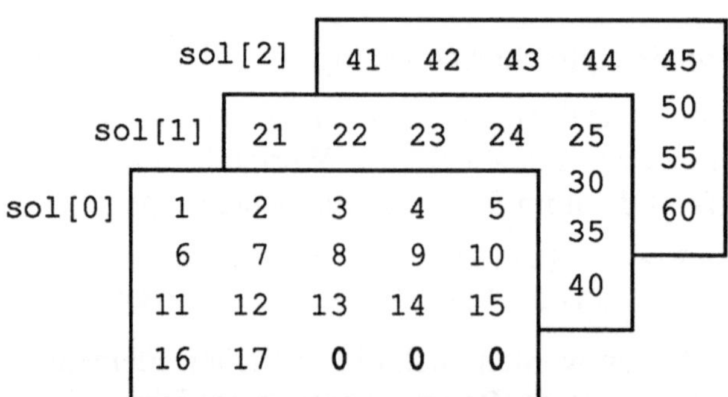

Bild 5.9: Vorbelegung eines soliden Arrays

5.5.3 Arrays und Zeiger

Das Zusammenspiel von Zeigern und Arrays stellt einen der schwierigeren Bereiche der C-Sprache dar. Mangelndes Verständnis der Zusammenhänge führt hier sehr oft zum obskuren und ausgesprochen heimtückischen Fehlerzuständen, die sich zumeist erst zur Laufzeit einstellen (pernicious runtime errors). Im folgenden soll von der grundsätzlichen semantischen Einteilung ausgegangen werden:

- *Arrays von Zeigern*, mit denen multiple Daten- und Funktionsobjekte gleicher Typung kollektiv erfaßt und manipuliert werden.
- *Array-Zeiger*, mit denen Arrays und Subarrays erfaßt und manipuliert werden.

Arrays von Funktionszeigern werden im Abschnitt 8.1.4 besprochen. In den ersten zwei Unterabschnitten sollen ausschließlich Datenobjekte betrachtet werden. Einige besondere Anwendungsmöglichkeiten von Zeiger-Arrays werden im letzten Unterabschnitt kurz umrissen.

5.5.3.1 Zeiger-Arrays

Arrays von *primären Zeigern* (primary pointers; Abschnitt 5.4.1), mit denen *generische Datenobjekte* erfaßt werden sollen, werden bei der Definition beziehungsweise Deklaration mit genau einem Asterisk gekennzeichnet:

```
[<SK>] [<Typung>] *<ZA>[L]      [={<Vorbelegung>}] ...
[<SK>] [<Typung>] *<ZA>[L][M]   [={<Vorbelegung>}] ...
[<SK>] [<Typung>] *<ZA>[L][M][N] [={<Vorbelegung>}] ...
...       ...       ...
```

wobei die bereits eingeführten Begriffe und Regeln für die Typung und die Speicherklasse (SK) sowie der Dimensionierung gelten (Abschnitte 5.1 und 5.2 bzw. 5.5.2.1). Neben allen für Datenobjekte zulässigen Typungen kann hier auch der Typ `void` benutzt werden, um ein Array von *typenneutralen* (opaken) Zeigern (opaque pointers) zu definieren (Abschnitt 5.4).

Zeiger-Arrays aller Speicherklassen — also auch `auto` (ANSI+) — können vorbelegt werden, wobei die im Abschnitt 5.5.2.3 eingeführten Schemata sinngemäß gelten; insbesondere sollte mit strukturierten Wertelisten gearbeitet werden. Bei Auslassung der Vorbelegung werden die Elemente eines Zeiger-Arrays mit dem Null-Zeiger (null pointer) vorbelegt, der in der Zusatzdatei `<stddef.h>` definiert ist. Bei internen Arrays der Speicherklasse `auto` bleibt die Vorbelegung unbestimmt.

Wie bei einfachen Zeigern muß auch hier zwischen verschiedenen Formen der Vorbelegung unterschieden werden. Konstante oder konstante Ausdrücke (Abschnitt 4.3.1) müssen mit dem Anpassungsoperator (cast operator) (Abschnitt 5.4) dem Typ des Zeigers angepaßt werden, wie zum Beispiel in dieser — für alle Speicherklassen gültigen — Definition:

```
... short *ports[2][2] = {
            {(short *)F70011,  (short *)F70015},
            {(short *)F70013,  (short *)F70017}
            };
```

wo die Elemente der Zeiger-Matrize `ports` mit den absoluten Hexadezimal-Adressen von Daten- und Steuer-Registern vorbelegt werden. Diese Art der expliziten Vorbelegung und Anwendung von Zeigern bleibt jedoch fast ausschließlich der System-Programmierung vorbehalten.

Die Elemente eines Zeiger-Arrays können mit den Adressen bereits definierter Objekte belegt werden, wobei auch hier die Einschränkung hinsichtlich der Speicherklasse zu beachten ist, daß mit `static` definierte Zeiger nur mit den Adressenkonstanten externer oder ebenfalls mit `static` definierter Objekte im gleichen oder übergeordneten Geltungsbereich vorbelegt werden können.

Das folgende Fragment zeigt die Vorbelegung eines Zeigervektors mit den Adressen von vorbelegten Zeichenvektoren sowie die sich daraus ergebenden Zugriffsmöglichkeiten:

```
...
static char msg1[] = "Eingabefehler";
static char msg2[] = "Datei nicht vorhanden";
...
{
  ... char *zm[2] = {msg1, &msg2[6]};
 zm[0][7] = 'F';
 printf("\n%s %s",&zm[0][7],zm[1]);
  ...
}
...
        Fehler    nicht vorhanden
```

Der erste Zeichenvektor wird mit dem ersten Element `zm[0]` des Zeigervektors vollständig erfaßt und der zweite mit `zm[1]` erst ab des 7. Bytes. Das 8. Byte des ersten Zeichenvektors wird modifiziert, wobei der Zeigerausdruck `zm[0]` durch einen weiteren nachgestellten Index zum *L-Wert* aufgewertet wird. Die Zeichenkette wird ab des 8. Bytes ausgegeben, wobei der Adressenoperator & (address operator) vorangestellt werden muß, um aus dem L-Wert einen *Zeigerausdruck* (pointer expression) zu erzeugen (Abschnitt 6.2.2). Im Gegensatz dazu stellt das Element `zm[1]` ja bereits einen Zeigerausdruck dar. Zu beachten in dem Beispiel ist, daß dabei ein *ursprüngliches Objekt* modifiziert wurde!

Eine wesentlich andere Situation entsteht jedoch, wenn ein Zeigervektor mit den Adressen von *Zeichenketten-Konstanten* vorbelegt wird; wie in:

```
char *msg[3] = { /* Anfang Fehlermeldungen */
              "Eingabefehler",
              "Datei nicht vorhanden",
              "Bitte erst sichern!",
              }; /* Ende Fehlermeldungen */
...
```

In diesem Fall können die Zeichenketten zwar nach dem obigen Schema abgegriffen, nicht aber modifiziert werden, da Zeichenketten-Konstante ja keine Objekte darstellen (ANSI+). Eine Zuweisung, wie etwa,

```
... zm[1][9] = 'x' ...
```

würde mit Sicherheit einen fatalen Laufzeitfehler (fatal runtime error) verursachen!

Da Listen von Mitteilungen dieser Art übrigens die generelle Tendenz haben, immer länger zu werden, empfiehlt es sich, die Längenkonstante auszulassen und den Zeigervektor einfach durch die Anzahl der Zeichenketten bestimmen zu lassen:

```
...
const char *msg[] = { /* Anfang Fehlermeldungen */
                 "Eingabefehler",
                 "Datei nicht vorhanden",
                 "Bitte erst sichern!",
                 ...
                 }; /* Ende Fehlermeldungen */
```

Der optionale Vorsatz `const` (ANSI+) ist in diesem Zusammenhang besonders sinnvoll, da die Zeichenketten selbst keine adressierbaren Objekte mehr darstellen und somit bei einer Neubelegung des Zeigervektors unwiderruflich verlorengehen.

Eine andere, weniger bekannte Anwendung von Zeiger-Arrays ist die Verschachtelung von Arrays gleichen Ranges, wobei die ursprünglichen Arrays als unabhängig definierte Datenobjekte zur Verfügung stehen. Insbesondere können auf diese Weise Arrays unterschiedlicher Größe zu *irregulären Aggregaten* (irregular aggregates) zusammengefaßt werden, auf die nichtsdestoweniger mit Indexen zugegriffen werden kann. Das folgende Fragment veranschaulicht dies für Vektoren:

```
...  int   ve1[3]  =  {11,22,33},  ve2[2]  =  {44,55};
...  int   ve3[4]  =  {66,77,88,99};
...  ...
...  int  *zvx[]  =  {ve1, ve2, ve3, ... };
...  printf("\n%d %d %d",zvx[0][0],zvx[1][1],zvx[2][3]);
...

                              33           44          99
```

Das Zeiger-Array `zvx` wird mit den Adressen der Vektoren `ve1`, `ve2`, `ve3`,... vorbelegt; der Zugriff erfolgt mit zwei Indexen, von denen der erste einen Vektor, und der zweite dessen Element bestimmt. Zu beachten ist, daß der erste Index den Wertebereich des zweiten bestimmt. Bild 5.10 zeigt das resultierende irreguläre Aggregat vom Rang 2.

```
       zvx[i][j]              [j]

                      |  11 |  22 |  33 |
               [i]    |  44 |  55 |
                      |  66 |  77 |  88 |  99 |

                            • • •
```

Bild 5.10: Irreguläres Aggregat vom Rang 2

Das Prinzip läßt sich auf irreguläre Aggregate höherer Ordnung erweitern, was im nachfolgenden Unterabschnitt im Zusammenhang mit *Array-Zeigern* weitergeführt wird.

Arrays von *Zeigern höherer Ordnung* (arrays of pointers of higher order; Abschnitt 5.4.2), mit denen wiederum Zeiger erfaßt werden sollen, werden bei der Definition beziehungsweise Deklaration mit einer der Ordnung entsprechenden Anzahl von Asterisks gekennzeichnet:

```
[<SK>] [<Typung>] *...*<ZA>[L] [={<Vorbelegung>}] ...
[<SK>] [<Typung>] *...*<ZA>[L] [M] [={<Vorbelegung>}] ...
[<SK>] [<Typung>] *...*<ZA>[L] [M] [N] [={<Vorbelegung>}] ...
 ...        ...         ...
```

wobei die üblichen Definitions- und Deklarationsregeln gelten.

Das folgende Beispiel veranschaulicht die Anwendung auf ein Array von Zeigern zweiter Ordnung, mit dessen Elementen Vektoren von Zeichenketten — also Zeiger-Vektoren — erfaßt werden sollen:

```
...  char *md[]  =  {"Hallo", "Freunde"};
...  char *me[]  =  {"hello", "friends"};
...  char **zde[]  =  {md, me};
...  printf("\n%s %s",zde[0][0],zde[1][1]);
...

                    Hallo friends
```

Zu beachten ist, daß mit dem ersten Index zuerst auf ein Element von zde, und mit dem zweiten dann auf ein Element eines der Zeiger-Vektoren zugegriffen wird.

5.5.3.2 Array-Zeiger

Die *Bezeichner von Arrays* (array identifiers) unterscheiden sich von allen anderen Objektbezeichnern darin, daß sie *Zeigerausdrücke* (pointer expressions) darstellen, die erst durch Indexierung oder durch *Aufwertung* (dereferencing) mit dem Asterisk als Wertungsoperator zu *L-Werten* (lvalues) werden, mit welchen dann auf die Elemente zugegriffen werden kann. Im Gegensatz zu eigentlichen Zeigern können Array-Bezeichnern jedoch keine neuen Adressen zugewiesen werden.

Im Sinne der *Ordnung eines Zeigers* (order of a pointer; Abschnitt 5.4.2) wird die Ordnung des Bezeichners eines Arrays durch dessen *Rang* (rank; Abschnitt 5.5.2) bestimmt. Das folgende Fragment mag dies verdeutlichen:

```
... int sol[2][3][4] = {{{11,22,33,44},{...},...},...};
    printf("\n%d %d %d %d",
        ***sol, **sol[0], *sol[0][0], sol[0][0][0]);
...
        11        11        11        11
```

Das Array sol hat den Rang 3; der *undekorierte* (undecorated) Array-Bezeichner muß also dreimal mit dem Asterisk *aufgewertet* (dereferenced) werden. Die mit Indexen *dekorierten* (decorated) Bezeichner müssen entsprechend dem Rang der damit dargestellten Subarrays zweimal beziehungsweise einmal aufgewertet werden. In allen Fällen wird — wie gezeigt — das erste Element des Arrays abgegriffen.

Bei *Array-Zeigern* (array pointers) muß wie bei einfachen Zeigern nach der *Artung* (kind) der damit zu erfassenden Objekte unterschieden werden. Im allereinfachsten Fall, wo generische Arrays — also *keine Zeiger-Arrays* — vom Rang 1, 2, 3, ... erfaßt werden sollen,

```
... [<Typung>] <A>[L] ...
... [<Typung>] <A>[L][M] ...
... [<Typung>] <A>[L][M][N]...

...     ...      ...
```

werden entsprechend *konforme* Array-Zeiger nach den folgenden Schemata definiert beziehungsweise ohne die Vorbelegung deklariert:

```
[<SK>] [<Typung>] *<AZ>[=<Vorbelegung>],...
[<SK>] [<Typung>] (*<AZ>)[M][=<Vorbelegung>], ...
[<SK>] [<Typung>] (*<AZ>)[M][N][=<Vorbelegung>],...

...       ...         ...
```

wobei die üblichen Regeln für die Typung und die Speicherklasse (SK) gelten (Abschnitte 5.1 und 5.2). Der in diesem Fall mit genau einem Asterisk *geschmückte* (adorned) Bezeichner muß mit *Rundklammern* (parentheses) von der nachfolgenden *Dekoration* mit den eckigen Dimensionsklammern abgegrenzt werden, da diese einen höheren *Verknüpfungsvorrang* (operator precedence) als der Asterisk haben (Abschnitt 6.3.1.1). Ohne die Rundklammern würden *Zeiger-Arrays*, nicht aber *Array-Zeiger* definiert! Zu beachten ist, daß die *führende Dimension* (leading dimension) ausgelassen wird.

Ein Beispiel mag die Form der Kodierung veranschaulichen:

```
... int vek[4] = {11,22,33,44};
... int mat[3][4] = {{11,22,33,44},{...},...};
... int sol[2][3][4] = {{{11,22,33,44},{...},...},...};
...
... int *zv = vek, (*zm)[4] = mat, (*zs)[3][4] = sol;
```

Die Array-Zeiger werden unmittelbar mit den Bezeichnern entsprechender Arrays vorbelegt. Auf die Elemente kann dann mit den indexierten Zeigern zugegriffen werden:

```
... printf("\n%d %d %d",zv[0],zm[0][1],zs[0][0][2]);
...
```

            11   22   33

Als die nächstliegende Erweiterung wären *Arrays von Array-Zeigern* (arrays of array pointers) zu betrachten, wobei die einfachsten Formen Zeiger-Vektoren sind, die nach den folgenden Schemata definiert beziehungsweise ohne Vorbelegung deklariert werden:

```
[<SK>][<Typung>]    *<AAZ>[H][={<Vorbelegung>}],...
[<SK>][<Typung>]    (*<AAZ>[H])[M][={<Vorbelegung>}],...
[<SK>][<Typung>]    (*<AAZ>[H])[M][N][={<Vorbelegung>}],...
    ...         ...         ...
```

wobei der geschmückt-dekorierte Bezeichner `*<AAZ>[H]` einen Zeiger-Vektor der Länge `H` darstellt; die Konstante `H` kann bei entsprechender Vorbelegung ausgelassen werden. Mit der ersten Form werden generische Vektoren beliebiger Länge `[L]`, und mit den nachfolgenden Formen generische Arrays vom Rang 2, 3, ... mit den Dimensionen `[L][M]`, `[L][M][N]`, ... erfaßt, wobei der geschmückt-dekorierte Bezeichner mit Rundklammern von den nachfolgenden Array-Dimensionen abgegrenzt werden muß, da diese einen höheren Verknüpfungsvorrang als der Asterisk haben. Ohne die Rundklammern würden wiederum *Zeiger-Arrays*, nicht aber *Array-Zeiger* definiert!

Mit Arrays von Array-Zeigern können Arrays gleichen Ranges aber unterschiedlicher Größe zu *irregulären Aggregaten* (irregular aggregates) zusammengefaßt werden, auf die mit Indexen zugegriffen werden kann, was bereits im vorhergehenden Unterabschnitt für Vektoren vorgestellt wurde (Bild 5.10). Das folgende Fragment veranschaulicht dies für ein irreguläres Aggregat vom Rang 3, das aus gleichrangigen Matrizen unterschiedlicher Größe gebildet wird:

```
... int  mat1[2][2] = {{11,22},{33,44}};
... int  mat2[3][2] = {{44,55},{66,77},{88,99}};
... ...
... int  (*zmx[])[2] = {mat1, mat2, ... };
...
... printf("\n%d %d %d",zmx[0][0][0],zmx[1][2][1]);
...
                       11             99
```

Die Länge des Vektors `*zmx[]` wird durch die Vorbelegung mit den Array-Bezeichnern bestimmt. Zu beachten ist, daß der Wert des ersten Indexes den Wertebereich des nachfolgenden Index-Paares bestimmt.

Das Prinzip läßt sich einfachst auf höherrangige Zeiger-Arrays mit den Dimensionen `[H][K]`... erweitern, mit deren Elementen generische Arrays mit den Dimensionen `[L][M][N]`... erfaßt werden können:

```
... (*<AAZ>[H][K]...)[M][N]...[={<Vorbelegung>}],...
```

Schließlich soll noch der Fall betrachtet werden, wo *Arrays von primären Zeigern*,

```
... [<Typung>]   *<ZA>[L] ...
... [<Typung>]  (*<ZA>)[L][M] ...
... [<Typung>]  (*<ZA>)[L][M][N]...
...      ...       ...
```

mit entsprechend *konformen* Array-Zeigern erfaßt werden sollen, die nach den folgenden Schemata definiert beziehungsweise ohne die Vorbelegung deklariert werden:

```
[<SK>][<Typung>]   **<ZZA>[=<Vorbelegung>],...
[<SK>][<Typung>]  *(*<ZZA>)[M][=<Vorbelegung>], ...
[<SK>][<Typung>]  *(*<ZZA>)[M][N][=<Vorbelegung>],...
     ...       ...       ...
```

In diesem Fall wird dem Deklarator des Zeiger-Arrays genau ein weiterer Asterisk vorangestellt. Zusätzliche Rundklammern sind dabei nicht erforderlich, da die nachgestellte Dekoration im genau richtigen Sinne noch vor dem zusätzlichen Asterisk mit dem eingeklammerten Ausdruck verknüpft.

Der *innere* Asterisk schmückt den Bezeichner im generellen Sinne eines Zeigers; mit dem *äußeren* werden die Elemente des zu erfassenden Arrays als primäre Zeiger gekennzeichnet. Zu beachten ist, daß die *führende Dimension* (leading dimension) wiederum ausgelassen wird.

Als einfachstes Beispiel wäre eine Zeiger-Vektor vom Typ `char` zu betrachten, der mit den Adressen von Zeichenketten-Konstanten vorbelegt ist und mit einem konformen Vektor-Zeiger erfaßt werden soll:

```
...
... char *zv[] = {"Hallo", "Freunde"}, **zzv = zv;
...
... printf("\n%s %s",*zm, zm[1]);
...
        Hallo Freunde
```

Die analogen Formen `**argv` und `**env` werden bei der Deklaration der Aufrufsargumente beziehungsweise des Environmentvektors im `main`-Kopf benutzt (Abschnitt 8.1.5).

Als ein gleichartiges Beispiel wäre eine Zeiger-Matrize zu betrachten, die mit den Adressen von Variablen vorbelegt und dann mit einem konformen Matrizen-Zeiger erfaßt werden soll:

```
... int a = 11, b = 22, c = 33, d = 44;
... int *zm[2][2] = {&a, &b, &c, &d}, *(*zzm)[2] = zm;
...
... printf("\n%d %d %d",*zzm[0][0],*zm[1][1]);
...
                11        44
```

Als ein anknüpfendes weiterführendes Beispiel wäre dann eine Matrize von Zeigern *zweiter Ordnung* zu betrachten, die mit den Adressen von Zeigern vorbelegt und mit einem entsprechend konformen Matrizen-Zeiger erfaßt werden soll:

```
...
... int *za =&a, *zb = &b, *zc = &c, *zd = &d;
... int **zmz[2][2] = {&za, &zb, &zc, &zd};
... int **(*zzmz)[2] = zm;
...
... printf("\n%d %d %d",**zzm[0][0],**zm[1][1]);
...
                11        44
```

In der Definition des Matrizen-Zeigers `zzmz` ist zu beachten, daß der *innere* Asterisk den Bezeichner im generellen Sinne als Zeiger schmückt, während die beiden *äußeren* Asterisks die Elemente des zu erfassenden

Arrays als *Zeiger zweiter Ordnung* kennzeichnen. Wiederum zu beachten ist, daß die *führende Dimension* (leading dimension) ausgelassen wird.

Die eben beschriebene *Semantik* von Array-Zeigern kann induktiv auf Arrays von Zeigern höherer Ordnung erweitert werden. In der Praxis geht die Anwendung jedoch selten über die (zweite) Ordnung des letzten Beispiels hinaus. Array-Zeiger werden im Abschnitt 6.9.2 im Zusammenhang mit der Zeiger-Arithmetik noch einmal aufgegriffen.

5.5.3.3 Besondere Anwendungsmöglichkeiten

Eine der Hauptanwendungen von Zeiger-Vektoren liegt bei der effizienten Handhabung von größeren Textkörpern mit variabler Zeilenlänge, die aus Dateien sowie aus Daten- oder Gerätekanälen dynamisch eingelesen, zeilenweise abgegriffen, modifiziert und ausgegeben werden sollen, wie das zum Beispiel bei Texteditoren und lexikalischen Textfiltern der Fall ist. Der naiv-naheliegende Gedanke, eine Zeichen-Matrize anzulegen, deren Zeilen die Textzeilen aufnehmen, ist im allgemeinen wegen der variablen Zeilenlänge unpraktisch: Die Matrize müßte nach der größten zu erwarten Zeilenlänge dimensioniert werden; Leerzeilen und sehr kurze Zeilen würden dabei eine unverhältnismäßige Verschwendung von Speicherplatz verursachen.

Für solche und ähnliche Anwendungen stehen zwei grundsätzliche und erprobte Ansätze zur Verfügung:

- Ein festangelegter Linearpuffer (linear buffer) von ausreichender Länge, der den größten zu erwartenden Textkörper als Ganzes aufnehmen kann.
- Zeilenvektoren variabler Länge, die dynamisch mit jeder eingelesenen Textzeile angelegt werden.

Der erste Ansatz wird zumeist bei Texteditoren und ähnlichen Einrichtungen angewandt, wo größere Textveränderungen zu erwarten sind. Bei lexikalichen Such- und Sortierfiltern, wo keine Veränderungen zu erwarten sind, wird zumeist mit dynamisch angelegten Speicherbereichen gearbeitet (Abschnitt 5.8).

Bild 5.11a veranschaulicht ein typisches wenngleich etwas vorgreifendes Szenario, das den ersten Ansatz im Prinzip widerspiegelt.

```
...
#define    MAXTEXT    100001    /* Maximale Anzahl Zeichen */
#define    MAXZEIL    5000      /* Maximale Anzahl Zeilen */
#define    NUL        0         /* ASCII-NUL */
#define    LF         10        /* Zeilenvorschub */
...
char text[MAXTEXT], *zeil[MAXZEIL], ...;
...
main(...) ...
{
 static int nzeich, nzeil=0, ...;
 int i, ...;
 ...
 ... nzeich = read(0,text,MAXTEXT-1) ...
 ...
 text[nzeich] = NUL;
 for(i=0; i < nzeich; i++)
         if(text[i] == LF)
           if(nzeil < MAXZEIL)
             {
                text[i] = NUL;
                zeil[nzeil++] = &text[i+1];
             }
           else { <Fehlerbehandlung> }
 ...
 printf("\nAnzahl Zeichen:%d, Zeilen:%d",nzeich, nzeil);
 ...
 for(i=0; i < 10; i++) printf("\n%4d: %s",i, zeil[i]);
 ...
}
```

Bild 5.11a: Szenario eines linearen Textpuffers

Der lineare Textpuffer `text` kann bis zu 100000 Zeichen plus ein Abschlußzeichen aufnehmen. Die maximale Anzahl der Zeilen beträgt 5000, was einem Gesamtdurchschnitt von 20 Zeichen pro Zeile bei voller Belegung entspricht.

Mit dem Systemaufruf **write(2)** (Abschnitt 9.3.1) werden maximal 100000 Zeichen über die *Normaleingabe* (standard input) mit der Kennung (file descriptor) 0 eingelesen und unmittelbar in dem Textpuffer `text` abgelegt; die tatsächliche Anzahl der eingelesenen Zeichen wird dabei der Variablen `nzeich` zugewiesen. Der eigentliche Textkörper im Puffer wird dann sofort mit einer ASCII-NUL abgeschlossen.

Mit der `for`-Schleife (Abschnitt 7.1.3.1) wird der Textpuffer durchlaufen, wobei jede Instanz des Zeilenvorschubs LF (linefeed) durch eine ASCII-NUL ersetzt wird; die Adresse des unmittelbar nachfolgenden Zeichens wird dann als die Anfangsadresse der nächsten Zeile im jeweils nächsten Element des Zeigervektors `zeil` abgelegt.

Die Postfix-Ausdrücke `nzeil++` und `i++` bewirken ein unmittelbar nachfolgendes Hochzählen um Eins (Abschnitt 6.3.2). Die von 0 bis `nzeil` durchnumerierten Zeilen können dann mit den Elementen des Zeigervektors `zeil` als mit NUL abgeschlossene Zeichenketten abgegriffen werden. Die Anzahl der Zeichen und Zeilen sowie die ersten 10 numerierten Zeilen werden dann mit dem `for`-Statement ausgegeben.

Bild 5.11b zeigt die Zuordnung der Zeiger-Elemente auf die Zeilen im Textpuffer.

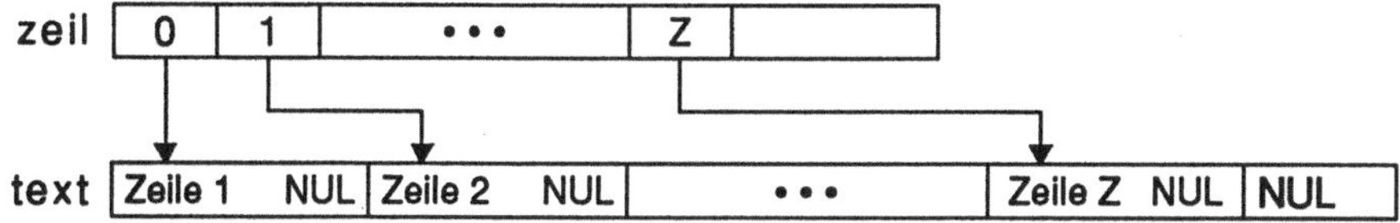

Bild 5.11b: Zuordnung der Zeiger-Elemente auf Zeilen

Die in Bild 5.11a gezeigte erste `for`-Schleife kann optimiert werden, indem der Index-Zugriff auf den Textpuffer durch Zeiger-Zugriff ersetzt wird. Bild 5.11c zeigt den typischen Ansatz dazu.

```
...
char *cp = text;
...
while(*cp++ != NUL)
      if(*cp == LF)
        if(nzeil < MAXZEIL-1)
          {
            *cp = NUL;
            zeil[nzeil++] = cp+1;
          }
        else { <Fehlerbehandlung> }
...
```

Bild 5.11.c: Ansatz zur Optimierung

Anstelle des indexierten Zugriffs auf den Textpuffer wird ein Zeiger `cp` mit dessen Anfangsadresse vorbelegt. Der eingelesene Textkörper wird dann mit der optimierten `while`-Schleife (Abschnitt 7.1.2.2) durchlaufen, wobei der Ausdruck `*cp++` jeweils zuerst im Sinne der Wertung `*cp`

(Abschnitt 5.4) mit NUL verglichen wird, um danach im Sinne von cp++ als Adresse um Eins hochgezählt zu werden (Abschnitt 6.3.2). Die Schleife bricht mit der den eingelesenen Textkörper abschließenden NUL ab.

Zeiger-Matrizen werden häufig zur Darstellung übergroßer, aber dünn belegter Zahlenmatrizen (sparse matrices) in Anwendungen mit Vektor- und Matrizen-Algebra benutzt, wie zum Beispiel Regressions- und Faktoranalysis sowie Simulationssysteme, die mit Hunderten von Gleichungen mit irregulären Variablen arbeiten. Modelle, die nationale Volkswirtschaften, Umweltbedingungen oder meteorologische Entwicklungen simulieren, können Tausende von Zustandsgleichungen haben, wobei die Gleichungsmatrizen oft nur sehr schwach belegt sind.

Schon bei einer 1000×1000 Matrize mit Gleitpunkt-Elementen vom Typ double werden etwa 8 Mbytes Speicherplatz benötigt; bei komplexen Elementen, die nur durch Vektoren oder Strukturen dargestellt werden können, würde sich der Speicherbedarf zumindest verdoppeln. Wenn eine Gleichungsmatrize dabei nur sehr dünn belegt ist, entsteht eine beträchtliche "Verschwendung" von Speicherplatz, was auch bei heutigen Systemen nicht immer leicht zu verkraften ist.

Die "Festkosten" (overhead) einer 1000×1000 Zeiger-Matrize belaufen sich auf etwa 4 Mbytes. Hinsichtlich einer gleichgroßen Daten-Matrize vom Typ double sind das genau 50%. Werden die Elemente der Daten-Matrize nur nach Bedarf angelegt — also nur bei Koeffizienten, die von Null verschieden sind — und dann mit den homologen Elementen der Zeiger-Matrize erfaßt, dann beginnt die Optimierung bei genau 50% Belegung. Bei 20% Belegung werden dann nur noch 4 Mbytes + 8×0.2 Mbytes = 5.6 Mbytes benötigt, was einer "Ersparniss" von immerhin 3.4 Mbytes oder etwa 42% entspricht.

Bei sehr großen Matrizen, deren Elemente keine Skalare, sondern Vektoren oder Strukturen sind, und daher mehr als die 8 Bytes des Types double beanspruchen, setzt die Optimierung entsprechend früher ein. Bei Komplexwerten der Form $z = x + iy$, die durch einen Vektor mit zwei Elementen oder eine Struktur mit zwei Komponenten des Types double dargestellt werden müssen, was mindestens 16 Bytes beansprucht, würde die Optimierung bei genau 75% Belegung einsetzen. Bei 20% Belegung würde die "Ersparniss" etwa 8.8 Mbytes — also etwa 55% — betragen. Das eben aufgeführte Kalkül schließt die anderen Möglichkeiten der Optimierung nicht ein, die durch die Zeiger-Arithmetik gegeben sind.

5.6 Heterogene Aggregate

Neben Arrays, die reguläre Aggregate von identischen Elementen darstellen und damit grundsätzlich homogen sind, unterstützt die C-Sprache auch zwei Typen von irreguläre Aggregaten, die sich aus unterschiedlichen Komponenten zusammensetzen können und daher im allgemeinen heterogen sind:[14]

* *Strukturen*, in denen multiple Objekte jeglichen Types und jeglicher Form als Komponente mit getrennten Speicherbereichen zu einer adressierbaren Einheit zusammengefaßt werden.
* *Überlagerungen*, die sich von Strukturen dahingehend unterscheiden, daß die Komponenten auf einem einzigen Speicherbereich abgebildet werden.

Strukturen und Überlagerungen stellen *abstrakte Typenklassen* dar, die erst durch *Vereinbarungen* (specifications) zu erweiterten Objekttypen konkretisiert werden müssen, mit denen dann Objekte definiert und deklariert werden können.

5.6.1 Strukturen

Strukturen (structures) haben zwei Hauptfunktionen, die sich gegenseitig ergänzen:

* Topologische Aufteilung eines zusammenhängenden Speicherbereiches in adressierbare Komponenten unterschiedlicher Typung und Artung.
* Kollektives Erfassen und — begrenzt — kollektives Manipulieren dieser Komponenten.

In der UNIX-Systemprogrammierung, was das Anpassen und Erweitern des Kernels sowie das Erstellen von systemnahen Dienstprogrammen miteinschließt, sind Strukturen unabdinglich. In der Tat arbeiten die meisten Steuer- und Abgriffsfunktionen der Systemschnittstelle mit Argumenten, die nach festvorgegebenen Struktur-Vorlagen definiert werden müssen. Typische Beispiele sind die Steuer-Strukturen des Dateisystems und der Gerätetreiber sowie die Prozeß- und Benutzer-Strukturen, die in Zusatzdateien im Systemverzeichnis `/usr/include/sys` abgelegt sind.

In der Anwendungsprogrammierung werden Strukturen zur hierarchischen Gliederung von Datenkörpern benutzt, die eine abgeschlossene Informationseinheit (information entity) darstellen. Da Strukturen auch Zeiger und damit auch Zeiger auf Funktionen enthalten können (Abschnitt 8.1.4), ist

---

14. Im Sinne der originären Idiomatik soll bei den irregulären Aggregaten von *Komponenten* (members) die Rede sein; der Terminus *Element* bezieht sich ausschließlich auf Arrays.

der Übergang von der reinen Informationseinheit zur Funktionaleinheit (functional entity) gegeben. Eine integrierte Funktionaleinheit (integrated functional entity), die neben einem Datenkörper auch alle zu dessen Verwaltung und Manipulation notwendigen Hilfs- und Dienstfunktionen einbezieht, stellt die Ausgangstypung für *Objekte* im Sinne der *objektbezogenen Programmierung* (object-related programming) dar. Die auf der C-Sprache aufbauenden objektbezogenen Programmiersysteme **C++** und **Objective-C** verkörpern diese Weiterentwicklung. Die eigentlichen Strukturen werden in zwei Schritten angelegt:

• Eine vorhergehende Vereinbarung des Struktur-Types.

• Die nachfolgende eigentliche Objekt-Definition gemäß des Struktur-Types.

Die beiden Schritte können zu einem Statement zusammengefaßt werden. Sie sollen jedoch zuerst getrennt betrachtet werden.

Das allgemeine Schema zur *Vereinbarung* (specification) eines *vollständigen Struktur-Types* (complete structure type) hat die Form:

```
struct <Strukturbezeichner>{
                        <Komponente1>;
                        <Komponente2>;
                        ...
                        <Bit-Feld>;
                } ... ;
```

wobei der *Strukturbezeichner* (structure tag) den allgemeinen Regeln für Bezeichner (Abschnitt 4.2.2) genügen muß. Geschweifte Klammern (braces) umgeben das *Strukturmuster* (structure template), das sich aus *Komponenten* (members) sowie *Bit-Feldern* (bit fields) zusammensetzen kann. Letztere werden im Unterabschnitt 5.6.1.1 getrennt besprochen.

Für den *Geltungsbereich* einer Struktur-Vereinbarung (scope of structure specification) gelten identisch die für Bezeichner von Datenobjekten gültigen Regeln (Abschnitt 5.2.1). Innerhalb eines Geltungsbereiches muß ein Strukturbezeichner sich von allen anderen *bereits deklarierten Bezeichnern* unterscheiden. Struktur-Vereinbarungen unterscheiden sich in dieser Hinsicht nicht von Definitionen und Deklarationen.

Die Komponenten werden nach dem folgenden Schema deklariert:

```
<Komponente>: [<Typung>] <Deklarator>
    <Typung>: [<Vorsatz>] [<Typ>]
    <Vorsatz>: const|volatile |const volatile
```

wobei zu beachten ist, daß die Speicherklasse entfällt. Ein Beschränkung hinsichtlich der *Typung* (typing; Abschnitt 5.1) besteht nicht.

Der Deklarator wird nach dem üblichen Schema kodiert:

```
<Deklarator>:  <Bezeichner>[<Dimension>]
            *...<Bezeichner>[<Dimension>]
```

Für die Komponenten-Bezeichner gelten die üblichen Regeln (Abschnitt 4.2.2). Identische Bezeichner können außerhalb der Struktur und insbesondere in anderen Strukturen beziehungsfrei verwandt werden (ANSI+).

Die Komponenten können sowohl als generische Datenobjekte als auch als Zeiger jeglicher Ordnung deklariert werden; eine Typenbeschränkung besteht dabei nicht. Insbesondere können Zeiger, bereits vereinbarte Typen von Strukturen und *Überlagerungen* (unions) sowie andere abgeleitete Typen (derived types) als Komponenten deklariert werden.

Bei Auslassung des Strukturmusters in einer Vereinbarung,

```
struct <Strukturbezeichner>;
```

resultiert ein *unvollständiger* Struktur-Typ (incomplete structure type), der als Hilfskonstrukt überall da benutzt werden kann, wo die Speichergröße der Struktur nicht im voraus bekannt sein muß, wie bei der vorläufigen Deklaration von Zeigern. Dies wird im Unterabschnitt 5.6.1.6 im Zusammenhang mit Struktur-Verkettungen noch einmal aufgegriffen.

Die *Speichergröße* (storage size) eines vollständigen Struktur-Types kann mit der Kompilerfunktion sizeof(...) unmittelbar aus dem Bezeichner bestimmt werden:

```
#include  <stddef.h>
...  size_t size;
...  size = sizeof(struct <Bezeichner>) ...
```

wobei das Schlüsselwort struct dem eigentlichen Strukturbezeichner vorangestellt werden muß. Das Resultat ist immer eine gerade Zahl und damit größer-gleich der Summe der Komponentengrößen, und genau dann größer, wenn diese eine ungerade Zahl ist, da die Komponenten an *Wortgrenzen ausgerichtet* werden (word boundary alignment). Der Unterschied variiert je nach Rechnertyp, was bei Portabilitätsanforderungen in Betracht gezogen werden muß. Das Resultat kann in einer Variablen vom ANSI-Typ size_t abgelegt werden, wozu die Zusatzdatei <stddef.h> eingebunden werden muß.

Mit dem in der gleichen Zusatzdatei definierten Makro offsetof (ANSI+) kann die *relative Position* (offset) einer Komponente innerhalb einer Struktur bestimmt werden:

```
#include  <stddef.h>
...  size_t pos;
...  pos = offsetof(struct <Bezeichner>,<Komponente>) ...
```

Als ein erstes Beispiel wäre eine recht einfache Struktur-Vereinbarung zur Erfassung von Personenadressen zu betrachten:

```
struct p_adresse { /* Anfang Struktur-Vereinbarung */
                 char nachname[16];     /* Latin-1 */
                 char vorname[10];      /* Latin-1 */
                 char anschrift[20];    /* Latin-1 */
                 unsigned short stadt; /* Tabelle */
                 unsigned short PLZ;
                 }; /* Ende  Struktur-Vereinbarung */
```

Der Struktur-Typ p_adresse besteht aus 5 Komponenten, deren Sinn offensichtlich ist. Die Komponente stadt bezieht sich auf eine Tabelle, welche die eigentlichen Namen enthält (lookup table). Die eingestreuten Kommentare dienen der in-situ Dokumentation. Die Struktur entspricht dem herkömmlichen *Satz* (record) in anderen Hochsprachen. Mit der Kompilerfunktion sizeof (...) und dem Makro offsetof ergibt sich:

```
#include <stddef.h>
...
... printf("\nsize(p_address):%d, offset(PLZ):%d",
        sizeof(struct p_adresse),
        offsetof(struct p_adresse,PLZ));
...
        size(p_address): 50   offset(PLZ):48
```

Die Größe der Struktur und die relative Position der letzten Komponenten PLZ entspricht der Summe der (geraden) Komponentengrößen.

Komponenten gleicher Typung können im Strukturmuster zusammengefaßt werden, was jedoch der Übersichtlichkeit abträglich sein kann:

```
struct  p_adresse
        { /* Anfang Struktur-Vereinbarung */
        char nachname[16], vorname[10], anschrift[20];
        unsigned short stadt, PLZ;
        }; /* Ende  Struktur-Vereinbarung */
```

Erst mit einem bereits vereinbarten vollständigen Struktur-Typ kann eine Struktur als eigentliches Objekt definiert werden, wobei das erweiterte Definitions-Schema gilt:

```
[<SK>] <Typung> <Deklarator> [={<Vorbelegung>}],...;

    <Typung>:[<Vorsatz>] struct <Strukturbezeichner>

<Deklarator>: <Objektbezeichner>[<Dimension>]
            *<Zeigerbezeichner>[<Dimension>]
```

Für die Speicherklasse (SK) gelten die im Abschnitt 5.2 behandelten Eigenschaften und Regeln. Die Typung besteht aus dem auch hier optionalen Vorsatz (ANSI+), dem erforderlichen Schlüsselwort `struct` sowie dem Bezeichner (structure tag) einer bereits vereinbarten Struktur. Der Deklarator besteht aus dem erforderlichen Objekt- beziehungsweise Zeigerbezeichner, optional gefolgt von einer Dimensionsklausel. Ein Objekt- oder Zeigerbezeichner muß sich nicht unbedingt von dem Strukturbezeichner unterscheiden, obwohl dies in den weitaus meisten Situationen zu empfehlen ist.

Strukturen können sowohl als Singletone als auch als Arrays angelegt werden, also als Anreihungen beliebiger Dimension, was im nachfolgenden Unterabschnitt 5.6.1.1 weitergeführt wird. Ein Gleiches gilt für Zeiger auf Strukturen, was im Abschnitt 5.6.1.4 behandelt wird.

Strukturen aller Speicherklassen — also auch `auto` (ANSI+) — können mit Konstanten und konstanten Ausdrücken (Abschnitt 4.3.1) vorbelegt werden; mit `auto` definierte Objekte können darüber hinaus auch mit typenkonformen variablen Ausdrücken vorbelegt werden, was auch Zuweisungen aus anderen Strukturen und Funktionen einschließt (ANSI+). Bei Auslassung der Vorbelegungsklausel werden externe oder mit `static` definierte Objekte mit Null-Oktetts vorbelegt; bei `auto` bleibt die Vorbelegung unbestimmt.

Die Größe einer bereits als Objekt definierten Struktur wird mit

```
... sizeof(<Objektbezeichner>) ...
```

bestimmt, wobei das Schlüsselwort `struct` im Argument entfällt.

Die oben als Beispiel vereinbarte Struktur `p_adresse` könnte als Singleton — also als einzige Instanz — definiert und gleichzeitig vorbelegt werden:

```
... struct p_adresse PERS =
                {/* Anfang Vorbelegung */
                "Hummel",/* nachname */
                "Hubert",/* vorname */
                "Hubertstr. 123",/* anschrift */
                8,/* stadt, 8=Frankfurt */
                6000/* PLZ */
                };
```

wobei `PERS` der Objektbezeichner der neuangelegten Struktur vom Typ `struct p_adresse` ist. Die Reihenfolge der Vorbelegungswerte muß der Reihenfolge der Komponenten in dem vereinbarten Strukturmuster (template) genau entsprechen. Bei unvollständiger Vorbelegung werden die verbleibenden Komponenten mit Null-Oktetts vorbelegt. Die Größe der Struktur wird durch `sizeof(PERS)` wiederum mit 50 Bytes angegeben.

Eine mit `auto` definierte Struktur kann mit dem Inhalt einer bereits definierten und typenkonformenen anderen Struktur vorbelegt werden (ANSI+); wie zum Beispiel in:

```
auto struct p_adresse PERSX = PERS;
```

wo `PERSX` mit `PERS` vorbelegt wird. Die Komponentenwerte werden dabei einander entsprechend zugewiesen. Diese Form der Vorbelegung schließt auch typenkonforme Funktionen ein (ANSI+), was im Abschnitt 8.1.3.4 weitergeführt wird.

Spezifikation und Definition können zu einem einzigen Statement zusammengefaßt werden:

```
[<SK>] [<Vorsatz>] struct [<Strukturbezeichner>]
                {
                  <Komponente1>;
                  <Komponente2>;
                  ...
                  <KomponenteN>;
                } [<Deklarator>[={<Vorbelegung>}]]...;
```

Der *Strukturbezeichner* (structure tag) kann ausgelassen werden, falls keine externe Deklaration der vereinbarten Struktur erfolgen muß und keine weitere Struktur gleichen Types angelegt werden soll.

Mit unserem forgesetzten Beispiel ergäbe sich also:

```
struct p_adresse
                { /* Anfang Struktur-Vereinbarung */
                  char nachname[16];
                  char vorname[10];
                  char anschrift[20]
                  unsigned short stadt;
                  unsigned short PLZ;
                } /* Ende Struktur-Vereinbarung */
                PERS /* Objekt-Deklarator */
                = {/* Anfang Vorbelegung */
                    "Hummel", "Hubert",
                    "Hubertstr. 123",
                    8, 6000
                  }; /* Ende Vorbelegung */
```

Der Unterschied zwischen dem *Strukturbezeichner* (structure tag) — hier `p_adresse` — und dem *Objektbezeichner* (object identifier) — hier `PERS` — muß im Auge behalten werden: Ersterer bezeichnet den Struktur-Typ und kann in den Typungen von nachfolgenden Definitionen und Deklarationen benutzt werden; letzterer bezeichnet die Struktur als Objekt und kann nur im Sinne eines Objektbezeichners benutzt werden. Die beiden Bezeichner dürfen identisch sein, was jedoch schon wegen der Unübersichtlichkeit zu vermeiden wäre.

Auf die *Komponenten* (members) einer definierten Struktur wird nach dem Verknüpfungsschema zugegriffen:

```
<Struktur>.<Komponente>
```

wobei der *Punkt-Operator* (dot operator) als *Kopulativ* (copulative) die beiden Bezeichner verknüpft. In unserem fortgesetzten Beispiel können einzelne Komponenten der Struktur PERS mit der Ausgabefunktion **printf(3S)** ausgegeben werden:

```
... printf("\n%s %s %s ... %d ...",
        PERS.vorname, PERS.nachname, ... ,PERS.PLZ);
...
        Hubert Hummel ... 6000
```

Gleichtypige Strukturen können einander als Ganzes dynamisch zugewiesen werden (ANSI+), wie zum Beispiel in:

```
... struct p_adresse PERS3, PERS4, ...;
...
... PERS3 = PERS4 ...
```

wobei der Inhalt der Komponenten strukturgetreu zugewiesen wird. Zuweisung ist allerdings die einzige zulässige primitive Operation mit Strukturen (sowie Überlagerungen). Strukturen können darüber hinaus als Ganzes an Funktionen übergeben und von diesen als Ganzes zurückgegeben werden (ANSI+), was im Abschnitt 8.1.3.4 eingehend besprochen wird. Keine dieser Operationen war übrigens unter dem traditionellen Standard zulässig!

Definierte Strukturen können in anderen Modulen als externe Objekte deklariert werden,

```
extern struct <Strukturbezeichner> <Deklarator>, ...;
```

wobei die Struktur-Spezifikation jeweils zur Verfügung stehen muß.

Die bewährte Praxis bei modularen Projekten ist, Struktur-Vereinbarungen in schreibgeschützte Zusatzdateien auszulagern, die erst während der Aufbereitungsphase eingebunden werden. Das folgende Mini-Programm-Ensemble (program suite) veranschaulicht dies — und einige andere Aspekte — mit dem bereits eingeführten Beispiel:

```
$ cat zusatz.i
struct  p_adresse { /* Anfang Struktur-Vereinbarung */
                    char nachname[16];
                    char vorname[10];
                    char anschrift[20];
                    unsigned short stadt;
                    unsigned short PLZ;
                    } /* Ende  Struktur-Vereinbarung */
#ifdef MAIN
const *stadt[] =    { /* Stadt-Tabelle, Index */
                    "Aachen",               /* 0 */
                    "Berlin",               /* 1 */
                    ...
                    "Frankfurt",            /* 8 */
                    ...
                    }; /* Ende Stadt-Tabelle */
struct p_adresse PERS =
                    {
                     "Hummel", "Hubert",
                     "Hubertstr. 123",
                     8, 6000
                    }; /* Struktur PERS definiert */
#else
extern char *landkode[], *stadt[];
extern struct p_adresse PERS;
#endif


$ cat prgm.c
#define  MAIN
#include "zusatz.i"
main()
{
 void druck(void);
 druck();
}

$ cat druck.c
#include "zusatz.i"
void druck(void)
{
 printf("\nHerrn %s %s %s %d %s ",
        PERS.vorname, PERS.nachname, PERS.anschrift,
        PERS.PLZ, stadt[PERS.stadt]);
}
```

```
$ cc prgm.c druck.c
$ a.out
Herrn Hubert Hummel, Hubertstr. 123, 6000 Frankfurt
```

Die Zusatzdatei `zusatz.i` enthält die Struktur-Vereinbarung `p_adresse`, die bedingungsfrei in jedes Modul eingebunden wird. Zu beachten ist, daß die Zeichen-Vektoren durch Zeiger ersetzt wurden. Die *Definitionen* mit Vorbelegung der Struktur `PERS` und des Zeiger-Vektors `stadt` werden nur da eingebunden, wo das Symbol `MAIN` definiert wird — also nur im Hauptprogramm-Modul `prgm.c`. Die *Deklarationen* als externe Objekte werden in allen anderen Modulen eingebunden, hier also in `druck.c`. Bei den `include`-Statements ist zu beachten, daß die drei Dateien sich im gleichen Arbeitsverzeichnis befinden. Die beiden Module werden dann mit dem Kompilierbefehl **cc(1)** gemeinsam aufbereitet, kompiliert und gebunden, und dann mit dem gezeigten Resultat aufgerufen.

5.6.1.1 Bit-Felder in Strukturen

Mit *Bit-Feldern* (bit fields) kann ein zusammenhängender Speicherbereich in Felder mit einer (fast) beliebigen Anzahl von Bits aufgeteilt werden. Ein Bereich der Größe `int` — also praktisch immer 4 Bytes — kann dabei immer in *unmittelbar aneinandergrenzende Felder* (adjacent fields) aufgeteilt werden; zumeist — aber nicht immer — können auch Bereiche beliebiger Größe derartig aufgeteilt werden. Dabei sollte immer davon ausgegangen werden, daß der aufgeteilte Bereich automatisch bis zur *nächsten Wortgrenze erweitert* wird (word boundary alignment).

Strukturen mit Bit-Feldern werden nach dem folgenden Schema deklariert:

```
struct <Strukturbezeichner>
            {
            <Typung> <Feldbezeichner1> : <Länge1>;
            <Typung> <Feldbezeichner2> : <Länge2>;
            ...
            [int : <Länge>;]/* padding */
            [int : 0;]/* boundary alignment */
            ...
            } ...;
```

wobei die auf `int` eingeschränkte Typung (ANSI+) gilt:

```
<Typung> : [<Vorsatz>] [<Zusatz>] int
<Vorsatz> : const|volatile|const volatile
 <Zusatz> : signed|unsigned
```

Für die *Feldbezeichner* (field identifiers) gelten die allgemeinen Regeln für
Bezeichner (Abschnitt 4.2.2). Ein *Doppelpunkt* (colon) trennt den Feldbezeichner von der *Feldlänge* (field length), die als vorzeichenfreie Ganzzahl
kodiert wird; sie bestimmt die jeweilige Anzahl der Bits. Die Feldlänge
darf die jeweilige Größe des Types `int` — also zumeist 32 Bits = 4 Bytes
— nicht überschreiten; bei längeren Feldern entsteht ein fataler Kompilierfehler.

Der Feldbezeichner kann ausgelassen werden, wenn das Feld nur als
Lückenfüller (dummy) dienen soll (padding). Mit Länge 0 und unter
Auslassung des Feldbezeichners wird das unmittelbar nachfolgende Feld
an die nächste Wortgrenze gezwungen (word boundary alignment). In allen
Fällen muß das Schlüsselwort `int` kodiert werden (ANSI+). [15]

Ein erstes Beispiel mag die arithmetischen Eigenschaften von Bit-Feldern
veranschaulichen:

```
...
struct bf   {
                int a : 1;
                unsigned int b : 2;
                int c : 3;
                unsigned int d : 3;
                int e : 4;
                int f : 4;
                };
...
... struct bf BF = {0,4,7,7,15,17};
...
... printf("\nsize:%d", sizeof(struct bf));
... printf("\n%d %d %d %d %d %d",
                BF.a, BF.b, BF.c, BF.d, BF.e, BF.f);
...

        size:4
        0  0  -1  7  -1  1
```

Die Felder a, b, ..., f in dem Struktur-Typ `bf` summieren sich zu
insgesamt 17 Bits; die damit definierte Struktur BF hat eine Länge von 4
Bytes. Die Eigenschaften der Felder sind aus den ausgegebenen Vorbelegungen ersichtlich: Das vorzeichenfreie 2-Bit-Feld b wird mit dem Wert 2
vorbelegt und dementsprechend als 0 ausgegeben; der Wert 7 wird mit dem
vorzeichenbehafteten 3-Bit-Feld c als −1, und mit dem gleichgroßen aber

---

15. Einige unter SVR3 ausgelieferte K&R-Kompiler, sowie einige Versionen der jetzigen
    ANSI-Kompiler akzeptieren auch `char` und `short` anstelle von `int`. Am Resultat
    ändert dies nichts.

vorzeichenfreien Feld d als 7 ausgegeben; die vorzeichenbehafteten 4-Bit-Felder e und f zeigen die zu erwartende Wertumkehr bei 16.

Im allgemeinen gelten für ein Bit-Feld x mit Länge N die Wertebereiche:

- vorzeichenbehaftet (signed): $-2^{(N-1)} \le x < 2^{(N-1)}$

- vorzeichenfrei (unsigned): $0 \le x < 2^N$

Für vorzeichenfreie Felder gilt also Arithmetik modulo 2^N.

Die Speicherbelegung von Bit-Feldern kann mit *Überlagerungen* (unions) sichtbar gemacht werden. Überlagerungen werden im Abschnitt 5.6.2 eingehend behandelt; in unserem fortgesetzten Beispiel wird die Struktur BF mit der gleichgroßen Variablen bi vom Typ int überlagert, um den Speicherbereich als Ganzes erfassen und interpretieren zu können:

```
...
union ub  {
          struct bf BF;
          int bi;
          };
...  union ub UB = {0,4,7,7,15,17};
...
...  printf("\n%08X",UB.bi);
...
          00003FF8
```

Die Anordnung der Bit-Felder und deren Inhalte spiegelt sich in dem angegebenen Hexadezimalwert wider. Zu beachten ist, daß auch der ANSI-Standard keine weiteren Vorgaben zu Bit-Feldern in Strukturen macht.

Als ein gelegentlich sehr nützliches Beispiel[16] wäre noch die Zerlegung einer Gleitpunkt-Variablen vom Typ float in Vorzeichen, Fraktion und Exponent (Abschnitt 5.3.2) zu betrachten:

```
struct flt  {
             unsigned int s : 1;    /* Vorzeichen */
             unsigned int e : 8;    /* Exponent */
             unsigned int m : 23;   /* Mantissa */
             };
union uf    {
             float x;
             struct flt F; .
             } U = { -7.25 };
...
```

---

16. Die Portabilität muß dabei allerdings in Betracht gezogen werden!

```
float f;
...
... f = (float) UF.FLT.m/8388608.0;
...
... printf("\n%f %d %d %d %f",x,U.F.s,U.F.e,U.F.m,f);
...
```

mit dem auf einem M68020-Rechner erzielten Resultat:

```
    -7.250000  1  129  6815744  0.812500
```

was der Zerlegung gemäß ANSI-IEEE entspricht:

$$-7.25 = (-1)^1 \times 2^{(129-127)} \times (1 + 0.812500) = -4 \times 1.8125$$

Zu beachten ist, daß die obige Divisionskonstante $8388608 = 2^{23}$ dem Normalisierungsfaktor für eine Fraktion mit 23 Bits entspricht. Ein alternativer Ansatz wird im Abschnitt 6.5.2 im Zusammenhang mit den Bit-Operatoren vorgestellt.

In der Anwendungsprogrammierung können Strukturen mit Bit-Feldern bequem als multiple Schalter benutzt werden, anstelle der zuweilen undurchsichtigen Operationen mit bit-bezogenen Operatoren und Bit-Masken (Abschnitt 6.5.2). Dabei sollte jedoch entweder durchweg und beständig mit Bit-Feldern gearbeitet werden oder überhaupt nicht: Eine gemischte Arbeitsweise würde sich nicht nur wegen der Unübersichtlichkeit, sondern auch aus Gründen der Portabilität nicht empfehlen.

In Anwendungen der Datenübertragung und externen Gerätesteuerung können Bit-Felder vorteilhaft benutzt werden, um Steuerblöcke (control blocks) auf Strukturen abzubilden. Voraussetzung dafür ist jedoch ein sehr genaues Verständnis der externen Bit-Übertragungsfolge und der internen Bit-Wiedergabe durch den Gerätetreiber des Anschlußports. Portabilität ist eines der größten Probleme bei solchen Anwendungen.

In der Systemprogrammierung kann mit Bit-Feldern gearbeitet werden, soweit die einheimisch kompilierten (native compiled) Programme nur auf dem einheimischen Host oder nur auf absolut kompatiblen Systemen laufen sollen. Status- und Steuer-Register von Geräteschnittstellen können dabei sehr sauber auf Strukturen mit Bit-Feldern abgebildet werden.

5.6.1.2 Zeiger in Strukturen

In dem Struktur-Typ `p_adresse` wurden die Komponenten `nachname`, `vorname` und `anschrift` als Zeichen-Vektoren mit konstanter Länge vorgegeben, was bei kürzerer Belegung Speicherplatz verschwendet und bei längerer Belegung einen fatalen Fehlerzustand verursacht. Diese Schwachstelle kann durch Zeiger vermieden werden:

```
struct p_adresse
            { /* Anfang Struktur-Vereinbarung */
             char *nachname;
             char *vorname;
              ...
            }; /* Ende Struktur-Vereinbarung */
```

wobei die Strukturgröße `sizeof(struct p_adresse)` sich übrigens
auf 16 Bytes reduziert.

Bei Definitionen *ohne* Vorbelegung werden die Zeiger-Komponenten mit
NULL-Zeigern vorbelegt. Unabhängig von der Speicherklasse der Struktur
können Zeiger mit den Adressen von externen oder mit `static`
definierten Objekten im gleichen oder übergeordneten Geltungsbereich
vorbelegt werden, wie zum Beispiel in:

```
static char  nname[] = "Hummel", vname[] = "Hubert";
...
... struct p_adresse PERS = {nname, vname, ... };
...
```

wo die Zeiger für Nach- und Vornamen auf bereits mit `static` definierte
und vorbelegten Zeichen-Vektoren gesetzt werden. Die Zeichenketten
können dann unmittelbar über die Zeiger-Komponenten abgegriffen
werden:

```
...
... printf("\Vorname: %s, Nachname: %s",
         PERS.vorname, PERS.nachname) ...
...
            Hubert Hummel
```

Zu beachten ist, daß die beiden Ausdrücke `PERS.vorname` und
`PERS.nachname` jetzt lediglich Zeiger vom Typ `char` darstellen, die auf
Objekte außerhalb der Struktur verweisen. Dieses Beispiel wird im
nachfolgenden Unterabschnitt 5.6.1.2 auf einen Zeiger-Vektor erweitert.

Bei Zeigern anderen Types muß explizite zwischen *Adresse* und *Wertung*
(dereferencing, valuations) unterschieden werden, wie das folgende
Beispiel zeigen mag:

```
...
struct cx { float u, *v; }
static float x = 1.2345, y = -5.4321, ...;
auto struct cx CX = { x, &y };
...
... printf("\nCX.u:%f *CX.v:%f", CX.u, *CX.v);
...
            CX.u:1.2345  *CX.v:-5.4321
```

Der Struktur-Typ `cx` enthält als Komponenten eine Variable und einen Zeiger vom Typ `float`, die in der Definition der Struktur `CX` mit dem Inhalt beziehungsweise der Adresse von Variablen gleichen Types vorbelegt werden. Zu beachten ist, daß diese Form der variablen Vorbelegung nur bei `auto` zulässig ist.

Diese Kodierungsform wiederholt sich in erweiterter Form, wenn mit Zeigern auf Strukturen gearbeitet wird. Dies wird weiter unten im Unterabschnitt 5.6.1.3 weitergeführt.

5.6.1.3 Arrays in Strukturen

Strukturen können Arrays jeglichen Ranges als Komponente enthalten, wobei die im Abschnitt 5.5.2 besprochenen Eigenschaften, Zugriffs- und Vorbelegungsregeln unverändert gelten; die Zugriffsausdrücke für die Elemente der Komponenten-Arrays werden lediglich dahingehend angepaßt, daß die Bezeichner mit dem Punkt-Operator (dot operator) agglutiniert werden müssen. Als einfachstes Beispiel wären die Zeichenketten-Vektoren in der bereits bekannten Struktur `p_adresse` zu betrachten, die im vorhergehenden Unterabschnitt 5.6.1.1 dann durch Zeiger ersetzt wurden. Als weiterführendes Beispiel sollen diese einzelnen Zeiger zu einem Zeiger-Vektor zusammengefaßt werden:

```
struct p_adresse
                { /* Anfang Struktur-Vereinbarung */
                char *zeig[3];
                ...
                }; /* Ende Struktur-Vereinbarung */
...
... struct p_adresse PERS =
                { /* Anfang Vorbelegung */
                 { /* Vorbelegung *zeig */
                  "Hummel",
                  "Hubert",
                  "Hubertstr. 123"
                 }, /* Ende *zeig */
                 ...
                }; /* Ende Vorbelegung */
...
enum zx {Nachname = 0, Vorname, Anschrift};
...
printf("\n%s %s",PERS.zeig[Vorname],PERS.zeig[Nachname]);
...
                Hubert Hummel
```

Die 3 Elemente des in der Vereinbarung als Komponente enthaltenen Zeiger-Vektors `zeig` werden in der Definition von PERS unmittelbar mit den Adressen von 3 Zeichenketten-Konstanten vorbelegt, wobei die mit geschweiften Klammern umgebene innere Werteliste zu beachten ist. Die Zeichenketten werden dann mit selbstredenden Nominal-Werten als Indexe abgegriffen, die mit enum (Abschnitt 5.3.3) definiert wurden.

Ein weiteres Beispiel mag den Zugriff auf Vektoren und Matrizen anderen Types sowie deren Vorbelegung verdeutlichen. Eine Struktur soll den physikalischen Zustand von Körpern in einem mechanischen System beschreiben:

```
...
struct zustand { /* Anfang Zustands-Struktur */
             float init[3];/* Ausgangsvektor */
             float mat[3][3];/* Bewegungsmatrize */
             float masse;/* Masse */
             ...
          }; /* Ende Zustands-Struktur */
```

Eine entsprechende Struktur K wird nach dem folgenden Schema definiert und mit einer strukturierten Liste vorbelegt:

```
... struct zustand K = { /* Anfang Vorbelegung */
             {<init>},
             {<mat>},
             <masse>,
             ...
          }; /* Ende Vorbelegung */
```

Als konkretes Kodierbeispiel wäre zu betrachten:

```
... struct zustand K =
          { /* Anfang Vorbelegung */
          {1.23, 0.55, -3.104}, /* init */
          {{0.81, 0.32, 5.11},   /* mat, Zeile 0 */
           {3.76, 2.03, 0.34},   /* mat, Zeile 1 */
           {7.36, 1.91, 4.31}}, /* mat, Zeile 2 */
          16.43,                 /* Masse */
          ...
          }; /* Ende Vorbelegung */
```

Auf die Elemente der Arrays wird dann mit indexierten Ausdrücken zugegriffen:

```
... Printf("\n %f %f", K1.init[0], K1.mat[1][1]);
...
          1.23  2.03
```

5.6.1.4 Zeiger auf Strukturen

Strukturen können mit Zeigern gleichen Types erfaßt und manipuliert
werden; ein Struktur-Zeiger kann mit der Adresse einer Struktur vorbelegt
werden. Eine Fortsetzung des obigen Beispiels mit der Struktur
p_adresse mag dies sogleich veranschaulichen:

```
struct p_adresse {
                  char *nachname;
                  char *vorname;
                  ...
                  };
```

```
... struct p_adresse PERS = {"HUMMEL", "HUBERT", ... };
...
... struct p_adresse *ZPERS = &PERS;
```

Der Struktur-Zeiger ZPERS wird mit der Adresse der bereits definierten
Struktur PERS vorbelegt, wobei der Adressen-Operator & benutzt wird.
Der Zugriff auf die Komponenten kann jetzt über den Struktur-Zeiger
erfolgen, wobei die sinnige, aus dem Minuszeichen – und dem Winkelzeichen > zusammengesetzte Dyade -> als Kopulativ zwischen diesem
und den Komponenten fungiert:

```
...
... printf("\n%s %s", ZPERS->vorname, ZPERS->nachname);
...
...
        Hubert Hummel
```

Eine alternative und völlig gleichwertige Form des Zugriffs basiert auf der
eingeklammerten Wertung des Zeigers mit dem Punkt-Operator als
Kopulativ:

```
... (*ZPERS).vorname, (*ZPERS).nachname ...
```

Die Rundklammern (parentheses) sind dabei unerläßlich. Die Ausdrücke,

```
... *ZPERS.vorname, *ZPERS.nachname ...
```

stellen hier lediglich die Wertungen der Komponenten-Zeiger dar! Der
subtile Unterschied soll gleich nachfolgend weiter erhellt werden.

Bei Komponenten, die Zeiger anderen Types sind, muß besonders
sorgfältig zwischen den Adressen und den Wertungen (valuations) unterschieden werden, wie die Fortsetzung eines weiteren bereits eingeführten
Beispiels verdeutlichen mag:

```
...
struct cx { float u, *v; }
...
static float x = 1.2345, y = -5.4321, ...;
...
auto struct cx CX = { x, &y }, *ZCX = &CX;
```

Die Komponenten-Variable u und der Komponenten-Zeiger v der Struktur
CX werden mit dem Inhalt von x beziehungsweise mit der Adresse von y
vorbelegt. Der Struktur-Zeiger ZCX wird mit der Adresse von CX
vorbelegt. Um über den Struktur-Zeiger auf den Inhalt von u und die
Wertung von y zugreifen zu können, kann in zwei völlig gleichwertigen
Formen kodiert werden:

```
... printf("\n%f %f", ZCX->u, *ZCX->v);

... printf("\n%f %f", (*ZCX).u, *(*ZCX).v);

              1.2345    -5.4321
```

Bei den "gepunkteten" (dotted) Formen erzwingt der Asterisk innerhalb
der Rundklammern die Wertung von ZCX im Sinne der Dyade ->, während
der jeweils erste Asterisk die Wertung (dereferencing) des Komponenten-
Zeigers v erzwingt. Die Form **ZCX.u wäre unsinnig in diesem Zusammenhang, da sie sich auf einen Zeiger *zweiter Ordnung* (Abschnitt 5.4.2)
beziehen würde.

Ein abschließendes Beispiel mag die Kombination von Struktur-Zeigern
und Komponenten-Arrays illustrieren. Mit der bereits bekannten Vereinbarung und Definition wird ein zusätzlicher Struktur-Zeiger ZU definiert
und mit der Adresse der Struktur K vorbelegt:

```
...
struct zustand{ double init[3], mat[3][3], ... };
...
static struct zustand K =
            { /* Anfang Vorbelegung */
              {1.23, 0.55, -3.104}, /* init */
              {{0.81, 0.32, 5.11}, /* mat, Zeile 0 */
               {3.76, 2.03, 0.34}, /* mat, Zeile 1 */
               {7.36, 1.91, 4.31}}, /* mat, Zeile 2 */
               ...
            }; /* Ende Vorbelegung */
...
... struct zustand *ZK = &K;
...
```

Auf die Elemente der Komponenten-Arrays kann wiederum mit den zwei
völlig gleichwertigen Formen zugegriffen werden:

```
...
...    printf("\n%f %f", ZK->init[0], ZK->mat[1][1]);
...
...    printf("\n%f %f",(*ZK).init[1],(*ZK).mat[1][1]);
...
               1.23  0.32
```

5.6.1.5 Arrays von Strukturen

Arrays von Strukturen werden ausgehend von den Bezeichnern bereits
vereinbarter Strukturen nach den folgenden Schemata definiert beziehungsweise deklariert:

```
...    struct <S-Bezeichner> <Array-Name>[L] ...
...    struct <S-Bezeichner> <Array-Name>[L][M] ...
...    struct <S-Bezeichner> <Array-Name>[L][M][N] ...
```

wobei die im Abschnitt 5.4 eingeführten Begriffe wie Rang, Zeilen,
Spalten, Blätter gelten. Bei Deklarationen oder entsprechender Vorbelegung kann die Zeilenkonstante L ausgelassen werden

Arrays von Strukturen werden sinngemäß nach den im Abschnitt 5.4.2.3
behandelten Schemata vorbelegt, wobei grundsätzlich mit strukturierten
Wertelisten gearbeitet werden sollte. Als einfachstes Beispiel wäre die
bereits vorgestellte Adressen-Struktur p_adresse zu betrachten, von der
jetzt ein Vektor mit 3 vorbelegten Elementen angelegt werden soll:

```
...    struct p_adresse PERS[] =
                    {   /* Anfang Vorbelegung */
                     { /* Struktur-Element 0 */
                      "Hummel", "Hubert",
                      "Hubertstr. 123", 8, 6000
                     },
                     { /* Struktur-Element 1 */
                      "Hacker", "Hans"
                      "Chaos-Str. 321", 11, 6000
                     },
                     { /* Struktur-Element 2 */
                      "Peter", "Pan"
                     }
                    }; /* Ende Vorbelegung */
```

wobei Kommas sowohl die einzelnen Werte als auch die mit geschweiften
Klammern (braces) umgebenen Teillisten trennen. Nichtbeachtung dieser
Regel führt gelegentlich zu obskuren Fehlerzuständen. Zu beachten ist, daß
— wie gezeigt — die Dimensionskonstante ausgelassen werden kann,
wenn die Anzahl der Elemente durch die Vorbelegung bestimmt werden
soll. Das dritte Element — mit Index 2 — ist nur teilweise vorbelegt, die
restlichen Komponenten werden dann mit Null-Oktetts vorbelegt.

Auf die Elemente und deren Komponenten muß jetzt mit indexierten
Ausdrücken zugegriffen werden:

```
...
... printf("\n %s %s", PERS[2].vorname, PERS[2].nachname)
...
...

                          Peter Pan
```

Bei Strukturen, deren Komponenten selbst Arrays sind, muß dann
sorgfältig zwischen der Indexierung des Struktur-Arrays und der
Indexierung der Komponenten-Arrays unterschieden werden:

```
...  struct {
             float solid[10][10][10];
             ...
      } SX[5][5][5] ...;
...
int a,b,c, ..., i,j,k, ...;
...
      ... SX[a][b][c].solid[i][j][k]...
```

wo die Index-Gruppe a, b, c sich auf die Elemente des Arrays von Strukturen SX bezieht, während i, j, k die Elemente der Komponenten-Arrays
erfassen.

Als konkretes Beispiel wäre das bereits oben eingeführte Mehrkörper-
System zu betrachten, dessen Objekte jetzt zu einem Vektor von Strukturen
zusammengefaßt werden sollen. Die entsprechenden Definitionen und
Zugriffsformen sind:

```
#define    NK 100 /* Anzahl Objekte */
...
struct zustand {
                double init[3]
                double mat[3][3]
                double masse;
                ...
      };
```

```
...
static struct zustand K[NK], ZK;
int a, i, j, ...;
...
... ZK.mat[i][j] = ZK.mat[i][j] + K[a].mat[i][j]
```

wo zum Beispiel die Elemente der Matrizen über den Struktur-Index h
addiert werden. Zwischen dem Struktur-Index a und den Komponenten-
Indexen i, j, k muß dabei sorgfältig unterschieden werden.

Bei Arrays von Strukturen, deren Komponenten Arrays sind, kann eine
zuverlässige Vorbelegung nur mit sorgfältig strukturierten Listen erreicht
werden. Um zum Beispiel den Struktur-Vektor des Mehrkörpersystems mit
Ausgangsdaten vorzubelegen, wäre nach dem folgenden Schema vorzu-
gehen:

```
static struct zustand K[10] =
        { /* Anfang Vorbelegung */
        {{<init>}, {<mat>}, <masse>, ...}, /* K[0] */
        {{<init>}, {<mat>}, <masse>, ...}, /* K[1] */
        ...
        {{<init>}, {<mat>}, <masse>, ...}  /* K[9] */
        }; /* Ende Vorbelegung */
```

In dem folgenden Kodierbeispiel werden nur die Komponenten init, mat
und masse des ersten Elementes K[0] mit Benutzerdaten vorbelegt; die
verbleibenden Komponenten werden in der Speicherklasse static mit
Null-Oktetts vorbelegt:

```
static struct zustand K[10] =
            { /* Anfang Vorbelegung */
            {                        /* Anfang K[0] */
            {1.23, 0.55, -3.104},/* init */
            {{0.81, 0.32, 5.11}, /* mat, Zeile 0 */
             {3.76, 2.03, 0.34}, /* mat, Zeile 1 */
             {7.36, 1.91, 4.31}},/* mat, Zeile 2 */
            16.43                    /* masse */
            },                       /* Ende K[0] */
            {                        /* Anfang K[1] */
            ...
            ...
            },                       /* Ende K[1] */
            ...
            ...
            }; /* Ende Vorbelegung */
```

5.6.1.6 Verschachtelte und verkettete Strukturen

Strukturen können in fast beliebiger Tiefe verschachtelt werden (nesting of structures); als pragmatisches Beispiel dritter Ordnung wäre das folgende Fragment einer Vereinbarung zu betrachten:

```
struct xx  {
           int a;
           struct yy {
                    int b;
                    struct zz{
                             int c;
                             char *m;
                    } ZZ;
                    ...
           } YY;
        ...
        };
```

wobei zwischen den verschachtelten *Struktur-Bezeichnern* yy und zz und den entsprechenden *Komponenten-Bezeichnern* YY und ZZ zu unterscheiden ist. Erstere können bei keiner weiteren Verwendung ausgelassen werden; letztere sind erforderlich. Die Weiterverwendung der Struktur-Bezeichner wird gleich nachfolgend wieder aufgegriffen.

Eine entsprechende Struktur XX wird nach dem folgenden Schema definiert und mit einer strukturierten Liste vorbelegt:

```
... struct xx XX = {<a>, {<b>, {<c>, <m>}, ...}, ...};
```

Als konkretes Kodierbeispiel wäre zu betrachten:

```
... struct xx XX = {11, {22, {33, "Hallo"}}};
```

Auf die Komponenten der verschachtelten Strukturen wird mit entsprechend verknüpften Ausdrücken zugegriffen:

```
... printf("\n %d   %d   %d   %s",
           XX.a, XX.YY.b, XX.YY.ZZ.c, XX.YY.ZZ.m);
...
             11  22  33  Hallo
```

Die eingeschachtelten Struktur-Vereinbarungen yy und zz stehen unabhängig von den jeweils umgebenden Strukturen für weitere Definitionen zur Verfügung:

```
... struct yy YY = {22, {33, "Hallo"}};
...
... printf("\n %d   %d % s", YY.b, YY.ZZ.c, YY.ZZ.m);
...
             22  33  Hallo
```

```
...  struct zz ZZ = {33, "Hallo"};
...
...  printf("\n %d  %s", ZZ.c, ZZ.m) ...
...
                    33  Hallo
```

Die verschachtelte Vereinbarung hätte auch nach dem folgenden sukzessiven Schema kodiert werden können:

```
...
struct zz { int c; char *m; };
struct yy { int b; struct zz ZZ;}
struct xx { int a; struct yy YY; };
...
```

Eine selbstbezogene Verschachtelung (self-referential nesting) von identischen Strukturen ist nicht möglich; d.h. ein Konstrukt wie,

```
struct xx { int a; struct xx YY; ... } ... ;
```

wird vom Kompiler zurückgewiesen. Der Grund liegt darin, daß die innere Komponenten-Struktur YY mit einem dabei zwangsläufig noch unvollständigen Struktur-Typ (incomplete structure type) deklariert wird. Theoretisch stellt diese Form der selbstbezogenen Verschachtelung eine endlose Rekursion dar.

Das Problem kann jedoch mit einem Struktur-Zeiger umgangen werden, der mit einem unvollständigen Struktur-Typ deklariert werden darf:

```
struct xx { int a; struct xx *SZ; ... } ... ;
```

Struktur-Ketten beliebiger Länge können damit definiert werden:

```
#include <stddef.h>
...
...  struct xx ZZ = {999, NULL};
...
...  struct xx CC = {33, ...}, ...;
...  struct xx BB = {22, &CC}, ...;
...  struct xx AA = {11, &BB}, ...;
...
```

wobei der Zeiger SZ in ZZ mit dem in der Zusatzdatei <stddef.h> (ANSI+) enthaltenen NULL-Zeiger vorbelegt wird, während die Vorbelegungen der Zeiger in AA , BB, ... mit den jeweils nachfolgenden Adressen die Struktur-Kette bestimmen:

Auf die Komponenten in der Kette kann dann von AA aus im *Zeigersinn* (pointer-directed sense) zugegriffen werden:

```
...
... printf("\n%d %d %d",AA.a, AA.SZ->a, AA.SZ->SZ->a);
...
             11   22   33
```

wobei die Dyade -> als wiederholtes Kopulativ zur Wertung in der Zeigerverknüpfung fungiert. Eine alternative Zugriffsform ist:

```
...
... printf("\n %d %d", (*AA.SZ).a, (*(*AA.SZ).SZ).a);
...
             22   33
```

wobei der Punkt-Operator als Kopulativ fungiert und der eingeklammerte Asterisk die jeweilige Wertung der Struktur-Zeiger erzwingt.

Auf die Komponente a von CC kann zum Beispiel aus drei Positionen in der Kette zugegriffen werden:

```
...
... printf("\n %d %d %d", AA.SZ->SZ->a, BB.SZ->a, CC.a);
...
             33   33   33
```

Struktur-Ketten können einfachst mit einer while-Schleife (Abschnitt 7.1.2.2) durchlaufen werden, wie in diesem etwas vorgreifenden Fragment:

```
...
... struct xx *SX = &AA;
...
... while(SX != NULL)
        {
        ...
        printf(" %d ", SX->a);
        SX = SX->SZ;
        }
...
             11   22 33  ...  999
```

Der Struktur-Zeiger SX wird mit der Adresse der ersten Struktur AA in der Kette vorbelegt und greift im ersten Durchlauf nach der Ausgabe der Komponente a die Adresse der nächsten Struktur über den Zeiger SZ ab. Die Schleife durchläuft die Kette im Zeigersinn und terminiert beim ersten NULL-Zeiger, hier in ZZ. Bei Auslassung des NULL-Zeigers würde ein fataler Laufzeit-Fehler (runtime error) entstehen!

Struktur-Ketten können zu einem Zyklus (closed cycle) geschlossen
werden, wenn die Adresse der letzten Struktur dem Zeiger in der ersten
zugewiesen wird:

Durch die Zuweisung der Adresse von AA an den Zeiger in CC kann die
Kette zu einem Zyklus geschlossen werden:

```
... ZZ.SZ = &AA ...
```

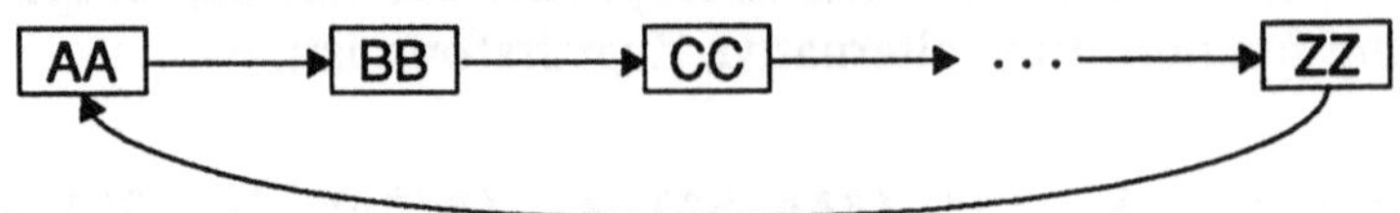

auf deren Komponenten dann von jedem *Knoten* (node) ausgehend im
Zeigersinn zugegriffen werden kann:

```
... printf("\n %d   %d   %d   %d",
      ZZ.a,  ZZ.SZ->a,  ZZ.SZ->SZ->a,  ZZ.SZ->SZ->SZ->a);
...
     999    11    22    33
```

wobei letztendlich zum Ausgangspunkt zurückgegekehrt wird. Auch hier
wieder die alternativen Zugriffsausdrücke:

```
...
... printf("\n %d   %d   %d",
            (*ZZ.SZ).a, (*(*ZZ.SZ).SZ).a,
                      (*(*(*ZZ.SZ).SZ).SZ).a);
...
            11    22    33
```

Andere Varianten des letzten Zugriffsausdruckes sind:

```
...
... printf("\n %d   %d   %d",
          (*(*ZZ.SZ).SZ).SZ->a),
            (*(*ZZ.SZ).SZ->SZ).a,
              (*(*ZZ.SZ->SZ).SZ).a);
...
          22    22    22
...
```

Solche und ähnliche vermischte Konstrukte sind jedoch wegen ihrer
Undurchsichtigkeit zu Recht als *kingpins*[17] verpönt und gefürchtet.

---

17. Geht auf das erste industrielle Zeitalter in England zurück. Nur der Maschinenmeister
    kannte das *kingpin* im Steuermechanismus einer klassischen Dampfmaschine; zog er den
    Königsbolzen, dann blieb die Maschine einfach stehen (cum grano salis).

Gitter (lattices) jeglicher Periodizität können mit Strukturen als Knoten (nodes) konstruiert werden, wobei die Strukturen eine der Topologie entsprechende Anzahl von selbstbezogenen Zeigern in der Periodizität entsprechender Variation enthalten. Arrays von solchen Strukturen (Abschnitt 5.6.1.5) können mit einer internen Assoziativ-Struktur versehen werden. KERNIGHAN and RITCHIE (1988) beschreiben die Programmierung eines *binären Suchbaumes* (binary search tree).

Als abschließendes und eminent praktisches Beispiel sei die bereits bekannte Struktur p_adresse betrachtet, die mit selbstbezogenen Zeigern erweitert werden kann, um unmittelbaren Bezug auf andere Personen zu ermöglichen; in diesem Fall den Freund:

```c
struct p_adresse {
                char *nachname;
                char *vorname;
                char *anschrift;
                unsigned short stadt
                unsigned short PLZ;
                struct p_adresse *freund;
                };
```

Der Struktur-Zeiger freund kann dann mit der Adresse einer anderen Struktur vom Typ p_adresse vorbelegt oder nachfolgend dynamisch belegt werden. Das Prinzip kann auf Verwandte usw. erweitert werden.

5.6.2 Überlagerungen

Überlagerungen (unions) dienen zwei Hauptzwecken, die sich gegenseitig ergänzen:

- Topologisches Überlagern eines zusammenhängenden Speicherbereiches — sowohl Arbeits- als auch Massenspeicher — mit individuell adressierbaren Komponenten unterschiedlicher Typung.
- Kollektives Erfassen und — begrenzt — kollektives Manipulieren dieser Komponenten.

Der Unterschied zu Strukturen liegt darin, daß ein Speicherbereich nicht in getrennte Komponenten aufgeteilt wird, sondern daß die Komponenten auf einem zusammenhängenden Speicherbereich abgebildet werden. Überlagerungen entsprechen daher dem *overlay* anderer Programmiersprachen. Eine der Hauptanwendungen liegt darin, einen Speicherbereich je nach Bedarf mit unterschiedlichen Datentypen zu belegen beziehungsweise seinen Inhalt nach unterschiedlichen Typen zu interpretieren. Eine Alternative dazu ist, mit Zeigern unterschiedlicher Typung auf einen Speicherbereich zuzugreifen, was im Abschnitt 6.9.2 weitergeführt wird.

Überlagerungen werden ebenfalls in zwei Schritten angelegt:

• Eine vorhergehende Vereinbarung des Union-Types.

• Die nachfolgende eigentliche Objekt-Definition gemäß des Union-Types.

Wie bei Strukturen können auch hier die beiden Schritte in einem Statement zusammengefaßt werden.

Das allgemeine Schema einer *Union-Vereinbarung* (union specification) unterscheidet sich nur hinsichtlich des Schlüsselwortes union von dem einer Struktur-Vereinbarung:

```
union <Union-Bezeichner> {
                        <Komponente₁>;
                        <Komponente₂>;
                        ...
                        }...;
```

wobei der *Union-Bezeichner* (union tag) den allgemeinen Regeln für Bezeichner (Abschnitt 4.2.2) genügen muß. Die geschweiften Klammern umgeben das *Überlagerungsmuster* (union template), dessen *Komponenten* (members) nach dem für Strukturen geltenden Schema deklariert werden (Abschnitt 5.6.1).

Überlagerungen können Komponente jeglicher Typung und Artung enthalten, also auch Zeiger, Arrays, Strukturen sowie andere Überlagerungen. Zu beachten ist, daß auch hier die Komponenten weder mit einer Speicherklasse noch mit einer Vorbelegung deklariert werden dürfen.

Bei Auslassung des Überlagerungsmusters,

```
    union <Union-Bezeichner>;
```

resultiert ein *unvollständiger Union-Typ* (incomplete union type), der als Hilfskonstrukt überall da benutzt werden kann, wo die Speichergröße der Überlagerung nicht im voraus bekannt sein muß, wie bei der vorläufigen Deklaration von Zeigern.

Die Speichergröße (Bytes) eines *vollständigen Union-Types* kann unmittelbar aus dem Bezeichner bestimmt werden:

```
... sizeof(union <Union-Bezeichner>) ...
```

wobei das Schlüsselwort union dem eigentlichen Union-Bezeichner vorangestellt werden muß. Das Resultat ist immer eine gerade Zahl und damit größer-gleich der Größe der größten Komponenten, und größer, wenn diese eine ungerade Zahl ist, da die Komponenten an *Wortgrenzen ausgerichtet* werden (word boundary alignment). Der Unterschied variiert je nach Rechnertyp.

Erst mit einem bereits vereinbarten vollständigen Union-Typ kann eine Überlagerung als eigentliches Objekt definiert werden, wobei das allgemeine Definitions-Schema gilt:

```
[<SK>] <Typung> <Deklarator> [={<Vorbelegung>}],...;

    <Typung>: [<Vorsatz>] union <Union-Bezeichner>

<Deklarator>: <Objektbezeichner>[<Dimension>]
              *<Zeigerbezeichner>[<Dimension>]
```

Für die Speicherklasse (SK) gelten die im Abschnitt 5.1 behandelten Eigenschaften und Regeln. Die Typung (typing) besteht aus dem auch hier optionalen Vorsatz (ANSI+), dem erforderlichen Schlüsselwort union sowie dem *Union-Bezeichner* (union tag) einer bereits vereinbarten Überlagerung. Der Deklarator besteht aus dem erforderlichen Objekt- beziehungsweise Zeigerbezeichner, optional gefolgt von einer Dimensionsklausel. Ein Objekt- oder Zeigerbezeichner muß sich nicht unbedingt von dem eigentlichen Union-Bezeichner unterscheiden, obwohl dies in den weitaus meisten Situation zu empfehlen ist.

Überlagerungen können sowohl als *Singletone* als auch als *Arrays* angelegt werden, also als *Anreihungen* beliebiger Dimension, wobei die im Unterabschnitt 5.6.1.5 beschriebenen Zugriffsregeln für Strukturen gelten. Ein Gleiches gilt für Zeiger auf Überlagerungen (Abschnitt 5.6.1.4).

Überlagerungen aller Speicherklassen können mit Konstanten und konstanten Ausdrücken vorbelegt werden (ANSI+), wobei die Vorbelegung sich auf die erste Komponente bezieht. Mit auto definierte Überlagerungen können mit typenkonformen variablen Ausdrücken vorbelegt werden, was auch Zuweisungen aus anderen Überlagerungen und Funktionen einschließt (ANSI+). Bei Auslassung der Vorbelegungsklausel werden extern oder mit static definierte Überlagerungen mit Null-Oktetts vorbelegt; bei auto bleibt die Vorbelegung unbestimmt.

Die Größe einer bereits definierten Überlagerung kann mit der Kompilerfunktion sizeof(...) bestimmt werden, wobei das Schlüsselwort union entfällt.

```
... sizeof(<Objektbezeichner> ...
```

Auf die *Komponenten* (members) einer definierten Überlagerung wird identisch nach dem für Strukturen gültigen Verknüpfungsschema zugegriffen:

```
<Union>.<Komponente>
```

Gleichtypige Überlagerungen können wie Strukturen einander als Ganzes dynamisch zugewiesen werden sowie als Ganzes an Funktionen übergeben und von diesen als Ganzes zurückgegeben werden (ANSI+; Abschnitt 8.1.3.4). Auch für Überlagerungen war keine dieser Operationen unter dem traditionellen Standard zulässig!

Definierte Überlagerungen können in anderen Modulen als externe Objekte deklariert werden,

```
extern struct <Unions-Bezeichner> <Deklarator>, ...;
```

wobei die Spezifikation jeweils zur Verfügung stehen muß.

Neben dem bereits im Abschnitt 5.6.1.1 gegebenen Beispiel der Zerlegung einer Gleitpunkt-Variablen durch Überlagerung mit Bit-Feldern mag ein weiteres, einfacheres Beispiel die Möglichkeit veranschaulichen, einen Speicherbereich durch Überlagerung unterschiedlich interpretieren zu können:

```
union ux { char w[6]; int x; };     /* Vereinbarung */
...
... union ux UX = {"Hallo"};        /* Definition mit */
...                                 /* Vorbelegung */
...
... printf("\nsizeof(UX):%d\nUX.w:%s\nUX.x:%X",
                sizeof(UX), UX.w, UX.x);
...

        sizeof(UX):8
        UX.w:Hallo
        UX.x:6C6C6148:
```

Die Größe der Überlagerung UX beträgt 8 Bytes; d.h. die Komponente U.w mit 6 Bytes überschreitet ein *Ganzwort* (fullword) von 4 Bytes und erzwingt somit eine Erweiterung bis zur nächsten *Wortgrenze* (word boundary), was in einer Speichergröße von insgesamt 8 Bytes resultiert.[18]

Als erste Komponente wird U.w als Zeichenvektor mit der Zeichenkette "Hallo" vorbelegt und kann mit diesem Inhalt abgegriffen werden. Die zweite Komponente U.x vom Typ int überlagert die ersten 4 Bytes der Zeichenkette, wie die Ausgabe in Hexadezimal-Format zeigt.

Neben der multiplen Interpretation von Daten werden Überlagerungen auch häufig dazu benutzt, einen gegebenen Speicherbereich alternativ mit unterschiedlichen Datentypen zu belegen. Als ein typisches Beispiel wäre eine mathematische Funktion zu betrachten, deren *Rückgabewert* (return

---

18. Das Beispiel wurde auf einem Rechner vom Typ Sun 386i/250 ausgeführt.

value) unbeschränkt innerhalb des Wertbereiches von float variieren kann (Abschnitt 5.2.3). Die Möglichkeit, einen Fehlerzustand oder eine *Singularität* (singularity)[19] durch vorbestimmte oder ausreichend exotische Rückgabewerte (z.B. –999.999) anzuzeigen, soll hier als weniger sinnvoll außer acht gelassen werden. Anstelle dessen wäre die folgende Überlagerung zu betrachten:

```
union ux  {
           float rw; /* reeller Rückgabewert */
           int itab; /* Index, Ausweichtabelle */
           char *fm; /* Zeiger, Fehlermeldung */
           } ...;
```

Das Schema faßt die insgesamt drei möglichen Typen der Rückgabe zusammen; da jeweils nur genau einer davon eintrifft, können die Variablen auf einen gemeinsamen Speicherplatz abgebildet werden, wozu eben die Überlagerung dient.

Allerdings entsteht die Frage, wie außerhalb der Funktion zwischen den drei Typen des Rückgabewertes unterschieden werden soll. Eine Möglichkeit wäre, eine externe Steuervariable mit Zustandswerten zu belegen, was jedoch zu einer unnötigen Streuung führt und hier auch nicht weiter verfolgt werden soll. Anstelle dessen soll die Überlagerung in eine Struktur eingebettet werden, die dann von der Funktion als Ganzes zurückgegeben wird (ANSI+):

```
struct rx {
           short rc;     /* Zustandskode */
           union ux UX; /* Rückgabewert */
           };
```

Der Struktur-Typ rx enthält als erste Komponente einen Rückgabekode (return code) rc vom Typ short, der gemäß einer Vereinbarung die Werte 0, 1 oder 2 enthalten soll, um den Typ des Rückgabewertes nach dem Überlagerungsschema ux zu bestimmen, welches als zweite Komponente deklariert und somit in der Struktur verschachtelt ist. Ein etwas vorgreifendes Szenario mag die Anwendung und Zugriffsausdrücke veranschaulichen:

```
...
struct rx RX, funk(), ...;
...
... RX = funk(...) ...
...
```

---

19. Ein nichtberechenbarer mathematischer Wert.

```
...
        switch(RX.rc)
        {
         case 0: /* reeller Rückgabewert */
         ... = RX.UX.rw + ...
         ... break;
         case 1: /* Ausweichtabelle */
         ... = atab[RX.UX.itab] + ...
         ... break;
         case 2: /* Fehlerzustand */
         ... printf("\nerror funk: %s",RX.UX.fm);
         ...
        }
...
```

Mit dem Struktur-Typ rx wird die Struktur RX als Objekt definiert,
während die Funktion funk() als typenkonform deklariert wird; in dem
Sinn, daß ihr Rückgabewert kein Skalar, sondern eine Struktur von Typ rx
ist (ANSI+). Nach dem Aufruf mit Zuweisung wird die Komponente
RX.rc als Steuervariable in dem switch-case-Konstrukt (Abschnitt
7.1.3.1) abgegriffen. Je nach dem gemeldeten Zustand (case) wird dann
entweder der reelle Wert in RX.UX.rw unmittelbar abgegriffen oder es
wird mit dem Index in RX.UX.itab auf einem Singularitätswert in einer
Ausweichtabelle atab zugegriffen oder aber eine Fehlermeldung ausgegeben.

Als interessante Variation wäre auch hier die Vorbelegung durch eine
typenkonforme Funktion zu betrachten (ANSI+; Abschnitt 8.1.3.4):

```
auto struct rx funk(), RX = funk(...), ...;
```

was allerdings nur in der Speicherklasse auto zulässig ist.

Eine weitere typische Anwendung von Überlagerungen ergibt sich bei der
maschinennahen, byte-bezogenen Eingabe und Ausgabe mit den Systemfunktionen **read(2)** beziehungsweise **write(2)** (Abschnitt 9.3.1), die nur
mit Zeigern vom Typ char arbeiten und mit denen nur Zeichenvektoren
eingelesen beziehungsweise ausgegeben werden können. Alle anderen
Objekttypen und -formen, von short bis double, von Arrays zu Strukturen und Überlagerungen, müssen als Vektoren vom Typ char dargestellt
werden, was sowohl mit dem *Anpassungsoperator* (cast operator) unter
Größenangabe als auch durch Überlagerung erzielt werden kann. Ersteres
wird im Abschnitt 6.2 eingehend besprochen; letzteres soll hier nur
einführend vorgestellt werden. Eine eingehende Besprechung erfolgt dann
in den Abschnitten 9.3.2 und 9.4.1.

Als ein erstes Beispiel wäre das folgende Szenario zu betrachten:

```
...
...  union um {
                 double mat[20][20];
                 char vek[3200];
             } UM;
...
...  int fd, i, j, k, ...;
...
...  read(fd, UM.vek, 3200) ...
...
...  UM.mat[i][j][k]...
...
...  write(fd, UM.vek, 3200) ...
...
```

Die Matrize mat vom Typ double wird in UM mit dem Vektor vek vom Typ char überlagert, wobei dessen Länge aus der Dimension der Matrize und der Speichergröße des Types double berechnet wird: 20 × 20 × 8 = 3200. Die Matrize wird mit dem Systemaufruf (syscall) **read(2)** als Byte-Vektor eingelesen, in irgendwelchen Berechnungen benutzt und schließlich mit dem Systemaufruf **write(2)** wieder als Byte-Vektor ausgegeben.

In Anwendungen, wo mit höchstmöglicher numerischer Präzision gearbeitet werden muß, ist diese Form der bytebezogenen E/A unerläßlich, da eine formatierte Ein- und Ausgabe mit Dezimaldarstellung einen unvermeidlichen Präzisionsverlust bei inkommensurablen Dezimal- und Binärbrüchen mit sich bringt. Dazu kommt noch die Ineffizienz der formatierten Ein- und Ausgabe: Um eine größtmögliche Präzision zu sichern, müßte ein Element vom Typ double mit mindestens 15 Stellen plus Vorzeichen und Dezimalpunkt ein- und ausgegeben werden, was mindestens 18 Zeichen = 18 Bytes erfordert. Für das obige Beispiel müßten also 20 × 20 × 18 = 7200 Bytes bewegt und abgespeichert werden. Ähnliche Betrachtungen treffen auf die Datenübertragung zu.

Als abschließendes Beispiel sei die bereits bekannte Struktur p_adresse noch einmal in ihrer ersten Form zu betrachten:

```
struct p_adresse {
                char nachname[16];
                char vorname[10];
                char anschrift[20];
                unsigned short stadt
                unsigned short PLZ;
            };
```

Um die Struktur als Ganzes mit bytebezogener E/A handhaben zu können,
wird die folgende Überlagerung vereinbart:

```
union up {
        struct p_adresse PERS;
        char pvek[50];
        } UP;
```

Die Größe der Struktur p_adresse beträgt zumeist 50 Bytes — zumeist,
aber nicht garantiert bei allen Rechnertypen! Um diese Portabilitäts-
Schwachstelle zu vermeiden, sollte die jeweilige Größe mit der Kompilerfunktion sizeof(...) bestimmt und dann automatisch als Konstante
substituiert werden:

```
#define   S_PERS    sizeof(struct p_adresse)
...
union up {
        struct p_adresse PERS;
        char pvek[S_PERS];
        } UP;
```

Die Struktur kann dann unmittelbar als Ganzes eingelesen, bearbeitet und
wieder ausgegeben werden:

```
...
... read(fd, UP.pvek, S_PERS) ...
...
... UP.PERS.nachname ... UP.PERS.vorname ...
...
... write(fd, UP.pvek, S_PERS) ...
...
```

Bei Überlagerungen mit Zeigern, Zeiger-Arrays und Strukturen, die Zeiger
enthalten, ist zu beachten, daß nur die Adressen, nicht aber die eigentlichen
Wertungen einbegriffen werden. Die abgewandelte Struktur,

```
struct p_adresse {
                char *nachname;
                char *vorname;
                char *anschrift;
                unsigned short stadt
                unsigned short PLZ;
                struct p_adresse *freund;
                };
```

könnte also nicht zur unmittelbaren Ein- und Ausgabe mit einem Vektor
überlagert werden. Sie müßte erst auf eine entsprechende E/A-Struktur mit
dimensionierten Zeichenvektoren anstelle von Zeigern übertragen werden!

5.7 Typungsvereinbarungen

Die *Typungsvereinbarung* (type definition) stellt eines der wichtigsten Leistungsmerkmale der C-Sprache dar. Sie kann nur in der allereinfachsten Anwendungsform mit *symbolischer Substitution* (Abschnitt 3.4) verglichen werden. Im erweiterten Anwendungsbereich können damit *vollständige Prototypen* (comprehensive prototyping) von Datenobjekten festgelegt werden, die neben der Typung und der Artung auch die Dimensionierung verbindlich bestimmen. Bei Funktionen können sowohl die Rückgabewerte als auch die Parameter-Deklarationen verbindlich festgelegt werden, was allerdings erst im Abschnitt 8.1.3 im konkreten Zusammenhang weitergeführt werden kann. Im folgenden sollen Typungsvereinbarungen für Datenobjekte besprochen werden.

Typungsvereinbarungen werden nach dem folgenden Schema kodiert:

```
typedef <Typung> <Typ-Deklarator₁> [,<Typ-Deklarator₂>...]
```

wobei das Schlüsselwort `typedef` syntaktisch im Sinne einer Pseudo-Speicherklasse fungiert; eine eigentliche Speicherklasse kann bei Typungsvereinbarungen jedoch *nicht* vorgegeben werden. Für die *Typung* (typing) gelten die im Abschnitt 5.1 aufgeführten Begriffe und Regeln. Mehrere Vereinbarungen können mit multiplen Typ-Deklaratoren zu einem Statement zusammengefaßt werden.

Ein *Typ-Deklarator* (type declarator) wird nach den üblichen Schemata kodiert:

```
<Typ-Deklarator> :   <Typungsbezeichner>[<Dimension>]
                   *...<Typungsbezeichner>[<Dimension>]
```

wobei der *Typungsbezeichner* (type tag) den allgemeinen Regeln für Bezeichner (Abschnitt 4.2.2) genügen muß. Sowohl die *Artung* (kind) als auch die *Dimensionierung* (dimensioning) sind fester Bestandteil der durch den Bezeichner benannten Vereinbarung.

Typungsvereinbarungen können von einer vorhergehenden Vereinbarung ausgehend *rekursiv* angelegt werden:

```
typedef <Typungsbezeichner₁> <Typ-Deklarator> ...
```

wobei der definierende Typungsbezeichner sich von dem zu definierenden Typungsbezeichner im Deklarator unterscheiden muß.

Für den *Geltungsbereich* einer Typungsvereinbarung (scope of type definition) gelten identisch die für Bezeichner von Datenobjekten gültigen Regeln (Abschnitt 5.2.1). Insbesondere können *globale,* am Modulkopf gesetzte Typungsvereinbarungen durch *lokale,* am Blockanfang gesetzte

Vereinbarungen außer Kraft gesetzt werden. Lokale Vereinbarungen sind auf den jeweiligen Block beschränkt. Innerhalb eines Geltungsbereiches muß ein Typungsbezeichner sich von allen anderen *bereits deklarierten Bezeichnern* unterscheiden. Typungsvereinbarungen unterscheiden sich in dieser Hinsicht überhaupt nicht von Definitionen und Deklarationen.

Als Schwachstelle ist zu beachten, daß Definitionen und Deklarationen eine Typungsvereinbarung immer dann außer Kraft setzen, wenn dessen Typungsbezeichner als Objektbezeichner interpretiert wird, wie in:

```
... int <Typungsbezeichner1> ...
```

womit lediglich ein neues Objekt vom Typ `int` definiert beziehungsweise deklariert wird.

In *Definitionen* und *Deklarationen* von Datenobjekten kann die *Typungs- klausel* (typing clause),

```
... <Typung>  <Objekt-Deklarator> ...
```

dann durch den Bezeichner einer Typungsvereinbarungen ersetzt werden:

```
... <Typungsbezeichner> <Objekt-Deklarator> ...
```

wobei der Objekt-Deklarator nach den üblichen Schemata kodiert wird:

```
<Objekt-Deklarator> :   <Objektbezeichner>[<Dimension>]
                      *...<Objektbezeichner>[<Dimension>]
```

Das damit definierte beziehungsweise deklarierte Objekt erhält alle Attribute der Typungsvereinbarung, wobei allerdings zu beachten ist, daß diese gegebenenfalls durch die Artung und Dimensionierung des Objekt- Deklarators erweitert wird. Dies soll gleich nachfolgend erhellt werden.

Als ein erstes Beispiel wäre die Vereinbarung eines vorzeichenfreien Ganzzahl-Parameters mit eingeschränkter Variabilität zu betrachten:

```
typedef const unsigned int i_parm;
```

mit welcher dann Definitionen und Deklarationen von Variablen, Zeigern und Arrays kodiert werden können:

```
... i_parm spar, *z, v[4], m[3][4], ...;
```

Die Typungsvereinbarung kann rekursiv zu einem Vektor-Typ erweitert werden:

```
typedef  i_parm  v_parm[4];
```

womit dann Vektoren mit 4 Elementen, Matrizen und Arrays höheren Ranges mit 4 Spalten unter Auslassung der *letzten* Dimension einfachst definiert beziehungsweise deklariert werden können:

```
... v_parm  v, m[3], s[2][3], ...;
```

was der expliziten Kodierung entspricht:

```
... const unsigned int v[4], m[3][4], s[2][3][4], ...;
```

Streng zu beachten ist also, daß die jeweils *letzte* Dimension aus einer dimensionierten Typungsvereinbarung substituiert wird, was bei Arrays mit Rang > 1 besonders wichtig ist.

Bei Zeigern ist zu beachten, daß eine Typungsvereinbarung bereits das *Grundmuster* (basic prototype) des zu erfassenden Objektes darstellt, wie zum Beispiel mit der obigen Vereinbarung in:

```
... v_parm *zm, (*zs)[3], ...;
```

was der expliziten Kodierung von *Array-Zeigern* (array pointers; Abschnitt 5.5.3.2) entspricht:

```
... const unsigned int (*zm)[4], (*zs)[3][4], ...;
```

Die Typung und Dimensionierung von kongruenten Arrays sowie die Artung von entsprechend *konformen* Array-Zeigern und *Arrays von konformen Array-Zeigern* (arrays of array pointers) können in zwei Typungsvereinbarungen zusammengefaßt werden:

```
typedef float ar[3][2];
typedef ar *zar;
...
... ar u[4],...;
... zar ze, zv[5], zm[5][6], ...;
```

was den wesentlich komplizierteren expliziten Kodierungen entspricht,

```
... float u[4][3][2], ...;
... float (*ze)[3][2], (*zv[5])[3][2], (*zm[5][6])[3][2]
```

Zeiger-Arrays (pointer arrays; Abschnitt 5.5.3.1) könnten dagegen mit der Typungsvereinbarung **v_parm** *nicht* definiert beziehungsweise deklariert werden. Um Zeiger-Arrays sowie *Zeiger höherer Ordnung* (higher-order pointers; Abschnitt 5.4.2) mit Typungsvereinbarungen definieren bzw. deklarieren zu können, müssen diese gleich eingangs von einer entsprechenden *Artung* ausgehen; wie zum Beispiel in:

```
typedef short *z_parm;
```

Darauf aufbauend kann dann definiert bzw. deklariert werden:

```
... *z_parm vz[4], mz[3][4], *zz, **zzz, ...;
```

was der expliziten Kodierung entspricht:

```
... short *vz[4], *mz[3][4], **zz, ***zzz, ...:
```

Typungsvereinbarungen von *Strukturen* (structures) und *Überlagerungen* (unions) können nach zwei Schemata kodiert werden. Das erste geht von einer vorhergehenden Spezifikation (Abschnitt 5.6.1) aus:

```
struct <Bezeichner> { ... };
typedef struct|union <Bezeichner> <Typ-Deklarator> ...;
```

wobei die Spezifikation auch weiterhin unabhängig unter ihrem Bezeichner zur Verfügung steht.

Das zweite Schema setzt unmittelbar auf der Spezifikation auf:

```
typedef struct|union { ... } <Typ-Deklarator> ...;
```

Rekursive Typungsvereinbarungen können vorteilhaft auf Strukturen und Überlagerungen angewandt werden, wie das folgende Beispiel zeigen mag:

```
#include <math.h>
...
struct   polar {/* Polare Komplex-Variable */
               double a; /* Argumentwinkel */
               double r; /* Betrag */
               };

typedef polar ra_z;

typedef struct{/* Kartesische Komplex-Variable */
               double x; /* Reeller Teil */
               double y; /* Imaginärer Teil */
               } xy_z;

typedef union {/* Überlagerung */
               ra_z P; /* Polare Variable */
               xy_z K; /* Kartesische Variable */
               } ra_xy;

typedef struct{/* Vorgabe-Struktur Komplex-Kalkül */
               short mode;/* Modus-Kode */
               ra_xy Z;    /* Überlagerung*/
               } ra_xy_z;
...
static ra_xy_z W; /* definition */
...
... W.mode = 0;
... W.Z.P.a = M_PI_4;
... W.Z.P.r = 1.0;
...
... printf("\n%d %f %f",W.mode, W.Z.P.a, W.Z.P.r);
...
          0 0.785398 1.000000
```

Die Zusatzdatei `<math.h>` wurde eingebunden, um den polaren Argumentwinkel mit `M_PI_4` $= \pi/4$ vorzubelegen.

Verbindliche Typungsvereinbarungen empfehlen sich besonders bei solchen Anwendungen wo eine höchstmögliche *numerische Beständigkeit* (numerical consistency) gewährleistet werden muß; insbesondere also bei technisch-wissenschaftlichen Anwendungen.

Typungsvereinbarungen werden zumeist getrennt von Definitionen und Deklarationen, aber häufig zusammen mit Struktur- und Union-Spezifikationen in schreibgeschützten Zusatzdateien abgelegt, die dann in entsprechend geschützten Sonderverzeichnissen zu Bibliotheken zusammengefaßt werden. Die durch den ANSI-Standard vorgegebenen Zusatzdateien `<stddef.h>` und `<time.h>` enthalten Typungsvereinbarungen, wie `ptrdiff_t`, `size_t` und `wchar_t`, die der Unzweideutigkeit und der Portabilität dienen (Abschnitt 5.3.4). Die für die UNIX-Systemprogrammierung für das jeweilige System verbindlich vorgegebenen Typungsvereinbarungen sind in der Zusatzdatei `<sys/types.h>` abgelegt und werden unter dem Eintrag **types(5)/PHB** beschrieben.

5.8 Dynamische Speicherverwaltung

Im modernen *Mehrprozeßbetrieb* wie eben unter UNIX, wo ein und dasselbe Programm häufig in *multiplen Instanzen* (multiple instances) ausgeführt wird, die als *beilaufende Prozesse* (concurrent processes) mit sehr unterschiedlichen Datenlasten und dementsprechend variierendem Speicherbedarf ablaufen müssen, stellt die *dynamische Speicherverwaltung* (dynamic memory management) ein nahezu unentbehrliches Leistungsmerkmal dar. Die "klassische" Alternative, großzügig mit festangelegten Speicherbereichen zu arbeiten, die zwar dem 'worst case' genügen, aber im statistischen Schnitt dann doch nur unzureichend ausgelastet sind, ist im intensiven Mehrprozeßbetrieb schon wegen der erhöhten E/A-Last (I/O load) nicht mehr tragbar, die beim Aus- und Einlagern von Prozessen (process swapping) und von Programmsegmenten (demand paging) anfällt.

Die dynamische Speicherverwaltung beruht im allgemeinen auf drei prozedurellen Schritten:

* *Anlegen* eines Speicherbereiches (memory allocation).
* *Vergrößern* und *Verkleinern* eines bereits angelegten Speicherbereiches (reallocation, resizing).
* *Freisetzen* eines bereits angelegten Speicherbereiches (deallocation, freeing).

In der C-Sprache steht dafür ein Satz von speziellen Bibliotheksfunktionen (library functions; Abschnitt 8.2.2) zur Verfügung, die gemeinsam unter dem Eintrag **malloc(3X)/PHB** beschrieben und in der Zusatzdatei `<stdlib.h>` nach dem ANSI-Standard deklariert sind. Letzteres soll im folgenden vorausgesetzt werden. Die Unterschiede zum traditionellen Standard werden im letzten Unterabschnitt besprochen.

5.8.1 Anlegen von Speicherbereichen

Ein Speicherbereich vorgegebener Größe `<Bytes>` wird mit der Bibliotheksfunktion **malloc(3X)** nach dem folgenden Grundschema angelegt:

```
#include   <stddef.h>
#include   <stdlib.h>
...
... void *zx;
... size_t msize = <Bytes>;
... zx = malloc(msize) ...
...
```

wobei die Größe (size) in *Bytes* angegeben wird und in einer Variablen vom ANSI-Typ `size_t` (Abschnitt 5.3.4) abgelegt werden kann.

Falls *kein* ausreichender Speicherplatz zur Verfügung steht, wird der `NULL`-Zeiger (null pointer) zurückgegeben, was als Fehlerzustand mit einem `if`-Konstrukt (Abschnitt 7.1.2.1) einfachst abgefangen und dann anwendungsgerecht abgehandelt werden kann.

Bei *erfolgreicher* Ausführung gibt `malloc` die Anfangsadresse (starting address) des zugewiesenen Speicherbereiches als *opaken Zeigerwert* (opaque pointer value) zurück, der normalerweise in einem Zeiger vom Typ `void` abgelegt wird, um dann nachfolgend zur Modifizierung und Freigabe des Bereiches noch zur Verfügung zu stehen. Zu beachten ist, daß die Anfangsadresse mit der *Ausrichtung* (boundary alignment) *aller* primitiven Objekttypen verträglich ist. Eine Vorbelegung mit Null-Oktetts ist bei `malloc` indes *nicht* gewährleistet!

Beim Anlegen von Speicherbereichen wird zwischen zwei Ansätzen unterschieden:

• Objektbezogen, wobei ein genau berechneter Bereich angefordert wird;

• Mehrzweck-Verwendung, mit einem ausreichend großen Bereich.

Das folgende Szenario zeigt das dynamische Anlegen einer Matrize (oder einer Tabelle) vom Typ `double` mit einer fest vorgegebenen Anzahl von Spalten und Zeilen:

```
#include      <stddef.h>
#include      <stdlib.h>
...
#define    SPAL  10
#define    ZEIL  50
...
... void *zx; int i,j, ...;
... double (*za)[SPAL];
... size_t msize = ZEIL * sizeof(*za);
...
if((zx = malloc(msize)) == NULL) {<Fehlerzustand>}
else { /* Anforderung honoriert */
      za = zx;
      za[i][j] = ...
      ...
      free(zx);
      }
...
```

Die Objektgröße msize der Matrize wird als Produkt der Zeilenanzahl und
der Größe des Array-Zeigers za vom Typ double berechnet und als
Argument an malloc übergeben. Mit einem if-Statement kann eine
mögliche NULL-Rückgabe als Fehlerzustand behandelt werden. Bei erfolgreicher Ausführung wird die mit dem *opaken* Zeiger zx erfaßte *Anfangsadresse* des neuangelegten Speicherbereiches dem *Array-Zeiger* (array
pointer) za zugewiesen. Von dem Moment an kann wie bei einer
ursprünglich festangelegten Matrize mit indexierten *Elementen* der Form
za[i][j] gearbeitet werden. Zu beachten ist, daß eine Vorbelegung mit
Null-Oktetts *nicht* gesichert ist. Mit der Bibliotheksfunktion **free(3X)** kann
der Speicherbereich schließlich nach erfolgter Nutzung wieder *freigesetzt*
(deallocated, free'd) werden, was nachfolgend weitergeführt wird.

Der gezeigte Ansatz läßt sich einfachst auf eine *variable* Anzahl von
Matrizen mit einer *variablen* Anzahl von *Zeilen* erweitern, und entsprechend auf Arrays höheren Ranges, wobei mit entsprechend dimensionierten Array-Zeigern gearbeitet werden muß. Arrays mit vollkommen
variablen Dimensionen lassen sich nur mit Zeiger-Arithmetik handhaben,
was im Abschnitt 6.9.2 weitergeführt wird.

Strukturen und *Überlagerungen* (structures, unions) können mit malloc
ebenfalls dynamisch angelegt werden, wie das folgende Szenario veranschaulichen mag:

```
...
...  struct sx { int h; ... } *ZS;
...  size_t ssize = sizeof(struct sx);
...  void *zx;
...
...  zx = malloc(ssize)...
...  ZS = zx ...                    ... ZS->h = ...
...  free(zx); ...
```

Die von `malloc` zurückgegebene Adresse wird über den opaken Zeiger `zx` dem *Struktur-Zeiger* (structure pointer; Abschnitt 5.6.1.4) `ZS` zugewiesen. Von dem Moment an kann über den Zeiger auf die *Komponenten* (members) zugegriffen werden. Wiederum zu beachten ist, daß eine Vorbelegung mit Null-Oktetts *nicht* gesichert ist.

Neben der *objektbezogenen Verwendung* können Speicherbereiche auch zum *Mehrzweck-Gebrauch* mit einer ausreichenden Größe angelegt werden, wobei je nach Bedarf eine dynamische Aufteilung nach unterschiedlichen Objekttypen und -formen erfolgen kann. Dies wird im Zusammenhang mit der Zeiger-Arithmetik im Abschnitt 6.9.3 weitergeführt.

Mit der Bibliotheksfunktion **calloc(3X)** wird ein lineares Array mit einer vorgegebenen Anzahl von Elementen von vorgegebener Größe angelegt, wobei — im Gegensatz zu `malloc` — die Vorbelegung mit Null-Oktetts gesichert ist. In der einfachsten Anwendung können Vektoren mit einer variablen Anzahl von primitiven Elementen angelegt werden:

```
...
...  void *zx;
...  double *zv;
...  size_t nelts ...;
...
...  zx = calloc(nelts,sizeof(double))..
...  zv = zx ...                    ...zv[i] = ...
...  free(zx);
```

Die Variable `nelts` vom ANSI-Typ `size_t` enthält beim Aufruf von `calloc` die angeforderte Anzahl von Elementen vom Typ `float`, dessen Größe mit `sizeof(...)` als zweites Argument übergeben wird. Die von `malloc` zurückgegebene Adresse wird über den *opaken* Zeiger `zx` dem typkonformen Zeiger `zv` zugewiesen. Von dem Moment an kann über den Zeiger auf die Elemente `zv[i]` zugegriffen werden. Die Vorbelegung mit Null-Oktetts ist gesichert.

Arrays von Strukturen und von Überlagerungen (Abschnitt 5.6.1.5) können mit `calloc` einfachst angelegt werden. Das folgende Szenario zeigt den Ansatz für einen Vektor mit einer variablen Anzahl von Elementen, welche die Strukturen darstellen:

```
...
... struct sx { int h; ... } *ZS;
... void *zx;
... size_t nelts ...
... zx = calloc(nelts,sizeof(struct sx))...
... ZS = zx ...            ... ZS[i].h = ...
... free(zx);
...
```

Zu beachten ist, daß der Zugriff über den indexierten und damit *aufgewerteten* (dereferenced) Struktur-Zeiger `ZS[i]` erfolgt, wobei der Punkt als Kopulativ benutzt werten muß. Eine alternative Form des Zugriffs beruht auf der Zeiger-Arithmetik (pointer arithmetic):

```
... (ZS + i)->h ...
```

was im Abschnitt 6.9.2 weitergeführt wird.

5.8.2 Modifizieren und Freisetzen

Ein bereits mit `malloc` oder `calloc` angelegter Speicherbereich kann mit der Bibliotheksfunktion **realloc(3X)** nach dem folgenden Grundschema um einen Betrag von <Delta> Bytes dynamisch vergrößert beziehungsweise verkleinert werden:

```
#include  <stddef.h>
#include  <stdlib.h>
...
... void *zx, *zy;
... size_t msize = <Bytes>;
...
... zx = malloc(msize) ...
...
... msize = msize + <Delta> ...
    if((zy = realloc(zx,msize)) == NULL) {<Fehler>}
    else if(zx != zy) {<Verlagerung>}
        else ...
...
```

Der den bereits angelegten Bereich angebende Zeiger `zx` wird als erstes, und die veränderte Speichergröße `msize` als zweites Argument an `realloc` übergeben; die Rückgabe wird einem zweiten opaken Zeiger `zy` zugewiesen. Dabei muß zwischen *drei* möglichen Zuständen unterschieden werden:

- Die Anforderung konnte *nicht* erfüllt werden, wobei der `NULL`-Zeiger zurückgegeben wird, was gegebenenfalls als Fehlerzustand behandelt werden muß.
- Die Anforderung wurde erfüllt, wobei eine Adresse zurückgegeben wurde, die sich von der ursprünglichen unterscheidet, was eine Verlagerung bedeutet.
- Die Anforderung wurde erfüllt, wobei eine identische Adresse zurückgegeben wurde.

Wenn die Anforderung nach einem veränderten Speicherbereich erfüllt wird, bleiben die bereits abgelegten Daten innerhalb der neuen Grenzen erhalten, was bei einer Verkleinerung zu Datenverlust führen kann.

Bei einer Verlagerung wird ein neuer Speicherbereich angelegt und der ursprüngliche automatisch freigesetzt. In diesem Fall muß Sorge getragen werden, daß alle auf den ursprünglichen Bereich angesetzten Objektzeiger sofort mit der neuen Adresse aktualisiert werden!

Verlagerungen entstehen zumeist nur dann, wenn eine drastische Vergrößerung des Speicherbereiches angefordert wird, und kaum bei Verkleinerungen. Die drei Zustände lassen sich bestens mit einer `if`-Leiter (Abschnitt 7.1.2.1) erfassen.

Ein mit `malloc` oder `calloc` angelegter und möglicherweise mit `realloc` veränderter Speicherbereich kann mit der Bibliotheksfunktion **free(3X)** freigesetzt werden:

```
...  free(zx);
```

wobei der *opake* Zeiger `zx` die *aktuelle* Anfangsadresse enthalten muß. Jeder andere Wert kann zu einem *fatalen* Laufzeitfehler (fatal runtime error) führen. Die Funktion `free` ist vom Typ `void` und daher ohne Rückgabewert. Ein einmal freigesetzter Bereich kann zumeist noch mit dem ursprünglichen Zeiger abgegriffen werden, sollte aber unter keinen Umständen neu mit Daten belegt werden, da deren Erhaltung dann nicht mehr gesichert ist.

5.8.3 Unterschiede zum traditionellen Standard

Unter dem bis einschließlich **SVR3** vorherrschenden *traditionellen Standard* existieren zwei Gruppen von *Bibliotheksfunktionen* (library functions) zur dynamischen Speicherverwaltung, die unter den Einträgen **malloc(3C)/PHB** und **malloc(3X)/PHB** getrennt aufgeführt sind. Die Funktionen der Gruppe (3X) zeichnen sich durch eine zusätzliche Optimierung aus und müssen aus der Link-Bibliothek `libmalloc.a`, die sich normalerweise in dem Systemverzeichnis `/usr` (oder `/usr/lib`) befindet, eingebunden werden, wozu die Argumentoption `-lmalloc` beim Kompilieren mit **cc(1)** oder beim Linken mit **ld(1)** benutzt werden muß (Abschnitt 8.3.1).

Die Zusatzdatei `<malloc.h>` enthält die Deklaration der Funktionen nach dem traditionellen Standard, wobei zu beachten ist, das die Rückgabewerte von `malloc(...)`, `calloc(...)` und `realloc(...)` Zeigerausdrücke vom Typ `char` sind und daher bei unmittelbarer Zuweisung an Objektzeiger anderer Typung mit dem *Anpassungsoperator* (cast operator; Abschnitt 6.2.3) angepaßt werden müssen, wie zum Beispiel in:

```
... struct sx { int h; ... } *ZS;
... ZS = (struct sx *) malloc(...)...
```

Das ohnehin geringfügige Problem entfällt, wenn der Rückgabewert erst einem zwischenspeichernden Zeiger vom Typ `void` zugewiesen wird, mit dem dann die eigentlichen Objektzeiger belegt werden.

Zumeist, aber nicht immer, enthält die Funktionsgruppe **malloc(3X)** noch zusätzliche Funktionen zur Steuerung und Optimierung der dynamischen Speicherverwaltung. Mit der Funktion **mallinfo(3X)** können die jeweils aktuellen Parameter der zur Verfügung stehenden *Speicherregion* (arena) abgefragt werden; insbesondere kann die relative Auslastung bestimmt werden, was bei Optimierungsproblemen von Interesse ist. Mit **mallopt(3X)** können Optionen zur Anpassung und Optimierung der Zuweisungen von internen Speicherblöcken gesetzt, und insbesondere die internen Blockgrößen (grain sizes) festgelegt werden.

6 Die Auswertung von Ausdrücken

Die eingangs im Kapitel 5 zitierte klassische Feststellung, daß "ein Objekt ein manipulierbarer Bereich des Arbeitsspeichers" ist (K&R 1978), soll in diesem Kapitel mit einer eingehenden Erläuterung der Auswertung von Ausdrücken komplementiert werden, mit denen die Inhalte von Objekten abgegriffen, manipuliert und zugewiesen werden können. Die Auswertung von Ausdrücken ist grundsätzlich objektbezogen: Funktionen sind Objekte im erweiterten Sinne, und selbst Konstante müssen als unbenannte Datenobjekte erst aus dem Arbeitsspeicher abgegriffen werden.

In der Kodierung von Ausdrücken liegt das Potential für jene heimtückischen Fehler, die weder beim Kompilieren noch zur Laufzeit als fatale Fehlerzustände zutage treten — und eigentlich auch gar keine *Fehler* im rein mechanistischen Sinne der C-Programmierung darstellen. Gemeint sind jene hinreichend bekannten Arten von *Auswertungsfehlern*, die auch heute noch manchen gestandenen Ingenieur zum Taschenrechner — um nicht zu sagen Rechenstab — greifen lassen, um das intuitiv etwas verwackelt erscheinende Resultat einer auf einem modernsten Rechner ausgeführten Berechnung nachzuprüfen. *Et voilà ...*

Diesem und verwandten Aspekten soll im folgenden besondere Aufmerksamkeit gewidmet werden.

6.1 Primitive Operationen

Die Auswertung von *Ausdrücken* (evaluation of expressions) jeglicher Art kann letztendlich immer auf *primitive Operationen* (primitive operations) zurückgeführt werden, die sich aus *primitiven Operatoren* (operator primitives) und *primären Ausdrücken* (primary expressions) als Operanden zusammensetzen und somit die kleinste syntaktisch abgeschlossene Einheit in C-Programmen darstellen.

Primitive Operationen können gemäß ihrer Funktion eingeteilt werden in:

• Umwandlungen von Ausdrücken
• Funktionsaufrufe
• Zugriffe auf Objekte
• Arithmetische und bit-bezogene Operationen
• Relationale und Bool'sche Operationen
• Bedingte und gerichtete Auswertung von Ausdrücken
• Zuweisungen an Objekte

Die primitiven Operatoren werden im nachfolgenden Unterabschnitt vorgestellt. Primäre Ausdrücke stellen syntaktisch nicht weiter aufteilbare Einheiten (syntactically irreducible units) dar, die aus genau einem der folgenden Syntax-Elemente (Abschnitt 4.2) bestehen:

- Objekt- und Funktionsbezeichner
- Skalare Konstante
- Zeichenketten-Konstante

Mit zwei Ausnahmen können primitive Operationen nur mit skalaren Operanden (scalar operands) ausgeführt werden. Die beiden Ausnahmen (ANSI+) sind unmittelbare und bedingte Zuweisungen von Strukturen und von Überlagerungen (unions) als ganze Einheiten (Abschnitte 5.6.1 und 5.7.1). Arrays können indes nach wie vor nur als Folgen von Elementen zugewiesen werden, was allerdings durch eine Proforma-Einbettung in Strukturen umgangen werden kann.

Zulässig als skalare Operanden sind neben skalaren Konstanten (Abschnitt 4.1.3) nur skalare Datenobjekte (Abschnitt 5.5.1) und Funktionen mit skalaren Rückgabewerten (Abschnitt 8.1.3) sowie Zeiger mit skalaren Wertungen (Abschnitt 5.4). Die Frage der Kompatibilität und automatischen Angleichung von Operanden unterschiedlichen Types wird im Abschnitt 6.2 eingehend behandelt.

6.1.1 Primitive Operatoren

Die C-Sprache zeichnet sich durch eine besondere Vielfalt an primitiven Operatoren aus, deren Wirkung und Zusammenspiel nur durch eine systematische Betrachtungsweise verständlich wird, der die folgende Einteilung nach syntaktischen und semantischen Gesichtspunkten zugrunde liegt:

- *Präfix- und Postfix-Operatoren*, die einem objektbezogenen Ausdruck (L-Wert) unmittelbar vorangestellt (prepended) oder nachgestellt (appended) werden müssen:

```
<Präfix-Operator> <L-Wert>
<L-Wert> <Postfix-Operator>
```
  Die Einteilung von Ausdrücken in L-Werte und R-Werte wird im nachfolgenden Abschnitt 6.2 eingehend behandelt.

- *Unäre Operatoren*, die auf einen nachgestellten Operanden einwirken:

```
<Unär-Operator> <Operand>
```
  Unäre Operatoren unterscheiden sich von Präfix-Operatoren darin, daß sie ausdrucksbezogen und generell nicht objektbezogen sind.

- *Binäre Operatoren*, die jeweils zwei Operanden verknüpfen:

```
<Operand1> <Binär-Operator> <Operand2>
```

- Ein einziger *ternärer Operator*, der jeweils drei Operanden logisch verknüpft:

```
<Operand1> ? <Operand2> : <Operand3>
```

- *Umgebende Rundklammern* (enclosing parentheses) ohne einen vorange-stellten Bezeichner, die einen Operanden jedweder Art als primären Ausdruck darstellen:

```
... (<Operand>) ...
```

Die Tabellen 6.1a-c listen die primitiven Operatoren der C-Sprache nach absteigendem Vorrang (R) unter Angabe der Verknüpfungsrichtung (V) gruppiert auf.

R	Operator	V	Semantik
1	... (...) ...	LR	Rundklammer-Paar zum Begrenzen von Ausdrücken
1	...x (...) ...	LR	Rundklammer-Paar als Funktionsoperator
1	...x [...] ...	LR	Eckiges Klammer-Paar als Index-Operator in Arrays
1	->	LR	Pfeil-Dyade als Kopulativ-Operator zwischen Zeigern und Komponenten in Strukturen und Überlagerungen
1	•	LR	Punkt als Kopulativ-Operator zwischen Bezeichnern von Strukturen/Überlagerungen und von Komponenten
2	++ --	RL	Präfix- und Postfix-Operatoren zur additiven Arithmetik

Tabelle 6.1a: Präfix- und Postfix-Operatoren

R	Operator	V	Semantik
2	&	RL	Alt-Und zur Erzeugung von Zeigerausdrücken
2	*	RL	Asterisk zur Wertung von Zeigern
2	(<Typ>)	RL	Anpassungsoperator, Typung
2	(<Typ>*)	RL	Anpassungsoperator, Artung
2	!	RL	Ausrufungszeichen zur logischen Negation
2	~	RL	Tilde als bit-bezogenes Einserkomplement
2	− +	RL	Vorzeichenoperatoren

Tabelle 6.1b: Unäre Operatoren

R	Operator	V	Semantik
3	* / %	LR	Multiplikation, Division und Divisionsrest
4	+ −	LR	Addition und Subtraktion
5	<< >>	LR	Links- und rechtsseitige Bit-Verschiebung
6	< <= >= >	LR	Rein arithmetische Vergleiche
7	== !=	LR	Allgemeine Gleichheit und Ungleichheit
8	&	LR	Bit-bezogenes AND
9	^	LR	Bit-bezogenes XOR
10	|	LR	Bit-bezogenes OR
11	&&	LR	Logisches (Bool'sches) AND
12	||	LR	Logisches (Bool'sches) OR
13	?... : ...	RL	Ternärer Entscheidungsoperator
14	=	RL	Einfacher Zuweisungsoperator
	*= /= %= += −= &= ^= |=	RL	Dyadische Zuweisungsoperatoren
15	,	LR	Komma-Operator

<u>Tabelle 6.1c: Binäre und ternäre Operatoren</u>

Wie in Tabelle 6.1a aufgeführt, besitzen Rundklammer-Paare (paired
parentheses) ohne einen unmittelbar vorangestellten Bezeichner,

```
... (<Ausdruck>) ...
```

den allerhöchsten Auswertungsvorrang und fungieren als Begrenzungsope-
rator, der seinen Operanden zu einem primären Ausdruck reduziert; d.h.
umklammerte Ausdrücke (parenthesized expressions) gelten als eine
logisch nicht weiter unterteilbare Einheit (logically irreducible unit), die
nur als Ganzes ausgewertet wird. In dieser operativen Eigenschaft können
mit gepaarten Rundklammern Ausdrücke jedweder Art abgegrenzt werden,
um eine von der "natürlichen" Reihenfolge abweichende Auswertung zu
erzwingen. Dies soll im folgenden unterstellt und wiederholt aufgegriffen
werden.

6.1.2 Die Auswertung primitiver Operationen

Bei der Auswertung von Operationen mit multiplen Operanden oder Operatoren müssen zwei grundsätzliche Kriterien in Betracht gezogen werden:

• Die Reihenfolge der Auswertung von Operanden
• Die Reihenfolge der Ausführung von Operationen

In der C-Sprache ist die *Reihenfolge der Auswertung von Operanden* (priority of operand evaluation)[1] nur für die Bool'schen AND- und OR-Operatoren (Abschnitt 6.6.2), den ternären Auswertungsoperator (Abschnitt 6.8.1) sowie den Komma-Operator (Abschnitt 6.8.2) verbindlich bestimmt. Bei allen anderen Operatoren bleibt die Reihenfolge der Auswertung von Operanden unbestimmt und kann bestenfalls nur für einen gegebenen Kompiler empirisch bestimmt werden. Eine Möglichkeit dazu wird im Zusammenhang mit dem Komma-Operator im Abschnitt 6.8.2 aufgezeigt. Die folgenden Betrachtungen mögen die Bedeutung dieses Kriteriums erhellen.

Selbst bei der anscheinend symmetrischen Addition hängt das Resultat von der Reihenfolge der Auswertung der Operanden (order of evaluation, operands) ab. Mit a und b als einfache Variablen kann die Addition der Klammerausdrücke als Operanden

```
... (b = b + 2) + (a = a - b) ...
```

entweder das eine mathematische Resultat

$$(b+2) + (a-b) = a+2$$

oder aber das andere

$$(b+2) + (a-(b+2)) = a$$

ergeben, je nachdem ob der rechte beziehungsweise der linke Operand zuerst ausgewertet wird. Genau das aber ist in der C-Sprache *nicht* verbindlich festgelegt!

Diese Problematik spielte in den "klassischen" Programmiersprachen eine zumeist untergeordnete Rolle, da — von Funktionsaufrufen abgesehen — die Operanden für die Dauer einer Operation als invariant und wechselseitig unabhängig galten. Insbesondere konnten Zuweisungen zumeist nur als abgeschlossene Statements ausgeführt, nicht aber als Ausdrücke in der Eigenschaft von Operanden ausgewertet werden. In der C-Sprache, wo *Wechsel- und Nebenwirkungen* (interactions, side effects) selbst zwischen

---

1. Was nicht mit dem Terminus *precedence* alterniert werden sollte, der sich ausschließlich auf den *Vorrang* eines Operators bezieht.

den unmittelbar benachbarten Operanden einer Operation entstehen
können, muß die allgemeine Unbestimmtheit der Reihenfolge der
Auswertung bei den meisten Operationen stets im Auge behalten werden.

Das zweite Kriterium, die *Reihenfolge der Ausführung von Operationen*
(operator precedence)[2], muß bereits bei einer Folge von zwei binären
Operationen in Betracht gezogen werden:

```
... A <bop1> B <bop2> C ...
```

wobei die Frage entsteht, welche Operation denn zuerst ausgeführt wird.
Bei Operatoren mit unterschiedlichem Vorrang wird die Frage eindeutig
zugunsten des höherrangigen Operators entschieden: Falls <bop2> über
<bop1> steht, wird die Folge im Sinne von

```
... A <bop1> (B <bop2> C) ...
```

ausgewertet; andernfalls im Sinne von

```
... (A <bop1> B) <bop2> C ...
```

wobei die umgebenden Rundklammern den Vorrang symbolisieren sollen.

Als typisches Beispiel wäre der arithmetische Ausdruck zu betrachten:

```
... x + y * z ...
```

der ausgewertet wird im Sinne von:

```
... x + (y * z) ...
```

Bei Operatoren mit gleichem Vorrang (equal precedence) wird die Auswertungsfolge durch die Verknüpfungsrichtung (associativity) bestimmt: von
links nach rechts (left-to-right) oder von rechts nach links (right-to-left).
Falls zwei gleichrangige binäre Operatoren <bop1> und <bop2> beide
von rechts nach links verknüpfen, wird die Folge im Sinne von

```
... A <bop1> (B <bop2> C) ...
```

ausgewertet; andernfalls im Sinne von

```
... (A <bop1> B) <bop2> C ...
```

Ein typisches Beispiel ist der relationale Ausdruck:

```
... A > B > C ...
```

der ausgewertet wird im Sinne von:

```
... (A > B) > C ...
```

da der Vergleichsoperator > von links nach rechts verknüpft, was
anscheinend paradoxe Resultate erzeugen kann. Diese und verwandte
Aspekte sollen nachfolgend im konkreten Zusammenhang wiederholt
aufgegriffen werden.

---

2. Was eben nicht mit dem vorhergehenden Terminus *priority* alterniert werden sollte.

Wie aus den Tabellen 6.1a-b ersichtlich ist, haben die Präfix- und Postfix-Operatoren sowie die unäre Operatoren absoluten Vorrang über alle binären und ternären Operatoren, so daß in gemischten Folgen mit diesen die Auswertungsfolge eindeutig bestimmt ist. Ein Gleiches gilt für gemischte Folgen von höherrangigen Postfix-Operatoren und niederrangigen Postfix-, Präfix- und Unär-Operatoren.

Die höchstrangigen Postfix-Operatoren verknüpfen von links nach rechts, so daß zulässige Folgen dieser Operationen

```
... <Operand> <P₁> <P₂> ...
```

ausgewertet werden im Sinne von:

```
... ((<Operand> <P₁>) <P₂>) ...
```

wie zum Beispiel

```
... XX->YY.ZZ ...        als        ... ((XX->YY).ZZ) ...
```

Gleichrangige Präfix- (+P), Postfix- (P+) und Unär-Operatoren (UOP) verknüpfen von rechts nach links, so daß zulässige Folgen dieser Operationen,

```
... <UOP> <Operand> <P+> ...        z.B.    ... *A++ ...
... <UOP> <+P> <Operand> ...        z.B.    ... *--A ...
... <+P> <UOP> <Operand> ...        z.B.    ... ++*A ...
... <UOP1> <UOP2> <Operand> ...     z.B.    ... *&A ...
```

ausgewertet werden im Sinne von:

```
... <UOP> (<Operand> <P+>) ...      z.B.    ... (*A)++ ...
... <UOP> (<+P> <Operand>) ...      z.B.    ... *(--A) ...
... <+P> (<UOP> <Operand>) ...      z.B.    ... ++(*A) ...
... <UOP1> (<UOP2> <Operand>) ...   z.B.    ... *(&A) ...
```

In der C-Sprache können also grundsätzlich keine *Zweideutigkeiten* (ambiguities) hinsichtlich der Reihenfolge von primitiven Operationen entstehen, da alle Operatoren sich entweder durch *Vorrang* (precedence) unterscheiden, in welchem Fall die Verknüpfungsrichtung keine Rolle spielt, oder aber bei gleichem Vorrang jeweils genau dieselbe *Verknüpfungsrichtung* (associativity) haben.

Im vorhergehenden wurde von *zulässigen Folgen von Operationen* (admissible sequences of operations) ausgegangen. Nicht alle Folgen von Operationen sind zulässig. Zum Beispiel können Präfix- und Postfix-Operatoren nicht in einer Folge gesetzt werden; d.h. Ausdrücke der Form,

```
... <P+> <Operand> <P+> ...         z.B.    ... --A++ ...
```

sind *unzulässig*. Dies soll nachfolgend im jeweils konkreten Zusammenhang wiederholt aufgegriffen werden.

6.2 Typung und Artung von Ausdrücken

Neben den im vorgehenden besprochenen Kriterien hinsichtlich der Auswertungsfolge von Operanden und der Verknüpfung von Operatoren sind als zwei weitere Kriterien die *Typung* (typing) und die *Artung* (kind) von Operanden und damit von Ausdrücken zu betrachten.

Die Typung geht von den primitiven Objekttypen (Abschnitt 5.3) aus und bezieht sich auf den Wert, der von Operanden eingebracht und von Ausdrücken hervorgebracht wird.

Die Artung bestimmt die Rolle, die ein Ausdruck als Operand spielen kann:

* *R-Werte*, die Objekten zugewiesen werden können
* *L-Werte*, mit denen auf Objekte zugegriffen werden kann
* *Zeigerausdrücke*, die zu L-Werten aufgewertet werden können

6.2.1 L-Werte und R-Werte

Bei der Auswertung von Ausdrücken muß zwischen L-Werten (lvalues) und R-Werten (rvalues) unterschieden werden. Der Unterschied rührt von der herkömmlichen Wertzuweisung an ein benanntes Objekt her:

```
... <Bezeichner> = <Ausdruck> ...
```

was in den "klassischen" Programmiersprachen zumeist nur als abgeschlossenes Statement ausgeführt werden konnte. Aus diesem Paradigma ergibt sich die Begriffsbestimmung:

```
... <L-Wert> = <R-Wert> ...
```

Im Sinne der C-Sprache handelt es sich dabei um eine einschränkende Rollenzuweisung: Ein Ausdruck gilt als L-Wert, wenn er auf der linken Seite einer Zuweisung stehen kann. Ein einfaches Beispiel mag dies veranschaulichen:

```
...
... int a,b,c, ...;
...
... a = b ...    ... b = a + c ...    ... c = b + 1...
...
```

Die aus jeweils einem Bezeichner bestehenden Ausdrücke a, b und c können je nach Kontext sowohl als L-Werte als auch als R-Werte fungieren, während zusammengesetzte Ausdrücke wie a+b und b+1 in diesem Kontext eindeutig nur als R-Werte fungieren können.

Die Rollenzuweisung gilt im erweiterten Sinne auch für Zeiger:

```
...
...  int v[3] = {11,22,33},  *zv = v,  *zu,  ...;
...
...  zu = (zv + 1) ...        ...*(zv + 1) = *zu + 1 ...
...
```

Ungeschmückte Zeiger (plain pointers), wie `zv` und `zu`, können je nach Kontext sowohl als L-Werte als auch als R-Werte fungieren, während *ungeschmückte* Zeigerausdrücke wie `(zv+1)` eindeutig nur als R-Werte fungieren können. Erst durch *Wertung* (dereferencing, indirection, valuation) mit dem Asterisk wird ein Zeigerausdruck zum L-Wert, wie `*(zv+1)`. *Geschmückte* (adorned) Zeiger und Zeigerausdrücke können wiederum je nach Kontext sowohl als L-Werte als auch als R-Werte fungieren, während gemischte Ausdrücke mit geschmückten Zeigern wie `*zv+1` nur R-Werte darstellen können.

Im allgemeinen gilt, daß Bezeichner und Ausdrücke, die im Sinne eines geschmückten Zeigers mit Typ und Adresse auf ein Objekt verweisen, sowohl als L-Werte als auch als R-Werte fungieren können, was auch Strukturen und Überlagerungen (ANSI+) als Ganze, nicht aber Arrays einschließt. In genau diesem Zusammenhang sollen denn auch drei spezielle unäre Operatoren zur *Artungs- und Typungsanpassung* (type casting) vorgestellt werden.

6.2.2 Artungsanpassung

Im Gegensatz zu *Zeigern* (pointers), die als Datenobjekte definiert werden müssen (Abschnitt 5.4), können *Zeigerausdrücke* (pointer expressions) nur durch Operationen erzeugt werden. Die allereinfachste Operation ist das Aufwerten einer Adressen-Konstanten zu einem Zeigerausdruck mit vorgegebenem Typ; wie zum Beispiel in:

```
...  (short *) 0XF5FE45 ...
```

wo die Adresse eines Status-Registers mit dem geschmückten unären Anpassungsoperator `(short *)` (cast operator) unmittelbar zum Zeigerausdruck vom Typ `short` aufgewertet wird.

Der Zeigerausdruck kann sowohl als R-Wert einem gleichtypigen Zeiger zugewiesen werden,

```
...  short *zr = (short *) 0XF5FE45 ...
```

als auch mit dem unären Wertungsoperator `*` (dereferencing, indirection, valuation, operator) unmittelbar zu einem L-Wert aufgewertet werden, mit dem dann unmittelbar auf das Objekt zugegriffen werden kann, was sowohl Zuweisungen als auch Abgriffe einschließt:

```
...   *((short *) 0XF5FE45) = <Zuweisungswert> ...
...
...   short r = *((short *) 0XF5FE45) ...
```

wobei das äußere Klammerpaar zur Verdeutlichung gesetzt wurde — und in ähnlichen Ausdrücken zur Abschirmung gesetzt werden sollte. Zeigerausdrücke mit Konstanten oder konstanten Ausdrücken bleiben jedoch zumeist der Systemprogrammierung vorbehalten.

In der Verallgemeinerung dieses Beispieles können mit dem Anpassungsoperator jedwede Ausdrücke, die ganzzahlige Werte ergeben, zu Zeigerausdrücken,

```
...   (<Typ> *)<ganzzahliger Ausdruck> ...
```

und dann zu L-Werten aufgewertet werden,

```
...   *((<Typ> *)<ganzzahliger Ausdruck>) ...
```

wobei das äußere Klammerpaar zu empfehlen ist. Ob ein solcher Zeigerausdruck einen zulässigen oder sinnvollen Zugriff auf einen *zugänglichen* (accessible) Speicherbereich ermöglicht, kann nur aus der jeweiligen Anwendungsumgebung heraus entschieden werden.

Mit dem unären *Adressenoperator* & (address operator) können L-Werte auf Zeigerausdrücke reduziert werden:

```
...   &<L-Wert> ...
```

wovon jedoch Verweise auf Registervariable (Abschnitt 5.2.3) und Bit-Felder in Strukturen (Abschnitt 5.6.1.1) ausgeschlossen sind. Der Adressenoperator stellt also gewissermaßen die *operationelle Umkehrung* (operational inverse) des Wertungsoperators dar und die Kombination &* ist *impotent* hinsichtlich Zeigern und Zeigerausdrücken:

```
...   printf("\n%X %X", &*((short *) 0XF5FE45), 0XF5FE45) ...
                        0XF5FE45        0XF5FE45
```

Als Korollar gilt im mathematischen Sinne für einen Zeigerausdruck vom Typ T und eine ganzzahlige Konstante k:

```
    &(*(Z + k)) entspricht &Z + k * sizeof(T)
```

wie zum Beispiel in:

```
...   printf("\n%X %X", &(*((short *) 0XF5FE45 + 1)) ...
                        0XF5FE47
```

was bereits ein Vorgriff auf die additiven Regeln der Zeiger-Arithmetik (Abschnitt 6.9.1) darstellt.

Objektbezogene Zeigerausdrücke können mit dem Adressenoperator
unmittelbar aus Bezeichnern von Datenobjekten erzeugt werden:

```
... &<Objektbezeichner> ...
```

wobei sowohl die Adresse als auch der Typ — und somit der Betrag —
extrahiert werden. Der erzeugte Zeigerausdruck kann unverändert oder
durch additive Arithmetik (Abschnitt 6.9.1) verändert als R-Wert einem
gleichtypigen Zeiger zugewiesen werden, wie in:

```
... int a[] = {11,22,33}, *za = &a, *zb = &a + 1, ...;
```

oder mit dem Wertungsoperator * unmittelbar zu einem L-Wert aufgewertet werden, wie in:

```
... printf("\n%d %d %d",*(&a + 1), *&a, a) ...
...
                              22      11  11
```

was übrigens auch zeigt, daß die Kombination *& *impotent* hinsichtlich L-
Werten ist. Bild 6.1 faßt die Zusammenhänge zwischen den Ausdrucks-
arten und den beiden objektivierenden Operatoren im Sinne eines VENN-
Diagrammes zusammen.

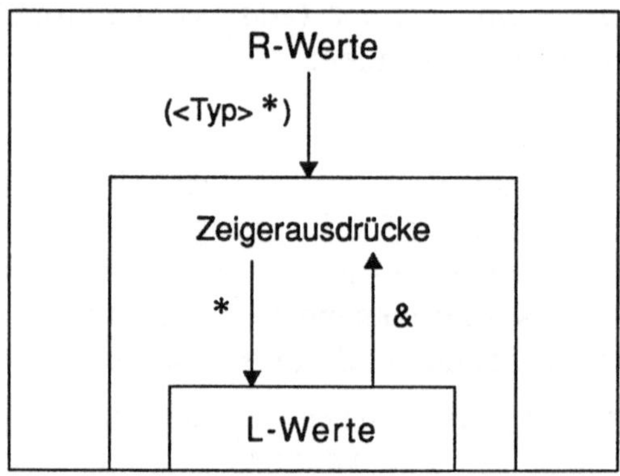

Bild 6.1: Ausdrucksarten und objektivierende Operatoren

6.2.3 Typungsanpassung

Die *Typung* (typing) geht von den primitiven Objekttypen (Abschnitt 5.3)
aus und kann bei integralen Typen einen Zusatz einbeziehen:

```
<Typung> : [signed|unsigned] char|short|int|long
         : float|double|long double
```

Mit der *ungeschmückten* (plain) Form des unären *Anpassungsoperators*
(cast operator) kann eine vorgegebene Typung *erzwungen* werden (type
casting):

```
... (<Typung>)<Operand>
```

deren Wirkung sich unmittelbar auf den nachgestellten Operanden bezieht.
Ein einfaches Beispiel mag die unmittelbare Auswirkung veranschaulichen:

```
... printf("\n%d %d",
        (unsigned short)45000, (signed short)45000);
...

                  45000                -20536
```

Zu beachten ist, daß der unäre Anpassungsoperator sich eben nur auf den
unmittelbar nachfolgenden Operanden bezieht, was ein Gegenbeispiel
sogleich verdeutlichen mag:

```
... printf("\n%f %d %d",
        (int)2.5 + 1.5,
            int(2.5 + 1.5),
                (int)2.5 + (int)1.5);
...
        3.50000
                4
                    3
```

wobei wiederum zu beachten ist, daß die beiden ersten Additionen im
Gleitpunkt-Modus, und die letzte im Integer-Modus ausgeführt wurden,
was durch die *arithmetischen Umwandlungsregeln* (arithmetic conversion
rules) bestimmt wird. Dies wird im Abschnitt 6.4 weitergeführt.

6.3 Objektbezogene Postfix- und Präfix-Operationen

Die C-Sprache stellt einen Satz von primitiven Postfix- und Präfix-Operatoren zur Verfügung, deren Operanden auf L-Werte und Zeigerausdrücke
beschränkt und daher grundsätzlich objektbezogen sind. Die mit diesen
Operatoren erzeugten Ausdrücke können sowohl nach dem *Vorrang* als
auch nach der *Semantik* der Auswertung in zwei Gruppen eingeteilt
werden:

* *Objekt-Zugriffe* sowie *Funktionsaufrufe*, die als höchstrangige Postfix-
  Operationen dargestellt werden.

* *Inkrementation* und *Dekrementation*, die als zweitrangige Präfix- und
  Postfix-Operationen in situ ausgeführt werden.

wobei Ausdrücke jeglicher Artung (Abschnitt 6.2.1) erzeugt werden
können. Diese Operationen sollen in den nachfolgenden Unterabschnitten
eingehend besprochen werden.

6.3.1 Postfix-Ausdrücke

Eines der hervorragenden Merkmale der C-Sprache ist, daß Zugriffe auf
Datenobjekte nicht auf bezeichnergebundenen starren Syntax-Konstrukten
beruhen, sondern auch als hochflexible Postfix-Operationen mit Zeigerausdrücken und L-Werten als Operanden ausgeführt werden. Erst dadurch
ergibt sich die Möglichkeit der dynamischen Verknüpfung von Zugriffs-
operationen auf reguläre und irreguläre Aggregate wie Arrays beziehungsweise Strukturen und Überlagerungen. Die operative Grundlage dazu soll
im ersten nachfolgenden Unterabschnitt vorgestellt werden.

Funktionsaufrufe werden ebenfalls als Postfix-Operationen mit Zeigerausdrücken und L-Werten als Operanden ausgeführt — erst dadurch ergibt
sich die Möglichkeit, Funktionen wie Datenobjekte dynamisch mit Zeigern
zu erfassen und zu manipulieren sowie zu regulären und irregulären Aggregaten zusammenzufassen. Letzteres wird im Abschnitt 8.1.4 weitergeführt.
Im zweiten nachfolgenden Unterabschnitt sollen jedoch zuerst die dazu
benötigten Postfix-Operatoren vorgestellt werden.

Die Zugriffsoperatoren haben gemeinschaftlich den zweithöchsten Vorrang
vor allen anderen Operatoren und verknüpfen untereinander einheitlich
von links nach rechts, so daß die Auswertung von Folgen von Zugriffsope-
rationen in jeden Fall eindeutig bestimmt ist. Eine davon abweichende
Auswertung kann nur mit Rundklammern erzwungen werden.

6.3.1.1 Zugriffsausdrücke

Gepaarte eckige Klammern (paired square brackets), die einen *Index-Ausdruck* (index expression) vom Typ `int` umschließen, fungieren als Postfix-Operator hinsichtlich eines Objektbezeichners oder eines ungeschmückten Zeigerausdruckes:

```
...  <Array-Bezeichner>[<Index-Ausdruck>]  ...

...  <Zeigerausdruck>[<Index-Ausdruck>]  ...
```

und stellen einen Zugriffsausdruck (access expression) auf die Elemente eines Arrays (Abschnitt 5.5) dar, wobei ein Wert mit dessen Typung und Artung erzeugt wird. Im folgenden soll daher gelegentlich auch vom *Index-Operator* die Rede sein.

Die bekannteste Form ist der Zugriff auf definierte Arrays; wie in:

```
...  vekt[i]  ...          und          ...  mat[i][j]  ...
```

Als Postfix-Operation verknüpfen gepaarte eckige Klammern von links nach rechts, d.h. Zugriffe auf Objekte mit einem Rang (rank) $R > 1$, wie:

```
...  A[...] [...] [...]  ....
```

werden ausgewertet im Sinne von:

```
...  (((A[...]) [...]) [...])  ....
```

wobei der zuerst ausgewertete Ausdruck `A[...]` einen Zeigerwert auf ein Subarray vom Rang $R-1$ erzeugt, auf das sich dann das unmittelbar nachfolgende Klammerpaar bezieht, welches wiederum einen Zeigerwert auf ein weiteres Subarray vom Rang $R-2$ erzeugt usw. (Abschnitt 5.5.4).

In verschachtelten Zugriffsausdrücken, wie

```
...  A[B[C[...]]]  ...
```

erfolgt die Auswertung in der relativen Reihenfolge ...CBA.

Für Zugriffe auf Strukturen und Überlagerungen (Abschnitte 5.6 und 5.7) stehen zwei weitere Postfix-Operationen zur Verfügung:

Der *Punkt-Operator* `.` (dot operator)

```
...<Bezeichner>.<Komponente>  ...

...*<Zeigerausdruck>.<Komponente>  ...
```

sowie der *Pfeil-Operator* `->` (arrow operator):

```
...<Zeigerausdruck> -> <Komponente>  ...
```

Beide Postfix-Operatoren fungieren syntaktisch als Kopulativ (copulativ) zwischen ihren linksseitigen Operanden, die auf Strukturen oder Überlagerungen verweisen müssen, und den Komponenten, die innerhalb solcher Objekte definiert sind.

Die linksseitigen Operanden des Punkt-Operators können sowohl einfache
als auch indexierte Bezeichner von Strukturen und Überlagerungen
(unions) sowie geschmückte (adorned), aber mit Rundklammern umgebene
Zeigerausdrücke sein:

```
... struct xx {int a; ...} XX, *ZX = &XX, ...;
...
... XX.a ...         ... XX[i].a...        ... (*ZX).a ...
```

Der Punkt-Operator verknüpft von links nach rechts, d.h. bei verschachtelten Strukturen (Abschnitt 5.6.1.6) erfolgt die Auswertung von

```
... XX.YY.ZZ.u ...
```

im Sinne von

```
... ((XX.YY).ZZ).u ...
```

Bei *geschmückten Zeigern* müssen zwangläufig entsprechende Klammer-
paare gesetzt werden:

```
... (*(*(*ZX.ZY).ZZ)).u ...
```

Im Gegensatz zum Punkt-Operator fungiert der als Dyade kodierte Pfeil-
Operator −> als Kopulativ zwischen *ungeschmückten Zeigerausdrücken*,
die auf Strukturen und Überlagerungen verweisen, und Bezeichnern von
Komponenten innerhalb solcher Objekte:

```
... struct xx {int a; ...} XX, *ZX = &XX, ...;
...
... ZX->a ...
```

Der Pfeil-Operator verknüpft ebenfalls von links nach rechts; d.h. bei
verschachtelten Struktur-Zeigern (Abschnitt 5.6.1.6) erfolgt die Auswertung von

```
... ZX->ZY->ZZ.u ...
```

im Sinne von

```
... ((ZX->ZY)->ZZ).u ...
```

Bei Arrays von Strukturen oder Überlagerungen (Abschnitt 5.6.1.3) sowie
bei gleichartigen Zeiger-Arrays muß der Index-Operator den beiden
Kopulativen vorgeschaltet werden:

```
... struct xx XX[…] ..., *ZX[…] ..., ...;
...    XX[<Index-Ausdruck>].<Komponente> ...
... (*ZX[<Index-Ausdruck>]).<Komponente> ...
...    ZX[<Index-Ausdruck>]-><Komponente> ...
```

wobei der Array-Zugriff jeweils zuerst ausgewertet wird. Das Prinzip
erstreckt sich analog auf Arrays höheren Ranges.

6.3.1.2 Funktionsaufrufe

Gepaarte Rundklammern (paired parentheses), die optional eine Liste von *Argumenten* (argument list) umschließen, fungieren als Postfix-Operator hinsichtlich eines *Funktionsdesignators* (function designator):

```
...  <Funktionsdesignator>([<Argumente>])  ...
```

und stellen einen *Funktionsaufruf* (function call) dar, wobei die optionalen Argumente an die Funktion übergeben werden. Der Funktionsdesignator besteht aus einem Bezeichner oder einem *ungeschmückten* (plain; ANSI+) oder optional *geschmückten* (adorned; traditionell) Zeigerausdruck:

```
<Funktionsdesignator>:  <Bezeichner>
                        <Zeigerausdruck>
                       *<Zeigerausdruck>
```

Die bekannteste Form ist der bezeichnergebundene Funktionsaufruf mit oder ohne Argumente; wie in:

```
...  funk1()  ...            und           ...  funk2(a,...)  ...
```

Als erste Stufe der Abstraktion können Funktionen mit Funktionszeigern aufgerufen werden, wie dieses etwas vorgreifende aber einfache Fragment illustrieren mag:

```
...
void funk(char *z){ printf("\n funk: %s",z); }
void gunk(char *a){ printf("\n gunk: %s",a); }
...
main(...) ...
{
  ... void (*fz)(char *) = funk;
  ...
  ... fz("Hallo");
  ...
  ... fz = gunk; (*fz)("Freunde");
  ...
          funk: Hallo   gunk: Freunde
```

Zwei Funktionen, funk und gunk, sind oberhalb des main-Blocks definiert. Innerhalb von main wird ein *konformer* Funktionszeiger fz definiert und mit funk vorbelegt, um dann mit einem Argument aufgerufen zu werden. Danach wird fz mit gunk belegt und mit einem anderen Argument aufgerufen. Bei den Aufrufen ist zu beachten, daß der Funktionszeiger fz sowohl ungeschmückt (ANSI+), fz(...), als auch geschmückt (traditionell), (*fz)(...), benutzt werden kann, wobei der geschmückte Funktionszeiger mit Rundklammern von den als Postfix-Operator fungierenden Argumentklammern abgeschirmt werden muß, da diese einen höheren Vorrang als der Wertungsoperator haben!

Der Funktionsdesignator kann mit Array- und Struktur-Zugriffen kombiniert werden, wie das folgende Fragment illustrieren mag, wobei auf die Funktionsdefinitionen im vorhergehenden Beispiel Bezug genommen wird:

```
...
typedef void (*FZ)(char *)
...
... FZ fza[2] = {funk, gunk};
... struct xx {FZ fzs,gzs;} XX = {funk, gunk};
... struct xx *ZX = &XX;
...
... fz[0]("fza"); fz[1]("Array");
... XX.fzs("ZX"); XX.gzs[1]("Struktur");
... (*ZX).fzs(ZX); ZX->gzs[1]("Strukturzeiger");
...
            fza             Array
            XX              Struktur
            ZX              Strukturzeiger
```

Zu beachten ist, daß zuerst mit `typedef` (Abschnitte 5.7 und 8.1.4) der Typ `FZ` eines Zeigers auf eine Funktion vom Type `void` vereinbart wird. Danach wird ein Vektor vom Typ `FZ` mit zwei Elementen definiert und mit den Funktionen `funk` und `gunk` vorbelegt. Die Strukturvereinbarung `xx` enthält als einzige Komponenten zwei Funktionszeiger `fzs` und `gzs` vom Typ `FZ`. Die unmittelbar nachfolgend definierte Struktur `XX` wird mit den beiden Funktionen, und der Strukturzeiger `ZX` mit der Adresse von `XX` vorbelegt. Aus diesen Definitionen ergeben sich dann die gezeigten Funktionsaufrufe und deren Ausgabe.

Als Postfix-Operation verknüpfen Funktionsaufrufe von links nach rechts, d.h. Folgen von Postfix-Operationen, wie (ANSI+):

```
... <Bezeichner>(…) (…) (…) ....
```

werden ausgewertet im Sinne von:

```
... (((<Bezeichner>(…)) (…)) (…)) ...
```

wobei der zuerst ausgewertete Aufruf `<Bezeichner>(…)` einen Zeiger auf eine Funktion erzeugt, auf die sich dann das unmittelbar nachfolgende Klammerpaar bezieht und die wiederum einen Zeiger auf eine weitere Funktion erzeugt, usw. Beim traditionellen C-Kompiler hätte die Folge übrigens im Sinne der Verknüpfungsrichtung geschmückt und verschachtelt werden müssen:

```
... (*(*<Bezeichner>(…)) (…)) (…) ...
```

Die Rückgabe von Zeigern durch Funktionen wird im Abschnitt 8.1.4 eingehend besprochen.

In verschachtelten Aufrufen, wie in

```
... f(... g(... h(...) ...) ...) ...
```

erfolgt die Auswertung in der relativen Reihenfolge ...hgf. Grundsätzlich werden alle Argumente ausgewertet, bevor die eigentliche Ausführung einer Funktion beginnt. Zum andern aber ist die Reihenfolge der Auswertung bei einer Folge von Argumenten

```
... f(A,B, ...) ...
```

völlig unbestimmt und kann nur für den jeweiligen Kompiler verbindlich bestimmt werden.[3] Eine Möglichkeit dazu wird im Abschnitt 6.8.2 umrissen. Die Auswertung von Argumenten wird im Abschnitt 8.1.3.1 eingehend behandelt.

6.3.2 Inkrementation und Dekrementation in situ

Jedem als *L-Wert* (lvalue) interpretierbaren Ausdruck — also jedem Zugriffsausdruck — können die Dyaden ++ und –– als *Präfix-* beziehungsweise als *Postfix-Operatoren* (prefix, postfix, operators) unmittelbar vorangestellt (prepended) beziehungsweise nachgestellt (appended) werden:

```
... ++<L-Wert> ...      und       ... --<L-Wert> ...

... <L-Wert>++ ...      und       ... <L-Wert>-- ...
```

wobei ein *Hochzählen* (++) (incrementation) beziehungsweise ein *Herabzählen* (––) (decrementation) um eine *Skalen-Einheit* (scale unit) unmittelbar vor (Präfix) beziehungsweise unmittelbar nach (Postfix) dem Zugriff in situ stattfindet.

Der Begriff der *Skalen-Einheit* ist wichtig! Bei den *arithmetischen* Typen `char`, `short`, ..., `long double` ist dies die numerische Eins. Bei ungeschmückten Zeigern wird die Skalen-Einheit dagegen durch den *Betrag* des Types bestimmt. Ein gegenüberstellendes Beispiel mag dies sogleich verdeutlichen:

```
... double x = 100.0, *zx = &x, ...;
...
... printf("\n%f %f %f", *zx, ++*zx, *zx);
...
          101.000000   101.000000   100.000000
...
... printf("\n%d %d %d", zx, ++zx, zx);
...
          3564018   3564018   3564010
```

Die mit dem geschmückten Zeiger `*zx` erfaßte Variable x vom Typ `double` wurde um Eins, der ungeschmückte Zeiger `zx` dagegen um den Betrag 8 = `sizeof(double)` erhöht. Dies wird im Zusammenhang mit der Zeiger-Arithmetik im Abschnitt 6.9 weitergeführt.

Bei den Präfix- und den Postfix-Operationen muß zwischen zwei getrennten Auswirkungen unterschieden werden:

• Der durch einen Präfix- oder Postfix-Ausdruck erzeugte Wert
• Die Veränderung eines Objektinhaltes

Bei den beiden Präfix-Operationen ist der erzeugte Wert mit dem veränderten Objektinhalt identisch, was bei den Postfix-Operation nicht der Fall ist. Ein einfaches Beispiel mag dies veranschaulichen:

```
... int a;
...
... printf("\n%d %d %d", a, ++a, a=1) ...
...

                          2   2   1
...
... printf("\n%d %d %d", a, a++, a=1) ...
...

                          1   2   2
```

Zu beachten ist, daß in diesem Beispiel die Argumentenfolge in der Ausgabefunktion printf(3S) von rechts nach links ausgewertet wurde, was jedoch nicht grundsätzlich gewährleistet ist!

Präfix- und Postfix-Ausdrücke stellen selbst keine L-Werte mehr dar. Insbesondere sind Ausdrücke wie,

```
... ++ ++a ...        ... ++a-- ...        ... a-- -- ...

... & ++a...          ... &a-- ...         ... ++a = b ...
```

unzulässig und verursachen einen fatalen Kompilierfehler. Der Adressenoperator kann also nicht unmittelbar mit den beiden Präfix- und Postfix-Operatoren kombiniert werden!

Im Gegensatz dazu kann bei Zeigern der unäre Wertungsoperator `*` unmittelbar mit den beiden Präfix- und Postfix-Operatoren kombiniert werden, wobei sich jeweils drei zulässige und sinnvolle Möglichkeiten ergeben; für `++` also:

```
... *++za ...         ... ++*za ...        ... *za++ ...
```

die ausgewertet werden im Sinne von

```
... *(++za) ...       ... ++(*za) ...      ... *(za++) ...
```

wobei wiederum zu beachten ist, daß sowohl ein geschmückter als auch ein ungeschmückter Zeiger als L-Wert fungieren kann. Im ersten Fall wird der

Inhalt des angesprochenen Objektes um Eins inkrementiert beziehungsweise dekrementiert, im zweiten eine Adresse um den Betrag des Zeigers inkrementiert beziehungsweise dekrementiert. Letzteres wird im Abschnitt 6.9.1 weitergeführt.

Die beiden Präfix- und Postfix-Operatoren haben den gleichen Vorrang wie die übrigen unären Operatoren und verknüpfen wie diese von rechts nach links. Da erstere einem L-Wert als Operanden unmittelbar vorangestellt beziehungsweise nachgestellt werden müssen, können weder Konflikte noch Zweideutigkeiten entstehen. Für die beiden Präfix-Operatoren gilt zum Beispiel hinsichtlich der unären Vorzeichen-Operatoren:

```
... + ++a ...              und              ... - --b ...
```
werden ausgewertet als:
```
... +(++a) ...             und              ... -(--b) ...
```
wobei als lexikalische Eigenheit zu beachten ist, daß die Monaden + und − durch Standardtrennzeichen (standard separators) von den Dyaden ++ und −− abgesetzt werden müssen. Ausdrücke wie,
```
... +++a ...               und              ... ---b ...
```
verursachen einen fatalen Kompilierfehler. Ein Gleiches gilt für die binären Operatoren + und −. Übrigens werden additive Ausdrücke wie,
```
... c + + ++a ...          und              ... d - - --b ...
```
ausgewertet als:
```
... c + (+(++a)) ...       und              ... d -(-(--b)) ...
```
Bei den beiden Postfix-Operatoren tritt die Frage der Verknüpfungsrichtung und des Vorrangs in den Hintergrund, da die Operationen ja erst nach dem Zugriff — also im gewissen Sinne "verzögert" — ausgeführt werden!

Hinsichtlich der multiplikativen, additiven, relationalen und bit-bezogenen binären Operatoren sowie den Bool'schen Operatoren && (AND) und || (OR) haben die Präfix-Operationen unbedingten Vorrang. Zum Beispiel gilt für Multiplikationen:

```
... a * b++ ...            entspricht       ... a * (b++) ...
```
Tückische Probleme können bei Vergleichen entstehen, wenn der "Verzögerungseffekt" der Postfix-Operatoren nicht in Betracht gezogen wird. Zum Beispiel ergibt sich bei

```
... a = 3, ...             ein TRUE für      ... a++ > 3 ...
```
da das Hochzählen ja erst nach dem Vergleich erfolgt!

Präfix- und Postfix-Operatoren werden häufig mit Indexen in Zählschleifen benutzt. Typische Beispiele sind:

```
... for(i = 0; i < M; i++) ...        ... while(--j) ...
```

In der `for`-Schleife wird der Index `i` von 0 bis auf M−1 herauf- und in der `while`-Schleife vom jeweiligen Ausgangswert bis auf 0 heruntergezählt. Dies wird im Zusammenhang mit bedingten und gerichteten Schleifen im Abschnitt 7.1.2.2 beziehungsweise 7.1.3.2 weitergeführt.

Auf der Grundlage der Zeiger-Arithmetik (Abschnitt 6.9.1) können Präfix- und Postfix-Operationen mit besonderer Effizienz eingesetzt werden, wie zum Beispiel beim Durchlaufen und Kopieren eines größeren Puffers unter gleichzeitiger Prüfung hinsichtlich eines abschließenden NUL-Zeichens:

```
...
... char a[10000], b[10000], *za = a, *zb = b, ...;
...
... while((*za++ = *zb++) != NUL) ....
...
```

Diese und verwandte Aspekte werden ebenfalls im Zusammenhang mit der `while`-Schleife im Abschnitt 7.1.2.2 noch einmal aufgegriffen.

Präfix- und Postfix-Operationen sollten jedoch in Folgen von Zugriffsausdrücken mit einem gemeinsamen Index im allgemeinen vermieden werden, da die Synchronisation wegen der Unbestimmtheit der Reihenfolge der Auswertung nicht universell gewährleistet ist. Als *fragwürdiges* Beispiel wäre die Addition von Vektorelementen zu betrachten:

```
... w[i]   = u[i] + v[++i] ...
... w[i++] = u[i] + v[i] ...
```

wo die Synchronisation und damit die Addition von homologen Elementen eben *nicht universell gewährleistet* ist!

Als eines der wenigen denkbaren und sinnvollen Gegenbeispiele, wo eine Synchronisation gewährleistet ist, wäre der Zugriff auf Diagonalelemente von Arrays zu betrachten:

```
... mat[++i][i] ...       und       ... mat[i][i++] ...
... cube[++i][i][i] ...und       ... cube[i][i][i++] ...
```

wo die Verknüpfung von links nach rechts und damit die Synchronisation gewährleistet ist.

6.4 Arithmetische Operationen

Die C-Sprache stellt primitive Operatoren lediglich für *additive* und *multiplikative Arithmetik* zur Verfügung. Mathematische Operationen höherer Ordnung wie exponentielle, logarithmische und trigonometrische Berechnungen, müssen mit den Bibliotheksfunktionen der Gruppe "(3M)" ausgeführt werden. Eine Beschreibung wird unter **intro(3)/PHB** gegeben.

Auf Grund ihrer zwangsläufig begrenzten internen Darstellungs- und Verarbeitungsmöglichkeiten können Digital-Rechner die *Axiome des reellen Zahlenkörpers* bei arithmetischen Operationen nur begrenzt honorieren. Insbesondere davon betroffen sind die Assoziativ- und Kommutativ-Regeln der multiplikativen und additiven Arithmetik. Erstere werden durch die festvorgegebenen Verknüpfungsrichtungen der Operatoren (Tabellen 6.1a-c) überlagert, letztere durch die unbestimmte Auswertungsfolge der Operanden (Abschnitt 6.1.2). Bei *extremen Werten* (extreme values) reduzieren sich die Distributiv- und Inversionsregeln der multiplikativen Arithmetik zu *Annäherungen* (approximations).

Diesen *inhärenten Schwachstellen* muß Sorge getragen werden beim Programmieren von Anwendungen mit kritischer Toleranz für *unbestimmbare numerische Abweichungen* (spurious deviations). Dabei sind zwei ursächliche Fehlerquellen in Betracht zu ziehen:

* *Arithmetische Anomalien* (exceptionens), die zumeist durch unglückliche Verknüpfungen extremer Werte entstehen.
* Die *Fortpflanzung* und *Vergrößerung* anfangs minimaler Abweichungen (error propagation and amplification), die zumeist durch inkonsistente oder ausgesprochen inkompatible Typungen bedingt werden.

Durch kenntnisreiches und sachgemäßes Kodieren von arithmetischen Ausdrücken können diese Fehlerquellen eliminiert beziehungsweise ihre Auswirkungen minimiert werden. Es gilt die grundsätzliche Regel, den durch einen Ausdruck laufenden Betrag durch *geschickte* Anordnung und Gruppierung der Operatoren und Operanden *möglichst stabil* zu halten beziehungsweise zu *stabilisieren*. Insbesondere sollte bei *gleichläufigen Größenordnungen* (covariant magnitudes) Divisonen, und bei *gegenläufigen* (contravariant magnitudes) Multiplikationen der Auswertungsvorrang gegeben werden, was unter Berücksichtigung der Vorzeichen auch sinngemäß für Subtraktionen und Additionen gilt. Bei Gleitpunkt-Operanden kann die Größenordnung durch Abgriff und Prüfen des Exponenten unmittelbar bestimmt werden (Abschnitt 6.6.2). Bei integralen Operanden genügen im allgemeinen Vergleiche hinsichtlich der in der Zusatzdatei <limits.h> verbindlich vorgegebenen Grenzwerte (Abschnitt 5.3.1.2).

Zur Steuerung der Auswertung von Ausdrücken stehen als Hilfsmittel zur Verfügung:

- Rundklammern zum Erzwingen einer Auswertungsfolge
- Bedingte und gerichtete Auswertung von Ausdrücken

Ersteres wurde bereits eingangs vorgestellt; letzteres wird im Zusammenhang mit dem ternären Entscheidungsoperator und dem Komma-Operator im Abschnitt 6.8.1 beziehungsweise 6.8.2 vorgestellt. Darüber hinaus kann die Auswertung von Ausdrücken auch in der Form von Statements auf die Ebene der *synchronen Ablaufsteuerung* (Abschnitt 7.1) verlegt werden.

Bei arithmetischen Operationen muß grundsätzlich zwischen zwei Auswertungsmodi unterschieden werden: *Ganzzahl-Arithmetik* (integral arithmetic) und *Gleitpunkt-Arithmetik* [4] (floating point arithmetic). Erstere ist modular bezüglich der für die integralen Typen vorgegebenen Grenzwerte (Abschnitt 5.3.1), bei deren Überschreitung ein Rücksetzen auf 0 (unsigned) beziehungsweise eine Zeichenumkehr (signed) erfolgt. Bei Divisionen $q = a/b$ resultiert der jeweils größte integrale Quotient im mathematischen Sinne von $a = bq + r$, $0 \leq r < q$.

Gleitpunkt-Arithmetik wird mit der Präzision von `float`, `double` und `long double` innerhalb der für diese Typen vorgegebenen Grenzwerte (Abschnitt 5.3.2) ausgeführt. Beim *Überschreiten* (overflow) oder *Unterschreiten* (underflow) der Grenzwerte entstehen *Anomalien* (exceptions), deren Auswirkungen jedoch nicht verbindlich standardisiert sind. Unter UNIX werden arithmetische Exzeptionen durch das Signal SIGFPE (floating point exception) gemeldet und können mit Aktionsfunktionen explizite abgehandelt werden, was im Abschnitt 7.2 weitergeführt wird.

Der Auswertungsmodus wird durch die jeweilige Typung der Operanden bestimmt, was bei Operanden *gleicher Typung* offensichtlich ist. Bei *gemischten* Operanden mit einem Gleitpunkt-Typ erfolgt die Auswertung jedoch grundsätzlich im *Gleitpunkt-Modus*.

Innerhalb des jeweiligen Modus erfolgt bei Operanden ungleicher Länge automatisch eine *bestmögliche Umwandlung* (optimal conversion) des jeweils *kürzeren Operanden* zugunsten des längeren, wobei die folgenden *Umwandlungsregeln* (conversion rules) gelten:

- *Gleitpunkt-Modus*: Die *Aufwertung* (promotion) erfolgt im Sinne der Hierarchie `float`, `double`, `long double` (ANSI+) beziehungsweise einheitlich `double` (traditionell).

---

4. Eigentlich Gleitkomma-Arithmetik, aber die stellenbezogenen Rollen von Komma und Punkt sind in der nordamerikanischen Darstellungsweise genau vertauscht. Die C-Sprache unterstützt keine *Festpunkt-Arithmetik* (fixed point arithmetic).

- *Ganzzahl-Modus*: Mit Operanden der Typen `char` und `short` sowie bei *Bit-Feldern* (bit fields; Abschnitt 5.6.1.1) erfolgt zuerst eine *integrale Aufwertung* (integral promotion) zum Typ `int`, falls dieser den Wert noch aufnehmen kann, und andernfalls zu `unsigned int`. Falls damit Typengleichheit hergestellt ist, erfolgt keine weitere Aufwertung.

Andernfalls erfolgt eine weitere Aufwertung zu `long` beziehungsweise zu `unsigned long`, was einerseits *bedingungsfrei* durch einen längeren Operanden des *letzteren* Types bestimmt wird, und andererseits *bedingt* durch die Vorzeichenbehaftung des kürzeren Operanden, wobei jedoch ein Unterschied zwischen dem ANSI-Standard und dem traditionellen Standard zu beachten ist.

Unter ANSI gilt, daß ein `unsigned` kürzerer Operand entweder zum längeren und vorzeichenbehafteten Typ `signed long` aufgewertet wird, wenn dieser den Wert noch darstellen kann. Andernfalls werden *beide* Operanden zu dem vorzeichenfreien Typ `unsigned long` aufgewertet. Zu beachten ist, daß das Attribut `unsigned` im ersteren Fall aufgegeben wird. Im Gegensatz dazu wird unter dem *traditionellen Standard* grundsätzlich von `unsigned` zu `unsigned` aufgewertet!

Das folgende Fragment mag die automatische Bestimmung des arithmetischen Auswertungsmodus sogleich verdeutlichen:

```
... printf("\n%d %17.15f %17.15f", 4/3, 4.0F/3,4.0/3);
...
         1    1.333333373069763    1.333333333333333
```

Beide Operanden des Divisonsaudruckes 4 / 3 sind ganzzahlige Konstante vom Typ `int`; dementsprechend wird die Divison auch im Ganzzahl-Modus ausgeführt, mit dem entsprechenden Resultat. Der Dividend des Ausdruckes 4.0F/3 ist durch den Suffix F als eine Gleitpunkt-Konstante vom Typ `float` gekennzeichnet, dementsprechend erfolgt die Auswertung mit einer Genauigkeit von 7 Stellen. Die Auswertung von 4.0/3 erfolgt schließlich gemäß `double` mit einer Genauigkeit von 15 Stellen, da eine Gleitpunkt-Konstante ohne Suffix als `double` interpretiert wird. Das Beispiel veranschaulicht zugleich auch die Bedeutung der Suffixe bei Konstanten (Abschnitt 4.2.3.1).

In genau dem Maße, in dem die Typung der Operanden den Auswertungsmodus bestimmt, kann dieser mittelbar durch Anpassung der Operanden mit dem *Anpassungsoperator* (cast operator) erzwungen werden. Eine Abwandlung des obigen Beispiels mag dies veranschaulichen:

```
... printf("\n%d %17.15f %17.15f",
         (int)4.0F/3, (float)4.0/3, (double)4/3);
...
         1    1.333333730697636    1.333333333333333
```

Wiederum zu beachten ist, daß sich der Anpassungsoperator wegen seines Vorranges über alle binären Operatoren nur auf den *unmittelbar rechts* angrenzenden Operanden bezieht:

```
... printf("\n%f %d %d",
     (int)4.5/1.5, (int)4.5/(int)1.5, (int)(4.5/1.5));
...
          2.666667           4                   3
```

Zum Anpassen eines ganzen Ausdrucks muß dieser also mit *Rundklammern* (parentheses) umgeben werden!

Das folgende Fragment mag schließlich noch die Auswirkung von unsigned bei der Ganzzahl-Auswertung veranschaulichen:

```
#define   LK   4000000000L
...
... printf("\n%d %d %d", LK, LK/4, LK/(unsigned)4);
...
          -294967296   -73741824   1000000000
```

Die Konstante LK vom Typ long wird aufgrund ihres Betrages, der das Vorzeichen-Bit setzt, als negativer Wert interpretiert, was bei einer einfachen Division auch das Vorzeichen des Resultates bestimmt. Erst mit dem unsigned Divisor erfolgt eine vorzeichenfreie Auswertung.

6.4.1 Multiplikative Arithmetik

Die herkömmlichen Formen der Multiplikation und der Division werden als binäre Operationen ausgewertet:

```
... b * c ...          ... e / f ...          mit f ≠ 0
```

wobei das Produkt (*) beziehungsweise der Quotient (/) in der Skala der ganzen Zahlen (Integer-Arithmetik) beziehungsweise der reellen Zahlen (Gleitpunkt-Arithmetik) ausgewertet wird; mit der numerischen Eins (1) als gemeinsame *algebraische Einheit* (algebraic identity). Multiplikative Operationen sind auf skalare Werte primitiver Typen (Abschnitt 5.3) beschränkt und können nicht auf Zeigerausdrücke angewandt werden.

Da der Multiplikationsoperator von links nach rechts verknüpft, werden Folgen von Multiplikationen,

```
... b * c * d * e * f ...
```

von links nach rechts im Sinne der Assoziativregel ausgewertet:

```
... (((b * c) * d) * e) * f ...
```

Ein Gleiches gilt für Folgen von Divisionen,

```
... b / c / d / e / f ...
```

mit der Auswertungsfolge,

```
... (((b / c) / d) / e) / f ...
```

was im mathematischen Sinne einer multiplikativen Folge von Divisoren entspricht:

```
... b / (c * d * e * f) ...
```

Bei gemischten multiplikativen Operationen ist der Verknüpfungsrichtung von links nach rechts besondere Beachtung zu schenken. Die Ausdrücke:

```
... a * b/c ...          und              ... b/c * a ...
```

werden ausgewertet als

```
... (a * b)/c ...        bzw.             ... (b/c) * a ...
```

so daß im allgemeinen gilt:

```
... a * b/c ...          ungleich         ... b/c * a ...
```

d.h. die multiplikative Kommutativregel ist im allgemeinen nicht gewährleistet. Bei ganzzahligen Operanden wirkt sich dies besonders drastisch aus:

```
... printf("\n %d  %d", 6 * 2/3, 2/3 * 6) ...
...
                         4          0
```

Bei dem als Divisionsoperator fungierenden Schrägstrich / (slash) sei noch auf eine lexikalische Schwachstelle (lexical deficiency) hingewiesen, die zu obskuren Fehlerzuständen führen kann. Bei *geschmückten* (adorned) Zeigern und Zeigerausdrücken als Divisoren, wie in

```
... ... y/*zx ...        oder          ... y/*(zx + ...) ...
```

wird die Zeichenkombination /* als einleitende Kommentar-Dyade, und somit der Rest des Ausdrucks als unvollständiger Kommentar (incomplete comment) interpretiert. Das Problem kann durch Leerzeichen oder ein zusätzliches Paar von umgebende Rundklammern vermieden werden:

```
... y/ *zx ...           oder          ... y/ *(zx + ...) ...
... y/(*zx) ...          oder          ... y/(*(zx + ...)) ...
```

Als dritte multiplikative Operation kann der Divisionsrest (residue) bei ganzzahligen Operanden bestimmt werden:

```
... b = a % m ...
```

wobei die Auswertung im Sinne der Gauß'schen Kongruenz a ≡ b mod(m) erfolgt,

```
... b = a - (a/m) * m ...
```

Der *Wertevorrat* (range) der Operation ist {0, 1, ..., m−1}; sie ist nur mit ganzzahligen Operanden zulässig — und sinnvoll!

Die multiplikativen Operatoren haben den dritthöchsten Vorrang und
stehen über den additiven, relationalen und bit-bezogenen binären Opera-
toren sowie den Bool'schen Operatoren && (AND) und || (OR). Sie
stehen jedoch unter dem ebenfalls mit dem Asterisk kodierten unären
Wertungsoperator (dereferencing, indirection, valuation, operator), so daß
bei Multiplikationen mit *geschmückten* (adorned) Zeigern keine Zweideutigkeiten entstehen können:

```
... a * *zb ...        ausgewertet als        ... a * (*zb) ...
```

Die multiplikativen dyadischen Zuweisungsoperatoren *=, /= und %=
werden gesondert im Abschnitt 6.7.2 besprochen.

6.4.2 Additive Arithmetik

Die herkömmlichen Formen der Addition und der Subtraktion werden als
binäre Operationen ausgewertet:

```
... b + c ...        bzw.        ... e - f ...
```

wobei die Summe (+) beziehungsweise die *gerichtete* Differenz (−) der
beiden Operanden ausgewertet wird. Für skalare Werte von primitiven
Typen (Abschnitt 5.3) gilt die Skala der ganzen Zahlen (Integer-Arithmetik) beziehungsweise der reellen Zahlen (Gleitpunkt-Arithmetik) mit
der *numerischen Null* (0) als gemeinsame *algebraische Einheit* (algebraic
identity). Bei ungeschmückten Zeigerausdrücken wird die Skala durch den
jeweiligen Typ bestimmt, mit dem Betrag sizeof(<Typ>) als *Einheits-
wert* (unit value). Dies wird im Zusammenhang mit der Zeiger-Arithmetik
im Abschnitt 6.9.1 weitergeführt.

Da beide Operatoren von links nach rechts verknüpfen, werden Folgen von
additiven Operationen,

```
... b + c - d - e + f ...
```

von links nach rechts im Sinne der Assoziativregel ausgewertet:

```
... (((b + c) - d) - e) + f ...
```

Ein Gleiches gilt für Folgen von Subtraktionen,

```
... b - c - d - e - f ...
```

mit

```
... (((b - c) - d) - e) - f ...
```

was mathematisch im Sinne einer additiven Folge von Subtrahenden
ausgewertet wird:

```
... b - (c + d + e + f) ...
```

Die beiden additiven Operatoren haben den vierthöchsten Vorrang und
stehen somit insbesondere über den relationalen und bit-bezogenen binären
Operatoren sowie den Bool'schen Operatoren && (AND) und || (OR). Sie
stehen jedoch unter den multiplikativen Operatoren, so daß gemischte
Folgen von Operationen, wie

```
... a + b * c ...        und          ... e / f - g ...
```

ausgewertet werden im Sinne von,

```
... a + (b * c) ...      und          ... (e / f) - g ...
```

Eine davon abweichende Auswertung muß mit Rundklammern explizite
erzwungen werden:

```
... (a + b) * c ...      und          ... e / (f - g) ...
```

Die beiden unären Vorzeichenoperatoren + (ANSI+) und − stehen über
beiden additiven Operatoren, so daß gemischte Ausdrücke wie,

```
... a +  +b ...          und          ... c -  -d ...
```

ausgewertet werden im Sinne von

```
... a + (+b) ...         und          ... c - (-d) ...
```

was übrigens in diesem Fall ein identisches mathematisches Resultat
bringt:

```
... a + b ...            und          ... a + b ...
```

Als lexikalische Eigenheit ist zu beachten, daß gleiche Operatorensymbole
durch *Standardtrennzeichen* (standard field separators) getrennt werden
müssen. Kodierungen wie

```
... a ++b ...            und          ... c-- d ...
```

können lexikalisch nicht von den unären Präfix- beziehungsweise Postfix-
Operatoren unterschieden werden und verursachen daher als unvollständige Ausdrücke einen fatalen Kompilierfehler.

Die additiven dyadischen Zuweisungsoperatoren += und −= werden
gesondert im Abschnitt 6.7.2 besprochen.

6.5 Bit-bezogene Operationen

Die C-Sprache stellt einen Satz von 7 *bit-bezogenen Operatoren* (bitwise operators) zur Verfügung, mit denen *subintegrale* Manipulationen an Skalaren und Ausdrücken integralen Types ausgeführt werden können. Eine der Hauptanwendungen liegt in der *Verschlüsselung* (encoding) und *Aufschlüsselung* (decoding) kompakter binärer Informationen zu Schalt- und Steuerzwecken. Typische Beispiele sind die Inhalte von *Status-* und *Steuerregistern* (status, control, register) in der Systemprogrammierung sowie die *Steuersegmente* von *Datenpaketen* (message headers) in der Programmierung von Übertragungsprotokollen der Telekommunikation.

Bit-bezogene Operationen stellen eine etwas kompliziertere, aber auch maschinenunabhängigere Alternative zu den Bit-Feldern (bit fields) in Strukturen (Abschnitt 5.6.1.1) dar, was bei portablen Programmen in Betracht gezogen werden sollte. Die erfahrungsbewußte Empfehlung ist, eine gemischte "sowohl-als-auch" Arbeitsweise zumindest innerhalb eines Programm-Ensembles nach Möglichkeit zu vermeiden.

6.5.1 Die unären Bit-Operatoren

Drei vorangestellte (prepended) unäre Bit-Operatoren stehen für integrale Ausdrücke und Skalare zur Verfügung:

~a   Einser-Komplement (1's complement)

−b   Umkehrung des Vorzeichen-Bits (sign change)

+c   Impotente Bestätigung des Vorzeichens

Der Plus-Operator (+) wird von ANSI als symmetrisches Pendant zum Minus-Operator (−) vorgegeben und soll der Vollständigkeit halber an dieser Stelle mitaufgeführt werden.

Das mit der Tilde ~ erzeugte Einser-Komplement resultiert in einer durchgehenden Bit-Umkehrung:

```
~(000...00)      ~ (000...01)      ...      ~ (111...11)
=(111...11)      = (111...10)      ...      = (000...00)
```

in integralen Operanden bis einschließlich `long`. Der Operator ist *idempotent* modulo 2; d.h. es gilt: a = ~~a und ~a = ~~~a.

Mit dem Minuszeichen − wird lediglich das *Vorzeichen-Bit* (sign bit) umgekehrt, was einer arithmetischen Zeichenumkehr entspricht und für integrale Operanden einschließlich `long` mit dem *höchstwertigsten Bit* (highest order bit) veranschaulicht werden kann:

```
-  (000...00)      -  (000...01)        ...      -  (111...11)
=  (100...00)      =  (100...01)        ...      =  (011...11)
```

Der Operator ist ebenfalls *idempotent* modulo 2; d.h. es gilt: a = --a und
-a = ---a. Darüber hinaus gilt für integrale Ausdrücke und Skalare:

$$\sim a \ + \ a \ = \ -1$$

woraus die mathematischen Identitäten folgen:

$\sim 0 + 0 = -1$ d.h. $\sim 0 = -1$ sowie $\sim -1 = \sim \sim 0 = 0$

$\sim 1 + 1 = -1$ d.h. $\sim 1 = -2$ sowie $-\sim 1 = --2 = 2$

Insbesondere gilt also: $\sim -a \neq -\sim a$, d.h. die beiden Operatoren sind nicht
vertauschbar (noncommutative)!

Die Vorzeichenumkehrung kann als einzige bit-bezogene Operation auch
auf Gleitpunkt-Ausdrücke und -Skalare angewendet werden, wobei das
getrennt stehende Vorzeichen-Bit (Bild 5.6, Abschnitt 5.3.2) umgekehrt
wird.

Ausdrücke und Skalare mit unmittelbar vorangestellten unären Bit-Operatoren gelten nicht als R-Werte; d.h. Konstrukte mit den Präfix-Operatoren
wie,

$\ldots \ ++ \ \sim a \ \ldots$ und $\ldots \ -- \ -b \ \ldots$

verursachen einen fatalen Kompilierfehler. Eine umgekehrte Reihenfolge
ist jedoch zulässig:

$\ldots \ \sim \ ++a \ \ldots$ und $\ldots \ - \ --b \ \ldots$

Bei den Postfix-Operatoren entsteht überhaupt kein Problem; d.h.
Ausdrücke wie:

$\ldots \ \sim a++ \ \ldots$ und $\ldots \ -b-- \ \ldots$

sind zulässig und sinnvoll.

Hinsichtlich der multiplikativen, additiven, relationalen und bit-bezogenen
binären Operatoren sowie den Bool'schen Operatoren && (AND) und ||
(OR) haben die beiden Operatoren unbedingten Vorrang. Zum Beispiel gilt
für Multiplikationen und Additionen die Auswertung:

$\ldots \ a \ * \ \sim b \ \ldots$ als $\ldots \ a \ * \ (\sim b) \ \ldots$

$\ldots \ a \ * \ -b \ \ldots$ als $\ldots \ a \ * \ (-b) \ \ldots$

6.5.2 Die binären Bit-Operatoren

Drei binäre Bit-Operatoren stehen für *subintegrale Bit-Logik* mit integralen Ausdrücken und Skalaren zur Verfügung. In der Reihenfolge des relativen Vorranges sind dies:

a & b   Bit-bezogenes logisches AND (bitwise AND)

a ^ b   Bit-bezogenes logisches XOR

a | b   Bit-bezogenes logisches OR

Mit den Operatoren werden die einander entsprechenden Bits integraler Operanden bis einschließlich `long` durchgehend im Sinne der Bool'schen Logik verknüpft, wobei die Dichotomie TRUE (1) : FALSE (0) gilt:

```
   (...1...1...0...0...)        (...1...1...0...0...)        (...1...1...0...0...)
 & (...1...0...0...1...)      ^ (...1...0...0...1...)      | (...1...0...0...1...)
 = (...1...0...0...0...)      = (...0...1...0...1...)      = (...1...1...0...1...)
```

Bei Operanden unterschiedlicher Länge erfolgt eine *integrale Aufwertung* (integral promotion) des kürzeren Operanden, wobei die zusätzlichen Bits mit Nullen vorbelegt werden.

Der unterschiedliche Vorrang (precedence) der drei Operatoren ist zu beachten. Zum Beispiel werden ausgewertet:

```
... a & b ^ c ...        als        ... (a & b) ^ c ...
... b ^ c | d ...        als        ... (b ^ c) | d ...
... c | d & a ...        als        ... c | (d & a) ...
```

Mit Rundklammern kann eine abweichende Reihenfolge der Auswertung erzwungen werden:

```
... a & (b ^ c) ...  ... b ^ (c | d)...  ... (c | d) & a ...
```

Alle drei Operatoren verknüpfen von links nach rechts; d.h. es wird ausgewertet:

```
... a ^ b ^ c ...        als        ... (a ^ b) ^ c ...
```

Als Gruppe liegen die drei Operatoren im Vorrang zwar noch über den Bool'schen AND und OR, aber schon unter den arithmetischen und relationalen Operatoren. Eine vorrangige Auswertung muß daher mit Rundklammern erzwungen werden:

```
... a * (b & c)...   ... a + (b ^ c)...   ... a != (b | c)...
```

Der OR-Operator wird häufig zur Kombination von bit-exklusiven *Schaltwerten* (flags) benutzt, die als symbolische Konstante definiert sind; wie zum Beispiel beim Setzen des Zugriffsmodus beim Anbinden einer Datei (Abschnitt 9.3): `... O_WRONLY|O_EXCL|O_CREAT ...`

Für das durchgehende links- und rechtsseitige *Verschieben* des Bit-Rasters einer integralen Operanden a um eine vorgegebene Anzahl von Stellen n (bitwise left-shift, right-shift, of order n) stehen zwei binäre Operatoren zur Verfügung, die als sinnige Dyaden kodiert werden:

a << n   Linksseitige Verschiebung

a >> n   Rechtsseitige Verschiebung

was einer intergralen Multiplikation beziehungsweise Division mit Zweierpotenzen entspricht:

$$a << n: a \times 2^n \qquad\qquad a >> n: a \times 2^{-n}$$

wobei gilt: $0 \leq n < 8 \times$ sizeof(a); d.h. also $0 \leq n < 32$ für Operanden vom Typ int.

Das Resultat einer Verschiebung ist abhängig vom Vorzeichentyp des Operanden. Bei vorzeichenfreien (unsigned) Operanden wandert das gesamte Bit-Raster an einem Ende der Operanden heraus und wird vom anderen Ende durch Null-Bits ersetzt, was einer *logischen Verschiebung* (logical bit shift) entspricht:

```
(101...111) << 1        (101...111) >> 2
=(01...1110)            =(00101...1)
```

Bei vorzeichenbehafteten (signed) Operanden bleibt dagegen das Vorzeichen-Bit stationär, und lediglich das verbleibende Subraster von N-1 Bits wird verschoben, was einer *arithmetischen Verschiebung* (arithmetic bit shift) entspricht:

```
(101...111) << 1        (101...111) >> 2
=(11...1110)            =(10001...1)
```

Der gemeinsame Vorrang der beiden Verschiebungsoperatoren liegt unter den additiven Operatoren; d.h. die Ausdrücke:

```
... b + a << n ...      und        ... a << n + c ...
```

werden ausgewertet im Sinne von:

```
... (b + a) << n ....   und        ... a << (n + c) ...
```

Der gemeinsame Vorrang liegt jedoch über den logischen Bit-Operatoren; d.h. Ausdrücke wie

```
... b & a << n ...      und        ... a << n ^ c ...
```

werden ausgewertet im Sinne von:

```
... b & (a << n) ....   und        ... (a << n) ^ c ...
```

Beide Operatoren verknüpfen von links nach rechts, so daß Ausdrücke wie

... a >> n >> m ...   und   ... a >> n << m

ausgewertet werden im Sinne von:

... (a >> n) >> m ...   und   ... (a >> n) << m

was entspricht

... a >> (n + m) ...   und   ... a >> (n − m)

wobei n > m angenommen wird.

Subintegrale Information wird zumeist mit festdefinierten Bit-Masken extrahiert und dann durch rechtsseitige Verschiebung normalisiert. Um zum Beispiel eine Gruppe von 6 Bits beginnend mit dem 4. Bit als normalisierter Wert aus einer Statusvariablen a zu extrahieren und einer Auffangvariablen b zuzuweisen, wird verfahren:

```
...
#define      msk_4_9          0X000003F0
...
... b = (a & msk_4_9) >> 4;
...
```

Als ein gelegentlich recht nützliches Anwendungsbeispiel wäre die Zerlegung eines Gleitpunktwertes in Vorzeichen, Exponent und Fraktion (Abschnitte 5.3.2 und 5.6.1.1) zu betrachten:[5]

```
...
#define SGN(a)   (((a) & 0X80000000) >> 31)
#define EXP(a)   (((a) & 0X7F800000) >> 23)
#define FRA(a)    ((a) & 0X7FFFFF)
...
... float y;
... int *zy = (int *)&y;
...
... y = -7.25;
...
... printf("\n%f %X %d %d", y, *zy, EXP(*zy),SGN(*zy));
...
                         -7.250  C0E80000  129  1
...
... printf("\n%d %f", MAN(*zy), MAN(*zy)/8388608.0);
...
                         6815744    0.812500
```

Das Beispiel stellt eine Alternative zu dem im Abschnitt 5.6.1.1 skizzierten Ansatz mit Bit-Feldern dar, wo die Bedeutung der einzelnen Werte bereits erklärt wurde.

---

5. Auf einem M68020-Rechner ausgeführt.

Eine der Hauptanwendungen von logischen Bit-Operationen ist das Setzen, Löschen und Abgreifen von Schalt-Bits in Steuervariablen sowie das Extrahieren von subintegralen Informationen aus Statusvariablen. Mit B als den unbestimmten Wert eines Schalt-Bits gilt:

Setzen (setting bit): `1 | B`

Umkehren (reversing): `1 ^ B`

Löschen (clearing): `(1 ^ B) & (0 ^ B)`

Abgreifen (testing): `1 & B`

Mit dem linksseitigen Verschiebungsoperator können dann Makros zum Manipulieren und Abgreifen des k-ten Schalt-Bits definiert werden:

```
#define bit_set(a,k) ((a) | (1 << (k))) /* Setzen */
#define bit_rev(a,k) ((a) ^ (1 << (k))) /* Umkehren */
#define bit_tst(a,k) ((a) & (1 << (k))) /* Abgreifen */
#define bit_clr(a,k)\
             (((a) ^ (1 << (k))) & ((a) ^ 0)) /* Löschen */
```

wobei die Bits von 0 bis N−1 enumeriert werden; das topologisch erste — und damit niedrigste (lowest order) — Bit also mit 0.

Zu beachten ist, daß der Makro `bit_tst` nur ganzzahlige Zweierpotenzen erzeugt. Er kann daher unmittelbar in den Konstrukten der bedingungsgebundenen Ablaufsteuerung (Abschnitt 7.12) benutzt werden:

```
... if(bit_tst(a,5)) ...... while(bit_rev(b,11)) ...
```

Ein Anwendungsbeispiel zum Abgreifen von Schalt-Bits wird im Abschnitt 7.1.3.1 im Zusammenhang mit dem verschachtelten `switch`-`case`-Konstrukt gegeben.

Die in der Systemprogrammierung zur Manipulation von internen Status- und Steuervariablen benötigten Bit-Makros können in den Zusatzdateien `<sys/sysmacros.h>` und `<sys/param.h>` eingesehen werden.

6.6 Logische Operationen

Mit logischen Operationen werden Bedingungen (conditions) ausgedrückt, deren Auswertung entweder ein *wahr* (TRUE) oder ein *falsch* (FALSE) ergibt; eine dritte Möglichkeit ist dabei apriorisch ausgeschlossen.[6] Die logischen Operationen können in zwei Kategorien eingeteilt werden:

- *Relationale Operationen* (relational operations), wobei die Operanden hinsichtlich der relativen Reihenfolge in einer Größenskala sowie absoluter Gleichheit verglichen werden.

- *Bool'sche Operationen* (boolean operations), wobei die Operanden nach den Regeln des *Bool'schen Kalküls* (boolean calculus) verknüpft werden.

Die C-Sprache stellt weder spezielle "Logik-Variablen" (boolean variables) noch spezielle Logik-Werte (boolean values) wie TRUE und FALSE zur Verfügung. Anstelle dessen wird von dem Wertebereich und dem Wertevorrat logischer Operationen ausgegangen:

- Der *Wertebereich* (domain) ist die Menge aller zulässigen Werte für die Operanden logischer Operatoren. Er umfaßt alle Bit-Muster in skalaren Operanden und wird unabhängig von Typ und Darstellung in die kategorische Dichotomie $\neq 0$ (TRUE) : 0 (FALSE) aufgeteilt.

- Der *Wertevorrat* (range) ist die Menge aller durch logische Operationen erzeugbaren Werte, hier also die zwei Werte $\{0, 1\}$, wobei die strenge Dichotomie 1 (TRUE) : 0 (FALSE) gilt.

Zu beachten ist also, daß logische Operationen zwar mit den Werten jeglichen skalaren Types ausgeführt werden können, dabei aber nur die zwei ganzzahligen Werte 0 und 1 vom Typ `int` erzeugen!

Da wo explizite mit Bool'schen Variablen und Werten gearbeitet werden soll, kann ein Bool'scher Typ mit `typedef` als enumerierte Nominalvariable und -werte vereinbart werden (Abschnitte 5.3.3 und 5.7):

```
...
typedef enum {FALSE=0, TRUE}  boolean;
...
... boolean w1 = TRUE, w2 = FALSE, ...:
...
```

---

6. Was der klassischen dichotomen Aristotelischen Logik entspricht. Erst mit erweiterten Logik-Systemen, wie z.B. die "verschwommene" Logik (fuzzy logic), werden Drittzustände *denkbar* und damit bestimmbar.

6.6.1 Relationale Operationen

Die C-Sprache stellt sechs *relationale Operatoren* (realtional operators) zur Verfügung, von denen vier dem Größenvergleich und zwei der Gleichheitsbestimmung dienen. Die binären Operatoren werden nach ihrem relativen Vorrang in zwei Gruppen eingeteilt:

Arithmetische Größenvergleiche (arithmetic comparisons):

a < b   streng kleiner-als (strictly less-than)[7]

a > b   streng größer-als (strictly greater-than)

a <= b   kleiner-gleich (less-equal)

a >= b   größer-gleich (greater-equal)

Generelle Gleichheit:

a == b   Gleichheit (equality)

a != b   Ungleichheit (inequality)

Zu beachten ist, daß Vertauschungen und Spreizungen, wie =< und = = , unzulässig sind und einen fatalen Kompilierfehler verursachen.

Als Operanden dieser binären Operatoren sind skalare Objekte und Ausdrücke jeglichen Types zulässig, wobei die *arithmetischen Umwandlungsregeln* (arithmetic conversion rules; Abschnitt 6.4) gelten. Vergleiche von Gleitpunktwerten sind jedoch nur bis zu der Genauigkeit möglich, die durch die Diskriminationskonstanten `FLT_EPSILON` und `DBL_EPSILON` für `float` beziehungsweise für `double` gegeben ist (Abschnitt 5.3.2).

Ungeschmückte (plain) Zeiger gleichen Types können im Sinne von *höheren* und *niedrigeren* (virtuellen) Speicheradressen verglichen werden, wobei jedoch die Einschränkung gilt, daß diese innerhalb desselben Datenobjektes liegen müssen, um ein sinnvolles Resultat zu ergeben. Unter ANSI können dazu noch Zeiger verglichen werden, die gleichartige Komponenten innerhalb einer Struktur oder Überlagerung (Abschnitte 5.6.1 und 5.6.2) erfassen.

Das Resultat eines binären Vergleiches ist ein ganzzahliger Wert vom Typ `int` mit der Bool'schen Zuordnung: 1: TRUE, 0: FALSE:

```
...'. printf("\n%d %d %d %d",
             3 < 4, 5 <= 4, 6 == 6, 7 != 7) ...
...
             1       0       1       0
```

---

7. Die Wahl des Adjektives ist wohlbedacht: −10 is *less* than 1, but 1 is *smaller* (in magnitude) than −10. Eine ähnliche Unterscheidung gilt für *greater* und *larger*. Some are *less* likely to agree ...

Zeichenwerte und -konstante können untereinander und mit jedem anderen
Wert verglichen werden, wobei die ASCII-Wertigkeit zu beachten ist:

```
... printf("\n%d %d %d",
           'a' > 'A', '3' == 3, '3' == 51) ...
...
            1          0          1
```

Relationale Ausdrücke werden häufig unmittelbar in den Konstrukten der
Ablaufsteuerung (flow of control) benutzt:

```
... if(a == b) ...        ... while (a != b) ...
... for(i = 0; i < M; i++) ...
```

Bei wertbedingten Zuweisungen können langatmige `if-else`-Konstrukte
häufig durch multiplikative Verknüpfungen von relationalen Ausdrücken
und Differenz-Konstanten ersetzt werden, wie zum Beispiel bei Schritt-
und Schaltfunktionen:

```
... F = c + D1 * (x < 0) + D2 * (x > 0) ...
```

was mit den Konstanten $D1 = a - c$ und $D2 = b - c$ dem Konstrukt
entspricht:

```
... if (x < 0) F = a;
    else if (x > 0) F = b;
      else F = c; ...
```

Insbesondere kann die in mathematischen Anwendungen gelegentlich
benutzte Signum-Funktion, die das Vorzeichen extrahiert:

$$\text{sgn}(x) = \{-1, 0, 1\}\text{, entsprechend } x < 0, x = 0, x > 0$$

durch den einfachen Ausdruck,

```
... sgn = (x > 0) - (x < 0) ...
```

ersetzt werden, was bequem als Makro kodiert werden kann:

```
#define    sgn(a)        (((a) > 0) - ((a) < 0))
```

wobei wiederum zu beachten ist, daß die relationalen Ausdrücke wegen
des niedrigeren Operator-Vorranges mit Rundklammern abgeschirmt
werden sollten.

Da die Größenvergleiche Vorrang über Gleichheitsbestimmung haben,
können sich gelegentlich unerwartete Resultate ergeben. Der bei oberflächlicher Betrachtung nur anscheinend "wahre" Ausdruck

```
... 0 == 0 < 1 == 1 ...
```

ergibt ein 0:FALSE, da er ausgewertet wird im Sinne von

```
... 0 == (0 < 1) == 1 ...
```

d.h. `0 == 1 == 1` und damit `0 == 1` muß ja FALSE sein.

Alle 6 relationalen Operatoren verknüpfen von links nach rechts; d.h.
Folgen von gleichartigen Operation wie

```
... a < b < c ...          und           ... a == b == c ...
```

werden ausgewertet im Sinne von:

```
... ((a < b) < c) ...  und      ... ((a == b) == c) ...
```

weshalb bei oberflächlicher Betrachtung anscheinend "wahre" Ausdrücke
wie

```
... 3 > 2 > 1 ...          und           ... 0 == 0 == 0 ...
```

ein 0:FALSE, und anscheinend "falsche" wie

```
... 3 < 2 < 1 ...          und           ... 0 == 1 == 0 ...
```

ein 1: TRUE ergeben.

6.6.2 Bool'sche Operationen

Die C-Sprache stellt drei Bool'sche [8] Operatoren zur Verfügung; in der
Reihenfolge ihres relativen Vorranges sind dies:

!	NOT: Unäre Negation (unary negation)
&&	AND: Binäre Konjunktion (binary conjunction)
||	OR: Binäre Disjunktion (binary disjunction)

Als Operanden dieser binären Operatoren sind skalare Objekte und
Ausdrücke jeglichen Types zulässig.

Das Resultat einer Bool'schen Operation ist ein ganzzahliger Wert vom
Typ `int` mit der Zuordnung: 1=TRUE, 0=FALSE. Tabelle 6.2 faßt das
Bool'sche Kalkül mit *Wertebereich* (domain) in den Rändern und den
Wertevorrat (range) in den Feldern zusammen.

NOT		AND	0	$\neq 0$	OR	0	$\neq 0$
0	1		0	0		0	1
$\neq 0$	0		0	1		1	1

Tabelle 6.2: Bool'sches Kalkül mit Wertebereich und -vorrat

---

8. George Boole, britischer Mathematiker und Begründer des Logik-Kalküls, ca. 1847.

Der *Vorrang* (precedence) des Negationsoperators ! liegt über den arithmetischen und den relationalen Operatoren sowie insbesondere über den beiden anderen Bool'schen Operatoren. Operationen mit niedrigerem Vorrang müssen daher mit Rundklammern abgeschirmt werden; wie zum Beispiel in:

```
... !(A && B) ...        und        ... !(A || B) ...
```

was übrigens nach der De Morgan'schen Regel entspricht:

```
... !A || !B ...         und        ... !A && !B ...
```

und als NAND (NOT-AND) beziehungsweise als NOR (NOT-OR) bezeichnet wird. Die beiden Operationen können in ihrer ersten Form einfachst als Makro (Abschnitt 3.4) kodiert werden.

Der Negationsoperator verknüpft von rechts nach links und ist *idempotent* modulo 2; d.h. es gilt rein logisch:

```
A = !(!A) ...            und        !A = !(!(!A)) ...
```

Durch doppelte Negation kann daher jedes nichtleere Bit-Muster einfachst auf die Eins abgebildet werden:

```
... printf("\n %d %d",!!9.999E+99, !!'0', !!0) ...
...
                         1          1          0
```

Die beiden Operatoren && und || verknüpfen von links nach rechts; d.h. Folgen von gleichartigen Operationen wie,

```
... A && B && C ...      und        ... A || B || C ...
```

werden ausgewertet im Sinne von:

```
... (A && B) && C ...    und        ... (A || B) || C ...
```

Da AND && Vorrang über OR || hat, wird ausgewertet:

```
... A && B || C ...      als        ... (A && B) || C ...
```

Eine davon abweichende Auswertungsfolge muß mit Rundklammern erzwungen werden:

```
        ... A && (B || C) ...
```

was übrigens dem Distributiv-Axiom entspricht:

```
        ... A && B || A && C ...
```

Bei beiden Operatoren wird der linke Operand zeitlich zuerst ausgewertet; die Auswertung des rechten Operanden erfolgt bei && nur nach einem 1: TRUE, und bei || nur nach einem 0:FALSE, da bei entgegengesetzten

Werten das Gesamtresultat ja bereits bestimmt ist (Tabelle 6.2). Es sind die einzigen binären Operatoren, deren Operanden zeitlich bestimmt ausgewertet werden!

Mit den Bool'schen Operatoren können relationale Ausdrücke zu komplexen Bedingungen verknüpft werden. Zum Beispiel können die mathematischen Bedingungen, ob der Wert einer Variablen x innerhalb oder außerhalb eines vorgegebenen topologischen Intervalls auf der reellen Zahlengeraden (real number line) liegt, wie etwa

$$x \in [a,b] \qquad \text{und} \qquad x \in (a,b)$$

oder alternativ ausgedrückt durch

$$a \leq x \leq b \qquad \text{und} \qquad a < x < b$$

mit den Bedingungen bestimmt werden:

```
... (x >= a && x <= b) ...  und ... (x > a && x < b) ...
```

Die Negation — also ob ein Wert außerhalb eines solchen Intervalls liegt — wird einfachst mit dem Negationsoperator kodiert:

```
... !(x >= a && x <= b) ... und ... !(x > a && x < b) ...
```

was dann wiederum den Ausdrücken entspricht (De Morgan'sche Regel):

```
... (x < a || x > b) ... und ... (x <= a || x >= b) ...
```

Da die relationalen Operationen Vorrang über das AND und OR haben, besteht keine zwingende Notwendigkeit, erstere mit Klammern abzuschirmen. Intervall-Prüfungen dieser Art können einfachst als Makros (Abschnitt 3.4) kodiert werden.

Ein XOR-Operator steht in der C-Sprache nicht zur Verfügung. Die Operation kann jedoch einfachst mit den vorhandenen Operatoren als Makro kodiert werden:

```
#define   XOR(A,B)   (((A) || (B)) && (!((A) || (B))))
```

6.7 Zuweisungsausdrücke

Eines der zahlreichen hervorragenden Leistungsmerkmale der C-Sprache ist, daß *Zuweisungen* (assignments) nicht auf eigenständig ausführbare Statements (executable statements) beschränkt sind, wie das bei den "klassischen" Programmiersprachen ja zumeist der Fall ist, sondern als *werterzeugende Ausdrücke* (value-generating expressions) durch Operatoren mit anderen Ausdrücken, darunter andere Zuweisungen, verknüpft werden können. Zwei Formen von Zuweisungsausdrücken sind zu betrachten:

- Unmittelbare Wertzuweisungen an Objekte
- Objektgebundene arithmetische Operationen

Erstere entsprechen der herkömmlichen Zuweisungsform mit der Monade = als Zuweisungseffektor (assignment effector). Letztere werden mit Dyaden wie += kodiert, die sich aus dem Zuweisungseffektor und einem arithmetischen oder bit-bezogenen Operator zusammensetzen. In beiden Fällen ist von Zuweisungsoperatoren (assignment operators) die Rede.

Kollektiv belegen die Zuweisungsoperatoren den vorletzten Auswertungsvorrang, unmittelbar nach dem ternären Entscheidungsoperator (Abschnitt 6.8.1) und unmittelbar vor dem Komma-Operator (Abschnitt 6.8.1). Sie verknüpfen einheitlich von rechts nach links.

6.7.1 Unmittelbare Wertzuweisungen

Zuweisungsausdrücke (assignment expressions) werden mit dem *binären Zuweisungsoperator* = (binary assignment operator) nach dem bekannten Schema kodiert:

```
... <L-Wert> = <R-Wert> ...
```

wobei der linksseitige *L-Wert* (lvalue) einen Zugriffsausdruck auf ein Datenobjekt darstellt, dem ein rechtsseitiger *R-Wert* (rvalue) als Resultat eines auszuwertenden Ausdrucks zugewiesen werden soll.

Mit Ausnahme des Kopierens von Strukturen und Überlagerung als Ganze (Abschnitte 5.6.1 und 5.7.1), können mit dem Zuweisungsoperator nur *skalare Werte* übertragen werden. Dementsprechend kann sich ein L-Wert nur auf Variable, skalare Elemente von Arrays oder skalare Komponente von Strukturen oder Überlagerungen beziehen. Dabei sind zwei mögliche *Anomalien* (anomalies) zu beachten:

- Zuweisungen an Objekte, die mit dem Vorsatz `const` (ANSI+) definiert beziehungsweise deklariert sind, werden beim Kompilieren mit einer Warnung oder Fehlermeldung quittiert.
- Bei Typenungleichheit wird der zugewiesene R-Wert dem *Typ des aufnehmenden Objektes* (recipient object type) nach Möglichkeit angepaßt (type conversion at assignment), wodurch Information *verlorengehen* (lost) oder *verzerrt* (distorted) werden kann. Die Hauptgründe dafür sind Zuweisungen

   a) mit unterschiedlicher Vorzeichenbestimmung;

   b) von Objekten mit unterschiedlicher Speichergröße;

   c) von Gleitpunkt-Werten an integrale Objekte.

Ausgesprochene Inkompatibilität (pronounced incompatibility) wird beim Kompilieren mit einer Warnung oder Fehlermeldung quittiert. Die Anpassung kann explizite mit dem *Anpassungsoperator* (cast operator) erzwungen werden:

```
... <L-Wert> = (<Type>) (<R-Wert>) ...
... <L-Wert> = (<Type> *) (<R-Wert>) ...
```

wobei die geschmückte Form insbesondere bei Zuweisungen an Zeiger Anwendung findet (Abschnitt 6.2.3).

Die allereinfachste Form ist die Zuweisung einer Konstanten an eine Variable:

```
... <Bezeichner> = <Konstante> ...      ... a = 1 ...
```

wobei der Bezeichner als L-Wert und die Konstante als R-Wert fungiert.

Da der Zuweisungsoperator niedrigsten Vorrang in auswertbaren Ausdrücken hat — der noch darunterliegende Komma-Operator bezieht sich nur auf Folgen von Ausdrücken innerhalb von Rundklammern (Abschnitt 6.8.2) — werden die beiden umgebenden Ausdrücke zuerst ausgewertet; d.h. eine Zuweisung erfolgt im Sinne von:

```
... (<L-Wert>) = (<R-Wert>) ...
```

Das Resultat eines Zuweisungsausdrucks ist der zugewiesene R-Wert, der über die eigentliche Zuweisung hinaus weiter zur Verfügung steht und somit im einfachsten Falle erneut zugewiesen werden kann:

```
... (<L-Wert₂>) = (<L-Wert₁>) = (<R-Wert>) ...
```

Da der Zuweisungsoperator von rechts nach links verknüpft, erfolgt die Auswertung im Sinne von:

```
... (<L-Wert₂>) = ((<L-Wert₁>) = (<R-Wert>)) ...
```

Als einfachstes Beispiel wären multiple Zuweisungen zu betrachten:

```
... d = c = b = a = 1 ...
```

die im Sinne der Rechts-Links-Verknüpfung ausgewertet werden:

```
... d = (c = (b = (a = 1))) ...
```

wobei der Wert 1 der Reihe nach an die Variablen a, b, c, d zugewiesen wird.

Im Sinne der Rechts-Links-Verknüpfung können die einzelnen Zuweisungsausdrücke auch als Operanden benutzt werden:

```
... d = 4 * (c = 3* (b = 2 * (a = 1))) ...
```

wobei die Werte 1, 2, 6, 24 der Reihe nach an die Variablen a, b, c, d zugewiesen werden.

Zuweisungen können also grundsätzlich als wertspendende Ausdrücke weiterverknüpft werden. Aus dieser Eigenschaft lassen sich elegante Phrasen kodieren, wie zum Beispiel in den Konstrukten der bedingungsgebundenen Ablaufsteuerung (Abschnitt 7.1.2):

```
... if(a = b % m) ...   while((z = x - y) > delta) ...
```

6.7.2 Dyadische Zuweisungsoperatoren

Für objektbezogene in-situ Operationen stellt die C-Sprache *dyadische* Zuweisungsoperatoren (dyadic assignment operators) zur Verfügung, die multiplikative, additive und bit-bezogene Operationen mit einer unmittelbaren Zuweisung verbinden. Mit a sei ein *L-Wert* (l-value) gegeben — im einfachsten Fall also eine Variable — und mit b ein typkonformer *R-Wert* (rvalue). Dann gilt:

```
... a *= b ...      entspricht      ... a = a * b ...
... a /= b ...                      ... a = a / b ...
... a %= b ...                      ... a = a % b ...

... a += b ...      entspricht      ... a = a + b ...
... a -= b ...                      ... a = a - b ...

... a <<= b ...     entspricht      ... a = a << b ...
... a >>= b ...                     ... a = a >> b ...
... a &= b ...                      ... a = a & b ...
... a ^= b ...                      ... a = a ^ b ...
... a |= b ...                      ... a = a | b ...
```

wobei sowohl *Vorrang* (precedence) als auch *Verknüpfungsrichtung* (associativity) dem einfachen Zuweisungsoperator = entsprechen.

Der Vorrang liegt also unter allen anderen Auswertungsoperatoren und insbesondere unter den arithmetischen, relationalen und bit-bezogenen Operatoren; d.h. Ausdrücke wie:

```
... a /= b * c ...        und          ... a *= b + c ...
```

werden ausgewertet als

```
... a = a/ (b * c)...    bzw.          ... a = a * (b + c) ...
```

und *eben nicht* als,

```
... a = a/b * c ...       und          ... a = a * b + c ...
```

Die Dyaden verknüpfen von rechts nach links; d.h. ein Ausdruck wie,

```
... a *= b += c ...       entspricht    ... a *= (b += c) ...
```

und wird letztendlich ausgewertet als:

```
... a = a * (b = b + c)  ...
```

6.8 Bedingte und gerichtete Auswertung

Während die Konstrukte der "klassischen" synchronen (synchronous) Programmablaufsteuerung sich ausschließlich auf die Ausführung von einfachen Statements und Block-Statements beziehen (Abschnitt 4.5), stehen für die Steuerung der Auswertung von Ausdrücken innerhalb von Statements zwei spezielle Operatoren zur Verfügung:

- Der ternäre Entscheidungsoperator, mit dem eine selektive Auswertung mehrerer alternativer Ausdrücke erfolgen kann.
- Der Komma-Operator, mit dem eine Folge von Ausdrücken in einer eindeutig bestimmten Reihenfolge ausgewertet werden kann.

Die mit diesen Operatoren gegebenen Auswertungsmöglichkeiten werden in der Fachliteratur oft recht stiefmütterlich behandelt, häufig sogar übergangen. Im folgenden soll eine eingehenden Beschreibung gegeben werden.

6.8.1 Bedingte Auswertung

Eine durch den logischen Wert eines Schaltausdruckes A bedingte Auswertung (conditional evaluation) eines von zwei alternativen Ausdrücken B und C erfolgt als *ternäre* (ternary) Operation nach dem Schema:

```
... (A ? B : C) ...
```

was häufig auch als unmittelbare Zuweisung benutzt wird:

```
<L-WERT> = A ? B : C;
```

wobei B nur dann ausgewertet und substituiert wird, wenn A ein 1: TRUE
ergibt; andernfalls wird C ausgewertet und substituiert. Während der
Schaltausdruck (criterion expressions) zwangläufig skalar sein muß,
können die beiden *alternativen Ausdrücke* (alternate expressions) gleichartige Strukturen oder Überlagerungen (unions) sein, die dann als Ganze
zugewiesen werden (ANSI+). Dies wird weiter unten weitergeführt.

Eine typische Anwendung ist, die absolute (nichtnegative) Differenz
zweier Werte |a − b| zu bestimmen:

```
    ... (a > b ? a - b : b - a) ...
```

wobei wegen des sehr niedrigen Vorranges der gesamte Ausdruck immer
dann mit Rundklammern umgeben werden muß, wenn höherrangige
Operationen links oder rechts angrenzen.

Eine andere typische Anwendung ist, den größeren beziehungsweise den
kleineren von zwei Werten a und b zu bestimmen, was einfachst als
Makros (Abschnitt 3.4) kodiert werden kann:

```
#define max2(a,b) ((a) > (b) ? a : b)
#define min2(a,b) ((a) < (b) ? b : a)
```

Die Makros sind zumeist mit den Bezeichnern `max(a,b)` und `min(a,b)`
bereits in der Zusatzdatei `<macros.h>` enthalten. Die Extrema von drei
und mehr Werten können einfachst rekursiv kodiert werden:

```
#define   max3(a,b,c)   (a, max2(b,c))
```

Die ternäre Operation kann auf unterschiedliche Weisen zu Folgen
verschachtelt werden. Eine gelegentlich recht nützliche Form ist die durch
eine Schaltvariable gesteuerte selektive Auswertung mehrerer Ausdrücke:

```
#define   ausw(x,a,b,c)\
          ((x) == 1 ? (a) : (x) == 2 ? (b) : (c))
```

so daß mit

```
    ... ausw(2, u + v, u - v, u * v) ...
```

nur der Ausdruck `u - v` ausgewertet wird.

Zeiger (pointer; Abschnitt 5.4) gleichen Types können sowohl verglichen
als auch bedingt *aufgewertet* (dereferenced) werden; wie zum Beispiel in:

```
... int *za ..., *zb ..., ...;
    ... *(za > zb ? za : zb) ...
```

wo der im Sinne der Speicheradressierung jeweils "höherliegende" Zeiger
abgegriffen und dann aufgewertet wird.

In einem invertierten Sinn kann der Zugriff auf ein leeres Objekt blockiert werden, wie in:

```
... za = (*za ? (void *)0 : za) ...
```

wo eine Wertung von 0 sogleich eine explizite Zuweisung des NULL-Zeigers erzwingt. Das Prinzip läßt sich einfachst auf andere auszugrenzende Werte erweitern.

Der ternäre Operator kann auf *Funktionsaufrufe* (function calls) mit unmittelbarer Zuweisung des Rückgabewertes angewandt werden:

```
...(x ? y = funk(x) : z = gunk(x))...
```

wobei der Funktionsaufruf funk(x) nur bei $x \neq 0$ ausgeführt wird, andernfalls erfolgt der Aufruf gunk(x). Eine interessante Variante davon ist die Anwendung auf *Funktionsdesignatoren* (function designators; Abschnitt 6.3.1.2):

```
... z = (x ? funk : gunk)(x) ...
```

Das Prinzip gilt gleichermaßen für Zeiger und Zeigerausdrücke auf Funktionen (Abschnitt 8.1.4).

Strukturen (Abschnitt 5.6.1) und Überlagerungen (unions; Abschnitt 5.7.1) gleichen Types sowie deren Adressen können ebenfalls mit dem ternären Operator bedingt zugewiesen werden (ANSI+):

```
... struct xx UU, VV, WW, *ZX, ...;
        ... WW = A ? UU : VV;
        ... ZX = &(A ? UU : VV);
```

6.8.2 Gerichtete Ausdrucksfolgen

Mit dem *Komma-Operator* (comma operator) kann eine Folge von Ausdrücken *gerichtet* von links nach rechts ausgewertet werden (directed evaluation):

```
... (<A1>, <A2>, ..., <AN>) ...
```

wobei Kommas die einzelnen Ausdrücke trennen und Rundklammern die gesamte Folge umgeben. Der letzte (rechte) Ausdruck bestimmt dann den Typ und den Wert des gesamten Klammerausdruckes.

Der Zweck dieses Konstruktes liegt darin, *synchrone Nebenwirkungen* (synchronous side effects) innerhalb einer übergeordneten Folge von Ausdrücken oder eines Statements zu erzwingen. Eine typische Anwendung

besteht darin, Teilausdrücke zwischenspeichernd abzulegen, bevor ein
Gesamtausdruck ausgewertet und zur Verfügung gestellt wird; wie zum
Beispiel in:

```
... (x = u - v, y = u + v, x * y) ...
```

wo zuerst die Zuweisungen der Teilausdrücke an x und y, und dann die
Auswertung des Gesamtausdruckes erfolgen.

Eine gelegentlich sehr nützliche Anwendung bei der Fehleranalyse ist die
Auswertungsspur (evaluation trace) von Ausdrücken. Als einfachstes
Beispiel wäre zu betrachten:

```
... (puts("a"),a) * (puts("b"),b) ...
```

wobei mit der Ausgabefunktion **puts(3S)** der Bezeichner des Operanden
ausgegeben wird, der den Wert des Klammerausdrucks bestimmt. Ein
typisches Resultat ist die Zeichenfolge ...ba ..., was anzeigt, daß der rechte
Operand bei der Multiplikation zuerst ausgewertet wurde. Die folgende
Makro-Anwendung hat sich in der Praxis als nützlich beim *Entfehlern*
(debugging) erwiesen:

```
...
#include <stdio.h>
#define     DBG
...
#ifdef      DBG
#define     spur(a,f)     (fprintf(stderr,#a":"#f" ",a),a)
#else
#define     spur(a,f)     a
#endif
...
... float x, y, ...;
...
... spur(x-y,%f) * spur(x+y,%f) ...
...
```

Die Substitutionswirkung des *Dur-Zeichens* # (sharp sign) in Makros
wurde bereits im Abschnitt 3.5 besprochen. Die Ausgabefunktion
fprintf(3S) wird im Abschnitt 9.4.4 behandelt.

6.9 Zeigerausdrücke

Zeiger (pointers) wurden im Abschnitt 5.4 als *Vektoren* (vectors) vorgestellt, die sowohl mit einer *Richtung* (direction) — die Adresse — als auch einem *Betrag* (magnitude) — die Verschiebungsgröße — behaftet sind. Erstere bestimmt den *Ort* (location) im linearen Raum der *virtuellen Speicheradressen* (virtual address space); letztere die *Größeneinheit* (scale unit) der darin möglichen *Verschiebungen* (displacements).[9] Die darauf aufbauende Zeiger-Arithmetik soll im ersten nachfolgenden Unterabschnitt eingehend behandelt werden. Im zweiten Unterabschnitt wird der Zusammenhang zwischen der Index- und der Zeiger-Arithmetik für Arrays aufgearbeitet. Im letzten Unterabschnitt wird die Aufteilung von Speicherbereichen durch Zeiger-Arithmetik vorgestellt.

6.9.1 Zeiger-Arithmetik

Für *Zeiger* und *Zeigerausdrücke* Z, Z1 und Z2 eines definierten Types ungleich void (non void) und *ganzzahlige Ausdrücke* E vom generischen Typ int sind zwei additive Operationen zulässig, mit der folgenden linksseitigen Form und rechtsseitigen mathematischen Interpretation:

1)   Z ± E   entspricht   Ad(Z) ± E × sizeof (<Typ>)

2)   Z1 − Z2   entspricht   (Ad (Z1) − Ad (Z2)) / sizeof (<Typ>)

wobei Ad(Z) die Adresse von Z darstellt. Andere arithmetische Formen sind *nicht* zulässig. Insbesondere können Zeiger und Zeigerausdrücke gleichen Types zwar subtrahiert (2), nicht aber addiert werden, denn einer der beiden Summanden in (1) muß ja ein ganzzahliger Ausdruck sein!

Die additive Form (1) stellt eine *affine Verschiebung* (affine displacement) eines Zeigers im virtuellen Adressenraum dar, wobei lediglich die *Adresse*, nicht aber der *Betrag* variiert wird. Die *Verschiebungseinheit* (displacement unit) wird durch die Größe des Types bestimmt. Das Resultat ist ein *Zeigerausdruck* gleichen Types, nicht aber ein arithmetischer Wert!

Die gerichtete Differenz (2) stellt eine *affine Differenzierung* (affine differentiation) zweier gleichtypiger Zeiger dar, wobei die Adressendifferenz ganzzahlig in Verschiebungseinheiten ausgedrückt wird. Das Resultat ist ein ganzzahliger Ausdruck vom generischen Typ int, für den inzwischen der ANSI-Typ ptrdiff_t (Abschnitt 5.3.4) zur Verfügung steht.

---

9. Tatsächlich stellen die in der C-Sprache gegebenen additiven Zeigeroperationen im mathematischen Sinne Verschiebungen in einem affinen Raum dar, dessen Metrik durch den jeweiligen Typ bestimmt wird.

Sowohl die hoch- und herabzählenden Präfix- und Postfix-Dyaden ++ und
−− (Abschnitt 6.3.2) als auch die additiven Zuweisungs-Dyaden += und −=
(Abschnitt 6.7.2) können zur Zeiger-Arithmetik benutzt werden. Es gelten
die additiven Schemata:

1a)   ++Z, Z++   entspricht   Ad (Z) + sizeof (<Typ>)

           −−Z, Z−−   entspricht   Ad (Z) − sizeof (<Typ>)

           Z ±= E   entspricht   Ad (Z) ± E x sizeof (<Typ>)

mit den bereits erläuterten typbezogenen Einschränkungen. Zu beachten
ist, daß diese Operationen nur mit eigentlichen Zeigerobjekten ausgeführt
werden können.

Das folgende Fragment veranschaulicht die Auswertung der additiven
Formen (1) und (2):

```
... double *Z1 = (double *)100, *Z2 = (double *)80;
...
... printf("\n%d %d %d", Z1 - 3 * 2, Z1 + 1, Z1);
...

                          52            108        100
...
... printf("\n%d %d %d", Z2 - Z1, Z1 - Z2, Z2);
...

                          -2             2         80
```

Zu beachten ist, daß *Zeigerdifferenzen* nach den Regeln der Ganzzahl-
Arithmetik ausgewertet werden: $(100 - 80) / 8 = 20 / 8 = 2$.

Zeiger-Arithmetik ist nicht auf reine Zeigerobjekte beschränkt; sie kann
mit dem *Anpassungsoperator* (cast operator; Abschnitt 6.2.2) erzwungen
werden:

1b)   (<Typ> *) M ± E   entspricht   M ± E × sizeof (<Typ>)

2b)   (<Typ> *) M1 − (<Typ> *) M2 entspricht (M1 − M2) / sizeof (<Typ>)

wobei M und E ganzzahlige Ausdrücke vom generischen Typ int sind.
Die Ausdrücke werden im Sinne von (1) und (2) ausgewertet:

```
... printf("\n%d %d",
           (double *)100 - 3 * 2, (double *)100 + 1);
...
          52                              108

... printf("\n%d",
           (double *)100 - (double *)80);
...
          2
```

Zu beachten ist, daß der Anpassungsoperator *nicht* im distributiven Sinne wirkt; d.h. es gilt:

```
(<Typ> *) (M1 – M2)    ungleich    (<Typ> *) M1 – (<Typ> *) M2
```

was die Gegenprobe sogleich bestätigen mag:

```
... printf("\n%d", (double *)(100 - 80));
...
                          20
```

Obwohl Zeiger-Arithmetik im Prinzip mit jedweden Zeigern, die nicht vom Typ `void` sind, als eine affine Sonderform der additiven Arithmetik ausgeführt werden kann, besteht der hauptsächliche und eigentliche Anwendungszweck darin, gezielte Zugriffe auf Teilbereiche eines gegebenen Speicherbereiches zu ermöglichen. Das dem zugrundeliegende Prinzip ist die *unmittelbare Adressierung* (direct addressation) von Speicherbereichen durch Zeiger-Arithmetik. Dies soll gleich nachfolgend besprochen werden.

6.9.2 Anwendung auf Arrays

Als erstes wäre die Äquivalenz von Zeiger-Arithmetik und Indexierung bei Arrays zu betrachten. Mit einem vorbelegten Vektor und einem skalaren Zeiger, der mit dessen Ausgangsadresse vorbelegt ist,

```
... int ve[10] = {100, 101, 102, 103,..., 109}, *ze = ve;
```

ergibt sich als erstes der konventionelle Index-Zugriff sowohl mit dem Array-Bezeichner als auch mit dem Zeiger:

```
... printf("\n%d %d %d %d",
             ve[0], ze[0], ve[9], ze[9]);
...
        100     100     109     109
```

Die Zeiger-Arithmetik kann sowohl mit dem Array-Bezeichner als auch mit dem Zeiger ausgeführt werden:

```
... printf("\n%d %d %d %d",
             *ve, *ze, *(ve + 1), *(ze + 1));
...
        100   100   101       101
```

da der Bezeichner eines Arrays vom Rang r (rank) ja selbst einen Zeigerausdruck der Ordnung r darstellt (Abschnitt 5.5.3.2); in diesem Fall also einen primären Zeiger (Abschnitt 5.4.1).

Bild 6.2 zeigt eine dem Anwendungsverständnis dienende Gegenüberstellung der Index- und Zeiger-Topologien von linearen Arrays.

ve[0]	100	*ze
ve[1]	101	*(ze + 1)
ve[2]	102	*(ze + 2)
•	•	•
ve[9]	109	*(ze + 9)

Bild 6.2: Index- und Zeiger-Topologie in linearen Arrays

Hinsicht eines linearen Arrays ve und eines skalaren Zeigers ze vom gleichen Typ,

```
... <Typ>  ve[L] ...,  *zv = ve, ...;
```

sind die folgenden Zugriffsausdrücke untereinander semantisch äquivalent:

```
... ve[i] ...          und          ... *(ve + i) ...
... zv[i] ...          und          ... *(zv + i) ...
```

wobei $0 \leq i < L$ gilt. Zu beachten ist, daß der Array-Bezeichner ve lediglich als Zeigerausdruck fungiert und im Gegensatz zu dem eigentlichen Zeiger ze nicht als Objekt verändert werden kann, da er keinen L-Wert darstellt; d.h. Operationen wie ++ve und ve-- sind mit dem Array-Bezeichner unzulässig!

Die Zugriffsmethoden können auf Arrays höheren Ranges erweitert werden. Mit der Definition einer vorbelegten Matrize vom Rang 2, deren Bezeichner ma einen Zeiger vom Rang 1 darstellt,

```
... int ma[4][3] = {100, 101, ..., 111};
```

ma	100	101	102
	103	104	105
	106	107	108
	109	110	111

sowie den Definitionen eines *Array-Zeigers* (Abschnitt 5.5.3.2) zm von gleicher *Zeilenlänge*, der unmittelbar mit dem *Array-Bezeichner* ma vorbelegt oder nachfolgend durch Zuweisung belegt werden kann,

```
... int (*zm)[3] = ma, ...;          ... zm = ma ...
```

ergibt als erstes auch hier wieder der konventionelle Index-Zugriff sowohl mit dem *Array-Bezeichner* ma als auch mit dem *Array-Zeiger* zm:

```
... printf("\n%d %d %d %d",
           ma[0][0], zm[0][0], ma[3][2], zm[3][2]);
...
         100         100         111         111
```

Darüber hinaus kann ein skalaren Zeiger zv definiert und mit dem angepaßten oder aufgewerteten Array-Bezeichner vorbelegt werden:

```
... int *zv = (int *)ma;     bzw.     ... int *zv = *ma;
```

mit dem dann mit *linearer* Indexierung im Sinne der linearen Zugriffs-Topologie (Abschnitt 5.5.2.2) auf die ursprüngliche Matrize zugegriffen werden kann:

```
... printf("\n%d %d", zv[0], zv[11]);
...
               100       111
```

Identische Resultate können mit reiner Zeiger-Arithmetik erzielt werden:, wobei das Zusammenspiel von *Aufwertung* (dereferencing) und *Verschiebung* (displacement) zu beachten ist:

```
... printf("\n%d %d %d %d",
           **zm, *(*zm+1), **(zm+1),*(*(zm+3)+2));
...
           100         101         103         111
```

```
... printf("\n%d %d %d %d",
           **zm, *(*zm+1), *(*zm+3),*(*zm+11));
...
           100         101         103         111
```

```
... printf("\n%d %d %d %d",
           *zv, *(zv+1), *(zv+3), *(zv+11));
...
           100       101       103       111
```

Der Bezeichner zm des Matrizen-Zeigers kann in den Ausdrücken durch den Array-Bezeichner ma ersetzt werden. Zu ersehen ist, daß die aufgewerteten Zeiger *zm und *ma dem skalaren Zeiger zv gleichwertig sind.

Das bei einer Matrize mögliche Zusammenspiel zwischen Indexierung und Zeiger-Arithmetik wird durch die folgenden gemischten Ausdrücke veranschaulicht, wobei der *Array-Bezeichner* ma gleichwertig durch den *Zeiger-Bezeichner* zm ersetzt werden kann:

```
... printf("\n%d %d %d %d",
           *ma[0], *(ma[0]+1), *(ma[1]+0),*(ma[3]+2));
...
           100       101       103       111
```

```
... printf("\n%d %d %d %d",
        (*ma)[0], (*ma)[1], (*(ma+1))[0], (*(ma+3))[2]);
...
           100         101         103           111
```

Bild 6.3 zeigt eine dem Anwendungsverständnis dienende Gegenüberstellung der Index- und Zeiger-Topologie in Matrizen.

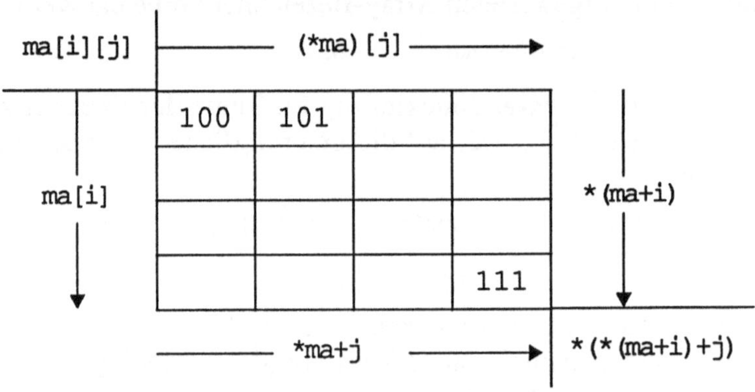

Bild 6.3: Index- und Zeiger-Topologie in Matrizen

Hinsichtlich der Definition einer Matrize ma und eines gleichtypigen Array-Zeigers zm mit den Definitionen und Vorbelegungen:

```
... <Typung> ma[L][M] ..., (*zm)[M] = ma;
```

sind die folgenden Zugriffsausdrücke völlig gleichwertig:

```
... ma[i][j] ...          ... *(ma[i] + j) ...

... (*(ma + i))[j] ... ... *(*(ma + i) + j) ....
```

wobei die Bezeichner ma und zm austauschbar sind,

```
... zm[i][j] ...          ... *(zm[i]+j) ...          usw.
```

Hinsichtlich der zweidimensionalen Indexierung sind die nachfolgenden *linearen* Zugriffsausdrücke mit den aufgewerteten Zeigern *ma und *zm sowie dem skalaren Zeiger zv völlig gleichwertig:

```
... ma[i][j] ...                ... *(*ma + H) ...
... *(*zm + H) ...              ... *(zv + H) ...
```

wo $H = i \times L + j$ mit $0 \le i < L, 0 \le j < M$.

Wiederum zu beachten ist, daß bloße Array-Bezeichner keine *L-Werte*, sondern lediglich Zeigerausdrücke darstellen und daher im Gegensatz zu eigentlichen Zeigern nicht als Objekte verändert werden können; d.h. Operationen wie ++ma und ma–– sind unzulässig!

Zeiger-Arithmetik kann einfachst auf Arrays höheren Rangs erweitert werden. Mit den Definitionen eines soliden Arrays ar vom Rang 3 und eines konformen Array-Zeigers za, der mit dem Array-Bezeichner vorbelegt wird:

```
...  <Typ>   ar[L][M][N]..., (*za)[M][N] = ar;
```

ergeben sich die untereinander völlig gleichwertigen Zugriffsausdrücke :

```
...  ar[i][j][k] ...           ...  *(ar[i][j] + k) ...
...  (*(ar[i] + j))[k] ...      ...  (*(ar + i))[j][k] ...
...  *(*(ar[i] + j) + k) ...    ...  *((*(ar + i))[j] + k) ...
...  (*(*(ar + i) + j))[k]) ...         ...
...  *(*(*(ar + i) + j) + k) ...        ...
```

wobei die Bezeichner ar und za austauschbar sind,

```
...  *(*(za[i] + j) + k) ...
...  *(*(*(za + i) + j) + k) ...      usw.
```

Mit einem Matrizen-Zeiger zm und einem skalaren Zeiger zv, die mit dem entsprechend aufgewerteten (dereferenced) Array-Bezeichnern vorbelegt sind,

```
...  <Typung> (*zm)[N] = *ar, *zv = **ar;
```

ergeben sich hinsichtlich eines indexierten Elementes die folgenden völlig gleichwertigen *linearen* Zugriffsausdrücke:

```
...  ar[i][j][k] ...       ...  *(*(zm + G) + k) ...
...  *(*zm + G) ...         ...  *(zv + H) ...
```

wo $G = i \times L + j$, $H = i \times L + j \times M + k$. Für alle Ausdrücke gilt: $0 \leq i < L$, $0 \leq j < M$, $0 \leq k < M$.

Der *ungeschmückte* (plain) Bezeichner zv und die *geschmückten* (adorned) Bezeichner *zm, **za und **ar sind untereinander austauschbar in den Zugriffsausdrücken. Bei Zugriffsausdrücken dieser Art gilt die Regel, daß zur *vollständigen Wertung* (complete dereferencing) die Anzahl der Wertungsoperatoren der *Ordnung* (Abschnitt 5.4.2) des Zeigerausdruckes entsprechen müssen, was wiederum durch den *Rang* (rank) des Arrays bestimmt wird.

6.9.3 Die Aufteilung von Speicherbereichen

Im folgenden soll gezeigt werden, wie fest oder dynamisch angelegte Speicherbereiche in Teilbereiche mittels Zeiger-Arithmetik aufgeteilt werden können, die dann als Objekte eigener Typung interpretiert und benutzt werden können. Als Ausgangsszenario dient ein mit **malloc(3X)** dynamisch angelegter Speicherbereich (Abschnitt 5.8.1) mit einer Größe von 4 KB = 4094 Bytes, dessen Anfangsadresse einem *opaken* Zeiger (opaque pointer) zx zugewiesen und zuerst zur Inspektion mit printf(3S) ausgegeben wird:

```
... void *zx;
...
... zx = malloc(4094) ...
...
... printf("\n%d", zx);
...
              678500
```

wobei daran erinnert sei, daß die Ausgangsadresse (starting address) des zugewiesenen Speicherbereiches mit der *Ausrichtung* (boundary alignment) aller primitiven Objekttypen verträglich ist. [10]

Der Speicherbereich soll zuerst in skalare Teilbereiche vom Typ double aufgeteilt werden, wozu ein entsprechender Zeiger mit der Ausgangs-adresse vorbelegt wird:

```
... double *zd = zx, ...;
```

Die durch Zeiger-Arithmetik erzeugte Adressen-Skala kann sogleich überprüft werden:

```
... printf("\n%d %d %d", zd + 2, zd +1, zd);
...
                    6785016    6785008    6785000
```

Die Teilbereiche können mit geschmückten Zeigerausdrücken wie Variable manipuliert werden:

```
... *zd = 22.0; *(zd + 1) = 7.0;
    *(zd + 2) = *zd/(*(zd + 1));
    printf("\n%f %f %f", *(zd + 2), *(zd + 1), *zd);
...
              3.142857    7.000000    22.000000
```

wobei übrigens die *lexikalische Schwachstelle* (lexical deficiency) zu beachten ist, daß — wie angedeutet — der den Divisor darstellende geschmückte Zeigerausdruck durch umgebende Rundklammern (oder

---

10. Eine Vorbelegung mit Null-Oketts findet bei malloc indes nicht statt.

zusätzliche Standardtrennzeichen) von dem Divisionsoperator abgesetzt werden muß, da die Zeichenkombination `.../*zd...` andernfalls als unvollständiger Kommentar interpretiert wird, was bereits beim Präprozessor zu einem fatalen Fehlerzustand führt.

Die Aufteilung kann mit dem Typ `int` wiederholt werden:

```
...  int *zi = (int *) zx, ...;
...
...  printf("\n%d %d %d", zi + 2, zi + 1, zi);
...
                         6785008     6785004    6785000
...
...  *zi = 111; *(zi + 1) = 222;
     *(zi + 2) = *zi + *(zi + 2);
...  printf("\n%d %d %d", *(zi + 2), *(zi + 1), *zi);
...
                              333          222        111
```

Der Speicherbereich kann in 3×3 Matrizen vom Typ `int` aufgeteilt werden, wobei ein kongruent definierter Array-Zeiger (Abschnitt 5.5.3.2) zm mit der Ausgangsadresse vorbelegt wird:

```
...  int (*zm)[3][3] = zx;
```

Die Aufteilung kann sogleich überprüft werden:

```
...  printf("\n%d %d %d %d",
             sizeof(*zm), zm + 2, zm + 1, zm);
...
                 36    6785072  6785036    6785000
```

Der Zugriff auf die Elemente eines selektierten Arrays kann sowohl durch dreifache Indexierung als auch durch alle zulässigen Mischungen von Indexierung und Zeiger-Arithmetik erfolgen:

```
...
...  zm[0][0][0] = 111; (*(zm + 1))[0][0] = 222;
     (*(*(zm + 1) + 2)[0] = 333;
     (*(*(*(zm + 1) + 2) + 2) = 444;
...
     printf("\n%d %d", ***zm, *(*(zm + 1))[0]);
...
                       111          222
...
     printf("\n%d %d", *zm[1][2], zm[1][2][2]);
...
                       333          444
...
```

usw.

Das folgende Fragment illustriert die Zeiger-Arithmetik bei Strukturen:

```
struct {double x[2]; float y; int h} *ZS = zx, ...;
...
... printf("\n%d %d %d %d",
            sizeof(SX), ZS + 2, ZS + 1, ZS)
...
                            24      6785048 6785024 6785000
...
... (*ZS).x[1] = 1.111111; ZS[1].y = 2.2222;
    (ZS + 2)->h = 3333;
    printf("\n%f %f %d",
           ZS[0].x, (ZS + 1)->u, (*(ZS + 2)).a);
...
              1.111111   2.2222        3333
```

Streng zu beachten ist, daß die Größe des zur Verfügung stehenden
Speicherbereiches nicht durch fortlaufendes Erhöhen des Zeigers oder der
Indexe überschritten wird, was vom Kompiler nicht erkannt wird und zu
sehr üblen Laufzeitfehlern (runtime errors) führen kann. Bild 6.3 zeigt die
Überlagerung der vier Aufteilungen des gemeinsamen Speicherbereiches.

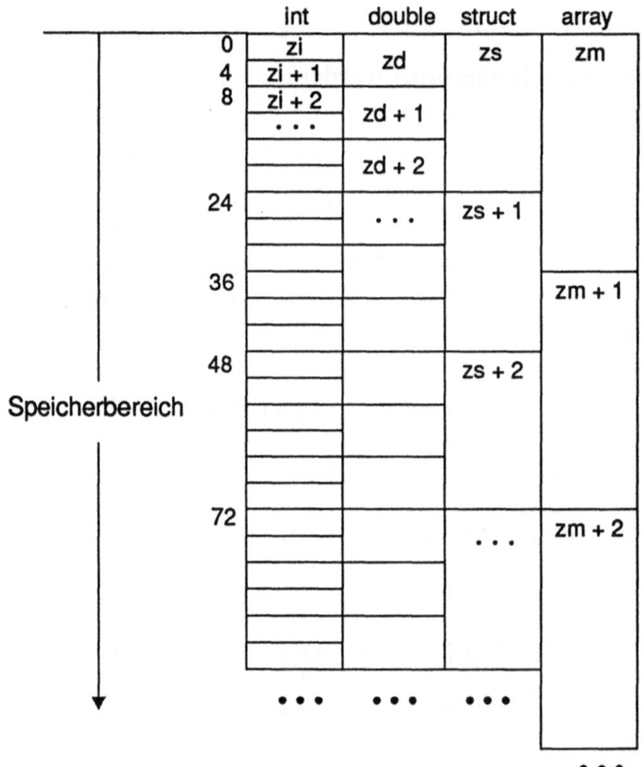

Bild 6.3: Aufteilungen eines Speicherbereiches

7 Prozeßbezogene Ablaufsteuerung

Der Begriff *Ablaufsteuerung* (flow of control) setzt nicht nur eine unzweideutige Bestimmung des zugrundeliegenden Begriffes *Ablauf* (control), sondern auch des *Kontext* (context) voraus, innerhalb dessen der Ablauf stattfindet und gesteuert werden kann.[1] Dabei muß zwischen verschiedenen *Kontext-Ebenen* (context levels) unterschieden werden, deren oberste die *Prozeß-Ebene* (process level) ist.

Bei *Einprozeß-Systemen*, wo jeweils nur ein Benutzerprogramm ausgeführt werden kann, kommt eine Abgrenzung in *Prozeßkontexte* (process context) nicht zum Vorschein, da ein Programm schlechthin den gesamten Ablaufkontext verkörpert. Ein Gleiches gilt für Systeme — nicht unbedingt Einprozeß-Systeme —, wo ein Benutzerprogramm nur als ein einziger invarianter und unteilbarer Prozeß ablaufen kann. Die herkömmliche Stapelverarbeitung (batch processing) auf Groß- und Mittelrechnern ist ein typisches Beispiel dafür.

Anders unter UNIX und vergleichbaren *Multiprozeßsystemen*, wo sich ein anfänglich als eine *Instanz* (instance) eines Programmes ablaufender *Prozeß* (process) in zwei oder mehr *beilaufende Prozesse* (concurrent processes) aufspalten kann (forking), die identische oder abgewandelte Instanzen des ursprünglichen Programmes sind, wodurch zwei oder mehr getrennte Ablaufkontexte auf der Prozeß-Ebene entstehen.[2] Die dabei gegebenen Möglichkeiten der *prozeßübergreifenden* Steuerung werden im Kapitel 10 eingehend behandelt. In diesem Kapitel sollen die grundlegenden Konstrukte der *prozeßbezogenen* Ablaufsteuerung unter Zugrundelegung des Prozesses als Ablaufkontext eines Programmes vorgestellt werden.

---

1. Die Bedeutungen der englischen Termini überkreuzen sich hier. Tatsächlich entspricht das englische 'control' im allgemeinen dem deutschen "Steuerung", "steuern", während 'flow' intuitiv näher an "Fluß" und daher "Ablauf" zu liegen scheint. Diese nur anscheinende Diskrepanz löst sich auf — oder ist zumindest leichter zu verkraften — wenn man bedenkt, daß das Rechenwerk (CPU) von einem "ablaufenden" Programm gesteuert wird und nicht umgekehrt. Daß dieser Programmablauf (program control) dann in eine vorgegebene Bahn (flow) gelenkt wird, entspricht dem 'flow of control' oder kürzer noch, dem 'control flow'. Der Vollständigkeit halber sei noch bemerkt, daß 'flow control' oder 'control of flow' in den Bereich der Strömungstechnik fällt.

2. Eine detaillierte Behandlung der UNIX-Multiprozeßumgebung wird von BACH (1986) gegeben. KA (1992) gibt eine grundlegende Darstellung.

Ausführbare Statements (executable statements), die aus einem mit dem Semikolon ';' *syntaktisch abgeschlossenen Ausdruck* (syntactically complete expression) bestehen,

```
<Statement> : <Ausdruck>;
```

stellen hinsichtlich des Programmablaufes die *kleinste deterministische Einheit* (smallest predictable unit) in dem Sinne dar, daß eine *ungesteuerte* Folge von einfachen Statements,

```
... <Statement1>; <Statement2>; <Statement3>; ...
```

temporal in der räumlich vorgegebenen Reihenfolge ausgeführt wird und erst mit dem Systemaufruf **exit(2)**, spätestens aber mit dem letzten ausführbaren Statement am Programmende terminiert, wobei von Anomalien (exceptions) und Signalen einmal abgesehen werden soll.

Ausführbare Statements stellen zugleich die *kleinste unmittelbar steuerbare Programmeinheit* (smallest directly controllable unit) dar und unterscheiden sich in dieser Hinsicht von *Ausdrücken* (expressions), deren Auswertungsfolge im allgemeinen nicht unmittelbar gesteuert werden kann, sondern bestenfalls durch Regeln bestimmt wird (Abschnitt 6.1.2).

Erst durch die *programmierte Ablaufsteuerung* (programmed flow of control) wird der räumlichen Folge von Statements eine logische Struktur aufgezwungen, welche die temporale Folge der Ausführung bestimmt. Dabei muß zwischen zwei Kategorien unterschieden werden:

• Synchrone Ablaufsteuerung
• Asynchrone Ablaufsteuerung

Die *synchrone Ablaufsteuerung* (synchronous flow of control) zeichnet sich durch eine *aktive Steuerlogik* (active control logic) in dem Sinne aus, daß ihre Prüf- und Steuerkonstrukte fest in die räumliche Reihenfolge der Statements eingebettet werden und bezüglich dieser auch *folgerichtig* — also *synchron* — ausgeführt werden.

Im Gegensatz dazu besitzt die *asynchrone Ablaufsteuerung* (asynchronous flow of control) keine Prüf- und Steuerkonstrukte, die fest in die räumliche Reihenfolge der Statements eingebettet und bezüglich dieser synchron ausgeführt werden können. Sie kann lediglich Vorbereitungen für ein zu erwartendes Ereignis (anticipated event) treffen; ob und wann ein solches Event eintrifft läßt sich in der Reihenfolge der Programm-Statements nicht räumlich lokalisieren. Die asynchrone Ablaufsteuerung zeichnet sich also durch eine *passive Reaktionslogik* (passive response logic) aus. Diese Betrachtungen werden im Abschnitt 7.2 weitergeführt.

7.1 Synchrone Ablaufsteuerung

Die Kategorie der synchronen Ablaufsteuerung kann nach den zugrundeliegenden Steuerungsprinzipien in drei Bereiche aufgegliedert werden:

* Bedingungsfreie Ablaufsteuerung
* Bedingungsgebundene Ablaufsteuerung
* Gerichtete Ablaufsteuerung

Die Konstrukte der synchronen Ablaufsteuerung setzen sich aus *Ausdrücken*, *Instruktionen* und *Sprungmarken* zu Statements und Block-Statements zusammen, die räumlich bestimmt in den Programmkörper eingebunden sind.

7.1.1 Bedingungsfreie Ablaufsteuerung

Die C-Sprache unterstützt drei Arten der *bedingungsfreien Ablaufsteuerung* (unconditional flow of control) mit absteigenden Kontext-Ebenen:

* Kontextverändernder Transfer des Ablaufs zwischen Funktionsblöcken sowie Prozeßterminierung.
* Kontextfreie Sprünge innerhalb von Funktionsblöcken.
* Kontextgebundene Sprünge innerhalb von vorgegebenen Konstrukten

deren gemeinsames Merkmal darin liegt, daß die Ausführungskonstrukte selbst keine Prüf- und Entscheidungsfunktionen innehaben. Sie werden in der originären C-Literatur gelegentlich gemeinsam als *Sprung-Anweisungen* (jump instructions) bezeichnet.

Im folgenden sollen die beiden ersten Arten besprochen werden, die an keinen syntaktischen Kontext gebunden sind. *Kontextgebundene Sprünge* (context-dependent jumps) sind auf Schleifen und das `switch-case`-Konstrukt beschränkt, was in den Abschnitten 7.1.2 und 7.1.3 behandelt wird.

7.1.1.1 Kontextverändernder Transfer

Diese Art der Ablaufsteuerung bezieht sich auf den *bedingungsfreien Transfer des Ablaufs* (unconditional transfer of control) zwischen Funktionsblöcken innerhalb eines Programmes sowie auf die *unmittelbare* Terminierung des als aktuelle Instanz eines Programmes ablaufenden Prozesses:

* Programm-Terminierung
* Eintritt in einen Funktionsblock
* Verlassen eines Funktionsblockes

Die *bedingungsfreie Terminierung* (unconditional termination) eines *Prozesses* durch den Kernel erfolgt automatisch nach der Ausführung des räumlich letzten Statements im Hauptprogramm `main` und kann an jeder anderen Stelle mit dem Systemaufruf **exit(2)** erzwungen werden:

```
...  exit([<Ausdruck>]);
```

der als Statement mit einem Semikolon abgeschlossen werden muß und als Argument einen Ausdruck vom Typ `int` enthalten kann, von dessen Wert lediglich das niedrigste Byte (low order byte) als *Exit-Kode* (exit, return, code) an den gegebenenfalls mit dem Systemaufruf **wait(2)** wartenden *Mutterprozeß* (parent process) zurückgegeben wird. Letzteres wird im Zusammenhang mit der Prozeßsteuerung im Abschnitt 10.1 weitergeführt.

Bei Programmen, die auf der Shell-Ebene aufgerufen werden, wird der verkürzte Exit-Kode in den *Systemvariablen* $? (BOURNE Shell) und $status (C-Shell) abgelegt und kann aus diesen unmittelbar abgegriffen werden. Ein einfaches Beispiel mag dies sogleich veranschaulichen:

```
$ cat pgmx.c
main()
{int ec = 0X440;
 printf("\nExit-Argument: %d\n",ec);
 exit(ec);

# BOURNE Shell              #C-Shell
$ pgmx                      % pgmx
Exit-Argument: 1088         Exit-Argument: 1088
$ echo $?                   % echo $status
64                          64
```

Exit-Kodes müssen mit Bedacht hinsichtlich der möglichen Interpretationen auf der Shell-Ebene gewählt werden. Unter UNIX gilt im allgemeinen, daß der Wert 0 eine normale, und jeder andere Wert eine bedingt abnormale Ausführung anzeigt, was in der BOURNE-Shell mit der logischen Dichtomie 0 (TRUE): ≠ 0 (FALSE) harmoniert, in der C-Shell jedoch genau gegenläufig interpretiert wird. Eine eingehende Behandlung dieser und verwandter Aspekte wird in KA (1992) gegeben.

Bei der Ausführung von `exit` wird die vom aufrufenden Prozeß während dessen Verlaufes aufgebaute *Prozeßumgebung* (process environment) vom Kernel abgebaut, wobei ein allgemeines "Aufräumen" (cleanup) stattfindet. Insbesondere werden gegebenenfalls alle noch bestehenden Bindungen an Dateien und mit anderen Prozessen gemeinsame Speicherbereiche gelöst (open files closed, shared memory released) sowie alle mit anderen Prozessen angemeldeten Semaphoren aktualisiert. Eine eingehende Beschreibung dieser und anderer Auswirkungen wird unter **exit(2)/PHB** gegeben. BACH (1986) beschreibt die zugrundeliegenden Prinzipien. Die Anwendung auf Tochterprozesse wird im Abschnitt 10.1 besprochen.

Der *Eintritt in einen Funktionsblock* (function entry) erfolgt ausschließlich durch einen Funktionsaufruf (function call), der als Postfix-Ausdruck (Abschnitt 6.3.1.2) kodiert wird,

```
...  <Bezeichner>([<Argumente>])  ...

...  *<Zeigerausdruck>([<Argumente>])  ...
```

wobei das als Postfix-Operator fungierende Rundklammer-Paar eine optionale Argumentliste enthält. Der den Zeigerausdruck schmückende Asterisk ist optional (ANSI+). Mit dem erfolgreichen Aufruf einer Funktion tritt der Ablauf aus dem aktuellen in einen neuen Funktionskontext ein (function context) und setzt sich mit dessen ersten ausführbaren Statement fort.[3] Die Behandlung der Argumente wird im Zusammenhang mit Funktionsdefinitionen und -deklarationen im Abschnitt 8.1.3 weitergeführt.

Das Verlassen eines Funktionsblockes erfolgt entweder automatisch nach der Ausführung des räumlich letzten Statements oder explizite mit der Instruktion `return`:

```
...  return <Ausdruck>;
```

die als Statement mit dem Semikolon abgeschlossen werden muß. Bei Funktionen, die nicht mit **void** definiert beziehungsweise deklariert sind, wird der optionale Ausdruck *typkonform* von der Funktion zurückgegeben (Abschnitt 8.1.3). Ein sehr einfaches Beispiel mag dies veranschaulichen:

```
...                              ...
main(...)...                     int funk(int a,int b);
{...                             {
  int c, funk(int, int);           return a+b;
  c = funk(2,3);                 }
  ...
}
```

Die in einem Zuweisungsausdruck aufgerufene Funktion `funk` vom Typ `int` gibt mit `return` die Summe ihrer Argumente zurück. Innerhalb des Hauptprogramms `main` wirkt `return` wie der bereits besprochene Systemaufruf **exit(2)**.

Bei verschachtelten Funktionsaufrufen (nested function calls) muß zwischen der *Aufrufsfolge* (calling sequence) und der *Rückkehrfolge*

---

3. Die für das jeweilige System gültigen Einzelheiten der Aufrufsabwicklung, insbesondere das Sichern des jeweiligen Funktionskontextes sowie die interne Argumentbehandlung, werden zumeist im Zusammenhang mit dem einheimischen Assembler (resident assembler) unter dem Eintrag "C Interface Notes"/LSE beziehungsweise "Function Calling Mechanisms"/LSE" verbindlich beschrieben. BACH (1986) gibt eine detaillierte Beschreibung der zugrundeliegenden Prinzipien.

(return sequence, walkback) unterschieden werden. Das folgende, etwas vorgreifende Beispiel veranschaulicht die gegenläufige Reihenfolge.

```
$ cat pgmx.c
main()
{
 printf("\nreturn fx:%d",fx(2));
 exit(0);
} /* Ende main */
int fx(int a)
{
 printf("\ncall fx(%d)",a);
 if(a) printf("\nreturn fx:%d",fx(a-1));
 return a;
}
```

Im Hauptprogramm wird die Funktion mit einem Argument als `fx(2)` zur unmittelbaren Ausgabe ihres Rückgabewertes aufgerufen. Die Funktion selbst meldet sich mit ihrem jeweiligen Argumentwert um die Aufrufsfolge darzustellen und ruft sich dann bedingt-rekursiv mit der `if`-Instruktion auf, wobei der Argumentwert herabgezählt durchgereicht wird. Mit a = 0 endet die Rekursion und damit die Aufrufsfolge, worauf der Rücklauf unter Rückgabe des jeweiligen Argumentwertes einsetzt. Beim Aufruf des kompilierten Programmes wird die Gegenläufigkeit der beiden Transferfolgen sichtbar:

```
$ pgmx
call fx(2)
call fx(1)
call fx(0)
return fx:0
return fx:1
return fx:2
```

Bei bestimmten Anwendungen muß nach erfolgreicher Ausführung einer spezialisierten Anwendungs- oder Systemfunktion ein über mehrere Verschachtelungsebenen (levels of nesting) hinweg verteilter *Epilog* rückführend durchlaufen werden, wobei das Resultat dann stufenweise aufgearbeitet wird. Typische Beispiele sind E/A-Szenarien, wo mit dem Systemaufruf **read(2)** (Abschnitt 9.3.1) eingelesene Byte-Folgen erst beim Rücklauf über mehrere Ebenen überprüft, entschlüsselt und zu komplexen Datenstrukturen formatiert werden. Bei unmittelbaren E/A-Fehlerzuständen sowie bei Unterbrechungen durch Signale (Abschnitt 7.2.1) wird der verbleibende Epilog zumeist sinnlos und muß übersprungen werden, um bei einer zentralen Fehlersteuerung im Hauptprogramm wieder anzuknüpfen. Solche "Umleitungen" können mit herkömmlicher `if`-Logik unter Benutzung von speziellen `return`-Kodes bewerkstelligt werden,

wobei zwangsläufig ein vollständiger Rücklauf durch alle Verschachtelungsebenen erfolgen muß. Bei komplexeren Szenarien entsteht dabei das
Problem der Unübersichtlichkeit und eventuellen Verzettelung.

Unter UNIX steht der *kontextübergreifende Rücksprung* (context-spanning
jump) mit der Bibliotheksfunktion **longjmp(3C)** als eine klare, übersichtliche und effizientere Alternative zur Verfügung. Die folgende, hinsichtlich
der bedingten if-Verzweigung (Abschnitt 7.1.2.1) etwas vorgreifende
Abwandlung des obigen Beispiels zeigt die Anwendung der Sprungfunktion:

```
$ cat pgmy.c
#include <setjmp.h>
jmp_buf resume;
main()
{int jv;
 if(jv = setjmp(resume))
    printf("\nRuecksprung mit jv:%d",jv);
 else {
        printf("\nAufrufsfolge beginnt mit jv:%d",jv);
        fx(3);
        }
 exit(0);
} /* Ende main */

int fx(int a)
{
 printf("\nfx(%d)",a);
 if(a) printf("\nfx:%d",fx(a-1));
 else longjmp(resume,3);
 return a;
}
```

Mit der *Typungsvereinbarung* (Abschnitt 5.7) jmp_buf, die in der Zusatzdatei <setjmp.h> durch typedef vorgegeben ist, wird der *Sprungpuffer*
(jump buffer) resume als externes Objekte definiert und steht somit der
im gleichen Modul definierten Funktion fx unmittelbar zur Verfügung; er
müßte natürlich in anderen Modulen mit extern deklariert werden. Mit
der assoziierten Bibliotheksfunktion **setjmp(3C)** wird eingangs der
Rücksprungpunkt unter Bezugnahme auf den Sprungpuffer angemeldet,
wobei der Wert 0 zurückgegeben und der Variablen jv zugewiesen wird,
worauf die if-Instruktion den else-Zweig mit der Ausgabe und dem
Funktionsaufruf ausführt, womit die rekursive Aufrufsfolge beginnt, die
durch fortgesetztes Herabzählen des Argumentwertes mit a = 0 endet. Auf
der untersten Verschachtelungsebene erfolgt dann mit longjmp, unter
Angabe des Sprungpuffers resume sowie des — hier willkürlichen —
Rückgabewertes 3, der Rücksprung zu setjmp, worauf der if-Zweig
ausgeführt wird.

Das kompilierte Programm wird dann in der Shell aufgerufen:

```
$ pgmy
Aufrufsfolge beginnt mit jv:0
fx(3)
fx(2)
fx(1)
fx(0)
Ruecksprung mit jv:3
```

Zu beachten ist, daß die Funktion `setjmp` nur an solchen Stellen aufge-
rufen werden kann, zu denen ein Rücksprung möglich und sinnvoll ist.
Insbesondere sollte die Funktion *nicht* innerhalb von verknüpften
Ausdrücken aufgerufen werden, deren Auswertungsfolge unbestimmt ist.
Beim bedingungsfreien Aufruf von `setjmp` ist darauf zu achten, daß mit
dem nachfolgenden Aufruf von `longjmp` keine endlose Schleife entsteht.
Eben aus diesem Grund ist der bedingte Aufruf nach dem folgenden
Verzweigungsschema vorzuziehen:

```
...
if(setjmp(<Sprungpuffer>))
   {
    <Aktion nach Rücksprung>
   }
   else
       {
        <Aktion vor Rücksprung>
       }
...
    longjmp(<Sprungpuffer>,<Rückgabewert>);
...
```

wobei die Verzweigung durch den Rückgabewert 0 beim erstmaligen
Aufruf von `setjmp` — also beim Anmelden des Sprungpuffers —
gesichert ist. Mit `longjmp` kann nur ein ganzzahliger Wert $\neq 0$ zurückgegeben werden.

Bei wiederholten Aufrufen von `setjmp` mit demselben Sprungpuffer
erfolgt der Rücksprung mit diesem zur Stelle des zuletzt ausgeführten
Aufrufs. Zum anderen aber können mit verschiedenen Sprungpuffern
verschiedene Rücksprungstellen angemeldet werden, zu denen dann durch
Auswahl zurückgesprungen werden kann. Das obige Aufrufsschema kann
dafür zu einer logischen Leiter (Abschnitt 7.1.2.1) erweitert werden. Eine
wesentlich übersichtlichere Alternative dazu ist, den Rückgabewert von
`setjmp` mit dem `switch-case`-Konstrukt in definierte Aktionen aufzugliedern. Ein Beispiel dafür wird im Zusammenhang mit der Unterbrechung durch Signale im Abschnitt 7.2.2 gegeben. Die beiden Funktionen
sind gemeinsam unter dem Eintrag **setjmp(3C)/PHB** beschrieben.

7.1.1.2 Kontextfreie Verzweigung

Der Begriff *kontextfrei* (context-free) ist doppelsinnig in dem Sinne,
erstens, daß keinerlei Veränderung des Ausführungskontextes erfolgt —
also im Gegensatz zu Funktionsaufrufen, wo eine Kontextveränderung
(context change) stattfindet —, und zweitens, daß die Verzweigung an
keine anderen Konstrukte der Ablaufsteuerung gebunden ist.

In der C-Sprache steht das zuweilen heftig umstrittene `goto`-Konstrukt
den Renegaden der Fachwelt auch weiterhin zur Verfügung:[4]

```
... goto <Sprungmarke>;
...
... <Sprungmarke>: <Statement>;
...
```

wobei die Instruktion mit dem Semikolon als Statement abgeschlossen
werden muß. Für die *Sprungmarke* (label) gelten die lexikalischen Regeln
für Bezeichner und markierte Statements (Abschnitte 4.1.2 und 4.3); sie
muß insbesondere innerhalb des gegebenen Funktionsblockes einzigartig
sein. Mit der Ausführung der `goto`-Instruktion springt der Ablauf auf das
erste der Sprungmarke unmittelbar nachfolgende ausführbare Statement.

Der *Geltungsbereich* (scope) einer Sprungmarke ist auf den gegebenen
Funktionsblock beschränkt; mit `goto` kann also nicht aus diesem herausgesprungen werden. Innerhalb eines Funktionsblockes bestehen jedoch
keinerlei Beschränkungen hinsichtlich des Sprungziels; insbesondere kann
mit `goto` in Blöcke jeglicher Art hineingesprungen beziehungsweise aus
diesen herausgesprungen werden — also auch in `if`-, `else`-, `for`- und
`while`-Blöcke sowie `switch-case`-Paragraphen, was natürlich nur
schwerlich mit dem Desideratum der strukturierten Programmierung zu
vereinbaren ist. In solchen Fällen ist jedoch zu beachten, daß die Vorbelegung (initialization) von internen Block-Objekten (Abschnitt 4.2.1.2)
dabei zwangsläufig übersprungen wird, da deklarative Statements ja nicht
markiert werden dürfen. Das folgende Fragment mag dies verdeutlichen:

```
... int h = 111, ...;
...
... printf("\n%d",h);                              111
... goto AA;
...
... ... {int h = 333;
        AA: printf("\n%d",h);                      0
        ...
        }
...
```

---

4. "Grenzenlos mißbrauchbar" — infinitely-abusable (K&R, 1978).

Der traditionelle C-Kompiler gibt lediglich eine Warnung aus, falls ein Programmsegment durch einen `goto`-Sprung von der Ausführung absolut ausgegrenzt wird; wie zum Beispiel in,

```
...
    goto FIN;
    <Statement>; ...
    FIN: ...
...


$ cc pgm.c
"pgm.c", line ...: warning: statement not reached
```

Eine der wenigen unstrittigen Anwendungen des `goto`-Konstruktes liegt bei bedingungsfrei laufenden Arbeits- und Zustandsschleifen (duty, state, loops), die nur durch Signale asynchron verlassen beziehungsweise abgebrochen werden sollen. Dies wird im Zusammenhang mit der asynchronen Ablaufsteuerung im Abschnitt 7.2.2 wieder aufgegriffen.

7.1.2 Bedingungsgebundene Ablaufsteuerung

Die C-Sprache unterstützt die zwei herkömmlichen Arten der bedingungs-gebundenen Ablaufsteuerung (conditional flow of control):

• Bedingte Verzweigung

• Bedingte Schleifen

deren gemeinsames Merkmal darin liegt, daß die Ausführungskonstrukte Prüf- und Entscheidungsfunktionen innehaben.

Die Instruktionen `if` und `while` prüfen den *logischen Wert* (truth value) eines als Bedingung gesetzten skalaren Ausdrucks jeglicher Typung und Artung (Abschnitt 6.2),

```
... if(<Bedingung>) ...    ... while(<Bedingung> ...
```

und setzen ein erweitertes TRUE: ≠ 0 im Sinne eines nichtleeren Bitmusters in die einmalige beziehungsweise wiederholte Ausführung einer Aktion um, die als einfaches Statement oder Block-Statement kodiert wird. Die C-Sprache stellt weder eine `ifnot`- noch eine `until`-Instruktion zur Verfügung; deren Wirkungen können jedoch implizite durch eine logische Negation der Bedingung erzwungen werden:

```
... if(!<Bedingung>) ...    ... while(!<Bedingung>) ...
```

wobei das Ausrufungszeichen `!` als logischer Negationsoperator fungiert (Abschnitt 6.6.2).

7.1.2.1 Bedingte Verzweigung

In der allgemeinsten Form führt die *bedingte Verzweigung* (conditional branching) genau eine von zwei alternativen Aktionen aus:

```
if(<Bedingung>} {<Aktion bei Bedingung>}
        else{<Komplementäre Aktion>}
```

wobei der `else`-Zweig (complementary branch) genau dann ausgeführt wird, wenn die Bedingung einem FALSE:0 entspricht.

Die `if-else`-Blöcke werden als Block-Statements mit umgebenden geschweiften Klammern (braces) kodiert, innerhalb dessen *interne* Objekte (Abschnitt 5.2.1.2) der Speicherklassen `auto`, `static` und `register` nach Belieben sowohl *definiert* als auch *vorbelegt*, und *externe* Objekte (Abschnitt 5.2.1.1) *deklariert* werden können.

Bei einem einzigen Statement können die Block-Klammern ausgelassen werden, wie zum Beispiel in:

```
... if(y > 0) z = y; else z = 0;
```

wobei jedoch jedes Zweig-Statement mit einem eigenen Semikolon abgeschlossen werden muß.

Der `else`-Zweig kann ausgelassen werden, falls keine explizite Alternative erforderlich ist; wie das bei bedingten Sprung-Statements häufig der Fall ist:

```
... if(...) exit(...);      ... if(...) return ...;
... if(...) continue;       ... if(...) break;
... if(...) goto ...;
```

wo die Alternative durch das unmittelbar nachfolgende Programm-Segment bestimmt wird.

Eine nur scheinbare Zweideutigkeit kann entstehen, wenn ein `else`-Zweig bei undeutlicher Kodierung ausgelassen wird, wie in

```
... int A = 0, B = 1, ...;
...
    if(A) printf("\nAAA\n");
    if(B) printf("\nBBB\n");
    else printf("\n!A!A!A\n");
...
        BBB
```

wobei das einzige `else` an das unmittelbar vorhergehende `if(B)` bindet und somit eben nicht als Komplementärzweig zu `if(A)` fungiert. Falls jedoch genau das beabsichtigt ist, muß mit geschweiften Klammern eine Verschachtelung erzwungen werden:

```
...   int A = 0, B = 1, ...;
...

   if(A)    {
            printf("\nAAA\n");
            if(B) printf("\nBBB\n");
            }
      else printf("\n!A!A!A\n");
...

            !A!A!A
```

**Mehrere Statements werden mit geschweiften Klammern (braces) zu
Block-Statements zusammengefaßt:**

```
...
...  if(<A>) { /* Anfang if-A */
            <Statement>;
            <Statement>;
            ...
            } /* Ende if-A */
            else      { /* Anfang else-A */
                      <Statement>;
                      <Statement>;
                      ...
                      } /* Ende else-A */
...
```

Binäre Entscheidungsbäume beliebiger Tiefe (binary decision trees,
arbitrary depth) können durch fortgesetzte Verschachtelung (continued
nesting) entlang der beiden Zweige konstruiert werden:

```
...
if(<A>) { /* Anfang A */
            ...
            if(<B>)   { /* Anfang B bei A */
                      ...
                      } /* Ende B bei A */
            else      { /* Anfang !B bei A */
                      ...
                      } /* Ende !B bei A */
else        { /* Anfang !A */
            ...
            if(<C>)   { /* Anfang C bei !A */
                      ...
                      } /* Ende C bei !A */
            else      { /* Anfang !C bei !A */
                      ...
                      } /* Ende !C bei !A */
            ...
            } /* Ende !A */
...
```

Bild 7.1 zeigt das entsprechende logische Schema eines binären Entscheidungsbaumes dessen *Knoten* (nodes) die Verknüpfung der Bedingungen und ihrer Negationen darstellen.

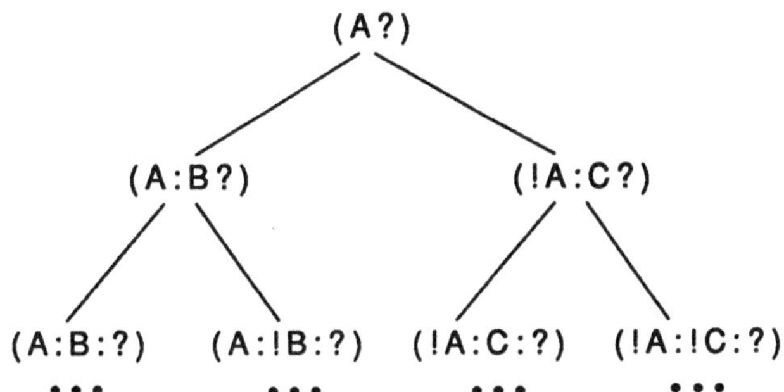

Bild 7.1: Binärer Entscheidungsbaum

Solche Entscheidungsbäume sind durch Eigenschaften wie Symmetry und Vollständigkeit gekennzeichnet. Als eine besondere Variante sind *logische Leitern* (logical ladders) zu betrachten, die durch fortgesetzte Verschachtelung entlang der `else`-Zweige konstruiert werden. Bild 7.2 zeigt das allgemeine Schema.

```
...
if(<A>)
{
<Aktion bei A>
}
else if(<B>)
    {
    <Aktion bei !A:B>
    }
    else if(<C>)
        {
        <Aktion bei !A:!B:C>
        }
        ...
        else
        {
        <Aktion bei !A:!B:!C:...>
        }
...
```

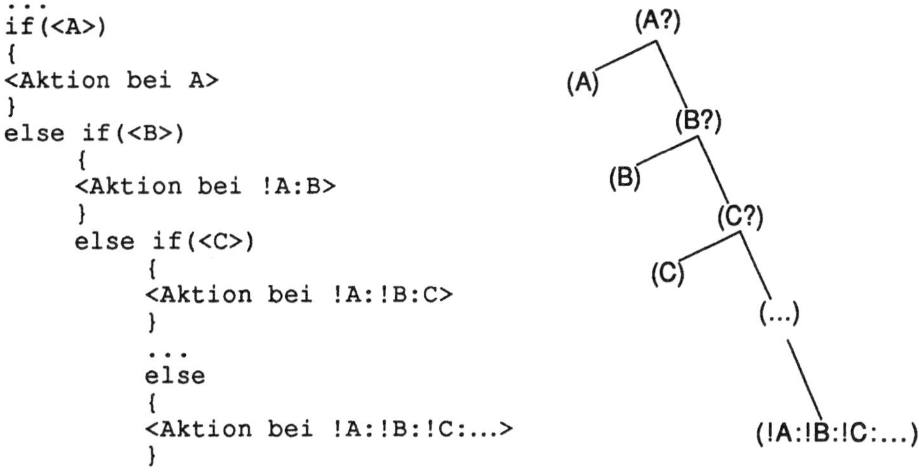

Bild 7.2: Schema einer logischen Leiter

Logische Leitern werden zumeist da angewandt, wo eine Folge von ungleich verteilten und sich gegenseitig ausschließenden Bedingungen zu erwarten ist. Die am häufigsten auftretende Bedingung wird dabei mit dem ersten `if`-Zweig erfaßt; die zweithäufigste mit dem ersten `else-if`-Zweig, und so weiter bis zum letzten `else-if`-Zweig. Mit dem einzigen `else`-Zweig am Fuß der Leiter werden schließlich alle nicht explizite gestellten Bedingungen pauschal erfaßt. Da der n-te Zweig nur nach n-1 Vorprüfungen erreicht werden kann, besteht eine sehr ungleiche Aufwandsverteilung.

Eine typische Anwendungsmöglichkeit besteht bei interaktiven Programmen mit befehlsartiger Eingabe, wobei der einzige `else`-Zweig alle Falscheingaben erfaßt. Wenn die Bedingungen dabei jedoch nur aus einfachen ganzzahligen Gleichheiten ohne jegliche logische Verknüpfungen bestehen oder auf solche Gleichheiten abgebildet werden können, dann stellt das im Abschnitt 7.1.3.1 besprochene `switch-case`-Konstrukt eine wesentlich effizientere Alternative dar.

7.1.2.2 Bedingte Schleifen

Die C-Sprache stellt zwei Konstrukte für die bedingte Wiederholung (conditional iteration) von Statements und Block-Statements zur Verfügung: Kopfgesteuerte Schleifen und fußgesteuerte Schleifen. Beide werden mit der `while`-Instruktion gesteuert. Bild 7.3a zeigt das allgemeine Schema einer kopfgesteuerten `while`-Schleife (leading while loop).

```
...
while(<Bedingung>)◄─────────┐
    {                       │
    ...                     │
    if(...) continue;──────┘
    ...
    [Aktion während <Bedingung>]
    ...
    if(...) break;─────────┐
    ...                    │
    }                      │
<Statement>;◄──────────────┘
...
```

Bild 7.3a: Schema der kopfgesteuerten Schleife

Mit den kontextgebundenen Instruktionen `continue` und `break` kann beim Eintreten von subsidiären Bedingungen innerhalb des Schleifenkörpers zum Schleifenkopf zurückgesprungen beziehungsweise aus der Schleife herausgesprungen werden. Im ersten Fall läuft die Schleife mit der nächsten fälligen Interation weiter; im zweiten wird der Ablauf mit dem ersten, der Schleife unmittelbar nachfolgenden ausführbaren Statement fortgesetzt.

```
...
do {
   ...
   if(...) continue;
   ...
   [Aktion während <Bedingung>]
   ...
   if(...) break;
   ...
   } while(<Bedingung>);
<Statement>;
...
```

Bild 7.3b: Schema der fußgesteuerten Schleife

Bei der fußgesteuerten Schleife erfolgt der erste Durchlauf bedingungsfrei
und jeder weitere bedingungsgebunden. Die Wirkung der beiden Instruktionen continue und break überträgt sich sinngemäß. Bild 7.3b zeigt
das allgemeine Schema, wobei zu beachten ist, daß die while-Instruktion
mit einem Semikolon abgeschlossen werden muß.

Die beiden an den Schleifenkontext gebundenen Instruktionen continue
und break können durch bedingte goto-Verzweigungen ersetzt werden.
Bild 7.3c zeigt das entsprechende Schema, welches sowohl für kopfgesteuerte als auch fußgesteuerte Schleifen gilt. Zu beachten ist, daß die das
continue ersetzende Sprungmarke CON unmittelbar an das Blockende
angrenzen und dabei zwangsläufig mit einem Semikolon als Null-
Statement abgeschlossen werden muß.

Der Schleifenkörper wird als Block mit umgebenden geschweiften
Klammern (braces) kodiert, innerhalb dessen *interne* Objekte (Abschnitt
5.2.1.2) der Speicherklassen auto, static und register nach
Belieben sowohl *definiert* als auch *vorbelegt*, und *externe* Objekte
(Abschnitt 5.2.1.1) *deklariert* werden können, was weiter unten noch
einmal aufgegriffen wird.

```
...
while(...)
     {
     ...
     if(...) goto CON;
     ...
     if(...) goto BRK;
     ...
     CON:;
     }
BRK: <Statement>;
...
```

Bild 7.3c: Alternative Verzweigungen

Bei einem einzigen Statement können die Block-Klammern ausgelassen werden, was auch für das aus einem Semikolon bestehende Null-Statement gilt:

```
... while(...) <Statement>; ...
... while(...); ...
```

was nachfolgend noch einmal aufgegriffen wird.

Zählschleifen lassen sich einfachst mit Präfix-Inkrementation beziehungsweise -Dekrementation (Abschnitt 6.3.2) einer Zählervariablen konstruieren:

```
...                          ...
... int h, ...;              ... int k, ...;
h = 100;                     k = 0;
while(--h)                   do
{                            {
... printf(" %d",h);         ... printf(" %d",k);
}                            } while(++k < 100);
printf("\n%d",h);            printf("\n%d",k);
...                          ...

99 98 ... 2 1                0 1 ... 98 99
0                            100
```

Zu beachten ist, daß der Ausgangswert der Zählervariablen unmittelbar vor Schleifeneintritt bestimmt sein muß und daß — wie angedeutet — der Zähler bei Schleifenende den Grenzwert bereits unter- beziehungsweise überschritten hat. Gegebenenfalls muß dann ein Rücksetzen stattfinden. Bei Nichtbeachtung dieser Einzelheiten können recht obskure Fehler entstehen. In Zählschleifen ist übrigens die Präfix- der Postfix-Operation wegen der unmittelbaren Aktualisierung der Zählervariablen vorzuziehen.

Die Bedingung kann als expliziter Zuweisungsausdruck kodiert werden:

```
...                          ...
h = 100;                     k = 0;
while(h -= 2)                do
{                            {
... printf(" %d",h);         ... printf(" %d",k);
}                            } while(k = 2 * k + 1) < 100);
...                          ...

98 96 ... 2                  0 1 3 ... 63
```

Die Block-Klammern können ausgelassen werden, falls jeweils nur ein Statement iteriert werden soll:

```
... while(h--) printf(" %d",h); ...
... do printf(" %d",k); while(k = 2 * k + 1) < 100); ...
```

Allerdings sollte bereits an dieser Stelle mit Nachdruck darauf hingewiesen werden, daß Zählschleifen und ähnliche Konstrukte, die eine genau
vorgegebene endliche Folge von Zuständen (states) *räumlich-bestimmt*
durchlaufen sollen, zweckmäßiger mit der `for`-Schleife (Abschnitt
7.1.3.2) zu konstruieren sind.

Die eigentliche Semantik und damit die exklusive Anwendungsrationale
der `while`-Schleife liegt im *zeitlich-unbestimmten* Durchlaufen von
Zuständen, die im allgemeinen nicht auf eine vorgegebene endliche Folge
von Werten abgebildet werden können, wobei dann von einer *Zustandsschleife* (state loop) die Rede ist. In genau dieser Hinsicht unterscheidet
sich die lediglich bedingt ablaufende `while`-Schleife denn auch von der
gerichtet ablaufenden `for`-Schleife (conditional vs. directed iteration)!

Als einfachstes Paradigma dieser Rationale wäre das Durchlaufen einer
NUL-terminierten Zeichenkette zu betrachten:

```
...  while(c[i++])  ...        ...  while(*zc++)  ...
```

wobei die Länge der Zeichenkette nicht im voraus bekannt sein muß.

Auf Anwendungen und Abwandlungen dieses Paradigmas beruhen
zahlreiche Algorithmen zur *lexikalischen Manipulation* von *Zeichenketten*
(lexical string manipulations). Das vollständige Durchlauf-Kopieren einer
Spenderkette ist ein typisches Beispiel:

```
...  char a[100], b[] = "Hallo Freunde ...";
...
...  int i, ...;                     ...char *za, *zb, ...;
...                                  ...
...  i = 0;                          ... za = a; zb = b;
     while(a[i] = b[i])  i++;        while(*za++ = *zb++);
     printf("\n%s",a);
...                                      ...
         Hallo Freunde ...
```

wobei in der linken Variante die Inkrementation dem `while` nachgestellt
ist, um die Synchronisierung der beiden Index-Ausdrücke zu gewährleisten
(Abschnitt 6.3.2), während in der rechten Variante die `while`-Instruktion
mit dem Null-Statement abgeschlossen wird. In beiden Varianten fungiert
der Zuweisungsausdruck zugleich als Prüfbedingung. Die terminierende
ASCII-NUL wird jeweils mitkopiert.

In dem folgenden Fragment wird eine Zeichenkette durch Entfernen aller
überzähligen Leerzeichen SP (040) *in situ* komprimiert (compressing in
situ):

```
...
#define   SP   040

... char v[] = "  a bb   ccc      dddd    ";
... char *zu = v, *zv = v, ...;
...
... printf("\n>%s<",v);
...
... while(*zu++ = *zv)
        if(*zv == SP) while(*++zv == SP);
        else zv++;
...
... printf("\n>%s<",v);
...

        >  a bb   ccc      dddd   <
        > a bb ccc dddd <
```

wo das mittlere, if-gebundene while den Spender-Zeiger über zusammenhängende Folgen von Leerzeichen hinwegsetzt. Das else ist an das if innerhalb der Schleife gebunden. Die Zeichenkette muß mit einer ASCII-NUL terminieren, da andernfalls das ganze Konstrukt zum Irrläufer wird. Der Ansatz läßt sich einfachst auf überzählige Tabulatorzeichen HT (011) und Zeilenvorschübe LF (012) erweitern.

Als ein zusammenfassendes Beispiel dieser lexikalischen Anwendungen sei schließlich noch das Absuchen eines Textkörpers nach einer vorgegebenen Zeichenkette (string search) zu betrachten. Bild 7.4 zeigt einen typischen Algorithmus dazu.

Der abzusuchende Textkörper wird in Bild 7.4 prototypisch durch den mit Adressen von Zeichenketten vorbelegten Zeigervektor txt dargestellt, dessen Elemente auf die Zeilen verweisen. Der in der Zusatzdatei <stddef.h> (ANSI+) definierte NULL-Zeiger schließt die Zeilenfolge und damit den Textkörper ab. Es sollen alle jene Zeilen bestimmt werden, welche die Endung "isation" (British usage) enthalten, die als Suchkette (search string) in s abgelegt ist.

Der Zeilenzeiger zt soll den Zeigervektor txt durchlaufen und wird dementsprechend als Zeiger zweiter Ordnung (Abschnitt 5.4.2)) definiert um dessen Adresse aufzunehmen. Zu beachten ist, daß der äußere do-while-Block einen internen Zeiger zu enthält, der bei jedem Zeilendurchlauf erneut mit der Anfangsadresse der aktuellen Zeile vorbelegt wird, und daß der innere while-Block einen internen Zeiger zs enthält, der bei jedem Suchdurchlauf innerhalb einer Zeile erneut mit der Anfangsadresse der Suchkette vorbelegt wird. Falls die innerste while-Schleife bis zum Ende der Suchkette durchläuft, was durch die if-Bedingung !*zs

```
...
#include <stddef.h>
...
char *txt[] = {
                "... civilization ...",
                "... mechanisation ...",
                "... specialization ...",
                "... trivialisation ...",
                ...,
                NULL
                };
...
... char  **zt, s[] = "isation";
...
... zt = txt;
    do
      {
        auto char *zu = *zt;
        while(*zu)
              {
                auto char *zs = s;
                while(*zs++ == *zu++)
                    if(!*zs) printf("\n%s",*zt);
              }
      } while(*++zt);
...
... mechanisation ...
... trivialisation ...
...
```

Bild 7.4: Algorithmus zum Auffinden einer Zeichenkette

erfaßt wird, dann enthält die aktuelle Zeile die Suchkette und wird sogleich ausgegeben. Der Ansatz ist grundlegend für hochoptimierte *lexikalische Suchfilter* (lexical search filters).

Die im vorhergehenden skizzierten Anwendungsmöglichkeiten sind im wesentlichen *objektbezogen*, indem Speicherbereiche auf eine vorgegebene Weise sequentiell durchlaufen werden. Wie bereits weiter oben betont, liegt die besondere Semantik und damit die eigentliche Anwendungsrationale der while-Schleife im Durchlaufen von *zeitlich-unbestimmten Zuständen* (temporally indeterminate states), die im allgemeinen nicht auf konkrete räumliche Folgen, wie etwa Speicherelemente, abgebildet werden können. Ein diesbezügliches Beispiel sind Konvergenz-Schleifen (convergence loops), wo eine vorgegebene Annäherung eines Gleitpunkt-Wertes an einen Grenzwert als Konvergenz-Kriterium und damit als Abbruchsbedingung der Schleife gilt. In Bezug auf diese Thematik sei auch auf die einschlägige Fachliteratur der angewandten und numerischen Mathematik verwiesen.[5]

Eine besondere Bedeutung kommt der `while`-Schleife auch in der *Prozeß-steuerung* (process control) zu, wo die folgenden Kategorien von zeitlich-unbestimmte Zuständen zu erfassen sind:

• E/A-Zustände
• Signal-gesteuerte Ausführungs-, Warte- und Alternativ-Zustände
• Beilaufende Prozeßzustände

Beilaufende Prozeßzustände (concurrent process states) werden im Abschnitt 10.1 im Zusammenhang mit der Prozeßsteuerung vorgestellt. Die Steuerung durch Signale wird im Abschnitt 7.2 eingehend besprochen. E/A-Zustände werden durch die *EOF-Bedingung* (end-of-file condition), durch mitfließende Steuerzeichen sowie durch *Fehlerbedingungen* (error conditions) abgegrenzt. Das typisches Konstrukt einer Zustandsschleife zur Zeichen-Eingabe mit EOF-Bedingung ist:

```
...
#include <stdio.h>
...
... char c, ...;
...
    while((c = getchar()) != EOF)
        {
          ...
          <Aktion während Eingabe>
          ...
        }
...
```

Die Zustandsschleife liest jeweils ein Zeichen mit der Eingabefunktion **getchar(3S)** über die *Normaleingabe* (standard input) ein und bricht erst beim Ende des *Eingabestroms* (input stream) ab, was mit der symbolischen Konstanten EOF erfaßt wird, die in der Zusatzdatei `<stdio.h>` mit dem Wert −1 definiert ist. Dieser Ansatz wird nachfolgend im Zusammenhang mit dem `switch-case`-Konstrukt noch einmal aufgegriffen. Die E/A-Funktionen werden im Kapitel 9 eingehend behandelt.

Arbeits- und Zustandsschleifen (duty, state, loops), die nur asynchron durch Signale abgebrochen werden sollen, können auf folgende Weise konstruiert werden:

---

5. Fraktalprozesse fallen auch in diesen Bereich. Eine splendide Darstellung wird von PEIT-
   GEN und RICHTER (1986) gegeben.

```
...
... int GO , ...;
... GO = 1;
... signal(...);                    ... signal(...);
while(GO)                            do
     {                                    {
       ...                                  ...
       ...                                  ...
     }                                    } while(1);
...                                      ...
```

In dem linken Szenario wird die Schleife durch eine Zustandsvariable GO
bedingt, die nur mit einem Signal über eine Aktionsfunktion zurückgesetzt
werden kann. In dem rechten Szenario kann die mit einer konstanten
TRUE-Bedingung erzwungene indeterminate Schleife nur durch eine
Sprung- oder Transfer-Instruktion verlassen werden. Der durch das
ständige Prüfen einer konstanten Bedingung entstehende *Reibungsverlust*
(overhead) ist sinnlos; die völlig gleichwertige indeterminate goto-
Schleife wäre als die effizientere und technisch ehrlichere Alternative
vorzuziehen. Diese und verwandte Aspekte der *asynchronen Ablaufsteuerung* werden im Abschnitt 7.2.2 weitergeführt.

Kopf- und fußgesteuerte while-Schleifen können fast beliebig ineinander
verschachtelt werden, wobei sich die einzelnen Bedingungen im Sinne
eines AND logisch anreihen. Bild 7.5 zeigt die dabei entstehenden
logischen Geltungsbereiche, wobei der *Durchlaufvorrang* (looping precedence) von innen nach außen verläuft; d.h. die innerste Schleife "rotiert am
schnellsten", gefolgt von der unmittelbar umgebenden Schleife usw. Bei
kritischen Anwendungen mit verschachtelten Schleifen, die größere Wertebereiche durchlaufen, können verschiedene Optimierungsmöglichkeiten in
Betracht gezogen werden. Dies wird im Zusammenhang mit der for-
Schleife im Abschnitt 7.1.3.2 weitergeführt.

Zu beachten ist, daß schleifenübergreifende Sprünge nur mit bedingten
goto-Verzweigungen ausgeführt werden können, wobei die den
continue und break entsprechenden Sprungmarken unmittelbar vor
beziehungsweise unmittelbar nach einem Blockende gesetzt werden
müssen, wobei erstere unmittelbar von einem Null-Statement gefolgt
wird.[6]

---

6. Im Gegensatz zu den gleichnamigen Instruktionen in den beiden ursprünglichen UNIX-
   Shells haben continue und break hier keine schleifenübergreifende Wirkung. Die
   beiden Shell-Programmiersprachen werden in KA(1992) eingehend beschrieben.

```
...
while(<A>)
      { /* Anfang A */
      ...
      <Aktion während A>
      ...
      do
        { /* Anfang B */
        ...
        <Aktion während A AND B>
        ...
        while(<C>)
              { /* Anfang C */
              ...
              if(...) goto CON_3;
              ...
              if(...) goto CON_2;
              ...
              if(...) continue;
              ...
              <Aktion während A AND B AND C>
              ...
              if(...) break;
              ...
              if(...) goto BRK_2;
              ...
              if(...) goto BRK_3;
              ...
              } /* Ende  C */
        <Statement>;
        ...
        <Aktion während A AND B>
        ...
        CON_2:;
      } while(<B>); /* Ende  B */
      BRK_2:;
      ...
      <Aktion während A>
      ...
      CON_3:;
      } /* Ende  A */
BRK_3: ...;
...
```

Bild 7.5: Das Steuerschema verschachtelter Schleifen

7.1.3 Gerichtete Ablaufsteuerung

Im Gegensatz zur bedingten Ablaufsteuerung, die ausschließlich auf der
kategorischen Dichotomie TRUE ($\neq 0$) : FALSE (0) beruht, wobei ein
Kontinuum von Zustandswerten auf lediglich *eine affirmative Aktion*, und
lediglich ein *Einzelwert* auf *eine alternative Aktion* abgebildet wird, geht
die *gerichtete Ablaufsteuerung* (directed flow of control) von genau
definierten Zustandswerten aus, die punktuell auf Aktionen abgebildet
werden. Die gerichtete Ablaufsteuerung zeichnet sich daher durch einen
höheren Grad an Bestimmtheit (determinedness) aus als die bedingte.

7.1.3.1 Gerichtete Verzweigung

Bild 7.6 zeigt das allgemeine Schema des switch-case-Paragraphen mit
einem skalaren Steuerausdruck (controlling expression) vom Typ int als
Argument der switch-Instruktion, durch dessen Werte die case-
Klauseln (case clauses) angesteuert (selected) werden. Das Konstrukt wird
gelegentlich auch als case-Schalter oder -Verteiler (case distributor)
bezeichnet.

```
...
switch(<Ausdruck>)
{ /* Anfang switch-case */

case <S1>: ...
        ...
        [<Aktion bei definiertem Steuerwert <S1>]
        ...
        ... break; ─────────────────────────────────────┐
case <S2>: ...                                            │
        ...                                               │
        [<Aktion bei definiertem Steuerwert <S2>]         │
        ...                                               │
        ... break; ─────────────────────────────────────▶│
...                                                       │
...                                                       │
default: ...                                              │
        ...                                               │
        [<Aktion bei undefinierten Steuerwerten]          │
        ...                                               │
        ... break; ─────────────────────────────────────▶│
} /* Ende switch-case */                                  │
<Statement>◀──────────────────────────────────────────────┘
...
```

Bild 7.6: Schema der gerichteten Verzweigung

Der `case`-Block muß mit geschweiften Klammern (braces) umgeben werden. Im Gegensatz zu Block-Statements können innerhalb eines `case`-Blocks zwar interne Objekte der Speicherklassen `auto`, `static` und `register` lediglich *definiert* (Abschnitt 5.2.1.2), nicht aber *vorbelegt* werden, da der Eintritt in den Block nur über Sprungmarken erfolgen kann, die bei deklarativen Statements (Abschnitt 3.3) nicht zulässig sind. Externe Objekte (Abschnitt 5.2.1.1) können innerhalb des Blocks nach Belieben *deklariert* werden.

Die `case`-*Sprungmarken* (case labels) <S1>, <S2>, ... werden unmittelbar von einem Doppelpunkt (colon) gefolgt; eine `case`-*Klausel* (clause) kann optional mit der Instruktion `break` abgeschlossen werden, wodurch der Ablauf unmittelbar auf das erste dem Paragraphen nachfolgende ausführbare Statement gelenkt wird. Bei Auslassung des `break` tritt der Ablauf in die unmittelbar nachfolgende `case`-Klausel ein (dropping through) und setzt sich bis zum ersten nachfolgenden `break` beziehungsweise bis zum Ende des Paragraphen fort, um erst dann mit dem ersten nachfolgenden ausführbaren Statement fortzufahren.

Die Sprungmarken werden durch ganzzahlige Konstante oder konstante Ausdrücke dargestellt, deren Werte sich nicht innerhalb eines Paragraphen wiederholen dürfen. Mit der `default`-Klausel werden alle nichtdefinierten Steuerwerte erfaßt (catch-all); sie kann überall innerhalb des Paragraphen gesetzt werden, zumeist aber gewohnheitsmäßig am Ende. Bei Auslassung des `default` erfolgt bei nichtdefinierten Steuerwerten keinerlei Aktion innerhalb des Paragraphen.

Eine Alternation (logisches OR) zwischen verschiedenen `case`-Werten kann durch *Stapeln* (stacking) von Sprungmarken erzwungen werden:

```
...
case <A>:
case <B>:
...
case <H>: ...
     [Aktion bei <A> oder <B> oder ... <H>]
     ... break;
...
```

Bei der Auswertung des Steuerausdrucks in der `switch`-Instruktion erfolgt automatisch eine *integrale Aufwertung* (integral promotion; Abschnitt 6.4, eingangs), so daß vorzeichenfreie (unsigned) und -behaftete (signed) Steuerwerte vom Typ `char` und `short` sowie Bit-Felder (Abschnitt 5.6.1.1) konform auf die bereits während des Kompilierens zum Typ `int` aufgewerteten Sprungmarken abgebildet werden. Insbesondere können also integrale Werte auf *Zeichenkonstante* abgebildet werden und

umgekehrt. Darüber hinaus können Ketten bis zu 4 Zeichen durch Hexadezimal-Kodierung gemäß ascii(5) auf Sprungmarken abgebildet werden.

Eine häufige Anwendungsform des `switch-case`-Paragraphen besteht
darin, eine bedingt oder bedingungsfrei laufende *Zustandsschleife* (state
loop) in einen definierten *Arbeitszyklus* (duty cycle) aufzugliedern. Bild
7.7 zeigt das typische Konstrukt eines *Textfilters* (text filter) zur lexikalischen Verarbeitung von Textdateien.

```
...
#define BS        010
#define HT        011
#define LF        012
#define CR        015
#define SP        040
...
#include    <stdio.h>
...
... char c, s = 0, ...;
...
while((c = getchar()) != EOF)
    {
     ...
     switch(c)
      {
      case CR: /* Zeilenanfang und */
      case BS: /* Rückschritt entfernen */
          continue;

      case LF: /* Leerzeilen reduzieren */
          if(s == LF) continue;
          else s = LF;
          break;

      case SP: /* Leerzeichen reduzieren */
          if(s == SP) continue;
          else s = SP;
          break;

      case HT: /* Tabulator ... */
          ...
          break;

      default: break;
      } /* Ende switch */
     ... putchar(c) ...
    } /* Ende while */
...
```

Bild 7.7: Typisches Konstrukt eines Textfilters

In dem Programm-Fragment werden die `case`-Werte durch mit `define` definierte symbolische Konstanten (Abschnitt 3.4) dargestellt. Eine alternative Methode wäre, enumerierte Norminal-Variable (Abschnitt 4.3.3) zu benutzen. Die mit `while` angetriebene Zustandsschleife (state loop) liest jeweils ein Zeichen mit der Eingabefunktion **getchar(3S)** über die *Normaleingabe* (standard input) ein und bricht erst beim Ende des Eingabestromes ab, wobei EOF (end-of-file) eine in der Zusatzdatei `<stdio.h>` enthaltene symbolische Konstante ist.

Die insgesamt 6 exklusiv definierten Zustände eines durchlaufenden Zeichens werden mit 5 `case`-Klauseln erfaßt, wobei BS und CR auf einer Klausel gestapelt sind. Der verbleibende unbestimmte Zustand wird mit der `default`-Klausel erfaßt. Zu beachten ist, daß die `continue`-Instruktionen sich auf die umgebende Schleife beziehen und dementsprechend unmittelbar zum Schleifenkopf zurückführen, ohne daß das jeweilige Zeichen ausgegeben wird. Im Gegensatz dazu beziehen sich die `break`-Instruktionen ausschließlich auf den `switch`-Paragraphen, nach dessen Verlassen das jeweilige Zeichen mit der Ausgabefunktion **putchar(3S)** ausgegeben wird. Die beiden E/A-Funktionen werden im Abschnitt 9.4.3 eingehend besprochen.

Der Sinn des Konstruktes ist, jegliche BS- und CR-Zeichen zu entfernen, überzählige LF- und SP-Zeichen auf jeweils ein verbleibendes zu reduzieren sowie eine (nicht gezeigte) Verarbeitung des HT-Zeichens auszuführen. Alle anderen Zeichen durchlaufen den Arbeitszyklus unverändert. Solche und ähnlich konstruierte Programme können sowohl durch Umlenkung der Ein- und Ausgabe mit einzelnen Dateien arbeiten als auch als *Durchlaufprogramme* (filters) auf der Shell-Ebene zu Pipelines verknüpft werden. Dies wird im Zusammenhang mit den E/A-Funktionen in den Abschnitten 9.3.4 und 9.4.1 weitergeführt.

Der obige Ansatz ist zugleich prototypisch für synchron ablaufende interaktive Anwendungen, wo mit Menue-Auswahl (menu selection) oder fest vorgegebenen einfachen Befehlskürzeln ohne komplexe Prüfbedingungen gearbeitet wird. Bei solchen Anwendungen ist das `switch-case`-Konstrukt grundsätzlich effizienter als logische Leitern mit verschachtelten `if-else`-Klauseln mit jeweils erneuter Bedingungsprüfung. Beim `switch-case`-Konstrukt wird der Steuerausdruck nur einmal ausgewertet, wobei der Sprung auf die entsprechende `case`-Klausel berechnet werden kann. Im Gegensatz zu logischen Leitern werden die `case`-Klauseln also mit gleichverteilter Effizienz angesteuert. Allerdings kann mit `case`-Sprungmarken allein keine komplexe Bedingungslogik konstruiert werden!

`switch-case`-Konstrukte können fast beliebig ineinander verschachtelt (nested) werden, wobei mit unabhängigen oder korrelierten Steuerausdrücken gearbeitet werden kann. Eine typische Anwendung besteht darin, identische Aktionen aus Gruppen von `case`-Klauseln "herauszufaktorisieren", was Redundanz vermeidet und zur Beständigkeit (consistency) des Programmkodes beiträgt. Bild 7.8 zeigt einen typischen Ansatz mit Vorwahl, Prolog, bedingte Aufgliederung und Epilog.

```
...
... int sv, ...;
...
switch(sv = (int) <Steuerausdruck>)
{ /* Anfang Vorwahl */
case A:
case B:
case C:<Prolog für A,B,C>
        switch(sv)
        { /* Anfang switch_ABC */
         case A: <Aktion bei A>
           ... break;
         case B: <Aktion bei B>
           ... break;
         ...
         default:...
           ... break;
        } /* Ende switch_ABC */
        <Epilog für A,B,C>
        ... break;
...
case X:
case Y:
case Z:<Prolog für X,Y,Z>
        switch(sv)
        { /* Anfang switch_XYZ */
         case X: <Aktion bei X>
           ... break;
         ...
         ...
        } /* Ende switch_ABC */
        <Epilog für X,Y,Z>
        ... break;
...
default:...
        ... break;
} /* Ende Vorwahl */
...
```

Bild 7.8: Ansatz zur Faktorisierung von Aktionen

Zu beachten in Bild 7.8 ist, daß der Steuerausdruck nur einmal im äußeren switch ausgewertet und dabei unter Anpassung (Abschnitt 6.2.3) einer Variablen vom Typ int zugewiesen wird, die dann unverändert als Steuervariable in den inneren switch-Instruktionen fungiert. Die Anpassung ist insbesondere da wichtig, wo eine Aufwertung der case-Sprungmarken zu erwarten ist, wie das bei Zeichenkonstanten ja der Fall ist.

Eine besondere Anwendung des verschachtelten switch-case mit einer umgebenden Schleife ist das Umsetzen von Schalt-Bits in Aktionen. Bild 7.9 zeigt den typischen Ansatz für eine Schaltvariable sv vom Typ char, wobei die 8 Schalt-Bits auf case-Klauseln abgebildet werden.

```
...
#define   B0   (1)
#define   B1   (1 << 1)
#define   B2   (1 << 2)
...
#define   B7   (1 << 7)
...
... unsigned char sv, ...;
... int i,...;
...
for(i = 0; i < 7; i++)
{
 switch((int)(sv & (1 << i)))
   { /* Anfang Schalt-Bits */
     case B0: <Aktion für 0-Bit = 1>
             ... break;
     case B1: <Aktion für 1-Bit = 1>
             ... break;
     ...
     case B7: <Aktion für 7-Bit = 1>
             ... break;
     ...
     default: switch(i)
             { /* Komplementär-Schalter */
               case 0:<Aktion für 0-Bit = 0>
                     ... break;
               ...
               case 7:<Aktion für 7-Bit = 0>
                     ... break;
             } /* Ende Komplementär-Schalter */
     ... break;

   } /* Ende Schalt-Bits */
...
} /* Ende for-Schleife */
...
```

Bild 7.9: Ansatz zur Aufschlüsselung von Bit-Schaltern

Die als die äußeren `case`-Sprungmarken fungierenden symbolischen Konstanten B0, B1, ..., B7 stellen die Prüfwerte der entsprechenden Schalt-Bits dar, was den numerischen Werten 1, 2, ... 128 entspricht, die auch unmittelbar anstelle der Bit-Verschiebungen benutzt werden können. Mit der im nachfolgenden besprochenen `for`-Schleife werden die Bit-Positionen 0,1, ..., 7 der Reihe nach durchlaufen und in der `switch`-Instruktion mit Bit-Operationen (Abschnitt 6.5.2) abgegriffen. Bei einem gesetzten Schalt-Bit wird die entsprechende BX-Klausel angesteuert; andernfalls tritt der Ablauf über die `default`-Klausel in den Komplementär-Schalter ein, um für das jeweils ungesetzte Schalt-Bit eine komplementäre Aktion auszuführen. Der Ansatz läßt sich einfachst auf 16 oder 32 Schalt-Bits erweitern.

7.1.3.2 Gerichtete Schleifen

Gerichtete Schleifen (directed loops) zeichnen sich dadurch aus, daß ein zu durchlaufender Wertebereich explizite im Schleifenkopf vorgegeben werden kann. Bild 7.10 zeigt das allgemeine Schema der `for`-Schleife.

```
...
for(<A>; <B>; <S>)
    {
    ...
    if(...) continue;
    ...
    <Durchlauf-Aktion>
    ...
    if(...) break;
    ...
    }
<Statement>;
...
```

Bild 7.10: Schema der gerichteten Schleife

Die drei durch je ein Semikolon getrennten Steuerausdrücke im Schleifenkopf bestimmen den Verlauf der Schleife:

<A> : *Ausgangsbedingung* (initial condition)

<B> : *Prüfbedingung* (test condition)

<S> : *Schrittanweisung* (stepping directive)

Für die Prüfbedingung gilt die erweiterte Dichotomie $\neq 0$ (TRUE): 0 (FALSE). Die Schleife terminiert beim ersten FALSE. Die Steuerausdrücke sind optional und können einzeln oder insgesamt ausgelassen werden, was weiter unten noch einmal aufgegriffen wird.

Mit den kontextgebundenen Instruktionen `continue` und `break` kann auch hier beim Eintreten von subsidiären Bedingungen innerhalb des Schleifenkörpers zum Schleifenkopf zurückgesprungen beziehungsweise aus der Schleife herausgesprungen werden. Im ersten Fall läuft die Schleife mit dem nächsten fälligen Schritt weiter; im zweiten wird der Ablauf mit dem ersten, der Schleife unmittelbar nachfolgenden ausführbaren Statement fortgesetzt.

Der Schleifenkörper wird als Block mit umgebenden geschweiften Klammern (braces) kodiert, innerhalb dessen interne Objekte (Abschnitt 5.2.1.2) der Speicherklassen `auto`, `static` und `register` nach Belieben sowohl *definiert* als auch *vorbelegt*, und *externe* Objekte (Abschnitt 5.2.1.1) *deklariert* werden können. Dies wird weiter unten noch einmal aufgegriffen.

Bei einem einzigen Statement können die Block-Klammern ausgelassen werden, was auch für das aus einem Semikolon bestehenden Null-Statement gilt:

```
... for(...) <Statement>; ...        ... for(...); ...
```

Die einfachsten Anwendungsformen sind Zählschleifen, wobei ein Index einen zusammenhängenden ganzzahligen *Wertebereich* (domain)[7] schrittweise durchläuft:

```
...
... int i,j, ...;
...
for(i = 0; i < 100; i++)          for(j = 100; j ; j--)
   {                                 {
   ...                               ...
   printf(" %d", i);                 printf(" %d", j);
   ...                               ...
   }                                 }
printf("\n%d", i);                printf("\n%d", j);
...
   0 1 2 ... 99                    100 99 ... 2 1
   100                            0
```

wobei — wie angedeutet — der Index bei Schleifenende den Grenzwert bereits über- beziehungsweise unterschritten hat. Gegebenenfalls muß dann ein Rücksetzen stattfinden. Bei Nichtbeachtung dieser Eigenheit können recht obskure Fehler entstehen.

---

7. Actually the *domain*, not range, of a loop.

Die Schrittgröße (step size) ist nicht auf Eins beschränkt,

```
...
... int i, ...;
......
for(i = 0; i < 100; i += 2)
   {...
    printf(" %d", i);
    ...
   }
...
   0 2 4 ... 98
```

und der Wertebereich nicht auf Ganzzahlen:

```
...
#include <float.h>
...
... float u, FLIM = 1.0 + FLT_EPSILON, ...;
...
for(u = 0.0; u <= FLIM ; u += 0.05)
   {...
     printf(" %4.2f", u);
     ...
   }
...
   0.00 0.05 ... 0.95 1.00
```

wobei die Schrittgröße deutlich über der in der Zusatzdatei `<float.h>`
enthaltenen Diskriminationskonstanten (ANSI+) für Gleitpunktwerte
(Abschnitt 4.3.2) liegen sollte; in diesem Fall also über `FLT_EPSILON`.
Der effektive Grenzwert sollte ebenfalls mit dieser Konstanten "gepolstert"
(padded) werden, um den Wertebereich voll auszuschöpfen. Bei hochkriti-
schen numerischen Anwendungen sollte jedoch anstelle dessen ein Werte-
vektor vom Typ `double` (oder `long double`) über einen Index oder
Zeiger durchlaufen werden.

Zeichenmengen können sowohl in der ASCII-Sortierfolge (collating order)
als auch in willkürlicher Reihenfolge durchlaufen werden:

```
...
... int c, ...;
...
for(c = 'a'; c <= 'z'; c++)
   {...
    printf(" %c", c);
    ...
   }
...
   a b c ...
...
```

```
... char *zc, ...;
...
for(zc = "az…cx"; *zc ; zc++)
    {...
     printf(" %c", *zc);
     ...
    }
...
    a z ... c x
```

wobei das zweite Fragment einen Zeiger benutzt, der eine als Ausgangsbedingung gegebene Zeichenkette bis zur abschließenden ASCII-NUL (0)
durchläuft.

Jeder der drei Steuerausdrücke kann ausgelassen werden. Bei Auslassung
der Ausgangsbedingung wird vom jeweils aktuellen Wert des Prüfaus-
drucks ausgegangen, mit dem der Durchlauf bei einem TRUE beginnt. Ein
typisches Anwendungsbeispiel ist die Aufteilung eines Wertebereiches in
Teilbereiche mit variiernden Schrittgrößen:

```
...
... int i, ...;
...
for(i = 0; i < 10; i++) { .... }/* 0, 1, ..., 9 */
for(; i < 100; i += 10) { .... }/* 10, 20, ..., 90 */
for(; i < 1000; i += 100) { .... }/* 100, ..., 900 */
...
```

Zu beachten ist, daß das erste Semikolon innerhalb der Rundklammern
nicht ausgelassen werden kann; bei Auslassung entsteht ein fataler Kompilierfehler.

Bei Auslassung der Prüfbedingung, wie in

```
... for(i = 0 ;; i++) ...
```

entsteht eine indeterminat fortlaufende Schleife, die dann nur noch durch
bedingte Sprünge oder asynchrone Signale verlassen werden kann.

Bei Auslassung der Schrittanweisung, wie in

```
... for(i = 0; i < 100;) ...
```

entsteht eine indeterminate stationäre Schleife, die ebenfalls nur noch
durch bedingte Sprünge oder asynchrone Signale verlassen werden kann,
falls die Prüfgrenze nicht innerhalb der Schleife erreicht wird. Zu beachten
ist, daß das zweite Semikolon innerhalb der Rundklammern nicht ausgelassen werden kann.

Bei Auslassung der Ausgangsbedingung und der Schrittanweisung, wie in

```
... for(; i < 100;) ...
```

entsteht das Äquivalent einer `while`-Schleife (Abschnitt 7.1.2.2), die dann auch dem unvollständigen Konstrukt vorzuziehen wäre.

Bei Auslassung aller drei Steuerausdrücke, wie in

```
...  for(;;)  ...
```

entsteht das Äquivalent einer indeterminaten `goto`-Schleife (Abschnitt 7.1.1.2), was dann auch als die ehrlichere Alternative vorzuziehen wäre.

Der Komma-Operator (Abschnitt 6.8.2) kann innerhalb der Rundklammern benutzt werden, um eine Folge von Ausdrücken gerichtet auszuwerten. Eine typische Anwendung besteht darin, von einer Anfangsadresse ausgehend einen in Teilbereiche aufgeteilten Speicherbereich (Abschnitt 6.9.3) mit einer vorgegebene Anzahl von Schritten zu durchlaufen, wie zum Beispiel mit einem Struktur-Zeiger:

```
...
...  struct sx *ZX, ...;
...
...  char cb[1024], ...;
...
     for(ZX = cb, i = 0; i < 10; ZX++, i++) ...
...
```

wo die Ausgangsbedingung einerseits einen Zeiger auf die Ausgangsadresse und andererseits einen Zähler auf Null setzt. Die Prüfbedingung bestimmt 10 Schritte. Die Schrittanweisung verschiebt einerseits den Zeiger und erhöht andererseits den Zeiger.

Bei *prozedurellen Schnittstellen* (procedural interfaces), die innerhalb von Schleifen-Blöcken liegen, können die Zähl- oder Index-Variablen durch speziell definierte Block-Variablen gegen unbeabsichtigte Manipulationen geschützt werden:

```
...
...  int i, ...;
...
for(i = 0; i < LIM; i++)
    {
    auto int const j = i;
    auto int const i = j;
    ...
    <Prozedurelle Schnittstelle>
    ...
    }
...
```

Die interne Variable j wird mit dem Vorsatz `const` (ANSI+; Abschnitt 5.1) definiert und mit dem laufenden Wert der Zähl- oder Index-Variablen i vorbelegt. Unmittelbar nachfolgend wird ein ebenfalls konstanter Platzhalter (dummy) i definiert und mit j vorbelegt. Das Dummy kann als Zähl- oder Index-Variable abgegriffen und bei Auslassung von const sogar verändert werden; auf das steuernde Original kann jedoch innerhalb des Blocks nicht zugegriffen werden.

for-Schleifen können fast beliebig ineinander und mit kopf- und fußgesteuerten while-Schleifen verschachtelt werden, wobei sich die einzelnen Bedingungen im Sinne eines AND logisch anreihen und der *Durchlaufvorrang* (looping precedence) von innen nach außen verläuft. Für die schleifenübergreifende Sprungsteuerung gilt das im Bild 7.5, Abschnitt 7.1.2.2, dargestellte Steuerschema.

Bei kritischen Anwendungen mit verschachtelten for-Schleifen, die größere Wertebereiche durchlaufen, können verschiedene Optimierungsmöglichkeiten in Betracht gezogen werden. Da die innerste Schleife am schnellsten "rotiert" und selbst am häufigsten rotiert wird, gefolgt von der unmittelbar umgebenden Schleife usw., sollten die *Reibungsverluste* (overhead) nach Möglichkeit von außen nach innen minimiert werden. Für das generelle Konstrukt von verschachtelten Index-Schleifen mit einfachen Ausgangs- und Prüfbedingungen und Index-Schritten,

```
. . .
for(i = 0; i < L; i++)
   {
    . . .
    for(j = 0; j < M; j++)
       {
         register int k;
         . . .
         for(k = 0; k < N; k++)
           {
             . . .
           }
         . . .
       }
    . . .
   }
. . .
```

wo von einem konstanten Durchlauf-Reibungsverlust R in jeder Schleife ausgegangen werden kann, ergibt sich der Gesamtreibungsverlust als:

$$R \times L \times (1 + N + N \times M + \ldots)$$

Der Betrag kann durch aufsteigende Reihenfolge der Konstanten minimiert werden: $L \leq M \leq N$ ... Daraus ergibt sich, daß die Schleifen nach *aufsteigenden Durchlaufbereichen* von *außen nach innen* verschachtelt werden sollten. Insbesondere sollte die *innerste* Schleife den *größten* Bereich durchlaufen, gefolgt von der unmittelbar umgebenden Schleife usw.

Dieser Optimierungsansatz ist immer dann möglich, wenn — wie gezeigt — die Schleifen wechselseitig unabhängig sind und daher willkürlich umgeordnet werden können. Je nach bestehenden Abhängigkeiten können zumindest teilweise Umordnungen in Betracht gezogen werden. Zusätzlich können noch alle jeweils gegebenen Möglichkeiten ausgeschöpft werden, um die Reibungsverluste der inneren Schleifen zu minimieren, und sei es auf Kosten der äußeren Schleifen. Bei integralen Wertebereichen könnten zum Beispiel — wie angedeutet — die Zähl- oder Index-Variablen mit `register` definiert werden.

Abschließend sei noch die *Teleskop-Schleife* (telescoping loop) vorgestellt, mit welcher ein System beliebig tief verschachtelter Zähl- oder Index-Schleifen als Aggregat emuliert werden kann. Bild 7.11a zeigt das heuristische Ausgangskonstrukt.

```
...
#define    RANG       10
#define    R1         RANG - 1
...
const  int  U[RANG]  =  {4,4,4,4,4,4,4,4,4,4};
...
static  int  iv[RANG],  h,  ...;
register  r = R1;
...
DC:  printf("\n(%d):",r);
     for(h = 0;  h < RANG;  h++)  printf("%d ",iv[h]);
     ...
...
for(r = R1;  t >= 0;  r++)
   if(iv[r]  <  U[r]){iv[r]++;  goto DC;}
   else  iv[r];
...
```

```
        (9):0 0 ... 0 0      ...
        (9):0 0 ... 0 1      (9):0 4 ... 4 4
        ...                  (0):1 0 ... 0 0
        (9):0 0 ... 0 4      (9):1 0 ... 0 1
        (8):0 0 ... 1 0      ...
        (9):0 0 ... 1 1      (9):4 4 ... 4 4
```

Bild 7.11a: Ausgangskonstrukt einer Teleskop-Schleife

Die in Bild 7.11a gezeigte Einstellung mit RANG = 10 und einen Vektor U von 10 gleichen Grenzwerten erzeugt einen Index-Vektor iv mit 10 Elementen, der die insgesamt $4^{10} = 1048576$ Kombinationen in der angedeuteten Reihenfolge durchläuft, was 10 verschachtelten Schleifen entspricht. Die Variable r gibt dabei die jeweilige Verschachtelungsebene

0 – 9 an, was mit einem `switch-case`-Konstrukt weiter aufgegliedert werden kann. Bild 7.11b zeigt das emulierte Aggregat von 10 Schleifen. Die in U enthaltenen Grenzwerte können beliebig variiert werden.

```
...
... int iv[RANK], r, ...;
...
r = 0;
for(iv[r] = 0; iv[r] <= U[r]; iv[r]++)
    {
    r = 1
    for(iv[r] = 0; iv[r] <= U[r]; iv[r]++)
        {
        ...
        r = RANK - 1;   ...
        for(iv[r] = 0; iv[r] <= U[r]; iv[r]++)
            {
            ...
            }
        ...
        ...
        }
    ...
    }
...
```

Bild 7.11b: Emuliertes Schleifen-Aggregat

7.2 Asynchrone Ablaufsteuerung

Die im vorhergehenden dargestellten Arten der *synchronen Ablauf-steuerung* (synchronous flow of control) können als "klassisch" in dem Sinne betrachtet werden, daß sie in der herkömmlichen Betrachtungsweise die begriffliche Kategorie der *Ablauflogik* von Programmen (program logic) schlechthin verkörperten. Organigramme, Struktogramme und Entscheidungstabellen wurden entwicklungsbedingt zu Sinnbildern der Ablaufsteuerung überhaupt. Sie bestimmen bei vielen Anwendungs- und Organisationsprogrammierern auch heute noch den *frame of mind.* Diese Einseitigkeit wurde sowohl durch die herkömmlichen Anwendungsgebiete als auch durch Entwicklung der Computer-Technologie in den letzten dreißig Jahre bedingt.

In den herkömmlichen Anwendungsgebieten, sei es Finanzbuchhaltung, Baustatik oder das Berechnen der nächstgrößeren bis dato noch unbe-kannten Primzahl, wurde nicht nur von *fest vorgegebenen Bedingungen* (a priori conditions) ausgegangen, sondern auch davon, daß diese Bedin-gungen zu *fest vorgegebenen Zeitpunkten* ermittelt werden können (deter-minability). Das Geschlecht oder Alter eines Versicherungskunden ist mit dem Einlesen seines Satzes bestimmt und bestimmt *folgerichtig* die Ablauflogik zum *folgerichtigen* Berechnen seiner Versicherungsprämie (program logic). Die dazu benötigten Prüf-, Entscheidungs- und Steuer-konstrukte (test, decision, control, functions) können grundsätzlich fest in der räumlichen Folge von Programmanweisungen — die *Statements* also — lokalisiert werden. Die *Entscheidungsgrundlage* (decision basis) läßt sich immer auf die TRUE-FALSE-Dichotomie der aristotelischen Logik zurückführen. Dieser *Dialektik* liegt die bisherige Interpretation und Anwendung der von Neumann'schen Machine als ein abgeschlossener und rein *sequentiell ablaufender Automat* zugrunde. Sie bestimmte zugleich der Semantik der "klassischen" Programmiersprachen — von COBOL über FORTRAN bis PL/I. [8]

---

8. J. von Neumann, 1903 – 1957, zuletzt am Princeton Institute for Advanced Study, USA, war führender Mitbegründer der theoretischen Grundlage für elektronische Digitalrechner. Die nach ihm benannte abstrakte Maschine beruht auf zwei sich gegenseitig ergänzenden Prinzipien: erstens, die *Dualität* von Befehlen und Daten im Arbeitsspeicher, die nur vom Rechenwerk bei der Ausführung aufgelöst wird, und zweitens, die mit der Ausführung des aktuellen Befehls bereits vorgreifend über ein Steuerregister (program counter) erfolgende Erfassung des nächsten Befehls (instruction fetch), wodurch die Befehlsfolge dynamisch bestimmt wird und worauf letztendlich die eigentliche Programmierbarkeit der Ablauf-steuerung beruht. Im Gegensatz dazu war die Befehlsfolge bei den Vorläufern statisch ver-kettet.

Indes haben die herkömmlichen Anwendungsgebiete im vergangenen
Jahrzehnt eine bis an die Grenzen der bisherigen Vorstellbarkeit gehende
Erweiterung erfahren, standen doch inzwischen auch in kommerziellen und
privaten Anwendungsbereichen Hardware und Betriebssysteme zur
Verfügung, die eine asynchrone Wechselwirkung mit der Umwelt ermög-
lichten. Die damit ermöglichte *asynchrone Ablaufsteuerung* (asynchronous
flow of control) bedurfte einer Erweiterung der Semantik.

Mit der Semantik, die den *frame of mind* herkömmlicher Programmiersprachen (und einer ganzen Generation von Anwendungsprogrammierern)
prägte, können die Paradigmen der asynchronen Ablaufsteuerung indes
nicht erfaßt und realisiert werden. Schon die "klassischen" Formen der
Bedingungsprüfung und -formulierung versagen hier. Die den konditio-
nalen Konjunktiven *falls* und *während* entsprechenden Instruktionen if
und while können sich nur auf eine jeweils bereits bestehende Bedingung
beziehen, die sich entweder als TRUE oder als FALSE bewerten lassen
muß — eine dritte Möglichkeit besteht dabei nicht. Die beiden Instruktionen switch-case und for der gerichteten Ablaufsteuerung beruhen
letztendlich ebenfalls auf dieser Semantik. Mit dieser kann jedoch ein
jederzeit mögliches aber eben noch nicht eingetretenes und möglicherweise auch überhaupt nicht eintretendes Ereignis nicht erfaßt und bewertet
werden.

Die erforderliche semantische Erweiterung liegt in der zeitlichen Konjunk-
tivform *wenn–dann*: wenn das Ereignis eintritt, dann ... [9] Ausgedrückt wird
damit ein *Erwartungszustand* (anticipation) mit *vorbestimmter Reaktion*
(predetermined response) *wenn* das *erwartete Ereignis* (anticipated event)
eintritt. In der C-Sprache unter UNIX wird diese semantische Erweiterung
durch die Konstrukte der *Signalverarbeitung* (signal processing) dargestellt.

7.2.1 Ereignisse und Signale

Die asynchrone Ablaufsteuerung geht von zwei komplementären Begriffskategorien aus:

* *Ereignisse* (events) sind Zustände, die logisch außerhalb eines Prozesses
  auftreten und auf die dieser reagieren kann. Ereignisse werden auf
  Signale abgebildetet, die dann auf einen Prozeß einwirken können.
* *Reaktionen* (responses) sind programmierte Aktionen, die beim
  Eintreffen von Signalen ausgeführt werden.

---

9. When in Rome, do as the Romans do ... Not "if in Rome ..."!

Typische Beispiele von asynchronen externen Ereignissen und Reaktionen sind: Das *plötzliche* Unterbrechen eines interaktiven Benutzerprozesses, der darauf entweder terminieren oder mit einer Abfrage reagieren kann; der *unerwartete* Abbruch der Terminalverbindung, wobei die Reaktion des "verwaisten" Prozesses vom unverzüglichen Exit über eine geordnete Terminierung unter selbständiger Sicherung des aktuellen Datenbestandes vom Eintritt in einen Wartezustand bis zur Wiederherstellung der Verbindung reichen kann; das *sporadische* Einsetzen der Datenübertragung von peripheren Geräten, worauf der Prozeß aus dem Wartezustand in einen Dienstzustand springt, usw. Bild 7.12 zeigt das solchen Szenarien gemeinsame Verlaufsschema, wobei zu beachten ist, daß ein *externes Ereignis* (external event) erst über eine Systemschnittstelle von einem *Monitorprozeß* (monitor process) zu einem Signal umgewandelt werden muß. Dies wird im Unterabschnitt 7.2.2 noch einmal kurz aufgegriffen.

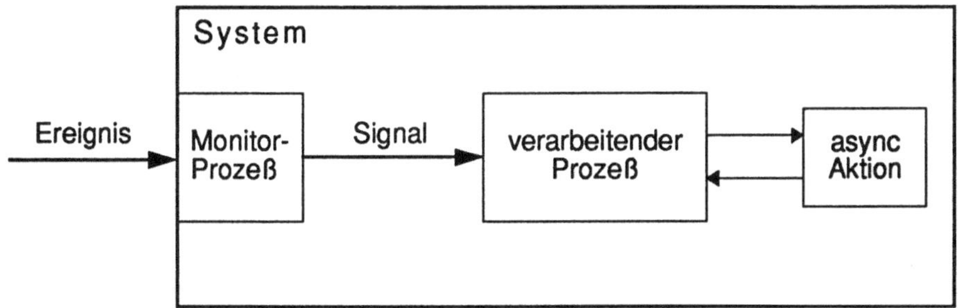

Bild 7.12: Grundschema der asynchronen Einwirkung externer Ereignisse

Neben externen Ereignissen, die eine Einwirkung der physischen Umwelt auf Prozesse darstellen, können systeminterne Ereignisse auf Prozesse einwirken, wobei die entsprechenden Signale vom Kernel unmittelbar an die betroffenen Prozesse abgesendet werden. Dabei ist zwischen zwei Arten von internen Ereignissen zu unterscheiden:

- *Anomalien* (exceptions), wie das Überschreiten des zulässigen Bereiches im Arbeitsspeicher (segmentation violation) oder ein Bus-Fehler (bus error). Exceptions können ihren Ursprung sowohl innerhalb eines Prozesses haben, ohne von diesem erkannt werden zu können, als auch im Betriebssystem und in der Hardware.

- *Kontingenzen* (contingencies), wie der Exit eines Tochterprozesses (death of a child) oder des jeweiligen TTY-Leitprozesses (hangup), wie beim Exit der Terminal-Shell, sowie das Ablaufen des internen Zeitgebers (alarm clock).

Diese systeminternen Ereignisse werden durch Kernel-Signale gemeldet, was im Unterabschnitt 7.2.4 weitergeführt wird.

Darüber hinaus unterstützen moderne Multiprozeßsysteme wie UNIX auch *Wechselwirkungen* (interactions) zwischen beilaufenden Prozessen (concurrent processes), wobei dann von *zwischenprozeßlicher Kommunikation* (IPC: interprocess communication) die Rede ist. Bei *kooperierenden Prozessen* (cooperating processes) spielt sich die Wechselwirkung nach einem genau vorgegebenen IPC-Protokoll (protocol) ab, das den Daten- und Signalaustausch steuert. Die Anwendungsmöglichkeiten der IPC reichen von der Telekommunikation über die Echtzeit-Steuerung von komplexen physischen Systemen mit multiplen Freiheitsgraden bis zur responsiven künstlichen Intelligenz (responsive artificial intelligence) mit parallelen Entscheidungsprozessen. Bild 7.13 zeigt das Grundschema des asynchronen Signalaustausches unter UNIX/C.

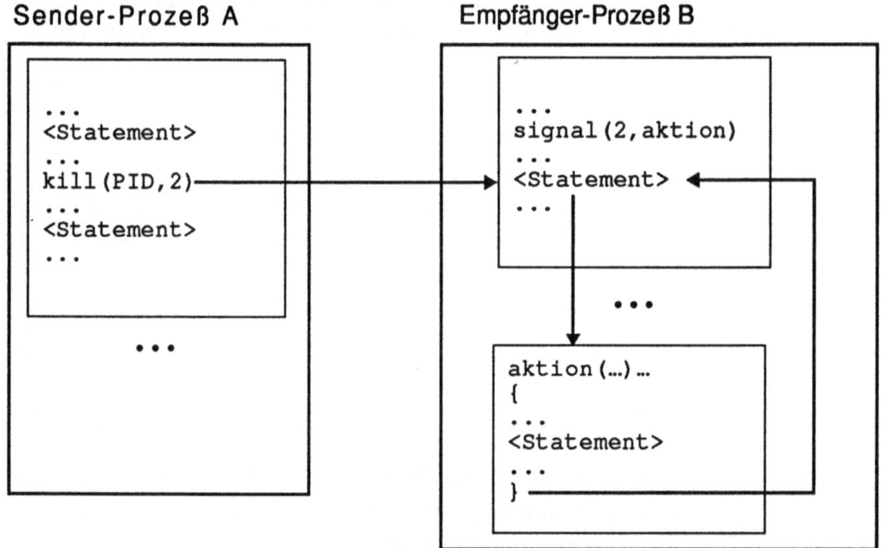

Bild 7.13: Grundschema der asynchronen Signalübermittlung

Zu beachten in Bild 7.13 ist, daß der asynchrone Aspekt nur aus der Sicht des empfangenden Prozesses B besteht. Aus der Sicht des sendenden Prozesses erfolgt die Signalausgabe grundsätzlich als ein synchroner Schritt innerhalb einer Folge von ausführbaren Statements. Diesem asymmetrischen Verhältnis entsprechen die Funktionen der beiden komplementären Systemaufrufe **signal(2)** und **kill(2)**. Mit `signal` wird beim Empfänger-Prozeß lediglich ein bestimmtes Signal — hier `SIGINT` — angemeldet, bei dessen Eintreffen eine *Aktionsfunktion* — hier `aktion` — asynchron — also außerhalb der normalen Ablauffolge — aufgerufen wird, nach deren Ausführung der synchrone Ablauf wieder aufgenommen werden kann.

Mit dem synchron aufgerufenen `kill` [10] kann das angemeldete Signal —
eben SIGINT — dann unter der gesicherten Annahme einer definierten
Reaktion an den Empfänger-Prozeß abgesendet werden, der durch seine
Prozeßkennung PID adressiert wird. Die eigentliche Übermittlung der
Signale fällt in die exklusive Kompetenz des Kernels, was schon durch die
Systemaufrufe angedeutet wird. BACH (1986) gibt eine detaillierte
Beschreibung der internen Abläufe und Prinzipien.

Mit dem eben beschriebenen Szenario rücken zugleich drei wichtige
Gesichtspunkte in den Vordergrund:

- Die Prozeßkennung PID
- Die Signalberechtigung
- Die Signalkennung

Die PID (process ID) ist eine Ganzzahl im Wertebereich von `short`, die
jedem Prozeß bei seiner Erzeugung eineindeutig zugeordnet wird und
während seiner Laufzeit konstant bleibt. Sie stellt die Grundlage der
Multiprozeßstruktur in jedem UNIX-System dar. Dies wird im Kapitel 10
im Zusammenhang mit der Prozeßsteuerung noch einmal aufgegriffen. Für
die nachfolgende Darstellung der asynchronen Ablaufsteuerung ist davon
auszugehen, daß die PIDs der jeweiligen Partnerprozesse bereits als Daten
zur Verfügung stehen. Die *Signalberechtigung* (signal permission) wird
nachfolgend im Zusammenhang mit dem Systemaufruf kill(2) behandelt.

Die *Signalkennungen* (signal number) sind nichtnegative Ganzzahlen, die
in der Zusatzdatei `<signal.h>` als symbolische Konstante vorgegeben
sind. Tabelle 7.1 listet den bisher unter System V zur Verfügung stehenden
generischen Signalvorrat auf. Die Gesamtmenge aller für das jeweilige
UNIX-System definierten Signale kann in der Zusatzdatei eingesehen
werden. Eine für das jeweilige System verbindliche Beschreibung wird
unter dem Eintrag **signal(5)/PHB** gegeben.

Zu beachten sind die *voreingestellten Signalwirkungen* (default actions).
Mit der einzigen Ausnahme des unbenannten Pseudosignals 0, das
keinerlei Wirkung auf den Empfänger-Prozeß hat und lediglich Prüf-
zwecken dient, brechen alle Signale den empfangenden Prozeß bedingungslos ab. Bei den mit einem Asterisk gekennzeichenten Signalen, die
im allgemeinen *Anomalien* (exceptions) ankündigen, wird dazu noch
bedingt eine *Ablagedatei* (core dump) des sich im Arbeitsspeicher befindlichen Programm-Abbildes (core image) im *Eigenverzeichnis* (home
directory) der Benutzerkennung UID des Prozesses angelegt.

---

10. Der Name ist ein ausgesprochener *misnomer*. Eine Umbenennung kann mittels eines
    Makros (Abschnitt 3.4) vorgenommen werden.

No.	Bezeichner	Bedeutung
0		Pseudosignal ohne Signalwirkung
1	SIGHUP	(hangup) Exit des TTY-Leitprozesses
2	SIGINT	(interrupt) Allgemeines Unterbrechungssignal
3*	SIGQUIT	(quit) Allgemeines Abbruchsignal
4*	SIGILL	(illegal instruction) Unzulässiger CPU-Befehl
5*	SIGTRAP	(trace trap) Zum Synchronisieren von Mutter- und Tochter-prozessen über ptrace(2) beim Entfehlern mit adb(1)
6*	SIGIOT	(I/O trap) Fehlerzustand in E/A-Schnittstelle
7*	SIGEMT	(emulator trap) Systemspezifischer Hardware-Fehlerzustand
8*	SIGFPE	(floating point exception) Gleitpunkt-Anomalie
9	SIGKILL	(absolute kill) Bedingungsloser Abbruch
10*	SIGBUS	(bus error) Bus-Fehler
11*	SIGSEGV	(segmentation violation) Adressen-Übergriff
12*	SIGSYS	(syscall argument error) Argumentfehler bei Systemaufruf
13	SIGPIPE	(dead-ended pipe) Kein lesender Partnerprozeß
14	SIGALRM	(alarm clock) Interner Zeitgeber abgelaufen
15	SIGTERM	(termination) Bedingte Terminierung
16	SIGUSR1	(user signal 1) Benutzersignal 1
17	SIGUSR2	(user signal 2) Benutzersignal 2
18	SIGCLD	(death of child) Exit eines Tochterprozesses
19	SIGPWR	(power fail) Unterbrechung der Stromzufuhr

Tabelle 7.1: Generische UNIX-Signale

Die Bedingungen dafür sind unter **signal(2)/PHB** beschrieben; sie gelten insbesondere für Prozesse, die als Instanzen von Benutzerprogrammen unter der Benutzerkennung des Eigentümers ablaufen.

Mit der Ausnahme von SIGKILL (9) kann jedes der aufgeführten Signale *ausgeblendet* (ignored) oder mit einer *Aktionsfunktion* (action function) erfaßt (trapped) werden, wozu der Systemaufruf **signal(2)** benutzt wird. Dies wird im nachfolgenden Unterabschnitt weitergeführt.

Die jeweilige Anwendbarkeit dieser Signale hängt von dem Verhältnis zwischen dem Sender- und dem Empfänger-Prozeß ab. Ein Prozeß, der unter *Terminaleinwirkung* (terminal control) im *Vordergrund* (foreground) einer *interaktiven Terminal-Shell* als deren *Tochterprozeß* (child process) abläuft, kann vom Terminal aus nur mit den Signalen SIGINT (2) und SIGQUIT (3) interaktiv gesteuert werden, wofür die mit dem UNIX-Befehl **stty(1)** designierte Interrupt- beziehungsweise Abbruch-Taste zur Verfügung steht. Die von diesen Steuertasten erzeugten Zeichen — normalerweise ASCII-Steuerzeichen (control codes) — werden vom Eingabezweig des im Kernel eingebundenen *Gerätetreibers* (device driver) des jeweiligen *Terminalports* (tty port) erkannt und in Signale umgewandelt, die dann mittelbar über die Shell an den Vordergrund-Prozeß abgesandt werden. Dies wird gleich nachfolgend wieder aufgegriffen.

Im Gegensatz dazu können Prozesse, die im *Hintergrund* (background) einer interaktiven Terminal-Shell ablaufen, vom Terminal aus nur mit dem UNIX-Befehl **kill(1)** gesteuert werden, nicht aber mit der Interrupt- oder der Abbruch-Taste, da die Terminal-Shell die entsprechenden Signale nicht weiterleitet, was auch nicht sinnvoll wäre, da — im Gegensatz zum Vordergrund — mehrere Prozesse im Hintergrund *beilaufen* können (concurrent background processes). Eine eingehende Behandlung dieser und verwandter Aspekte der durch die Shells bestimmten Prozeßumgebung (process environment) wird in KA(1992) gegeben. Das folgende Beispiel mag die asynchrone Ablaufsteuerung in ihrer allereinfachsten Form auf der Shell-Ebene illustrieren.

Ein durch eine indeterminate `goto`-Schleife dargestellter Arbeitszustand soll eine Meldung in 3-Sekundenabständen ausgeben, wobei der Systemaufruf **sleep(2)** zur Verzögerung benutzt wird:

```
$ cat hallo.c
main()
{
 AA: printf("\nHallo");
 sleep(3);
 goto AA;
}
```

Mit dem Befehl **stty(1)** und der Option −a kann die *aktuelle Tastenzuordnung* (current key assignment) der beiden Terminalsignale festgestellt und — wie gezeigt — verändert werden:

```
$ stty −a
...
... intr = ^c; quit = ^|; ...
...
```

```
$ stty quit "^k"
$ stty -a
...
... intr = ^c; quit = ^k; ...
...
```

wobei das caret ^ die Kombination bestehend aus der Steuertaste [CTL] und
einem ASCII-Zeichen symbolisiert. Bei der resultierenden Einstellung
kann also mit der Belegung "^c" = [CTL_C] von intr das Interrupt-
Signal SIGINT, und mit "^k" = [CTL_K] von quit das Abbruch-Signal
SIGQUIT von der Tastatur aus erzeugt werden.

Das kompilierte Programm wird zur *Vordergrundausführung* aufgerufen
(foreground invocation), wobei die Terminal-Shell suspendiert wird. Nach
einigen Durchläufen wird der Prozeß mit [CTL_C] (SIGINT) unterbrochen, was zugleich den Abbruch bewirkt:

```
$ hallo
Hallo
Hallo

...
[CTL_C]
$
```

worauf die Shell mit dem Prompt erneut ihre Ausführungsbereitschaft
anzeigt. Beim Abbruch mit [CTL_K] (SIGQUIT) wird dazu noch eine
Ablagedatei des sich im Arbeitsspeicher befindlichen Programmabbildes
erzeugt (core dump). In beiden Fällen wird der Prozeß durch die Voreinstellung der Signale sofort terminiert.

Beim *Hintergrundaufruf* (background invocation) mit dem nachgestellten
Ampersand & wird die PID ausgegeben, worauf der Shell-Prompt sofort
wieder erscheint, da die Shell nicht suspendiert wird und weiterhin als
Benutzeroberfläche zur Verfügung steht. Die beiden Terminalsignale sind
ohne jegliche Wirkung auf den im Hintergrund ablaufenden Prozeß:

```
$ hallo &
123
$
Hallo
Hallo

...
$ [CTL_C]

...
Hallo

...
$ [CTL_K]
Hallo

...
$
```

Anstelle dessen muß jetzt der Befehl **kill(1)** benutzt werden:

```
$ kill -9 123
hallo: killed
```

wobei mit der Signalnummer 9 das Signal SIGKILL an den Prozeß mit der PID = 123 abgesendet wird. Eine Meldung bestätigt den bedingunslosen Abbruch auf der Shell-Ebene. Eine eingehende Beschreibung der Signal-Verarbeitung auf der Shell-Ebene wird in KA (1992) gegeben.

7.2.2 Aktionsfunktionen

Mit Ausnahme des *Pseudosignals* 0, das keinerlei Wirkung auf den Empfänger-Prozeß hat, und des Signals SIGKILL (9) und etwaigen systemspezifischen Signalen, die einen sofortigen und bedingungslosen Exit des Empfänger-Prozesses bewirken, können alle generischen UNIX-Signale mit dem Systemaufruf **signal(2)** *erfaßt* (trapped) und mit Aktionen belegt werden:

```
#include  <signal.h>
... int <Signal>;
... void <Aktionsfunktion>(int), (*<Zeiger>)(int);
...
... <Zeiger> = signal(<Signal>, <Aktionsfunktion>) ...
```

wobei `<Signal>` die ganzzahlige *Signalkennung* (signal number) darstellt. Die Zusatzdatei `<signal.h>` enthält neben der Funktionsdeklaration auch die Definitionen der Signale als symbolische Konstante (Tabelle 7.1), die schon aus Portabilitätsgründen anstelle der Signalnummern benutzt werden sollten. Die *Aktionsfunktion* (action function) ist nominal vom Typ `void` und enthält einen Parameter vom Typ `int` (Abschnitt 8.1.1). Sie kann durch einen Funktionsbezeichner oder einen entsprechend belegten Funktionszeiger angegeben werden (Abschnitt 8.1.4). Jedes der zwei Argumente kann durch einen Ausdruck entsprechender Typung und Artung dargestellt werden.

Bei normaler Ausführung gibt `signal` die *aktuelle Signalbelegung* (current signal value) als Zeigerwert zurück, der in einen entsprechend definierten Funktionszeiger zwecks späterer identischer Wiederherstellung abgelegt werden kann. Bei abnormaler Ausführung wird der Wert –1 zurückgegeben, der als die symbolische Konstante `SIG_ERR` in `<signal.h>` definiert ist. Gleichzeitig wird die externe Fehlervariable `errno` mit dem eigentlichen Fehlerkode belegt (Abschnitt 8.2.1).

Zwei Sonderfälle sind zu beachten. Mit den ebenfalls in `<signal.h>` definierten symbolischen Konstanten `SIG_IGN` und `SIG_DFL`, die vorbelegte Funktionszeiger darstellen, kann die Signalwirkung vollkommen *ausgeblendet* (ignored) beziehungsweise auf die *Voreinstellung* (default action) des angegebenen Signals zurückgesetzt werden:

```
... signal(nsignal,SIG_IGN)...

... signal(nsignal,SIG_DFL)...
```

Bei `SIG_IGN` kann die Signalwirkung nur mit einem erneuten Aufruf von `signal` wiederhergestellt werden. In allen anderen Fällen wird beim Eintreffen eines mit `signal` angemeldeten Signals die normale Ablauffolge unterbrochen, die Signalbelegung auf `SIG_DFL` zurückgesetzt und erst dann die angemeldete Aktionsfunktion ausgeführt. Danach setzt gegebenenfalls — falls der Prozeß dabei nicht terminiert wurde — die Ablauffolge am Punkt der Unterbrechung wieder ein. Zu beachten ist die vorgegebene Reihenfolge dieser Schritte.

Mit `SIG_IGN` hätte also das obige Programm `hallo.c` gegen Unterbrechung "geschützt" werden können,

```
...
 signal(SIGINT,SIG_IGN);
 AA: printf("\nHallo");
 sleep(2);
 goto AA;
...
```

wobei dann nur noch das eigentliche Abbruch-Signal `SIG_QUIT` zur Verfügung steht. Wird auch dieses mit `SIG_IGN` ausgeblendet, so kann eine im Vordergrund der Terminal-Shell ablaufende Instanz des Programmes noch durch Abbruch der Terminalverbindung terminiert werden, wobei die Terminal-Shell vor ihrem Exit noch das Signal `SIGHUP` an den Prozeß absendet. Wird `SIGHUP` schließlich auch ausgeblendet, dann muß der Prozeß durch den *Superuser* von einem anderen Terminal aus mit dem Befehl **kill(1)** terminiert werden. `SIGHUP` wird im Abschnitt 7.2.4 besprochen und dann im Abschnitt 9.4.3 im Zusammenhang mit der erzwungenen Terminal-Eingabe bei Abfragen noch einmal aufgegriffen.

Im allgemeinen wird `SIG_IGN` dazu benutzt, bestimmte Programmsegmente gegen Signaleinwirkung abzuschirmen, um einen ununterbrochenen Verlauf zu gewährleisten. Typische Beispiele sind E/A-Vorgänge sowie bereits entstandene Unterbrechungszustände. Dies soll nachfolgend wiederholt aufgegriffen werden.

Die asynchrone Ausführung von Aktionsfunktionen ist durch zwei Besonderheiten gekennzeichnet: Erstens können keine Argumente übergeben, und zweitens keine Werte zurückgegeben werden. Denn das genaue Eintreffen eines Signals läßt sich ja nicht in der räumlichen Folge der Statements lokalisieren!

Der allgemeine Prototyp einer reinen *Aktionsfunktion* ist:

```
void <Aktion>(int sino)
{
  ...
  <Aktion bei <Signal> >
  ...
}
```

Das Pseudo-Argument `sino` wird beim asynchronen Aufruf automatisch mit der Nummer des auslösenden Signals belegt und steht somit innerhalb der Funktion zur Verfügung. Die Instruktion `return` wird ohne Rückgabe-Wert ausgeführt, was durch den Typ `void` gesichert ist. Funktionen anderen Types, die bei normalem Aufruf Werte zurückgeben, können eine entsprechende interne Ausweichlogik enthalten und über einen Funktionszeiger formal angepaßt werden, wie zum Beispiel eine Funktion, die als Zeiger vom Typ `char` deklariert ist:

```
...
char *funk(...);
void (*zak)(...) = funk;
...
... signal(SIGINT,zak) ...
...
```

Das folgende Beispiel zeigt die Ausgangsversion eines unterbrechbaren Programms zur Vordergrundausführung auf der Shell-Ebene. Mit der Aktionsfunktion `intrpt` soll das über die Tastatur erzeugte und von der Shell an den Prozeß weitergeleitete Interrupt-Signal erfaßt werden. Vorab zu beachten ist, daß das Signal mit einer an Sicherheit grenzenden statistischen Wahrscheinlichkeit während des `sleep`-Zustandes eintrifft.[11]

```
$ cat hallo.c
#define     SLP       5
#define     LF        10
#include    <signal.h>
main()
{
 void intrpt(int);
 int si;
 signal(SIGINT,intrpt);
AA: printf("\nHallo");
 if(si = sleep(SLP))
  printf("\tunverbraucht: %d Sek.",SLP - si);
 goto AA;
}
```

---

11. Solche Betrachtungen sind wichtig. Im gegebenen Fall hat der Zeitanteil außerhalb des *sleep*-Zustandes allenfalls die Größenordnung von Mikrosekunden.

```
void intrpt(int sino)
{
 signal(SIGALRM,SIG_IGN);
 signal(SIGINT,SIG_IGN);
 printf("\nSignal %d, weiter(RET), exit(x)...", sino);
 if(getchar() != LF)
        {
        printf("\nAuf Wiedersehen\n");
        exit(1);
        }
 printf("\nweiter geht's");
 signal(SIGINT,intrpt);
}
```

In der Aktionsfunktion intrpt ist zu beachten, daß als erstes die beiden
Signale SIGALRM und SIGINT mit der Belegung SIG_IGN ausgeblendet
werden. Ersteres ist durch den Systemaufruf **sleep(2)** bedingt, der seinerseits den internen Zeitgeber **alarm(2)** aufruft und dann mit dem weiteren
Systemaufruf **pause(2)** in einen indeterminaten Wartezustand eintritt, der
erst mit Ablauf des Zeitquantums durch das vom Kernel abgesandte Signal
SIGALRM beendet wird. Bei vorzeitiger Unterbrechung des pause-
Zustandes trifft das Signal in der Aktionsfunktion ein und würde aus dieser
eine unmittelbare Rückführung nach sleep verursachen, wäre es nicht
rechtzeitig ausgeblendet worden. Dies wird im Zusammenhang mit Zeit-
und Taktgebern im Unterabschnitt 7.2.4 noch einmal aufgegriffen.

Das Interrupt-Signal wird beim Eintritt in die Aktionsfunktion sofort
ausgeblendet, damit diese nicht durch ein unmittelbar nachfolgendes
zweites Signal unterbrochen werden kann, was den Prozeß terminieren
würde, denn mit dem ersten Signal wurde ja die Voreinstellung SIG_DFL
— also Abbruch — automatisch wieder hergestellt! Das Signal kann aber
auch an dieser Stelle noch nicht erneut mit der Aktionsfunktion belegt
werden, da wiederholte Unterbrechungen dann zu einer fortlaufenden
Verschachtelung der Unterbrechungszustände und damit letztendlich zu
einem fatalen Fehlerzustand (stack overflow) führen würden.

Mit der Abfrage kann der Prozeß durch Drücken der Eingabetaste (LF)
fortgesetzt oder durch Eingabe eines beliebigen Zeichens willkürlich
terminiert werden, wobei SIGINT sofort wieder mit intrpt belegt wird.
Das folgende Aufrufsszenario zeigt die steuernde Wirkung des Interrupt-
Signals:

```
$ hallo
Hallo
Hallo
...
```

```
...
[CTL_C]
Signal 2, weiter mit RET, exit(x)...[RET]
   unverbraucht 3 Sek.
weiter geht's
Hallo
Hallo
...
[CTL_C]
Signal 2, weiter mit RET, exit(x)...a
Auf Wiedersehen
$
```

Zu beachten in dem obigen Szenario ist, daß nach einer Unterbrechung von sleep der Ablauf zwar wieder in sleep einsetzt, dieses aber sofort unter Rückgabe des noch "unverbrauchten" Zeitquantums terminiert — ein Zustand der "Unvollendung" also. In dem folgenden Fragment wird mit der while-Schleife ein unterbrechbarer Vorgang dargestellt, der bei Fortsetzung nach Unterbrechung mit dem jeweils noch verbleibenden "Pensum" erneut anläuft und so schließlich vollständig zu Ende geführt wird. Innerhalb eines Arbeitszyklus können wiederholte Unterbrechungen stattfinden, was mit einem Zähler k festgehalten und ausgegeben wird:

```
...
#define   SLP   10
...
main()
{
  ...
  int k;
  signal(SIGINT,intrpt);
  AA: printf("\nHallo");
    k = 0; si = SLP;
    while(si = sleep(si)) k++;
    if(k) printf("\n%d Unterbrechungen",k);
  goto AA;
  ...
}

void intrpt(...)
{
  ...
}
```

In dem folgenden Aufrufszenario werden 3 Unterbrechungen in rapider Reihenfolge während des 10 Sekunden dauernden Arbeitszyklus eingegeben:

```
$ hallo
Hallo
Hallo
...
[CTL_C]
Signal 2, weiter mit RET, exit(x)...[RET]
weiter geht's
[CTL_C]
Signal 2, weiter mit RET, exit(x)...[RET]
weiter geht's
[CTL_C]
Signal 2, weiter mit RET, exit(x)...[RET]
weiter geht's
3 Unterbrechungen
Hallo
Hallo
...
```

Die indeterminate `goto`-Schleife in dem obigen Beispiel kann durch eine
bedingte `while`-Schleife ersetzt werden, wodurch die Entscheidungsebene
im Hauptprogramm verbleibt:

```
...
int GO = 1;
main()
{...
  signal(SIGINT,intrpt);
  while(GO)
    {
      ...
      <unterbrechbare Arbeitsschleife>
    }
  ...
  <nachfolgende Aktionen>
  ...
}

void intrpt(...)
{
  signal(SIGINT,SIG_IGN);
  if(...) { ... GO = 0; ... } ,
  else signal(SIGINT,intrpt);
}
```

Beim Eintreffen des angemeldeten Signals SIGINT wird die externe
Zustandsvariable GO auf 0 gesetzt, worauf die Schleife nach Beendung des
unterbrochenen Durchlaufs terminiert. Zu beachten ist, daß Zustandsvariable, die in einer asynchron aufgerufenen Aktionsfunktion verändert
werden sollen, als externe Objekte definiert werden, da ja hier keine
Rückgabe mit return möglich ist!

In den vorhergehenden Beispielen wurde der synchrone Ablauf stets vom
Punkt der Unterbrechung an wieder aufgenommen. Wenn eine Funktion
unterbrochen wird, dann setzt der synchrone Ablauf am Punkt der Unterbrechung innerhalb der Funktion wieder ein, wie das bei `sleep` ja auch
der Fall war. Ein Gleiches gilt für verschachtelte Funktionsaufrufe
jeglicher Tiefe. Dabei tritt folgende Problematik in den Vordergrund:

Bestimmte Vorgänge und Abläufe können nach einer Unterbrechung nicht
einfach unbeschadet fortgesetzt werden, sondern müssen erneut gestartet
werden. Abgesehen von getakteten Prozessen, die nach jeder Unterbrechung erneut synchronisiert werden müssen, sind E/A-Vorgänge mit am
stärksten von Unterbrechungen betroffen. Bestimmte E/A-Systemfunk-
tionen, darunter insbesondere **read(2)** und **write(2)**, brechen nach
Rückkehr aus einer asynchronen Unterbrechung ihre Ausführung mit
einem Fehlerzustand ab, wobei der E/A-Vorgang zumeist nicht zu Ende
geführt wurde. Besonders davon betroffen sind E/A-Zyklen wo Eingabe
und Ausgabe im Gegentakt ablaufen. Solche Vorgänge müssen also
irgendwie erneut gestartet werden, wobei die vorhergehenden vorberei-
tenden Schritte (Prolog) gegebenenfalls wiederholt, ohne daß die nachfolgenden abhängigen Schritte (Epilog) sinnlos ausgeführt werden müssen.

Bei einfachen Szenarien innerhalb eines Funktionsblocks läßt sich dies
unter günstigen Umständen mit `if`-Logik bewerkstelligen, die durch
Zustandsvariable bedingt wird. Bei komplexeren Szenarien und insbesondere wenn Prologe und Epiloge über mehrfach verschachtelte
Funktionsaufrufe verteilt sind, kann dies zu einer unübersichtlichen
Verzettelung führen. In solchen Situationen steht als klare und übersichtliche Alternative der bereits im Abschnitt 7.1.1.1 vorgestellte kontextübergreifende *Sprungaufruf* **longjmp(3C)** zur Verfügung. In der nachfolgend
gezeigten Erweiterung der obigen Beispiele wird die gesamte Signal-
Steuerlogik aus der Aktionsfunktion in das Hauptprogramm verlegt und an
einer Stelle zusammengefaßt.

Unmittelbar nach Programmeintritt werden die beiden Tastatur-Signale
ausgeblendet; danach wird der extern definierte *Sprungpuffer* (jump buffer)
`resume` durch **setjmp(3C)** belegt, wobei der erstmalige Rückgabewert 0
der Zuweisung an `jv` den daran bedingten `switch-case`-Paragraphen
vorerst aussetzt. Danach werden die beiden Signale mit der Aktionsfunktion belegt. Die mit der vorbelegten GO-Variablen gestartete `while`-
Schleife stellt einen Arbeitsvorgang dar, der zwar unterbrochen werden
kann, danach aber nicht fortgesetzt, sondern erneut von Anfang an
gestartet werden muß.

```c
#define SLP      5
#define LF       10
#include <setjmp.h>
#include <signal.h>
jmp_buf resume;
int jv, GO = 1;
main()
{
 void intrpt(int);
 signal(SIGINT, SIG_IGN); signal(SIGQUIT, SIG_IGN);
 if(jv=setjmp(resume))
 switch(jv)
 {
  case SIGINT:
        printf("\nUnterbrechung, weiter RET, exit(x)...");
        if(getchar() != LF)
           {
             printf("Auf Wiedersehen\n"); GO = 0;
           }
        else printf("weiter geht's");
        break;

  case SIGQUIT:
        printf("\nAbbruch\n");
        exit(3);

  default:
          printf("\nSignalfehler");
          exit(9);
 }/* Ende switch */
 signal(SIGINT,intrpt); signal(SIGQUIT,intrpt);
 while(GO)
   {
    printf("\nHallo"); sleep(SLP);
   }
 exit(0);
} /* Ende Hauptprogramm */

void intrpt(int sino)
{
 signal(SIGALRM, SIG_IGN);
 signal(SIGINT, SIG_IGN); signal(SIGQUIT, SIG_IGN);
 longjmp(resume,sino);
}
```

Beim Eintreffen eines der beiden Tastatur-Signale wird zuerst das Alarm-
signal von `sleep` ausgeblendet, danach die beiden Signale, um eine
fortschreitende Verschachtelung des Unterbrechungszustandes zu
vermeiden. Mit `longjmp` erfolgt dann unter Mitnahme der in `sino`

enthaltenen Signalnummer der kontextübergreifende Rücksprung zum Sprungpuffer `resume` im Hauptprogramm, wobei die dabei von `setjmp` zurückgegebene Signalnummer dann als Steuerwert in dem `switch`-`case`-Paragraphen fungiert. Übrigens entfällt mit dem Erfassen des Abbruch-Signals der sonst unvermeidliche *core dump.* Das gezeigte Steuerschema läßt sich einfachst auf weitere Signale erweitern. Insbesondere kann das Signal `SIGHUP` erfaßt werden, um den Prozeß bei Abbruch der Terminalverbindung nach einem vorgegebenen Schema ordnungsgemäß zu terminieren.

Die bis zu diesem Punkt geführte Darstellung bezog sich auf die asynchrone Steuerung eines im Vordergrund der Terminal-Shell — also unter *Terminaleinwirkung* (terminal control) — ablaufenden Prozesses mit den Tastatur-Signalen `SIGINT` und `SIGQUIT`. Unter Ausnutzung der mit den beiden Signalen gegebenen Möglichkeiten kann eine sehr differenzierte und flexible asynchrone Steuerung interaktiver Prozesse konzipiert werden.

Bei Prozessen, die im Hintergrund der Terminal-Shell oder generell als asynchrone Tochter-, Enkel- oder sonstige *Nachkommensprozesse* (child or other descendent processes) einer Shell oder Subshell ablaufen, und deshalb nicht unmittelbar mit den beiden Tastatur-Signalen angesprochen werden können,[12] bestehen andersartige Voraussetzungen zur asynchronen Steuerung vom Benutzerterminal, wobei allerdings in Betracht zu ziehen ist, daß solche Prozesse in der Regel keine interaktiven Anwendungen darstellen, obwohl sie ihre Resultate am Terminal ausgeben können.

Das folgende Programm stellt einen typischen Ansatz dazu dar. Es soll als unabhängig laufender Hintergrundprozeß eine abstrakte "Arbeit" von 500 Einheiten leisten, was durch die symbolische Konstante `WRK` vorgegeben ist und durch die `while`-Schleife mit `sleep` als unterbrechbarer Arbeitszyklus ausgeführt wird. Der Prozeß kann mit 3 Signalen asynchron gesteuert werden, die in dem Vektor `SVE` abgelegt sind und mit dem Makro `SETSIG` mit einer Aktion belegt werden können. Mit `SIGINT` kann die jeweilige Arbeitsleistung abgefragt, und mit `SIGTERM` der Prozeß ordnungsgemäß terminiert werden. Mit `SIGUSR1` kann der Arbeitszyklus erneut gestartet werden. Zu beachten ist, daß die prozeßeigene PID mit dem Systemaufruf **getpid(2)** abfragt wird.

---

12. Eine *mittelbare* Weitergabe dieser Signale durch im Vordergrund ablaufende Monitor-Programme oder Shell-Skripte ist jedoch möglich.

```
$ cat pgmx.c
#define WRK        500
#define SETSIG(SIGV,AKTN) {int i = 0;\
                 while(SIGV[i]) signal(SIGV[i++],AKTN);}
#include <setjmp.h>
#include <signal.h>
jmp_buf resume;
int pid, si;
const int SVE[] = {SIGINT, SIGTERM, SIGUSR1, 0};
main()
{void actn();
 SETSIG(SVE,SIG_IGN);
 switch(setjmp(resume))
 {
   case 0:        pid = getpid();
       printf("Prozess %d gestartet\n",pid);

   case SIGUSR1:
       printf("Arbeitszyklus %d gestartet\n",pid);
       break;
   case SIGTERM:
       printf("Process %d terminiert\n",pid);
       exit(1);
   default:
           printf("\nSignalfehler"); exit(9);
 } /* Ende switch */
 SETSIG(SVE,actn);
   si = WRK; while(si = sleep(si));
 exit(0);
}

void actn(int sino)
{
 signal(SIGALRM, SIG_IGN);
 SETSIG(SVE,SIG_IGN);
 switch(sino)
 {
  case SIGINT:
       printf("\nStatus %d: %d von %d",pid, si,WRK);
       SETSIG(SVE,actn); break;

  default:longjmp(resume,sino); break;
 }/* Ende switch */
}
```

Das kompilierte Programm wird auf der Shell-Ebene mit dem Ampersand zur Hintergrundausführung aufgerufen, wobei die PID von der Shell ausgegeben wird. Der Prozeß gibt unmittelbar danach seine eigene Statusmeldung aus:

```
$ pgmx &
246
Prozess 246
Arbeitszyklus 246
$
...
```

Der unabhängig im Hintergrund laufende Prozeß kann jetzt mit dem Befehl
kill(1) angesprochen und mit den drei Signalen gesteuert werden. Zuerst
eine Statusabfrage mit `SIGINT` (2):

```
...
$ kill -2  246
Status 246:  350 von 500
$
...
```

Danach wird der Arbeitszyklus mit `SIGUSR1` (16) erneut gestartet, unmittelbar gefolgt von einer Statusabfrage, die dies bestätigt:

```
...
$ kill -16 246
Arbeitszyklus 246
$ kill -2  246
Status 246:  498 von 500
...
```

Schließlich wird der Prozeß mit `SIGTERM` (15) beendet:

```
...
$ kill -15 246
Prozess 246 terminiert
$
```

In der BOURNE-Shell wird die PID eines zur asynchronen Ausführung
aufgerufenen Programmes in der Systemvariablen $! abgelegt, die dann
unmittelbar abgegriffen und einer Benutzervariablen zugewiesen werden
kann, um dann als Befehlsargument zur Verfügung zu stehen. Eine entsprechende Abwandlung des obigen Szenarios wäre also:

```
$ pgmx &
246
Prozess 246
Arbeitszyklus 246
$
$ PIDX=$!
...
$ kill ... $PIDX
...
```

Dieser Ansatz bildet denn auch die Grundlage der programmierten Prozeßsteuerung in Shell-Skripten. Mit dem Befehl **kill(1)**, dem der Systemaufruf
kill(2) unmittelbar zugrundeliegt, können sowohl Prozesse einzeln als auch

Prozeßgruppen (process groups) kollektiv auf der Shell-Ebene angesprochen werden, wobei der Benutzer Signalberechtigung für die angesprochenen Prozesse haben muß. Die damit verbundenen Gesichtspunkte werden gleich nachfolgend im Zusammenhang mit dem Systemaufruf kill(2) weitergeführt. Eine grundlegende Einführung in die Shell-Programmierung und insbesondere in die synchrone und die asynchrone Ablaufsteuerung auf der Shell-Ebene wird in KA (1992) gegeben.

7.2.3 Signalerzeugung in Prozessen

Signale können grundsätzlich nur innerhalb von Prozessen erzeugt werden, was den unter dem Namen *swapper* mit der PID 0 laufenden Kernelprozeß in erster Linie mit einbezieht. Schon die Tastatur-Signale werden im Gerätetreibersegment (device driver segment) des Kernels erzeugt und mittelbar über die Terminal-Shell an den jeweils im Vordergrund ablaufenden Benutzerprozeß weitergegeben. Auf der Shell-Ebene selbst wird beim Aufruf des Befehls kill(1) ein Tochterprozeß der Shell erzeugt, der das aufgegebene Signal unmittelbar an den mit der PID adressierten Hintergrundprozeß absendet. *Externe Ereignisse* (external events), die über spezielle Geräteschnittstellen (device interfaces) vom System wahrgenommen werden sollen, können über speziell dafür programmierte Gerätetreiber auf Signale abgebildet werden, die vom Kernel an die verarbeitenden Prozesse abgesandt werden. *Monitorprozesse* (monitor processes), die über E/A-Systemfunktionen (Abschnitt 9.3) standardmäßige Geräteschnittstellen wie parallele oder serielle Ports überwachen, können eintreffende Daten nach entsprechender *Aufschlüsselung* (decoding) auf Signale abbilden und diese an die verarbeitenden Prozesse absenden.

Signale können sowohl gezielt an einzelne Prozesse abgesandt werden, die durch ihre PIDs individuell adressierbar sind, als auch breitfächernd an Gruppen von Prozessen, die durch eine gemeinsame *tatsächliche Benutzerkennung* **RUID** (real user ID) oder durch eine gemeinsame *Prozeßgruppen-Kennung* **PGID** (process group ID) gekennzeichnet sind. Als typisches Beispiel der ersten Gruppierung (RUID) wären alle jene Prozesse zu betrachten, die von einem Benutzer unter seiner UID gestartet werden, ihm also sozusagen "gehören". Als typisches Beispiel der zweiten Gruppierung (PGID) wären alle jene Prozesse zu betrachten, die innerhalb einer Session aus der Terminal-Shell gestartet wurden und als deren *Tochterprozesse* (child processes) ablaufen, wobei die Terminal-Shell den *Leitprozeß* der sogenannten *TTY-Gruppe* darstellt (TTY process group leader), dessen PID als PGID die Gruppenkennung bestimmt. Der Unterschied zwischen den beiden Gruppierungen ist, daß nicht jeder Benutzerprozeß aus einer

Terminal-Shell gestartet werden muß, wie zum Beispiel bei der disponierten Auftragsverwaltung mit **at(1)**, **cron(1m)** und **crontab(1)** sowie **job(1)**, und daß Benutzerprozesse während verschiedener Sessions aus verschiedenen Terminal-Shells gestartet werden können, wie zum Beispiel bei langlaufenden Hintergrund-Prozessen, die mehrere Sessions überdauern können, oder bei mehreren gleichzeitigen Sessions unter der gleichen Benutzerkennung aber mit verschiedenen Terminal-Shells.

Die beiden Kennungen RUID und PGID prägen die Mehrbenutzerstruktur beziehungsweise die benutzerbezogene Prozeßgruppen-Struktur im UNIX-Multiprozeßbetrieb. Dies wird im Abschnitt 10.1 im Zusammenhang mit der Prozeßerzeugung noch einmal aufgegriffen. Die originären Begriffsbestimmungen der UNIX-Multiprozeßstruktur sind unter dem Eintrag **intro(2)/PHB** beschrieben. KA (1992) gibt eine detaillierte Beschreibung der Prozeßstruktur und -verwaltung. Im folgenden sollen die beiden Prozeßverwaltungsstrukturen unterstellt sein.

Die unter UNIX gegebenen Möglichkeiten der asynchronen Ablaufsteuerung mit Signalen gehen also weit über jene interaktiven und programmierten Eingriffe von Benutzern in Prozesse hinaus, die auf der Shell-Ebene möglich sind. Indem Prozesse eigenständig Signale an Partnerprozesse absenden können, und diese eigenständig mit Signalen antworten können, ist die Voraussetzung für eine echte zwischenprozeßliche Kommunikation (IPC, interprocess communication) gegeben. Die funktionale Grundlage dafür bildet der Systemaufruf **kill(2)**:

```
int   <PID>, <SIGNAL>, <RW>;
      <RW> = kill(<PID>,<SIGNAL>) ...
```

Jedes der zwei Argumente kann durch einen Ausdruck entsprechender Typung und Artung (Abschnitt 6.2) dargestellt werden. Für die PID ergeben sich drei Sonderfälle:

Erstens, mit der PID = 0,

```
... kill(0, <SIGNAL>) ...
```

werden alle jene Prozesse mit dem Signal angesprochen, deren PGIDs gleich der PGID des sendenden Prozesses sind. Insbesondere können von einem Tochterprozeß der Terminal-Shell mit unveränderter PGID alle Prozesse der gleichen TTY-Gruppe (tty group) angesprochen werden.

Zweitens, mit einer Zielgruppen-PID `zpgid ≠ 1`,

```
... kill(-zpgid, <SIGNAL>) ...
```

werden alle jene Prozesse mit dem Signal angesprochen, deren PGIDs gleich der Zielgruppen-PID ist.

Drittens, mit dem PID-Wert −1,

```
... kill(-1, <SIGNAL>) ...
```

werden alle jene Prozesse mit dem Signal angesprochen, deren *tatsächliche Benutzerkennung* RUID (real user ID) gleich der *aktuellen Benutzerkennung* EUID (effective user ID) des sendenden Prozesses sind; im Normalfall also die Kennung unter welcher der sendende Prozeß gestartet wurde.

Beim erfolgreichen Absenden eines Signales wird der Wert 0 zurückgegeben, andernfalls −1, wobei die globale Fehlervariable `errno` (Abschnitt 8.2.1) den Fehlerkode enthält. Drei hauptsächliche Fehlerursachen sind in Betracht zu ziehen:

• Das abzusendende Signal muß für das jeweilige System zulässig sein.

• Die PID muß einen jeweils aktiven Prozeß bezeichnen,

• für den der sendende Prozeß Signalberechtigung hat.

Um Portabilität hinsichtlich der generischen UNIX-Signale sicherzustellen, sollte grundsätzlich mit den in `<signal.h>` definierten symbolischen Konstanten anstelle von Signalnummern gearbeitet werden.

Der Begriff *jeweils aktiver Prozeß* (currently active process) umfaßt neben dem eigentlichen *Laufzustand* (running state), während dessen ein Prozeß von der CPU "bedient" wird, auch die *Laufbereitschaft* (ready-to-run state), während der ein Prozeß auf die CPU wartet, sowie diverse Warte- und Übergangszustände (wait, transition, states). Das Gegenteil dazu sind Prozesse, die bereits terminiert und erloschen sind sowie interne "Karteileichen" (zombie processes), die zwar terminiert aber noch nicht aus der internen Prozeßtabelle (process table) gelöscht sind. Der Zustand wird unter dem Eintrag **exit(2)/PHB** beschrieben. BACH (1986) gibt eine detaillierte, und KA (1992) eine zusammenfassende Beschreibung der möglichen Prozeßzustände.

Die *Signalberechtigung* (signal permission) bezüglich Prozessen verhält sich ähnlich der *Zugriffsberechtigung* (access permission) bezüglich Dateiobjekten, indem die *Benutzerkennung* UID (user ID) die Berechtigung bestimmt. Auf der Shell-Ebene kann ein Benutzer mit dem Befehl kill(1) nur solche Prozesse ansprechen, die ihm in dem Sinne "gehören", daß sie unter seiner Benutzerkennung ablaufen. Nur der Superuser mit der UID 0 kann jedwede Benutzer- und Systemprozesse mit Signalen ansprechen.

Dieses Berechtigungsprinzip überträgt sich durch Delegation der Benutzerkennung auf den zwischenprozeßlichen Signalaustausch. Nur solche Prozesse können als Signal-Partner fungieren, die unter einer gemeinsamen Benutzerkennung ablaufen, wobei allerdings noch der subtile Unterschied

zwischen der tatsächlichen Benutzerkennung RUID (real user ID) und der
aktuellen Benutzerkennung EUID (effective user ID) eine Rolle spielt. Die
entsprechenden originären Begriffsbestimmungen sind unter dem Eintrag
intro(2)/PHB beschrieben. KA (1992) gibt eine zusammenfassende
Beschreibung der diesbezüglichen Prozeßattribute.

Mit dem Pseudosignal 0 kann die jeweilige Signalberechtigung überprüft
werden:

```
... if(kill(<PID>, <SIGNAL>)) {<Keine Berechtigung>}
       else {<Berechtigung>} ...
```

wobei die externe Fehlervariable `errno` mit dem eigentlichen Fehlerkode
belegt wird (Abschnitt 8.2.1).

Das wohl einfachste Beispiel ist die selbstbezogene Signalauslösung
(signal raising) innerhalb eines Prozesses, wobei die prozeßeigene PID mit
dem Systemaufruf **getpid(2)** abgefragt wird:

```
$ cat pgmy.c
#include   <signal.h>
int pid, getpid(void);
main()
{void aktion();
 signal(SIGUSR1,aktion);
 pid = getpid();
 printf("\nPID %d Eigentor in 3 Sek.",pid);
 sleep(3);
 kill(pid,SIGUSR1);
 exit(0);
}

void aktion(int sino)
{
 signal(SIGUSR1, SIG_IGN);
 printf("\nPID %d Signal %d eingetroffen",pid,sino);
}
```

Das kompilierte Programm wird zur Hintergrundausführung aufgerufen,
mit dem erwarteten Resultat:

```
$ pgmy &
447
PID 447 Eigentor in 3 Sek.
PID 447 Signal 16 eingetroffen
```

Für die selbstbezogene Signalauslösung:

```
... signal(getpid(),<SIGNAL>) ...
```

steht unter SVR4 der Aufruf **raise(3C)** zur Verfügung:

```
... raise(<SIGNAL>) ...
```

Die bei oberflächlicher Betrachtung vielleicht etwas unnütz erscheinende
selbstbezogene Signalauslösung erweist sich sehr nützlich sowohl zum
Testen und Entfehlern von Aktionsfunktionen bei der Programmentwicklung als auch zum *Anfahren* (priming) eines Aktionszyklus, der von
einer Aktionsfunktion getrieben wird, wie das zum Beispiel bei internen
Taktgebern häufig der Fall ist.

Das folgende Beispiel mag den Austausch von Signalen zwischen zwei
Hintergrund-Prozessen veranschaulichen. Je nachdem ob mit 0, 1 oder 2
Argumenten aufgerufen, was mit der Argumentvariablen `argc` festgestellt
wird (Abschnitt 8.1.5), läuft das Programm als Prozeß A beziehungsweise
Prozeß B oder C ab. Prozeß A ist vollkommen passiv; in Prozeß B soll mit
der Ziel-PID `xpid` gleich 0 die von der Terminal-Shell ausgehende
Prozeßgruppe angesprochen werden, nachdem das von C abgesandte
Signal `SIGUSR1` eingetroffen ist. Zu beachten ist, daß C mit dem Bibliotheksaufruf **getenv(3C)** die PID von A als Zeichenkette einliest, die über
den Zeiger `zpid` an den Bibliotheksaufruf **atoi(3C)** [13] übergeben und von
diesem als Ganzzahl der Variablen `xpid` zugewiesen wird. In B und C
fungiert dann der jeweilige Wert von `xpid` als Ziel-PID in `kill`.

```
$ cat procabc.c
#include          <signal.h>
int pid;
main(argc,argv) int argc; char *argv[];
{int aktn(), xpid;
 char *zpid, *getenv();
 signal(SIGUSR1,aktn);
 pid = getpid();
 switch(argc)
{
 case 1: pause();                          /* Prozess A */
         exit(0);
 case 2: xpid = 0;                         /* Prozess B */
         pause();
         break;
 case 3: zpid = getenv("PID_A");  /* Prozess C */
         xpid = atoi(zpid);
         break;
 default: exit(0);
} /* Ende switch */

 printf("\n%d an %d",pid,xpid);
 kill(xpid,SIGUSR1);
 sleep(9);
 exit(0);
}
```

---

13. Unter dem Eintrag **strtol(3C)/PHB** beschrieben.

```
aktn(int sino)
{
  signal(SIGUSR1, SIG_IGN);
  printf("\nSignal %d eingetroffen bei PID %d\n"
            sino,pid);
}
```

Die als Instanz der BOURNE-Shell ablaufende Terminal-Shell wird mit
der Shell-Anweisung **trap(sh)** auf das Signal SIGUSR1 (16) vorbereitet:

```
$ trap "echo 'Shell: Signal 16 eingetroffe' "   30
```

Das kompilierte Programm wird zuerst als der Hintergrund-Prozeß A ohne
jegliche Argumente aufgerufen, wobei die PID 577 ausgegeben wird:

```
$ a.out &                       # Prozeß A
577
```

Die zweite Instanz wird als der Hintergrund-Prozeß B mit einem Argument
aufgerufen, wobei die PID 578 ausgegeben und aus der Systemvariablen
$! der Benutzervariablen $PID_A zugewiesen wird, die auch sogleich mit
der Shell-Anweisung **export(sh)** *globalisiert* wird, um den gleich danach
gestarteten Prozeß C als Environmentvariable zur Verfügung zu stehen,
womit der asynchrone Signalaustausch seinen programmierten Verlauf
nimmt:

```
$ a.out x                       # Prozeß B
578
$ PID_A=$!
$ export PID_A
$ a.out x x &                   # Prozeß C
579
$
579 an 578
Signal 16 eingetroffen bei PID 578

578 an 0
Signal 16 eingetroffen bei PID 579

Signal 16 eingetroffen bei PID 577

Shell: Signal 16 eingetroffen
$
```

Die in diesem Beispiel benutzten Shell-Anweisungen werden von KA
(1992) eingehend beschrieben. Eine etwas knappe Beschreibung wird unter
dem Eintrag **sh(1)/BHB** gegeben.

Das Beispiel zeigt zugleich die Notwendigkeit einer Koordinierung des
zwischenprozeßlichen Signalaustausches auf, was auf der Shell-Ebene nur
beschränkt möglich ist. In der angewandten Praxis werden kooperierende

Prozesse im allgemeinen von einem übergeordneten *Steuerprozeß* (supervisor process) verwaltet, der alle Informationen, darunter insbesondere die PIDs, seiner "Klienten"-Prozesse besitzt und häufig auch als deren Leitprozeß fungiert. Dies wird im Abschnitt 10.1 im Zusammenhang mit der Prozeßerzeugung und -steuerung weitergeführt.

7.2.4 Kernel-Signale

Kernel-Signale (kernel signals) melden sowohl *fatale Anomalien* (fatal exceptions) als auch nichtfatale Kontingenzen (nonfatal contingencies), worauf der empfangende Prozeß mit einer programmierten Aktion reagieren kann.

Das folgende ("schlechte") Beispiel zeigt die mißbilligende Reaktion des Kernels bei einem *Segmentierungsübergriff* (segmentation violation), der mit einem Null-Zeiger provoziert, durch das Signal SIGSEGV (11) gemeldet und mit einer Aktionsfunktion erfaßt wird:

```
$ cat badex.c
#include          <signal.h>
main()
{int h;
 void kk(int);
 signal(SIGSEGV,kk);
 h = *(int *)0;
}
void kk(int sino)
{
 printf("\nSignal %d: Segmentierungsuebergriff",sino);
 exit(9);
}
```

Beim Aufruf des kompilierten Programmes tritt die provozierte Exception ein:

```
$ badex
Signal 11: Segmentierungsuebergriff
$
```

Zu beachten ist, daß ein mit SIGSEGV angeschlagener Prozeß in keinem Fall weiterlaufen sollte — und auch nicht kann. Wird der Prozeß nämlich nicht mit exit(2) in der Aktionsfunktion selbst terminiert, dann wird er vom Kernel unter Erzeugung eines *core dump* automatisch abgebrochen, was letztendlich der Voreinstellung SIG_DFL (default) entspricht. Durch die Aktionsfunktion sollte — und kann — lediglich ein geordnetes Abbrechen unter eventueller Ausgabe von Zustandsdaten erfolgen. Ein Gleiches gilt für vergleichbar fatale Exceptions wie SIGILL (4), SIGFPE (8) sowie SIGSYS (12) (Tabelle 7.1).

Von den Kontingenzen sollen hier nur SIGALRM (14) und SIGHUP (1) betrachtet werden, welche das Ablaufen des mit dem Systemaufruf **alarm(2)** aufgerufenen *asynchronen Zeitgebers* (asynchronous timer) beziehungsweise den Exit des jeweiligen TTY-Leitprozesses melden. Eine weitere Anwendung wird im Zusammenhang mit der Zugriffsblockierung im Abschnitt 9.3.3 vorgestellt. Die Wirkungsweise der Signale SIGPIPE (13) und SIGCLD (18) wird in den Abschnitten 10.1 und 10.2 besprochen. Das folgende Beispiel veranschaulicht einen getakteten Prozeß:

```
$ cat takt.c
#include     <signal.h>
#include     <time.h>
#define      INTERVAL    5
char *zu;
time_t tim;
main()
{int k = 0;
 void tymer(void);
 tymer();
 while(++k < 5)
       {
        pause();
        printf("\nTakt:%d,  %s",k,zu);
       }
 printf("\nEnde"); exit(0);
}

void tymer(void)
{
 tim = time(0);
 zu = ctime(&tim) + 10; *(zu + 10) = 0;
 signal(SIGALRM,tymer);
 alarm(INTERVAL);
}
```

Die Aktionsfunktion tymer wird gleich eingangs synchron aufgerufen, um den Takt zu starten. Danach führt der Prozeß eine mit 5 Sekunden getaktete Arbeitsschleife aus, wobei das Ausgabe-Statement einen periodischen Arbeitsvorgang darstellt, dessen Ausführungszeit wesentlich kürzer als das Taktintervall von 5 Sekunden ist. Mit dem Systemaufruf **pause(2)** wird die jeweils verbleibende Wartezeit ausgefüllt. Mit sleep(2) wäre dagegen keine genaue Taktgebung der Arbeitszyklen möglich, da die "Schlafzeit" fortlaufend mit der "Arbeitszeit" kumuliert werden wird, was bereits nach einigen Durchläufen zu einer wahrnehmbaren zeitlichen Verschiebung führen würde. Zu beachten ist auch die Anwendung des *Systemaufrufs* **time(2)** und der *Bibliotheksfunktion* **ctime(3C)** zur Ermittlung der Systemzeit, deren Deklarationen in der Zusatzdatei

<time.h> enthalten sind. Der von ctime zurückgegebene Zeiger auf
eine Tag, Zeit und Jahr enthaltende Zeichenkette wird bei der Zuweisung
an den Zeiger zu um 10 Stellen versetzt und nach weiteren 10 Stellen mit
einer NUL unterbrochen, um die hier unnötige Tages- beziehungsweise
Jahresangabe auszulassen.

Das kompilierte Programm wird zur Hintergrundausführung aufgerufen
und läuft dann als getakteter Prozeß ab:

```
$ takt &
752
Takt:1,    16:37:15
Takt:2,    16:37:20
...
Takt:4,    16:37:30
Ende
```

Das Signal SIGHUP (1) meldet den Exit des *TTY-Leitprozesses* (tty group
leader) — bei interaktiver Arbeitsweise also die Terminal-Shell —, was
sowohl durch *Abbruch der Terminalverbindung* (hangup) als auch durch
ordentliches *Ausloggen* (logout) verursacht werden kann. Alle jeweils noch
aktiven Tochterprozesse (currently active child processes) der Terminal-
Shell erhalten dann automatisch das Signal SIGHUP, dessen Voreinstellung
den bedingungslosen Abbruch bewirkt. Durch Erfassen des Signals kann
die Ausführung auch nach dem Exit des Leitprozesses fortgesetzt werden.
Das folgende Beispiel veranschaulicht dies durch Ausloggen an einen
TTY-Terminal, der auch nach dem Exit der Terminal-Shell noch die
Ausgabe über den TTY-Dienstport anzeigt:

```
$ cat pgmz.c
#include         <signal.h>
int k, pid, getpid();
main()
{void aktion();
 signal(SIGHUP,aktion);
 pid = getpid();
 while(++k < 10)
      {
        printf("\nHallo");
        sleep(3);
      }
 exit(0);
}


void aktion(int sino)
{
 printf("\nPID %d mit Signal %d verwaist",pid,sino);
}
```

Das kompilierte Programm wird zur Hintergrundausführung aufgerufen;
danach wird die aktuelle Session und damit die Terminal-Shell mit
[CTL_D] terminiert, worauf der Login-Prompt erscheint. Der "verwaiste"
(orphaned) Prozeß gibt eine Meldung aus und läuft dann unbeschadet bis
zu seinem programmierten Ende weiter:

```
$ a.out &
793
Hallo
...
$
$ [CTL_D]
PID 793 mit Signal 2 verwaist
login:
Hallo
Hallo
...
```

8 Funktionen in C

Der Terminus *Funktion* (function) umfaßt im originären Schrifttum und der darauf aufbauenden Begriffswelt der C-Sprache jegliche Arten von *Unterprogrammen* (subprograms) — insbesondere also *Subroutinen* und *Prozeduren* (procedures) — und geht damit weit über den ursprünglich mathematischen Begriff der eindeutigen Abbildung eines *Wertebereiches* (domain) auf einem *Wertevorrat* (range) hinaus, der immerhin noch dem Begriff *Funktion* in FORTRAN und anderen "klassischen" Programmiersprachen zugrunde liegt. Im erweiterten Sinne stellt eine C-Funktion eine genau abgegrenzte Aktion dar, die Eingangsdaten auf einen Rückgabewert abbilden kann, aber nicht muß.

Einher damit geht die Erweiterung des herkömmlichen Begriffes *Objekt* vom passiven Datenobjekt zum aktiven Funktionsobjekt. In der C-Sprache können beide Objektarten weitgehend und fast unterschiedslos durch Zeiger angesprochen und in Ausdrücken manipuliert werden, was sich schon darin zeigt, daß der Funktionsaufruf nicht mehr als eine syntaktische Primitive, sondern als eine *assoziative Postfix-Operation* (Abschnitt 6.3.1.2) definiert ist. Bereits in C unterscheiden sich Daten- und Funktionsobjekte weniger durch kategorische Exklusivität als durch den jeweils möglichen und sinnvollen Gebrauch (usage). In *objekt-orientierten Programmiersystemen*[1] wie C++ und **Objective-C** faßt der nun übergeordnete Begriff *Objekt* die beiden Aspekte zu einer zweckgebundenen *Funktionalität* zusammen, die weder ein Daten- noch ein Funktionsobjekt, sondern eine eigenständige *Funktionaleinheit* (functional entity) mit einem genau abgegrenztem *Zweck* (the objective) verkörpert, dem das *Objekt* dient. Typische Beispiele sind Listen- und Tabellen-Objekte, die völlig eigenständig Daten verarbeiten und verwalten können, ohne auf andere Daten- oder Funktionsobjekte Bezug nehmen zu müssen. In der Semantik objektorientierter Programmiersysteme tritt daher der Zweck — also das *Was* — in den Vordergrund, während der prozedurelle Aspekt — also das *Wie* — unsichtbar (transparent) im Objekt verborgen bleibt.[2] Obwohl die C-Sprache lediglich als *objekt-bezogen*, nicht aber als *objekt-orientiert* gilt, können in ihr Funktionen bereits aus dieser erweiterten Perspektive betrachtet werden. Dies knüpft an die bereits eingangs im Kapitel 5 und dann im Abschnitt 5.6.1 im Zusammenhang mit Strukturen gemachten Betrachtungen an.

---

1. Der Terminus "Programmiersprache" wurde hier bewußt vermieden.
2. Der Terminus 'black box' ist jedoch in diesem Zusammenhang verpönt.

Funktionen, die in der C-Sprache im Bereich der Anwendungs- und Organisationsprogrammierung benutzt werden, können nach Herkunft und Anwendung in vier Kategorien eingeteilt werden:

- Benutzerprogrammierte Funktionen.
- Einheimische UNIX-Systemfunktionen der Indexgruppe "(2)".
- Einheimische C-Bibliotheksfunktionen der Indexgruppen "(3*)".
- Kommerziell erhältliche Anwendungsbibliotheken.

Im engeren Bereich der Systemprogrammierung stehen dazu noch die Kernelfunktionen (kernel functions) der Indexgruppe "(k)" zur Verfügung, die ausschließlich zur Kernel-Erweiterung und -Anpassung sowie zum Programmieren von Gerätetreibern (device drivers) benutzt werden.[3]

Einheimische System- und Bibliotheksfunktionen (native system and library functions) werden zumeist als fester Bestandteil des UNIX-Systempaketes zusammen mit dem einheimischen C-Kompiler und den Programmierwerkzeugen periodisch aktualisiert (new releases). Ein Gleiches gilt für die Anwendungsbibliotheken seriöser SW-Anbieter. Benutzerprogrammierte Funktionen (user functions) haben dagegen im allgemeinen eine besonders hartnäckige Tendenz, den Wandel der Zeit unbeschadet zu überstehen. Die ehrwürdigen FORTRAN-Bibliotheken von manchen größeren Organisationen und Instituten sind typische Beispiele dafür. Da die C-Sprache noch verhältnismäßig jung und auch weniger verbreitet ist, ist die Altlast an benutzerprogrammierten Funktionsbibliotheken entsprechend geringer.

Inzwischen hat der ANSI-Standard Veränderungen mit sich gebracht, von denen Funktionsobjekte am sichtbarsten betroffen sind. Allerdings erzwingt die gegenwärtige Version des Standards keine radikale Umstellung in Bezug auf Funktionen, sondern erlaubt eine — bisher noch nicht befristete — Koexistenz mit dem *traditionellen* K&R-Standard; nicht zuletzt, um die fortgesetzte Nutzung traditioneller Bibliotheken mit einem Minimum an Anpassung zu gewährleisten. Zwangsläufig muß ein solcher Kompromiß zu wesentlich komplizierteren Regeln führen als das bei einer eindeutig-klaren Lösung der Fall gewesen wäre. Dem soll im folgenden besondere Aufmerksamkeit gewidmet werden.

---

3. EGAN and TEIXERA (1988) geben eine pragmatische Einführung. Eine für das jeweilige System verbindliche Beschreibung ist im Leitfaden zur Programmierung von Gerätetreibern (Device Driver Programming Guide) zu finden.

8.1 Benutzerprogrammierte Funktionen

Eine Funktion stellt die kleinste eigenständig kompilierbare Struktur-
einheit der C-Sprache dar; ein Programm kann sich aus einer fast beliebigen Anzahl von Funktionen zusammensetzen, von denen jedoch genau
eine die `main`-Funktion sein muß, die üblicherweise als das Hauptprogramm (main program) bezeichnet wird. Über `main` wird die Ausführung
des Programms durch den Kernel eingeleitet. Dies wird im Abschnitt 8.1.5
weitergeführt.

Funktionen können einzeln oder als Module zusammengefaßt in separaten
Quelldateien (source files, modules) abgelegt und kompiliert werden. Die
dabei erzeugten *Objektdateien* (object files) können mit dem *Linker* **ld**(1)
(loader) je nach der vorgesehenen *Modulstruktur* (module structure) zu
einem *ausführbaren Programm* (executable file) oder zu einem *Programm-
segment* (program section) gebunden werden, das wiederum eine Objektdatei ist und letztendlich mit anderen Objektdateien zu einem ausführbaren
Programm gebunden werden kann. Objektdateien können mit dem UNIX-
Dienstprogramm **ar**(1) zu Archiven zusammengefaßt werden, die dann als
Link-Bibliotheken (link libraries) fungieren. Diese und verwandte Aspekte
werden im Abschnitt 8.3 weitergeführt.

Die Handhabung von Funktionen in C geht von einem zweistufigen
Schema aus:

• Die Deklaration, mit der ein zur Verfügung stehendes Funktionsobjekt
  angemeldet wird.

• Die Definition, mit der das eigentliche Funktionsobjekt angelegt wird.

Mit der *Funktionsdeklaration* werden die *semantischen* Regeln (semantics)
festgelegt, nach denen eine Funktion aufgerufen werden soll:

• Der Geltungsbereich der Deklaration.

• Typung und Artung des Rückgabewertes.

• Anzahl, Typungen und Artungen der Parameter.

Unter dem *traditionellen Standard* (traditional standard) bestimmt die
Typung und Artung des Rückgabewertes den *Funktionstyp* (function type)
schlechthin. Unter **ANSI** können auch die Parameter deklariert werden,
wodurch die Funktionsdeklaration zum *Prototyp* (prototype) der zu benut-
zenden Funktion präzisiert wird. Damit entsteht zugleich die Notwendigkeit, den traditionellen Begriff Funktionstyp entsprechend zu erweitern.
Da wo es der Klarheit dient, soll daher im folgenden von der *Gattung einer
Funktion* (function genus) die Rede sein, was die Typung und Artung
sowohl der Rückgabe als auch der Parameter einbezieht.

Mit einer Deklaration unmittelbar gefolgt von der *Definition* des Funktionsblocks wird eine Funktion angelegt, wobei dann zusammenfassend von der eigentlichen *Funktionsdefinition* (function definition) die Rede ist. Im Zusammenhang mit einer Funktionsdefinition stellen die Parameter dann Datenobjekte dar, in welche die Argumentwerte [4] beim Aufruf hineinkopiert werden, um dann innerhalb des Funktionsblocks zur Verfügung zu stehen, wobei jegliche Rückwirkung auf die Argumente ausgeschlossen ist. Damit ist zugleich die Methode der *Argumentübergabe* (argument passing) eindeutig festgelegt: In C erfolgt die Argumentübergabe grundsätzlich durch *Wertübergabe* (call by value).[5] Die dann in der Funktion erfolgende Verwendung der Argumentwerte und die daraus resultierenden Auswirkungen sind eine vollkommen andere Frage.

8.1.1 Die Funktionsdeklaration

Funktionen, deren Adressen als Argumente anderen Funktionen übergeben oder als R-Werte zugewiesen werden sollen, müssen mit einem entsprechenden *Geltungsbereich* (scope) deklariert werden, da sonst wegen des fehlenden Bezugspunktes zwangsläufig ein fataler Kompilierfehler entsteht. In allen anderen Fällen sollte eine Deklaration vorgenommen werden, um eine Prüfung der Rückgabe und der Argumente durch den Kompiler zu ermöglichen. Nicht deklarierte Funktionen sind implizite mit einem Rückgabewert vom Typ `int` deklariert, was bei Unvereinbarkeit in Ausdrücken — insbesondere bei Zuweisungen — bestenfalls bereits beim Kompilieren mit einer Warnung und schlimmstenfalls erst bei der Ausführung mit einem bösartigen Fehlerzustand (runtime error) enden kann. Mit der Deklaration wird der Prototyp (prototype) einer Funktion dargestellt, an dem sich der Kompiler orientieren kann.

Funktionen können sowohl nach dem *traditionellen* (traditional, K&R) Schema als auch nach dem ANSI-*Schema* deklariert werden; der ANSI-*Standard* beinhaltet beide Schemata als Kompromiß. Die damit verbundene Problematik soll im nachfolgenden wiederholt aufgegriffen werden.

---

4. Erst beim Funktionsaufruf ist dann von *Argumenten* (arguments) anstelle von *Parametern* (parameters) die Rede, die in diesem Zusammenhang die eigentlichen Eingangswerte darstellen. Diese keineswegs spitzfindige semantische Differenzierung ist für das originäre C-Schrifttum verbindlich.

5. Im Gegensatz zur reinen *Verweisübergabe* (call by reference, by location), wobei lediglich Adressen übergeben werden. Eine dritte Methode, *Namensübergabe* (call by name), benutzt eine unsichtbare Zwischenfunktion (thunk) zur Auswertung und Übergabe der Argumente an die eigentliche Funktion.

Das gemeinsame Grundschema einer *Funktionsdeklaration* (function declaration) besteht aus den folgenden Klauseln:

```
[extern]  <F-Typ> <F-Deklarator>  [,<F-Deklarator> ...];

<F-Typ>: [signed|unsigned] <Integral-Typ>
         <Gleitpunkt-Typ>|<ANSI-Typ>
         struct|union <Spezifikation|Bezeichner>
         <Vereinbarung>|void
```

Für den *Geltungsbereich* (scope) einer Funktionsdeklaration gelten identisch die im Abschnitt 5.2.1 für Datenobjekte beschriebenen Regeln; insbesondere können Funktionen innerhalb von Blöcken mit `extern` *selektiv* deklariert werden, wobei etwaige außenliegende gleichnamige Deklarationen außer Kraft gesetzt werden.

Im Gegensatz zu Datenobjekten entfällt bei Funktionen der *Vorsatz* (qualifier) `const` oder `volatile`; die *Typung* reduziert sich daher auf den *Funktionstyp* (function type), welcher den Typ des *Rückgabewertes* (return value) nach dem üblichen Typungsschema bestimmt (Abschnitt 5.1); bei Auslassung wird `signed int` angenommen. Die Bedeutung von `void` wird nachfolgend im Unterabschnitt 8.1.3.2 eingehend besprochen.

Neben den zusätzlichen ANSI-Typen (Abschnitt 5.3.4) liegt der Unterschied zum traditionellen Standard darin, daß unter ANSI Strukturen und Überlagerungen (unions) (Abschnitte 5.6.1 und 5.6.2) als Aggregate zurückgegeben werden können. Funktionen können Array- und Funktionszeiger zurückgeben, was in den nachfolgenden Abschnitten 8.1.3.3 beziehungsweise 8.1.4 getrennt weitergeführt wird.

Der grundsätzliche Unterschied zwischen dem traditionellen Schema und dem ANSI-Schema liegt jedoch im *Funktionsdeklarator* (function declarator). Das traditionelle Grundschema sieht keine Deklaration von Parametern vor; der Funktionsbezeichner wird lediglich mit einem leeren Rundklammerpaar *dekoriert* (decorated):

```
<F-Deklarator>: [*...]<Funktionsbezeichner>()
```

Mit einem oder mehreren *Asterisks* wird die Rückgabe eines Zeigerwertes des angegebenen Types deklariert,[6] wobei die Anzahl der Asterisks die *Ordnung des Zeigers* bestimmt (Abschnitt 5.4.2). Die Erweiterung auf Arrays und Funktionszeiger wird in den Abschnitten 8.1.3.3 und 8.1.4 behandelt. Für den *Funktionsbezeichner* (function identifier) gelten die üblichen lexikalischen Regeln (Abschnitt 4.2.2).

---

6. Auch hier sei darauf hingewiesen, daß die *Artung* nicht Bestandteil der *Typung* sein kann, da mit einer vorreitenden Typung ja mehrere Funktionen unterschiedlicher Artung deklariert werden können.

Typische Beispiele von einfacheren traditionellen Deklaration sind:

```
char   *funk();                    unsigned int gunk();
extern float hunk();               extern double punk();
```

Im Gegensatz zum traditionellen Schema sieht das *ANSI-Schema* die Deklaration von Parametern vor:

```
<F-Deklarator>:[*...]<Funktionsbezeichner>
                     (
                       <Parameter-Deklaration1>,
                       <Parameter-Deklaration2>,
                       ...
                     )
```

wobei das Grundschema für die Parameter-Deklaration dem im Abschnitt 5.1 vorgestellten Typungsschema für Datenobjekte bis auf die *Auslassung der Speicherklasse* und einer Einschränkung bezüglich `void` entspricht:

```
<Parameter-Deklaration>:<P-Typung> <P-Deklarator>

 <P-Typung>:<P-Vorsatz> <P-Typ>
<P-Vorsatz>:const | volatile | const volatile
    <P-Typ>:[signed|unsigned] <integraler Typ>
            <Gleitpunkt-Typ>|<ANSI-Typ>
            struct|union <Spezifikation|Bezeichner>
            <Vereinbarung>|void

<P-Deklarator>: [*...]<P-Bezeichner>[<Dimension>]
```

Insbesondere können also Parameter mit dem Vorsatz `const`, `volatile` oder `const volatile`, und integrale Parameter mit den Zusatz `signed` oder `unsigned` deklariert werden. Für Zeiger, Arrays, Strukturen, Überlagerungen und vereinbarte Typen gelten die üblichen Deklarationsregeln. *Unvollständige Typen* (incomplete types) sind zulässig. Die Deklaration von Funktionszeigern wird nachfolgend im Abschnitt 8.1.4 weitergeführt. Im folgenden soll vorerst von einer *festen Anzahl von Parametern* ausgegangen werden; die Deklaration einer *variablen* Anzahl von Parametern wird im Unterabschnitt 8.1.3.5 eingehend behandelt.

Typische Beispiele von einfacheren ANSI-Deklaration sind:

```
extern char   *funk(char *a, char *b);

unsigned int gunk(unsigned int h, int k);
```

Das Schlüsselwort `void` kann als *Parameter-Typ* nur mit Zeigern benutzt werden, was nachfolgend im Unterabschnitt 8.1.3.2 weitergeführt wird. Zum anderen aber werden Funktionen *ohne jegliche Parameter* mit genau einer Instanz von `void` deklariert:

```
<F-Deklarator>: [*]<F-Bezeichner>(void)
```

Der zweifache Gebrauch von void, wie in

```
... void funk(void);
```

ist zulässig und sinnvoll: Die so deklarierte Funktion soll ohne Wert-
rückgabe und ohne jegliche Argumente aufgerufen werden.

Mit typedef (Abschnitt 5.7) kann eine vollständige Funktionsdeklaration
zur verbindlichen Vereinbarung einer *Funktionsgattung* (function genus)
erhoben werden:

```
typedef <F-Typ> [*...]<G-Bezeichner>(<P-Deklarationen>);
```

Funktionen einer vereinbartung Gattung können dann einfachst mit deren
Bezeichner deklariert werden:

```
<G-Bezeichner> <F-Bezeichner>, ...;
```

Dieser Ansatz soll nachfolgend wiederholt aufgegriffen werden.

Ein weiteres Kontrastbeispiel mag den Unterschied zwischen den beiden
Deklarationsschemata verdeutlichen. Eine Funktion, die einen Zeiger vom
Typ char zurückgibt, soll mit drei Argumenten aufgerufen werden. Nach
dem traditionellen Schema kann nur der Typ des Rückgabewertes deklariert werden; die Argumente bleiben unbestimmt:

```
char *funk();
```

Nach ANSI müssen auch die Parameter deklariert werden:

```
char *funk(char *z, const int a, unsigned short b);
```

wobei die Parameter-Deklarationen durch Kommas getrennt werden. Die
Parameterbezeichner — hier z, a und b — können ausgelassen werden:

```
char *funk(char *, const int, unsigned short);
```

Eine Funktionsdeklaration nach dem ANSI-Schema fungiert als *vollständiger Prototyp* (complete prototype), der dem Kompiler die Möglichkeit
gibt, Aufrufe innerhalb des Geltungsbereiches hinsichtlich der Argumente
und des Rückgabewertes zu überprüfen. Dabei können drei typische
Fehlerzustände entdeckt werden:

- Inkorrekte Anzahl von Argumenten bei einer fest vorgegebenen Anzahl
  von Parametern sowie Argumente bei void.
- Fatale Inkompatibilität hinsichtlich der Typung und Artung des Rückga-
  bewertes oder der Argumente.
- Erzwungene Umwandlung der Argumente oder des Rückgabewertes beim
  Aufruf.

von denen die ersten beiden einen fatalen Kompilierfehler versachen,
währen der dritte lediglich mit einer Warnung quittiert wird. Auch hier

muß zwischen *fataler Inkompatibilität* (fatal incompatibility) und *erzwungener Umwandlung* (forced conversion) unterschieden werden. Mit der obigen ANSI-Deklaration der Funktion `funk` ergäbe der Aufruf:

```
...  funk(11.23,...)  ...
```

eine fatale Inkompatibilität zwischen dem Gleitpunktwert und dem in dieser Position deklarierten Zeiger vom Typ `char`. Im Gegensatz dazu würde bei dem Aufruf,

```
...  funk("Hallo", 11.23,...)  ...
```

lediglich eine erzwungene Umwandlung zu dem ganzzahligen Wert 11 stattfinden. Bei Typenungleichheit erfolgt also eine Umwandlung im Sinne einer Zuweisung (Abschnitt 6.7.1) an Objekte mit der Parametertypung.

Im Gegensatz dazu wird bei einer Deklaration nach dem *traditionellen Schema* lediglich die Typungs- und Artungskompatibilität der Rückgabe überprüft; hinsichtlich der Argumente kann ja keine Prüfung stattfinden. Beim Aufruf erfolgt dann eine *automatische Aufwertung der Argumente* (default argument promotion), welche die bestmögliche Strategie in der Abwesenheit jeglicher Informationen bezüglich der Parameter darstellt. Dies wird im nachfolgenden Unterabschnitt 8.1.3.1 weitergeführt.

Mit dem Kompromiß der Koexistenz zweier Standards entsteht zwangsläufig das Problem der *Überkreuzung* von Deklarationen und Definitionen (cross declaration): Eine nach dem ANSI-Schema definierte Funktion kann nach dem traditionellen Standard deklariert werden und umgekehrt. Bei entsprechender Sorgfalt können jedoch im allgemeinen Fehler vermieden werden. Eine besonders Fehlerquelle, die im Zusammenhang mit Gleitpunkt-Typen entstehen kann, wird nachfolgend in einem konkreten Zusammenhang beprochen.

8.1.2 Die Funktionsdefinition

Eine *Funktionsdefinition* (function definition) besteht aus dem *Funktionskopf* (function header), der die Funktionsdeklaration enthält, und dem *Funktionsblock* (function block), der den eigentlichen *Funktionskörper* (function body) umfaßt. Der Unterschied zwischen dem traditionellen Schema und dem ANSI-Schema liegt dabei ausschließlich im Funktionskopf. Im folgenden soll von Definitionen mit einer *fest vorgegebenen Anzahl von Parametern* ausgegangen werden, die mit einer genau entsprechenden Anzahl von Argumenten aufgerufen werden müssen. *Variable Argumentlisten* werden im nachfolgenden Unterabschnitt 8.1.3.5 eingehend behandelt.

Beim *traditionellen Schema* werden innerhalb der Rundklammern lediglich die *Bezeichner* der Parameter aufgelistet. Die eigentlichen Parameter-Definitionen folgen als *separate Statements*, die mit dem Semikolon abgeschlossen werden müssen. Erst danach folgt mit *geschweiften Klammern* (braces) abgegrenzt der eigentliche *Funktionsblock*:

```
[static] <F-Typ> [*...]<F-Bezeichner>(<Parameter1>,...)
<Parameter-Definition1>; ...
  {
    <interne Definitionen und Deklarationen>
    <ausführbares Statement>;
    ...;
    ... [return [<Ausdruck>]];
    ...
    [return [<Ausdruck>]];
  }
```

Das optionale `static` stellt in diesem Zusammenhang zwar keine eigentliche Speicherklasse dar, hat aber den gleichen blockierenden Effekt wie bei externen Datenobjekten: Das Funktionsobjekt kann nur innerhalb des definierenden Moduls aufgerufen werden. Für den *Funktionstyp* (function type) gelten identisch die bereits für die Funktionsdeklaration vorgestellten Regeln. Insbesondere wird bei Auslassung `signed int` angenommen.

Mit einem oder mehreren *Asterisks* wird die Rückgabe eines Zeigerwertes des angegebenen Types deklariert,[6] wobei die Anzahl der Asterisks die *Ordnung des Zeigers* bestimmt (Abschnitt 5.4.2). Die Erweiterung auf Arrays und Funktionszeiger wird in den Abschnitten 8.1.3.3 und 8.1.4 behandelt. Für den *Funktionsbezeichner* (function identifier) gelten die üblichen lexikalischen Regeln (Abschnitt 4.2.2).

Der Funktionsblock enthält im allgemeinen Definitionen interner Objekte und Deklarationen externer Objekte, gefolgt von ausführbaren Statements. Zu beachten ist, daß Funktionen nur als freistehende Blockeinheiten innerhalb von Quelldateien definiert werden können. Verschachtelte Definitionen[7] sind nicht zulässig; insbesondere können Funktionen nicht innerhalb des Hauptprogrammes `main` definiert werden. Innerhalb einer Quelldatei spielt die Reihenfolge der Funktionsdefinitionen keine Rolle. Dies wird im Abschnitt 8.3.1 im Zusammenhang mit Kompilieren und Linken weitergeführt.

Mit der optionalen Instruktion *return* (Abschnitt 7.1.1.1) gefolgt von einem Ausdruck wird eine Funktion unmittelbar verlassen, womit der *aufrufende Ausdruck* (calling expression) einen *Rückgabewert* (return

---

7. Etwa wie bei PL/I.

value) erhält. Da wo keine Rückgabe erfolgen soll oder kann, muß `return` ohne Ausdruck mit einem unmittelbar nachfolgenden Semikolon abgeschlossen werden. Ohne `return` wird eine Funktion nach dem letzten ausführbaren Statement verlassen; der Rückgabewert bleibt dabei unbestimmt. Die Bedeutung der Funktionstypung `void` in diesem Zusammenhang wird nachfolgend im Unterabschnitt 8.1.3.2 eingehend behandelt. Diese generelle Struktur des Funktionsblocks gilt für beide Definitionsschemata und soll im folgenden unterstellt sein.

Die individuelle *Parameter-Definition* (parameter definition) erfolgt nach dem Schema:

<Parameter-Definition>: [*register*] <P-Deklaration>

das aus der optionalen Speicherklasse `register` (Abschnitt 5.2.3) und der bereits im vorhergehenden Abschnitt vorgestellten Parameter-Deklaration besteht. Im Gegensatz zur *Funktionsdeklaration* dürfen bei einer *Funktionsdefinition* keine unvollständigen Typen von Parametern deklariert werden. Insbesondere können Parameter nicht einzeln mit `void` definiert werden, auch keine Zeiger. Definierte Parameter stehen wie interne Objekte innerhalb des Funktionsblocks zur Verfügung.

Multiple Parameter gleicher Typung und Artung können mit einem Definitions-Statement nach dem Schema zusammengefaßt werden:

[*register*] <Typung> <P-Deklarator$_1$>,<P-Deklarator$_2$>,...;

Einfachere Beispiele von traditionellen Funktionsdefinitionen sind:

```
double sumprod(x, y, z) double x, y, z;
{
  return x + y + x * y;
}

void ausg(txt, no, w) char txt; int no; double w;
{
  printf("\nPosten: %d  %s  %6.2f", no, txt, w);
}
```

Als Besonderheit der traditionellen Funktionsdefinition ist zu beachten, daß als `float` definierte Parameter automatisch zu `double` aufgewertet werden, was bei einer gleichlaufenden traditionellen Deklaration der Funktion wegen der ebenfalls automatischen Aufwertung von Gleitpunkt-Argumenten beim Aufruf keinerlei Probleme verursacht. Obskure Fehlerzustände können jedoch bei einer Überkreuzung der beiden Schemata entstehen, was gleich nachfolgend weitergeführt wird.

Aufgeführte Parameter, die nicht explizite definiert werden, fallen auf den Typ `int` zurück; d.h. die beiden folgenden Formen sind in dieser Hinsicht gleichwertig:

```
...  <F-Bezeichner>(a,b,c, ...) int a,b,c, ...; { ... }
...  <F-Bezeichner>(a,b,c, ...) { ... }
```

Durch ein leeres Rundklammerpaar wird die Auslassung jeglicher Parameter angegeben:

```
[static] <F-Typ> <F-Bezeichner>() { ... }
```

Die Funktion muß dann ohne jegliche Parameter deklariert und ohne jegliche Argumente aufgerufen werden.

Mit einem zusätzlich vorangestellten `void` erfolgt dann weder Eingabe noch Rückgabe:

```
[static] void  <F-Bezeichner>() { ... }
```

Eine solche Funktion kann nicht als wertspendender Ausdruck aufgerufen werden, sondern nur als Statement ohne jegliche Argumente.

Beim ANSI-Schema werden die Parameter dagegen innerhalb der Rundklammern individuell *definiert*. Der mit geschweiften Klammern (braces) abgegrenzte Funktionsblock folgt unmittelbar darauf:

```
[static] <F-Typ> [*...]<Funktionsbezeichner>
                       (
                         <Parameter-Definition1>,
                         <Parameter-Definition2>,
                         ...
                       )
   {
     <Funktionsblock>
   }
```

Die individuelle *Parameter-Definition* (parameter definition) innerhalb der Rundklammern erfolgt nach dem Schema:

```
<Parameter-Definition>: [register] <P-Deklaration>
```

das aus der optionalen Speicherklasse `register` (Abschnitt 5.2.3) und der bereits im vorhergehenden Abschnitt vorgestellten Parameter-Deklaration besteht. Im Gegensatz zur *Funktionsdeklaration* dürfen bei einer *Funktionsdefinition* keine *unvollständigen Typen* (incomplete types; Abschnitt 5.6.1) definiert werden. Mit `void` können *opake Zeiger* (opaque pointers; Abschnitt 5.4.1) definiert werden, nicht aber *ungeschmückte* (plain) Variable. Die definierten Parameter stehen wie interne Objekte innerhalb des Funktionsblocks unbeschränkt zur Verfügung.

Mit einem `void` anstelle der Parameterliste wird die Auslassung jeglicher Parameter angegeben:

```
[static] <F-Typ> [*]<F-Bezeichner>(void) { ... }
```

Die Funktion muß dann ohne jegliche Argumente aufgerufen werden:

```
... funk() ...
```

Mit zweifachem `void` erfolgt weder Eingabe noch Rückgabe:

```
[static] void [*]<F-Bezeichner>(void) { ... }
```

Eine solche Funktion kann weder mit Argumenten noch als wertspendender Ausdruck aufgerufen werden, sondern nur als *Statement*:

```
... funk();
```

Vollkommen leere Funktionen sind also unter beiden Schemata zulässig:

```
void nogo(void){}              void nogo(){}
```

Strukturierte Programmverbunde werden zuweilen *ab initio* mit völlig leeren *Platzhalter-Funktionen* (dummy functions) aufgebaut. Der Ansatz ist durchaus akzeptabel, solange die harmlosen Dummies nicht zu einem späteren Zeitpunkt durch unnütze Gebilde ersetzt werden.

Ein zusammenfassendes Beispiel mag den grundsätzlichen Unterschied zwischen den beiden Schemata veranschaulichen:

```
void funk(char *z,int a,int b,float x)/* ANSI-Schema */
{
 printf("\nANSI: %s %d %d %f",z,a,b,x);
}

void gunk(z,a,b,x)              /* traditionelles Schema */
char *z; int a,b; float x;
{
 printf("\n%s %d %d %f",z,a,b,x);
}
```

Zu beachten in der Gegenüberstellung ist, daß die beiden Parameter a und b beim ANSI-Schema individuell definiert werden müssen, und beim traditionellen Schema — wie gezeigt — unter einer gemeinsamen Definition — hier `int` — zusammengefaßt werden können. Diese hätte dann auch vollkommen ausgelassen werden können:

```
void gunk(z,a,b,x)      /* traditionelles Schema */
char *z; float x;
{
 printf("\n%s %d %d %f",z,a,b,x);
}
```

In dieser Gegenüberstellung sollte auch die Problematik der *Überkreuzung von Deklarationen und Definitionen* (cross declaration) zwischen den beiden Schemata veranschaulicht werden. In einem aufrufenden Programmteil wird die nach dem ANSI-Schema definierte Funktion `funk` nach dem traditionellen Schema deklariert und dann mit völlig korrekten Argumenten aufgerufen:

```
...
void funk()
...
    funk("Hallo", 11, 22, 0.001);
...
    Hallo 11 22 -5.18969e+11
```

Zum anderen wird die traditionell definierte Funktion `gunk` nach dem ANSI-Schema deklariert und dann mit ebenfalls völlig korrekten Argumenten aufgerufen:

```
...
void gunk(char *,int,int,float);
...
    gunk("Hallo", 11, 22, 0.001);
...
    Hallo 11 22 0
```

Die sich überkreuzenden Definitionen und Deklarationen stellen an sich keinen offensichtlichen Widerspruch dar. In beiden Fällen wurden die ersten drei Argumente beim Aufruf völlig korrekt widergespiegelt, lediglich der dritte Argumentwert vom Typ `float` wurde irgendwie *verzerrt* (distorted).

Die Erklärung liegt in der automatischen Aufwertung des Typs `float` zu `double` beim traditionellen Schema. Da `funk` traditionell deklariert wurde, wurde der Gleitpunktwert `0.001` beim Aufruf zu `double` aufgewertet übergeben, dann aber wegen der ANSI-Definition doch als `float` übernommen, wobei die Verzerrung entstand.

Im Gegensatz dazu wurde in der traditionell definierten Funktion `gunk` der zwar formal mit `float` definierte Parameter x bereits beim Kompilieren automatisch zu `double` aufgewertet, was bei einer traditionellen Deklaration auch zu einer entsprechenden Aufwertung beim Aufruf geführt hätte, wegen der ANSI-Deklaration aber nicht stattfand. Der Argumentwert wurde also als `float` durchgereicht und verzerrt als `double` übernommen.

Durch eine *konforme Deklaration* wird das Problem bei der nach dem ANSI-Schema definierten Funktion `funk` behoben:

```
...
void funk(char *,int,float)
...
    funk("Hallo", 11, 22, 0.001);
...
    Hallo 11 22 0.001
```

Die traditionell definierte Funktion gunk kann sowohl konform als auch nach dem ANSI-Schema deklariert werden. Bei letzterem muß der Aufwertung dann explizite Rechnung getragen werden:

```
...
void gunk();
...

void gunk(char *,int,int,double);
...
        gunk("Hallo", 11, 22, 0.001);
...
        Hallo 11 22 0.001
```

8.1.3 Argumente und Rückgabewerte

Erst beim Aufruf einer Funktion ist von *Argumenten* (arguments) die Rede, die generell *Ausdrücke* (expressions) darstellen, deren Auswertung und Zuweisung an die Funktionsparameter noch vor dem eigentlichen Transfer des Ablaufs in den Funktionsblock erfolgt (call by value). Argumente sind durch die Typung und Artung der wertspendenden Ausdrücke (Abschnitt 6.2) gekennzeichnet und nicht durch die Deklaration der Parameter. Zwischen der Auswertung der Argumente und der Wertzuweisung an die Funktionsparameter findet eine Aufwertung beziehungsweise eine Umwandlung statt, was gleich nachfolgend im ersten Unterabschnitt weitergeführt wird.

Bei der Rückgabe sind zwei Schnittstellen in Betracht zu ziehen. Erstens, innerhalb einer Funktion erfolgt mit dem Statement,

```
... return <Ausdruck>;
```

eine interne Umwandlung des Ausdruckswertes zum Typ der Funktion, falls dies nötig und möglich ist; bei ausgesprochener Inkompatibilität an dieser Stelle ensteht bereits beim Kompilieren ein fataler Fehlerzustand.

Zweitens, beim Aufruf einer Funktion als wertspendender Ausdruck, wie zum Beispiel in,

```
... x = f(...) ...     ... y * g(...) ...     ... f(g(...)) ...
```

erfolgt gegebenenfalls eine Umwandlung des Rückgabewertes zu einem Typ, der durch den Kontext des Ausdrucks bestimmt wird. Die Bedeutung

der Funktionstypung `void` in diesem Zusammenhang wird nachfolgend im
ersten Unterabschnitt besprochen.

Sowohl der *Wertebereich* der Argumente (argument domain) als auch der
Wertevorrat der Rückgabe (return range) einer Funktion ist beim traditionellen Standard auf *skalare Werte* (scalar values) einschließlich der in
Zeigern enthaltenen Adressen beschränkt. Mit dem ANSI-Standard können
darüber hinaus Strukturen und Überlagerungen (unions) als Aggregate von
Werten übergeben und zurückgegeben werden. Unter beiden Standards
können Arrays jedoch nur durch Zeiger, nicht aber explizite als Aggregate
übergeben oder zurückgegeben werden, was jedoch unter dem "Deckmantel" (guise) einer umgebenden Struktur umgangen werden kann. Dies
wird nachfolgend im konkreten Zusammenhang noch einmal aufgegriffen.

In den nachfolgenden Unterabschnitten sollen die folgenden Arten von
Argumenten und Rückgabewerten detailliert besprochen werden:

• Konstante, Skalare und Zeiger

• Arrays

• Strukturen und Überlagerungen

• Variable Argumentlisten

Dabei soll einheitlich von dem bereits vorgestellten ANSI-Schema der
Funktionsdeklaration und -definition ausgegangen werden. Grundlegende
Unterschiede zum traditionellen Schema sollen jedoch hervorgehoben
werden, um dem Leser eine Rückführung der behandelten Sonderfälle zu
ermöglichen.

Funktionszeiger, die ebenfalls als Argumente und Rückgabewerte
fungieren können, werden in einem erweiterten Zusammenhang im
nachfolgenden Abschnitt 8.1.4 eingehend behandelt.

8.1.3.1 Aufwertung und Umwandlung von Argumenten

Argumente werden je nach Deklarationsschema der Funktion entweder
automatisch aufgewertet (traditionell; automatic promotion) oder im Sinne
einer Zuweisung an den deklarierten Parametertyp *umgewandelt* (ANSI;
conversion). Erst die aufgewerteten beziehungsweise umgewandelten
Werte werden in die Parameter *kopiert* (call by value) und stehen dann
unter deren Typung innerhalb der Funktion zur Verfügung.

Bei der *traditionellen Aufwertung* (default promotion), die ja von
unbekannten Parametertypen ausgeht, werden Argumente vom Typ `float`
einheitlich zu `double` aufgewertet. Bei Argumenten eines integralen Typs
erfolgt eine *integrale Aufwertung* (integral promotion) zum Typ `int`, wenn

dieser den Wert noch darstellen kann; andernfalls erfolgt eine Aufwertung zum Typ `unsigned int`. Insbesondere bleibt bei Aufwertung der Typen `char` und `short` sowie bei Bit-Feldern (Abschnitt 5.6.1.1) das Vorzeichen erhalten. Wertverzerrungen (value distortions) können nur dann entstehen, wenn zu `int` aufgewertete Argumente mit Parametern untergeordneter Typungen wie `char` oder `short` abgegriffen werden.

Bei Funktionen, die nach dem ANSI-Schema deklariert wurden, erfolgt keine Aufwertung, sondern eine *Umwandlung* (conversion) im Sinne einer Zuweisung (Abschnitt 6.7.1) an die deklarierten Parametertypen, mit den damit verbundenen Formen der Inkompatibilität und der Wertverzerrung.

Besonders schwerwiegende Probleme können jedoch bei einer *Überkreuzung* der beiden Deklarations- und Definitionsschemata (cross declaration) entstehen, wobei Gleitpunkttypen am stärksten betroffen sind. Die Schlußfolgerung aus dem im vorhergehenden Abschnitt 8.1.2 gegebenen Beispiel können dahingehend verallgemeinert werden, daß ein Parameter, der unter dem traditionellen Definitionsschema mit `float` deklariert wurde, unter dem ANSI-Deklarationsschema grundsätzlich mit `double` deklariert werden muß, um eine Wertverzerrung bei der Übergabe zu vermeiden. Eine Umkehrung ist nicht möglich: Ein unter dem ANSI-Definitionsschema mit `float` *definierter* Parameter kann nur unter dem ANSI-Deklarationsschema mit `float` *deklariert* werden!

8.1.3.2 Konstante, Skalare und Zeiger

Generische Konstante (Abschnitt 4.1.3) können unmittelbar oder mittelbar durch symbolische Konstante als Argumente übergeben werden, wobei wiederum zwischen *skalaren Konstanten* (skalar constants) und *Zeichenketten-Konstanten* (string constants) unterschieden werden muß. Letztere werden im nachfolgenden Unterabschnitt im Zusammenhang mit Arrays besprochen. Erstere werden wie die nachfolgend besprochenen Skalare behandelt.

Skalare — es sei an die Begriffsbestimmung erinnert (Abschnitt 5.5.1) — können nur einen einzigen Wert enthalten, der — gegebenenfalls aufgewertet beziehungsweise umgewandelt — den Parametern zugewiesen wird und dann nur durch diese innerhalb der Funktion zur Verfügung steht. Auf die ursprünglichen Skalare kann innerhalb der Funktion nicht über die Parameter zugegriffen werden. Insbesondere können Veränderungen der Parameter-Inhalte keine Rückwirkung auf solche Argumente haben.

Ein Zugriff von innerhalb einer Funktion auf lokale Objekte im aufrufenden Programmteil kann grundsätzlich nur über Zeiger erfolgen[8], was insbesondere Veränderungen der Inhalte betrifft. Das wohl typischste

Beispiel ist das zyklische Vertauschen der Inhalte mehrerer Variablen
(value rotation) *in situ*:

```
void rotate(int *za, int *zb, *int zc)
{int h;
 h = *za; *za = *zb; *zb = *zc; *zc = h;
}
```

Die Funktion wird im aufrufenden Programmteil deklariert und dann mit
den Adressen der zu vertauschenden Skalare aufgerufen:

```
...
int a,b,c,d[5], ...;
void rotate(int *,int *,int *);
...
    rotate(&a,&b,&c);
...
    rotate(&d[1],&d[2],&d[3]);
...
```

Umgekehrt kann auf Objekte, die innerhalb einer Funktion definiert sind,
nur durch Rückgabe eines Zeigerwertes zugegegriffen werden. Solche
Objekte müssen mit `static` definiert werden, um nach dem Funktionsaufruf noch zur Verfügung zu stehen. Dies wird nachfolgend im konkreten
Zusammenhang noch einmal aufgegriffen.

Der Typung `void` kommt sowohl bei der Funktions- als auch bei der
Parametertypung eine besondere Rolle zu, wobei die Bedeutung von der
Artung bestimmt wird.

Bei Funktionen, die *ungeschmückt* (plain) mit der Typung `void` deklariert
beziehungsweise definiert werden,

```
void funk(...) ...
```

kann keinerlei Rückgabe erfolgen; die Instruktion `return` muß dabei
ohne jegliches Argument aufgerufen werden:

```
... return;
```

Solche Funktionen können nur als Statements, nicht aber als wertspendende Ausdrücke aufgerufen werden.

Im Gegensatz dazu geben Funktionen, die *geschmückt* (adorned) mit `void`
deklariert beziehungsweise definiert werden,

```
void *zunk(...) ...
```

einen Zeigerwert *unvollständiger Typung* (incomplete pointer type) zurück,

---

8. Was eben zuweilen mit *call by reference* verwechselt wird.

der erst durch *Anpassung* (type casting; Abschnitt 6.2.3) oder Zuweisung
an ein anderes Zeigerobjekt eine Typung erhält:

```
...  int *zi,...;
...
...  (char *)zunk(...) ...        ... zi = zunk(...) ...
```

Diese Funktionstypung wird ebenfalls als *opak* (opaque) bezeichnet. Eine
typische Anwendung liegt beim dynamischen Erfassen von Speicherbereichen, was bereits im Zusammenhang mit der dynamischen Speicherverwaltung (dynamic memory allocation) im Abschnitt 5.8 vorgestellt wurde.

Ungeschmückte Parameter können nicht einzeln mit der Typung `void`
deklariert beziehungsweise definiert werden. Nur die gesamte Parameterliste kann durch `void` ersetzt werden, um die Auslassung aller Parameter
festzulegen. Solche Funktion müssen ohne jegliche Argumente aufgerufen
werden.

Im Gegensatz dazu können *geschmückte* Parameter einzeln mit der Typung
`void` deklariert beziehungsweise definiert werden:

```
...  hunk(...,void *z,...) ...
```

Solche *opaken* Parameter (opaque parameters) können beim Aufruf mit
Zeigerausdrücken jedweder Typung belegt werden:

```
...  char zk[100],...;          ...  int h,...;
...                             ...
...  hunk(...,zk,...)...        hunk(...,&h,...) ...

...  float *zy, ...;            ...  double w, ...;
...                             ...
...  hunk(..., zy,...) ...      ...  hunk(...,&w,...) ...
```

Die unvollständige Typung der Parameterwerte muß dann gegebenenfalls
innerhalb der Funktion durch Anpassung oder Zuweisung vervollständigt
werden.

8.1.3.3 Arrays

Arrays jeglichen Ranges (rank) können nur durch Zeiger oder Zeigerausdrücke an Funktionen übergeben und von diesen nur als solche zurückgegeben werden, was indes zuweilen mit dem *Prinzip der Verweisübergabe*
(call by reference) verwechselt wird. In der C-Sprache können *Arrays als
Aggregate* eben nur durch Zeiger erfaßt und daher nur mittelbar durch
diese übergeben werden, was einer *Wertübergabe* — nämlich des Zeigerwertes — entspricht (call by value). Ein Gleiches gilt für die Rückgabe.

Allerdings können auch hier Arrays unter dem "Deckmantel" (guise) einer Struktur an Funktionen übergeben und von diesen zurückgegeben werden, was im nachfolgenden Unterabschnitt kurz aufgegriffen wird.

Dementsprechend werden Parameter, die Arrays als Argumente erfassen sollen, nur als *Array-Zeiger* (array pointer) mit einem entsprechenden Rang angelegt, und nicht als eigentliche Arrays. Explizit als dimensionierte Arrays deklarierte oder definierte Parameter werden beim Kompilieren zu Array-Zeigern mit entsprechendem Rang und Betrag umgewandelt. Hinsichtlich der Definition und Deklaration von Array-Zeigern gelten die bereits im Abschnitt 5.5.3.2 vorgestellten Regeln. Im folgenden sollen einige prototypischen Szenarien vorgestellt werden.

Die nach den zwei gleichwertigen Schemata deklarierte Funktion funk,

```
char *funk(char *z)                  char *funk(char z[])
```

kann sowohl mit einem *Zeichenvektor* (character vector) als auch mit einer *Zeicherketten-Konstanten* (string constant) als Argument aufgerufen werden, wobei ein Zeigerwert vom Typ char zurückgegeben wird:

```
...
... char msg[] = "Hallo", *zc;
...
... zc = funk(msg) ...        ... funk("Hallo") ...
...
```

Innerhalb des Funktionsblocks kann das Argument nach den üblichen Regeln für Zeigerausdrücke (Abschnitt 6.9.2) abgegriffen werden:

```
char *funk(char *z)
{
 static char mt[] = "hello";
 ...
 ... z ...                 ... z[i] ...     ... *(z + i) ...
 ...
 ... return &z[i];     ... return z;
 ...
 ... return mt;
 ...
}
```

Streng zu beachten ist, daß eine als Argument übergebene Zeichenketten-Konstante wie "Hallo" unter ANSI nicht modifiziert werden kann: Jeder Versuch einer Zuweisung, wie etwa

```
... z[1] = 'e' ...
```

würde einen *fatalen Laufzeitfehler* (runtime error) verursachen.

Ebenfalls zu beachten ist, daß interne Objekte wie der Zeichenvektor mt, deren Adressen als Zeigerwerte zurückgegeben werden sollen, mit `static` definiert werden müssen, um in dem aufrufenden Programmteil zur Verfügung zu stehen. Dies wird gleich nachfolgend noch einmal aufgegriffen.

Mit `typedef` (Abschnitt 5.7) kann die *Gattung einer Funktion* (function genus) verbindlich vereinbart und dann zur vereinfachten Deklaration benutzt werden:

```
...
typedef  char *FNK(char *);
...
FNK funk, ...;
...
```

Die nach den beiden gleichwertigen Schemata deklarierte Funktion gunk,

```
char *gunk(char **zv)            char *gunk(char *zv[])
```

kann mit einem Argument aufgerufen werden, das einen Array-Zeiger vom Typ `char` darstellt (Abschnitt 5.5.3.2), und gibt einen einfachen Zeigerwert vom gleichen Typ zurück:

```
... char *zmsg[] = {"Aa", "Bb", "Cc"}, *zc;
...
... zc = gunk(zmsg) ...
```

Innerhalb des Funktionsblocks kann das Argument nach den üblichen Regeln für Array-Zeiger abgegriffen werden:

```
char *gunk(char **zv)
{
 ... zv[i] ...              ... *(zv + i) ...
 ...
 ... zv[i][j] ...           ... *(*(zv + i) + j)...
 ...

 ... return z[i];           ... return z + 1;
 ...
}
```

Zu beachten ist, daß die Elemente des mit dem Array-Zeiger erfaßten Arguments selbst Zeichenketten sind, deren Elemente — eben die Zeichen — durch weitere Indexierung oder Aufwertung einzeln abgegriffen werden können. Die Gattung dieser Funktion kann mit `typedef` verbindlich vereinbart und dann zur Deklaration benutzt werden:

```
...
typedef  char *GNK(char **zv);
...
GNK gunk, ...;
...
```

Die nach den beiden gleichwertigen Schemata deklarierte Funktion hunk,

```
float hunk(float (*zf)[3])    float hunk(float zf[][3])
```

kann mit einem Argument aufgerufen werden, das einen Zeiger auf
Matrizen vom Typ float mit genau 3 *Spalten* (columns) und einer
willkürlichen *Anzahl* von Zeilen (rows) darstellt (Abschnitt 5.5.3.2), wobei
ein Skalarwert vom Typ float zurückgegeben wird:

```
...
... float mat[3][3] ..., sol[5][4][3] ..., y, ...;
...
... y = hunk(mat) ...    ... hunk(sol[2]) ...
...
```

Innerhalb des Funktionsblocks können die Elemente mit den üblichen
Index- und Zeigerausdrücken (Abschnitt 6.9.2) abgegriffen werden:

```
...
{
  ... zf[i][j] ...          ... *(*(zv + i) + j)...
  ...
  ... return z[i][j];       ... return (*zf[i] + 1);
  ...
}
```

Der Ansatz ist typisch für Funktionen, die Mittelwerte oder Extrema von
Matrizen berechnen und zurückgeben. Mit typedef kann die Gattung der
Funktion verbindlich vereinbart und dann in Deklarationen benutzt
werden:

```
...
typedef float HNK(float (*zf)[3]);
...
HNK hunk, ...;
...
```

Eine wesentlich andere Problematik entsteht, wenn Funktionen Array-
Zeiger zurückgeben sollen. Typische Beispiele sind Funktionen, welche
Matrizen invertieren oder die Summe oder das Produkt zweier Matrizen als
internes Objekt berechnen, das dann mit einem Zeiger im aufrufenden
Programmteil abgegriffen werden kann. Das folgende Szenario zeigt einen
pragmatischen Ansatz dazu.

Mit typedef wird zuerst ein Array-Zeiger mit 3 Spalten vom Typ
double als Typ ZMD vereinbart, der sowohl den Typ des Parameters als
auch der Rückgabe einer Funktion festlegt. Darauf aufbauend wird die
Gattung der zu deklarierenden Funktion als INV vereinbart. Mit ZMD wird
ein Aufnahmezeiger zx in der Speicherklasse register definiert und mit
INV wird die Funktion inv deklariert:

```
...
typedef double (*ZMD)[3];
typedef ZMD INV(ZMD);
...
register ZMD zx;
INV inv;
...
```

Die Funktion wird mit einer 3×3 Matrize als Argument aufgerufen und
gibt einen Zeiger auf eine gleichartige Matrize (z.B. das Inverse) zurück,
auf deren Elemente dann nach dem üblichen Index- und Zeigerschemata
mittelbar über einen Zuweisungszeiger zx oder *unmittelbar* über den
Aufrufsausdruck zugegriffen werden kann:

```
...
... double mat[3][3] ...;
...
... zx = inv(mat) ...
...
... zx[i][j] ...        ... *(*(zx + i) + j) ...
...
... inv(mat)[i][j] ...  ... *(*(inv(mat) + i) + j) ...
...
```

Innerhalb des Funktionsblocks wird die als internes Objekt mit static
definierte Resultatsmatrize rm aus der mit dem Zeiger zmat übergebenen
Ausgangsmatrize berechnet und dann selbst als Zeiger zurückgegeben:

```
ZMD inv(ZMD zmat)
{static rm[3][3] ...;
 ...
 ... rm[i][j] = ... zmat[i][j] ...
 ...
 ... return rm;
}
```

Mit Funktionen entsprechender Typung können übrigens Datenobjekte
nach Bedarf angelegt und über Zeiger zur Verfügung gestellt werden.

Der eben vorgestellte Ansatz, die Gattung einer Funktion mit typedef
rekursiv aufzubauen, hat sich in der Praxis bestens bewährt und soll im
folgenden wiederholt aufgegriffen werden. Um die verhältnismäßig
einfache Gattung der obigen Funktion inv von *Grund auf* (from first
principles) nach dem ANSI-Schema zu deklarieren beziehungsweise zu
definieren, müßte kodiert werden:

```
double (*inv(double (*a)[2]))[2] { ... }
```

wobei heimtückische Kodierfehler entstehen können, die zumeist zu
besonders obskuren Fehlerzuständen führen.

8.1.3.4 Strukturen und Überlagerungen

Strukturen und Überlagerungen (structures, unions; Abschnitte 5.6.1 und
5.6.2) können unter dem ANSI-Standard als Ganzes durch Parameter an
Funktionen übergeben und von diesen auch als Ganzes zurückgegeben
werden. Unter dem traditionellen Standard konnten diese Objekte nur als
Zeiger übergeben und zurückgegeben werden, was natürlich auch unter
ANSI möglich ist.

Mit `typedef` wird eine Struktur mit vorgegebenen Komponenten als Typ
`SX` vereinbart, der sowohl den Typ des Parameters als auch der Rückgabe
der deklarierten Funktion `sfunk` bestimmt:

```
...
typedef struct {
                  char name[15];
                  ...
                  int a[2][2];
               } SX;
...
SX sfunk(SX);
...
```

Die Funktion wird mit der mit `SX` definierten Struktur `su` als Argument
aufgerufen, und gibt eine identische (z.B. aktualisierte) Kopie zurück, die
in das Original zurückkopiert oder einer anderen Struktur zugewiesen
werden kann:

```
...
... SX su = {"Hubert", ..., {11,22,33,44}}, sv;
...
... su = sfunk(su) ...       ... sv = sfunk(su) ...
...
```

Innerhalb des Funktionsblocks kann auf die Komponenten der übergebenen Struktur nach dem üblichen Schema zugegriffen und die Struktur
dann als Ganzes zurückgegeben werden:

```
SX sfunk(SX sx)
{...
  ... sx.name ...            ... sx.a[i][j] ...
  ...
  ... return sx;
}
```

Die Gattung der Funktion kann mit `typedef` verbindlich vereinbart
werden:

```
...
typedef SX SFNK(SX);
...
SFNK sfunk, ...;
...
```

Wie aus dem Szenario ersichtlich sein mag, können Arrays unter dem "Deckmantel" (guise) einer Struktur an Funktionen übergeben und von diesen zurückgegeben werden. Bis auf die Vorbelegung der Struktur su gilt das gezeigte Schema identisch für Überlagerungen (unions).

Unter beiden Standards kann die Übergabe und Rückgabe von Strukturen und Überlagerungen durch Zeiger erfolgen. Mit der obigen Typenvereinbarung SX wird eine Funktion zfunk dementsprechend abgewandelt deklariert:

```
...
SX *zfunk(SX *), *zs;
...
```

Die Funktion wird mit der Adresse der mit SX definierten Struktur als Argument aufgerufen und gibt einen gleichtypigen Zeigerwert zurück, der einem anderen Zeiger zugewiesen oder unmittelbar zum Zugriff auf eine Komponente benutzt werden kann:

```
...
... zs = zfunk(&su) ...        ... zfunk(&su)->name ...
...
```

Innerhalb des Funktionsblocks kann auf die Komponenten der übergebenen Struktur nach dem üblichen Zeiger-Schema zugegriffen werden, wobei alle Veränderungen der Inhalte *in situ* bezüglich der Ausgangsstruktur su erfolgen. Die Funktion gibt einen gleichtypigen Zeigerwert zurück:

```
SX *zfunk(SX *zx)
{
  ...
  ... zx->name ...           ... zx->a[i][j] ...
  ...
  ... if(...) return zx;
      else return (SX *)0;
  ...
}
```

Die *Gattung* der Funktion kann wiederum verbindlich vereinbart werden:

```
...
typedef SX *ZFNK(SX *)
...
ZFNK zfunk, ...;
...
```

8.1.3.5 Variable Argumentlisten

Die bisher aufgeführten Definitions- und Deklarationsschemata von Funktionen beruhen auf einer *festen* Anzahl von Parametern, der die Anzahl der Argumente beim Aufruf genau entsprechen muß. In der Praxis entsteht jedoch häufig die Notwendigkeit, mit einer *variablen* Anzahl von Argumenten zu arbeiten. Typische Beispiele sind Ausgabefunktionen, lexikalische Suchfunktionen sowie einfache arithmetische Funktionen, die mit einer willkürlich variierenden Anzahl von Argumenten ohne umständliche Verrenkungen einfachst aufgerufen werden können. Solche *variadischen Funktionen* (variadic functions) konnten bereits unter dem für UNIX gültigen traditionellen Standard konstruiert werden, was weiter unten kurz umrissen wird. Mit dem ANSI-Standard erfolgte eine prozedurelle Straffung. Davon soll im nachfolgenden ausgegangen werden.

Eine variadische Funktion muß nach dem folgenden Schema deklariert werden:

```
... <F-Bezeichner>(<P-Deklarationen>, ...);
```

wobei mindestens ein fest vorgegebener Parameter vorhanden sein muß. Die Liste der Parameter-Deklarationen wird nach einem weiteren Komma unmittelbar von drei Punkten gefolgt, die im Sinne einer *Auslassung* (ellipsis) eine variable Anzahl von zusätzlichen Argumenten symbolisieren.

Die fest vorgegebenen Argumente müssen, und zusätzliche Argumente können beim Aufruf gesetzt werden:

```
... <F-Bezeichner>  (<feste Argumente>,
                     <zusätzliche Argumente>
                    )...
```

Als einfachstes Beispiel wäre die Deklaration zu betrachten,

```
... funk(int, ...);
```

mit den möglichen Aufrufen,

```
... funk(3) ...      ... funk(3,'a',"Hallo",1.2E10) ...
```

womit sogleich die unvermeidbare Schwachstelle in den Vordergrund tritt: Die zusätzlichen Argumente können hinsichtlich ihrer Typung und Artung nicht überprüft werden. Als bestmöglicher Kompromiß erfolgt daher beim Aufruf eine integrale Aufwertung aller integralen Argumente sowie eine Gleitpunkt-Aufwertung `float` zu `double` (Abschnitt 8.1.3.1). Zeigerwerte werden wie integrale Argumente behandelt. Die eigentliche Interpretation hinsichtlich der erwarteten Artung und Typung muß in der variadischen Funktion erfolgen.

Die ANSI-Zusatzdatei `<stdarg.h>` stellt eine Typungsvereinbarung sowie einen Satz von drei Makros zur Definition variadischer Funktionen zur Verfügung. Das Anwendungsschema ist etwas komplex:

```
...
#include  <stdarg.h>
...
... <F-Bezeichner>(<P-Definitionen>, ...)
{
 va_list <A-Zeiger>;
 ... <Typ> <A-Var1>;
 ...
 va_start(<A-Zeiger>,<letzter Parameter>);
 ...
 <A-Var1> = va_arg(<A-Zeiger>,<Typ>);
 ...
 va_end(<A-Zeiger>);
 ...
}
```

Auch hier muß die Liste der *festvorgegebenen* Parameter-Definitionen im Funktionskopf von drei Punkten im Sinne der Auslassung gefolgt werden. Mit der Typungsvereinbarung va_list wird innerhalb des Funktionsblocks ein Zeiger angelegt, mit dem auf den Argumentpuffer zugegriffen wird. Für die zusätzlichen Argumente können Aufnahmevariable `<A-Var1>`, ... mit entsprechender Typung definiert oder deklariert werden. Mit dem Makro va_start vom Rückgabetyp void wird unter Angabe des Argumentzeigers und des letzten *festvorgegebenen* Parameters die Übergabe der zusätzlichen Argumente eingeleitet.

Die eigentliche Übergabe erfolgt dann mit dem Makro va_arg unter Angabe des Argumentzeigers und der jeweiligen Typung und Artung. Mit jedem Aufruf wird ein weiteres Argument übergeben, das einer Aufnahmevariablen typkonform zugewiesen werden kann. Mit dem Makro va_end vom Rückgabetyp void wird die Übergabe abgeschlossen, wobei der Argumentzeiger zurückgesetzt wird. Der Argumentpuffer kann innerhalb eines Aufrufs beliebig oft mit der Folge va_start(...) ... va_arg(...) ... va_end(...) nach unterschiedlichen Schemata abgegriffen werden.

Die einfachste Anwendungsform ergibt sich bei Argumenten gleicher Artung und Typung. Das folgende Beispiel veranschaulicht dies mit Zeichenketten, die als Zeiger vom Typ char durchgereicht werden:

```
$ cat pgmx.c
#include <stdarg.h>
#define MA       10
#define ZNUL     (char *)0
...
```

```c
...
int vfunk(char *za, ...)
{ /* Anfang vfunk */
 va_list zarg;
 char *args[MA];
 int na = 0, k;
 va_start(zarg,za);
 while(na < MA && \
         ((args[na++] = va_arg(zarg, char *)) != ZNUL));
 va_end(zarg);
 printf("\n%s",za);
 for(k = 0; k < na; k++) printf(" %s",args[k]);
 return na;
} /* Ende vfunk */

main()
{
int vfunk(char *,...),na;
na = vfunk("Hallo","aa","bb","cc",ZNUL);
printf("\n%d zusaetzliche Argumente",na);
}
```

Die Funktion vfunk vom Rückgabetyp int wird mit einem festen
Parameter za definiert, der als Zeiger vom Typ char das erste Argument
erfaßt. Die variable Anzahl von zusätzlichen Argumenten wird im Funktionskopf durch die drei Punkte '...' angemeldet. Die Variable zarg vom
Typ va_list fungiert als Zeiger auf den Argumentpuffer. Mit dem
Zeiger-Array args von Typ char werden die zusätzlichen Argumente
erfaßt, deren maximale Anzahl mit der symbolischen Konstanten MA
festgelegt wird — hier 10. Der Zähler narg soll die tatsächliche Anzahl
der zusätzlichen Argumente enthalten.

Unter Bezugnahme auf den Argumentzeiger zarg sowie den einzigen und
damit letzten Parameter za wird der Makro va_start aufgerufen. Unter
Prüfung der maximalen Anzahl werden dann im while-Kopf (Abschnitt
7.1.2.2) mit dem Makro va_arg die zusätzlichen Argumente mit den
Elementen von args erfaßt; der Vorgang bricht mit dem ersten Nullzeiger,
spätestens jedoch mit der maximalen Anzahl ab. Die Übergabe wird mit
dem Makro va_end abgeschlossen. Wie mit printf angedeutet, stehen
die Argumente dann zur Verfügung. Die Funktion gibt die tatsächliche
Anzahl von zusätzlichen Argumenten zurück, was im aufrufenden
Programmteil zur Fehlerprüfung benutzt werden kann.

Die Funktion vfunk wird im nachfolgenden main mit einem fest vorgegebenen Parameter und einer variablen Anzahl von zusätzlichen Argumenten
deklariert und dann mit drei zusätzlichen Argumenten aufgerufen. Zu
beachten ist, daß die Argumentfolge mit einem Nullzeiger — hier ZNUL —

abgeschlossen werden muß, um die Übergabe in vfunk zu beenden. Eine andere sinnvolle Möglichkeit besteht bei diesem Ansatz nicht.

Das kompilierte Programm kann dann aufgerufen werden:

```
$ pgmx
Hallo aa bb cc
3 zusaetzliche Argumente
```

Ein anderer Ansatz besteht darin, die Anzahl der zusätzlichen Argumente durch einen festen Parameter vorab zu übergeben, was zumeist bei variablen Folgen rein numerischer Argumente Anwendung findet. Das folgenden Beispiel zeigt einen typischen Ansatz für Gleitpunkt-Argumente.

```
$ cat pgmy.c
#include        <stdarg.h>
...
double avg(int na, ...)
{va_list za;
 int k; double du = 0;
 va_start(za,na);
 for(k = 0; k < na; k++) du += va_arg(za, double);
 va_end(za);
 return du/(double) na;
}
```

Das Beispiel wird im Abschnitt 9.4.4 im Zusammenhang mit der Ausgabefunktion **vprintf(3S)** noch einmal aufgegriffen.

Die Funktion avg vom Rückgabetyp double soll den Durchschnitt einer willkürlichen Folge von bis zu maximal 10 Gleitpunktwerten zurückgeben; eine Fehlerbehandlung läßt sich leicht einfügen. Zu beachten ist, daß die zusätzlichen Gleitpunkt-Argumente mit dem Typ double abgegriffen werden müssen, da diese Argumente in der Deklaration nicht explizite aufgeführt sind und deshalb beim Aufruf automatisch zu double aufgewertet werden. Mit einem typischen Aufrufsszenario ergibt sich:

```
...
... double du, float avg(int,...);
    du = avg(3, 0.12,3.2,6.82);
    printf("\nDurchschnitt: %f",du);
...
    Durchschnitt: 3.380000
```

Bei zusätzlichen Argumenten variabler Typung und Artung muß der Funktion irgendwie mitgeteilt werden, wie die jeweiligen Argumente zu interpretieren sind. Der typische Ansatz besteht darin, ein *Format* als Zeichenkette durch einen festen Parameter zu übergeben, wonach die nachfolgenden Argumente dann interpretiert werden; wie zum Beispiel in:

```
...
... funk(char *, ...);
...
... funk("ddiiz", 1.3E10, 0.021, 123, 321, "Hallo") ...
```

wobei mit d (double), i (int) und z (char *) das interne Abgriffs-
format vorgegeben wird. K&R (1988) geben ein Beispiel, das sich gut für
solche Zwecke anpassen läßt.

Der Vollständigkeit halber soll noch das traditionelle Schema variabler
Argumente kurz beschrieben werden, welches bereits unter der Version
SVR3 des UNIX-Systempaketes zur Verfügung stand und dem ANSI-
Schema als Vorbild diente. Eine Beschreibung wurde unter dem Eintrag
varargs(5)/PHB gegeben. Das folgende Beispiel zeigt ein einfaches
Anwendungsszenario:

```
$ cat pgmz.c
#include <varargs.h>
void vfunk(va_alist) va_dcl
{va_list za;
 char *z; int h; double x;
 va_start(za);
 z = va_arg(za, char *);
 h = va_arg(za, int);
 x = va_arg(za, double);
 va_end(za);
 printf("\n%s %d %f",z,h,x);
}

main()
{void vfunk();
 vfunk("Hallo",33,3.3E3);
}
```

Die Zusatzdatei <varargs.h> enthält die Definition der Parameterliste
va_alist, die im Funktionskopf gesetzt wird, sowie den Makro va_dcl,
der dem Funktionskopf unmittelbar folgt. Mit der Typungsvereinbarungen
va_list wird ein Zeiger auf den Argumentpuffer definiert, hier za, auf
den dann mit dem Makro va_start Bezug genommen wird. Mit jedem
Aufruf des Makros va_arg wird der Argumentpuffer abgegriffen, wobei
ein Argument nach vorgegebener Typung und Artung zurückgegeben wird.
Der Vorgang wird mit dem Makro va_end abgeschlossen. Die subtilen
Unterschiede zum ANSI-Schema sind zu beachten.

Das mit dem traditionellen C-Kompiler kompilierte Programm kann dann
aufgerufen werden:

```
$ pgmz
Hallo 33 3300.000000
```

8.1.4 Funktionszeiger

Funktionen können gleich Datenobjekten mit Zeigern erfaßt, manipuliert und aufgerufen werden, was auf Arrays und Strukturen erweitert werden kann, deren Elemente beziehungsweise Komponenten Funktionszeiger sind. Funktionszeiger können als Argumente an Funktionen übergeben und von diesen zurückgegeben werden. Auf der Ebene der dynamischen Programmierung mit Zeigern stellen Datenobjekte und Funktionsobjekte gleichsam *Objekte* dar, die sich im wesentlichen nur noch durch ihre *Verwendung* (usage) unterscheiden. Daraus ergibt sich die Möglichkeit der dynamischen Strukturierung, mit der letztendlich *abstrakte Programme* konzipiert werden können, die erst durch die Konfiguration der Objektzeiger zu *virtuellen Programmen* werden.

Funktionszeiger (function pointers) werden wie Datenobjektzeiger als interne oder externe Zeigerobjekte definiert und deklariert, wobei von dem folgenden Grundschema auszugehen ist:

```
[<SK>] <Typung> <FZ-Deklarator> [,<FZ-Deklarator> ...];

<Deklarator>:
(*<Bezeichner>)([<P-Deklationen>])[=<Vorbelegung>]
```

Für die Speicherklasse (SK) und die Typung gelten die allgemeinen Regeln für Datenobjekte (Abschnitte 5.1 und 5.2), wobei jedoch zu beachten ist, daß die Speicherklasse sich auf den Funktionszeiger als Datenobjekt bezieht, während die Typung den Rückgabewert der mit dem Zeiger zu erfassenden Funktionen bestimmt. Mehrere Deklaratoren können unter einer gemeinsamen Speicherklasse und Typung in einem Statement zusammengefaßt werden. Mit der Speicherklasse `extern` können anderswo definierte Funktionszeiger global oder lokal deklariert werden, wobei die Vorbelegung entfällt.

Die syntaktische Besonderheit des Deklarators liegt darin, daß der mit einem Asterisk *geschmückte* (adorned) Bezeichner mit einem Rundklammerpaar umgeben werden muß, um — ähnlich wie bei Array-Zeigern (Abschnitt 5.5.3.2) — diesen noch vor der nachfolgenden Dekoration mit den Parameterklammern an den Bezeichner zu binden, da andernfalls eine Funktion vom Typ eines Zeigers, nicht aber ein Funktionszeiger deklariert werden würde. Für den Bezeichner selbst gelten die üblichen lexikalischen Regeln (Abschnitt 4.1.2).

Die *Dekoration* (decoration) des Bezeichners besteht aus einem Rundklammerpaar, das optional (ANSI) eine Liste von Parameter-Deklarationen umschließt, wobei das im Abschnitt 8.1.1 vorgestellte ANSI-Schema gilt. Damit kann die Gattung (genus) auch auf Funktionszeiger erweitert werden. Dies wird gleich nachfolgend weitergeführt.

Funktionszeiger können bei der Definition mit dem Bezeichner einer bereits deklarierten Funktion oder mit dem Inhalt eines konformen Zeigers vorbelegt und nachfolgend durch konforme Zuweisung belegt werden. Die *Konformität* (conformity) besteht darin, daß Zeiger, die nach dem ANSI-Schema mit Parametern definiert beziehungsweise deklariert wurden, nur mit gleichartig deklarierten Funktionen belegt werden sollten. Umgekehrt sollten Zeiger, die nach dem traditionellen Schema ohne Parameter definiert oder deklariert wurden, nur mit Funktionen belegt werden, die traditionell deklariert wurden. Überkreuzungen der beiden Schemata werden beim Kompilieren mit einer Warnung angezeigt und sollten nach Möglichkeit vermieden werden. Das folgende Szenario illustriert das Grundschema der konformen Definition, Vorbelegung und Zuweisung von Funktionszeigern.

```
...
float funk(int a)  {<Funktionsdefinition1>}
float gunk(int a)  {<Funktionsdefinition2>}
...
...
{
  ...
  float funk(int), gunk(int);
  auto float (*zf)(int) = funk;
  static float (*zg)(int);
  ...
  ... funk(123) ...          ... (*zf)(321) ...
  ...
  ... zg = gunk ...          ... zg(132) ...
  ...
}
```

Die anderswo definierten Funktionen `funk` und `gunk` werden im aufrufenden Programmteil nach dem ANSI-Schema deklariert. Die beiden Funktionszeiger `zf` und `zg` mit den Speicherklassen `auto` beziehungsweise `static` werden konform mit den Funktionsdeklarationen definiert. Ersterer wird durch Vorbelegung mit `funk`, und letzterer durch Zuweisung von `gunk` belegt. Die Funktion `funk` wird mit ihrem Bezeichner aufgerufen. Die Funktionszeiger `zf` und `zg` werden geschmückt mit umgebenden Rundklammern (traditionell) beziehungsweise ungeschmückt (ANSI+) aufgerufen.

Mit `typedef` kann auch hier die Gattung der zu deklarierenden Funktion und der zu definierenden Funktionszeiger verbindlich vereinbart werden:

```
...
typedef float FNK(int);
...
```

```
FNK funk, gunk;
auto FNK *zf = funk;
static FNK *zg;
...
```

Zu beachten ist, daß die individuelle Dekoration der Bezeichner mit der eingeklammerten Parameter-Deklaration dabei entfällt. Diese hier anscheinend geringfügige syntaktische Vereinfachung wird bei komplexeren Gattungen zur unumgänglichen Notwendigkeit, was auch weiterhin wiederholt aufgegriffen werden soll.

Mit der obigen Vereinbarung FNK können dann auch Arrays von Funktionszeigern sowie Strukturen und Überlagerungen, die Funktionszeiger als Komponenten enthalten, einfachst definiert und deklariert werden. Für Vorbelegung, Zuweisung und Aufruf gelten die üblichen Zugriffsregeln (Abschnitt 6.3.1):

```
...
FNK funk, gunk;
...
[<SK>] FNK *za[3] = {funk, ...};
...
... za[0](312) ...
...
... za[1] = gunk ...        ... (*za[1])(222) ...
...


...
[<SK>] struct {
            FNK *zf, *zg;
            ...
         } su = {funk,...};
...
... su.zf(444) ...
...
... su.zg = gunk ...        ... (*su.zg)(555) ...
...
```

Auch hier können — wie gezeigt — die Funktionszeiger sowohl ungeschmückt (ANSI+) als auch geschmückt mit umgebenden Rundklammern (traditionell) aufgerufen werden.

Funktionszeiger können sowohl als Argumente an Funktionen übergeben als auch von diesen zurückgegeben werden. Das folgende, an die obige Darstellungsweise anknüpfende Szenario mag dies grundlegend veranschaulichen.

```
...
float funk(int a)  {<Funktionsdefinition1>}
float gunk(int a)  {<Funktionsdefinition2>}
...


...
typedef float FNK(int);
...
FNK *zunk(FNK *zu, FNK *zv)
{
  ...;
  ... zu(333) ...          ... (*zv)(444) ...
  ...
  if(...) return zu;
   else return zv;
  ...
}
...
```

Zwei Funktionen, funk und gunk, sind anderswo definiert; ihre Gattung
wird durch die Vereinbarung FNK dargestellt. Definiert wird dann eine
dritte Funktion, zunk, deren Rückgabe und Parameter Funktionszeiger der
Gattung FNK sind. Die beiden Parameter können innerhalb der Funktion als
Funktionszeiger mit Argumenten aufgerufen und mit return zurückgegeben werden.

```
...
{
  ...
  FNK funk, gunk, *zunk(FNK *zu, FNK *zv)
  ...
  auto FNK *zf = funk;
  static FNK *zg;
  ...
  ... zg = zunk(gunk, zf) ...
  ...
  ... zunk(funk, zg)(555) ...
  ...
}
...
```

Im aufrufenden Programmteil werden die drei Funktionen mit FNK deklariert. Mit der gleichen Vereinbarung werden zwei Funktionszeiger zf und
zg definiert, die sich lediglich durch die Speicherklasse unterscheiden, und
von denen der erste mit der Funktion funk vorbelegt wird. Die Funktion
zunk wird zuerst mit dem Funktionsbezeichner gunk und dem Funktionszeiger zf als Argumente aufgerufen, wobei die Rückgabe dann zg
zugewiesen wird. Beim zweiten Aufruf von zunk wird der zurückgegebene Funktionszeiger unmittelbar mit einem Argument (555) aufgerufen.

Zu beachten ist, daß FNK nicht die eigentliche Gattung von zunk, sondern lediglich die des Rückgabewertes darstellt. Erst mit einer weiteren Vereinbarung,

```
...
typedef float FNK(int);
...
typedef FNK *ZNK(FNK *,FNK *);
...
```

wird eine neue Gattung ZNK bestimmt, die dann auch benutzt werden kann, um zunk zu deklarieren,

```
...
ZNK zunk;
...
```

Zu beachten ist, daß die Vereinbarung ZNK auf FNK aufbaut und daher dieser nachfolgen muß. Mit der Definition,

```
[<SK>] ZNK * zzunk = zunk;
```

würde schließlich ein Funktionszeiger der Gattung ZNK angelegt und mit zunk vorbelegt werden.

Der damit umrissene Ansatz der stufenweisen und übersichtlich aufeinander aufbauenden Gattungsvereinbarungen mit typedef ist der direkten Kodierung von Grundauf vorzuziehen. Zum Vergleich mit der obigen Definition beziehungsweise Deklaration von zunk wäre *from first principles* zu kodieren:

```
float (*zunk(float (*zu)(int),float (*zv)(int)))(int)
{ ... }
```

Für die Deklaration und Vorbelegung eines mit zunk konformen Funktionszeiger zzunk ergäbe sich dann das recht komplizierte Konstrukt:

```
float (*(*zzunk)(float (*)(int),float (*)(int)))(int)
= zunk;
```

Von rein theoretischen Etüden abgesehen[9], ist dieses *coding from first principles* in der Praxis wenig empfehlenswert. K&R (1988) geben einen Satz von Funktionen nebst einer speziellen Deklarationssyntax (dcl), womit *complicated declarations* aus wesentlich vereinfachten Angaben erzeugt werden können.

---

9. Prüfungsfragen dieser Art erfreuen sich natürlich einer ungemeinen Beliebtheit.

8.1.5 Das Hauptprogramm

Jeder *Programmverbund* (program suite, ensemble), der zu einem *ausführbaren Programm* (executable program, load module) gebunden werden soll (linking), muß genau ein *Hauptprogramm* (main program) enthalten. Umgekehrt kann ein Hauptprogramm ohne zusätzliche Benutzerfunktionen den Programmverbund — oder schlechthin *das Programm* — darstellen. System- und Bibliotheksfunktionen werden gesondert im nachfolgenden Abschnitt 8.1.6 behandelt.

Strukturell gesehen stellt das Hauptprogramm eine Funktion dar (main function), die wie jede andere Funktion aus einem Funktionskopf und einem Funktionsblock besteht; im folgenden soll in Anlehnung daran vom *Programmkopf* (main header) beziehungsweise vom `main`-Block die Rede sein. Der Programmkopf stellt den *Eintrittspunkt* (entry point) dar, über welchen der *Programmablauf* (program control) vom Kernel eingeleitet wird und mit dem ersten ausführbaren Statement (executable statement) im `main`-Block seinen programmierten Verlauf nimmt. Falls der Systemaufruf **exit(2)** nicht innerhalb des Programmverbundes und die Instruktion `return` nicht innerhalb des Hauprogrammes ausgeführt werden, terminiert der als Instanz des Programms ablaufende Prozeß nach dem letzten ausführbaren Statement im Hauptprogramm. Diese Aspekte werden im Zusammenhang mit der bedingungsfreien Ablaufsteuerung im Abschnitt 7.1.1.1 weitergeführt.

Der Programmkopf kann sowohl nach dem traditionellen Schema,

```
main(argc, argv, env)
int argc;
char *argv[], *env[];
{
  <interne Definitionen und Deklarationen>
  <ausführbares Statement>;
  ...
  [... return [<Ausdruck>];]
  [... exit(<Ausdruck>;]
}
```

als auch nach dem ANSI-Schema deklariert werden,

```
main(int argc, char *argv[], char *env[])
{
  <interne Definitionen und Deklarationen>
  <ausführbares Statement>;
  ...
}
```

Der Unterschied liegt lediglich in der Form der Parameter-Deklaration!

Alternative Formen der Parameter-Deklaration sind:

```
main(argc, argv, env)
int argc; char **argv, **env;
{
 ...
}

main(int argc, char **argv, char **env)
{
 ...
}
```

wobei `argv` und `env` als Zeiger zweiter Ordnung und damit als Vektor-Zeiger definiert werden (Abschnitte 5.4.2 und 5.5.3.2).

Der Bezeichner `main` ist für das Hauptprogramm vorgeschrieben; die Parameterbezeichner `argc`, `argv` und `env` sind durch Tradition etabliert und können willkürlich durch andere Bezeichner ersetzt werden; die Bedeutung der Parameter ist positionsabhängig:

- Der erste Parameter, `argc` (argument counter), enthält die Anzahl der Argumente, mit denen das Programm aufgerufen wird. Auf der Shell-Ebene ist dies die Anzahl der Argumente in der Befehlszeile, wobei der Aufrufsbezeichner mitgezählt wird.
- Der zweite Parameter, `argv` (argument vector), stellt einen Zeigervektor dar, mit dessen Elementen der Aufrufsbezeichner und die nachgestellten Argumente erfaßt werden.
- Der dritte Parameter, `env` (environment), stellt ebenfalls einen Zeiger-vektor dar, mit dessen Elementen die Environmentvariablen auf der Shell-Ebene erfaßt werden.

Die Parameter können von rechts nach links der Reihe nach ausgelassen werden:

```
main(int argc,char *argv[], char *env[]){...
main(int argc,char *argv[]){...
main(int argc){...
main(void){...
main(){...
```

Bei Programmen, die als *Befehle* (commands) aufgerufen werden sollen, stellt der Programmkopf die *Schnittstelle* (interface) zur Shell-Ebene dar, über die *Optionen* und *positionsgebunde Parameter* (positional parameters) beim Aufruf eingegeben werden können, wobei dann von *Befehls-argumenten* (command-line arguments) die Rede ist. Ein einfaches Beispiel mag dies sogleich veranschaulichen:

```
$ cat pgm.c
main(int argc, char *argv[])
{int i;
 printf("\n%d Argumente:\n");
 for(i = 0; i < argc; i++) printf("%s ",argv[i]);
}
```

Mit der `for`-Schleife (Abschnitt 7.1.3.2) werden die Elemente des Zeigervektors als indexierte Zeichenketten durchlaufen und mit printf(3S) ausgegeben. Das Programm wird mit dem einheimischen C-Kompiler **cc(1)**
kompiliert,

```
$ cc pgm.c
```

und die dabei resultiernde ausführbare Datei (executable file) mit dem
Bezeichner `a.out` als Befehl mit 3 Argumenten aufgerufen,

```
$ a.out aa bb cc
4 Argumente:
a.out   aa   bb cc
```

Der Aufrufsname stellt also das erste Argument, `argv[0]`, dar. Wird die
ausführbare Datei mit dem UNIX-Befehl **mv(1)** (move) umbenannt,

```
$ mv a.out pgmx
```

dann wird mit `argv[0]` der neue Bezeichner erfaßt,

```
$ pmgx xx
2 Argumente
pgmx   xx
```

Unter UNIX kommt ein weiterer Zweck hinzu. Werden nämlich mit dem
UNIX-Befehl **ln(1)** weitere Namensbindungen (links) [10] an die Datei
gelegt,

```
$ ln pgmx abba
...
$ ln pgmx zappa
```

so kann das Programm mit verschiedenen Bezeichnern aufgerufen werden,

```
$ abba ...              $ zappa ...
... Argumente           ... Argumente
abba ...                zappa ...
```

Da mit `argv[0]` der jeweilige Aufrufsname innerhalb des `main`-Blocks
zur Ablaufsteuerung zur Verfügung steht, können auf diese Weise
Mehrzweckprogramme (multipurpose programs) konstruiert werden, auf

---

10. Eine ausführliche Beschreibung dieser und verwandter Aspekte der Dateiverwaltung (file
    management) unter UNIX wird in KA (1992) gegeben.

die dann zweckentsprechende Befehlsnamen abgebildet werden, was zusammen mit einem sinnvollen Satz von Optionen und positionsgebundenen Parametern zu einer anwendungsspezifischen Befehlssprache (application command language) erweitert werden kann.

Zu beachten ist, daß die Argumente nur als Zeichenketten (character strings) zur Verfügung stehen. Rein numerische Argumente müssen daher zu einem numerischen Wert umgewandelt werden, wofür die Bibliotheksfunktionen **atof(3S)** (Gleitpunkt) und **atoi(3S)** (Integer) zur Verfügung stehen. Die beiden Funktionen nebst mehreren Varianten sind unter dem Eintrag **strtod(3S)/PHB** beziehungsweise **strtol(3S)/PHB** beschrieben. Zur Interpretation von Argumenten als Optionen steht die Bibliotheksfunktion **getopt(3C)** zur Verfügung.

Mit dem dritten Parameter e n v im Programmkopf,

```
main(int argc, char *argv[], char *env[]) ...
```

steht das beim Aufruf *aktuelle Shell-Environment* (current shell environment) als Zeigervektor zur Verfügung, mit dessen Elementen die jeweils definierten *Environmentvariablen* (environment variables) in der folgenden Form erfaßt werden:

```
<V-Bezeichner>=<V-Wert>
```

was der Auflistung des aktuellen Environments mit dem Befehl **env(1)** auf der Shell-Ebene entspricht,

```
$ env
HOME=/Hubert/eigen
LOGNAME=Hubert
...
PATH=/bin:/usr/bin:/etc:...
...
TERM=vt220
```

Ein Beispiel mag den Abgriff des Environments innerhalb des Hauptprogrammes veranschaulichen:

```
$ cat pgm.c
main(int argc, char *argv[], char *env[])
{int i = 0;
  while(env[i]) printf("%s ",env[i++]);
  printf("\n%d Environmentvariable",i);
}
```

Mit der while-Schleife (Abschnitt 7.1.2.2) werden die Elemente des Zeigervektors als indexierte Zeichenketten durchlaufen und mit printf(3S) ausgegeben; die Schleife endet mit dem ersten Null-Zeiger. Der dabei hochgezählte Index i gibt die Anzahl der Environmentvariablen an.

Das Programm wird mit **cc(1)** und der Argumentoption −o `pgmz` zu einer
ausführbaren Datei namens `pgmz` kompiliert und gebunden, die dann als
Befehl aufgerufen wird,

```
$ cc -o pgmz pgm.c
$ pgmz
HOME=/Hubert/eigen
LOGNAME=Hubert
...
TERM=vt220
14 Environmentvariable
```

Environmentvariable stellen eine Teilklasse von *Shell-Variablen* (shell
variables) dar und können wie diese auf der Shell-Ebene angelegt, belegt,
abgegriffen und gelöscht werden. Der Unterschied zu den anderen Shell-
Variablen besteht darin, daß diese nur innerhalb der aktuellen Shell,
(current shell) nicht aber in Subshells und ablaufenden Programmen zur
Verfügung stehen.[11] Die Environmentvariablen bilden ein Teil der *Prozeßumgebung* (process environment), was im Abschnitt 10.1 noch einmal
aufgegriffen wird.

Mit **env(1)** als Vorschaltbefehl können zusätzliche Variable in der Form
von *Zuweisungsparametern* (keyword parameters) in die Prozeßumgebung
eingeführt werden:

```
$ env VAR1=aa var2=BB pgmz
HOME=/Hubert/eigen
...
TERM=vt220
VAR1=aa
var2=BB
16 Environmentvariable
```

Zu beachten ist, daß die Zuweisungsparameter — hier `VAR1` und `var2` —
nicht in das aktuelle Shell-Environment eingeführt werden. Mit der symbolischen Option – kann das aktuelle Environment ausgeblendet werden,

```
$ env - VAR1=aa var2=BB pgmz
VAR1=aa
var2=BB
2 Environmentvariable
```

und ohne jegliche Zuweisungsparameter ergibt sich dann,

```
$ env - pgmz
0 Environmentvariable
```

---

11. KA (1992) gibt eine eingehende Beschreibung dieser und verwandter Aspekte für beide
    Shells.

Zum selektiven Abgreifen und Anlegen von Environmentvariablen innerhalb der einmal aufgebauten Prozeßumgebung stehen die Bibliotheksfunktionen **getenv(3C)** beziehungsweise **putenv(3C)** zur Verfügung. Eine für das jeweilige System verbindliche Beschreibung des Environments wird unter dem Eintrag **environ(5)/PHB** gegeben.

8.2 System- und Bibliotheksfunktionen

Die mit dem UNIX-Systempaket standardmäßig ausgelieferte Programmierumgebung der C-Sprache enthält ein beträchtliches Volumen an präkompilierten System- und Bibliotheksfunktionen, die in Link-Bibliotheken zusammengefaßt zum Einbinden (linking) in Benutzerprogramme zur Verfügung stehen. Der grundsätzliche Unterschied zwischen Systemfunktionen und Bibliotheksfunktionen liegt in der Art und im Ursprung der Dienstleistungen, die diese Funktionen erbringen.

Systemfunktionen (system functions), im entsprechenden Kontext auch *Systemaufrufe* (system calls, syscalls) genannt, stellen *systemspezifische und systemnahe Dienstleistungen* (low level system services) zur Verfügung, die in die exklusive Kompetenz des Kernels fallen und nur von diesem ausgeführt werden können. Systemfunktionen sind daher weitgehend vom Betriebssystem abhängig und zu einem gewissen Grad auch *maschinenabhängig* (machine-dependent); sie variieren teilweise auch beträchtlich zwischen den zahlreichen UNIX-Versionen und -Derivaten. Bei Programmen, die explizite mit Systemaufrufen arbeiten, können bereits innerhalb der erweiterten UNIX-Systemgruppe beträchtliche Portierbarkeitsprobleme entstehen. Besonders schwerwiegende Probleme entstehen bei der Portierung eines durch Systemaufrufe auf eine UNIX-Umgebung abgestimmten C-Programmes zu einem anderen System außerhalb der UNIX-Systemfamilie.

Im Gegensatz dazu stellen *Bibliotheksfunktionen* (library functions), auch *Bibliotheksaufrufe* (library calls, libcalls) genannt, hochspezialisierte und zweckgebundene (high level) Dienstleistungen zur Verfügung, die keinen oder kaum expliziten Bezug auf das Betriebssystem oder die zugrundeliegende Hardware nehmen und dementsprechend auch weitgehend maschinenunabhängig (machine-independent) sind. Bibliotheksaufrufe sind innerhalb der UNIX-Systemfamilie weitgehend identisch und verursachen kaum größere Probleme bei der Portierung. Allerdings ist ein Großteil der Bibliotheksfunktionen durch die historische Entwicklung an die UNIX-Umgebung gebunden und spiegelt somit deren Besonderheiten wider.

Eine Teilmenge der Bibliotheksfunktionen ist jedoch inzwischen der C-Sprache als *Standardfunktionen* (standard functions) beigeordnet und in der ANSI-*Standardbibliothek* (standard library) zusammengefaßt worden. Diese von der UNIX-Umgebung weitgehend abstrahierte Standardbibliothek steht zusammen mit dem ANSI-Kompiler unter anderen Betriebssystemen zur Verfügung, womit ein höchstmöglicher Grad an Portierbarkeit gesichert ist. Eine gewisse natürliche Affinität zum UNIX-System verbleibt indes auch hier.

8.2.1 Systemfunktionen

Unter UNIX werden die folgenden Kategorien von Dienstleistungen durch Systemfunktionen erbracht:

* Maschinennahe Eingabe- und Ausgabefunktionen.
* Verwaltung des Dateisystems.
* Dynamische Speicherverwaltung.
* Prozeßerzeugung und -steuerung.
* Zwischenprozeßliche Kommunikation einschließlich der Signalverarbeitung

Das grundsätzliche Leistungsmerkmal einer Systemfunktion liegt darin, daß die mit dem Systemaufruf (syscall) angeforderte Dienstleistung durch die Ausführung eines *Kodesegments* (control section) innerhalb des Kernels erbracht wird. Im Gegensatz zu Bibliotheksfunktionen wird von Systemfunktionen lediglich ein Aufrufsprolog, nicht aber der eigentliche Ausführkode in das aufrufende Programm eingebunden, was im Abschnitt 8.3.3 noch einmal aufgegriffen wird. Bild 8.1 zeigt den schematischen Verlauf eines Systemaufrufes.

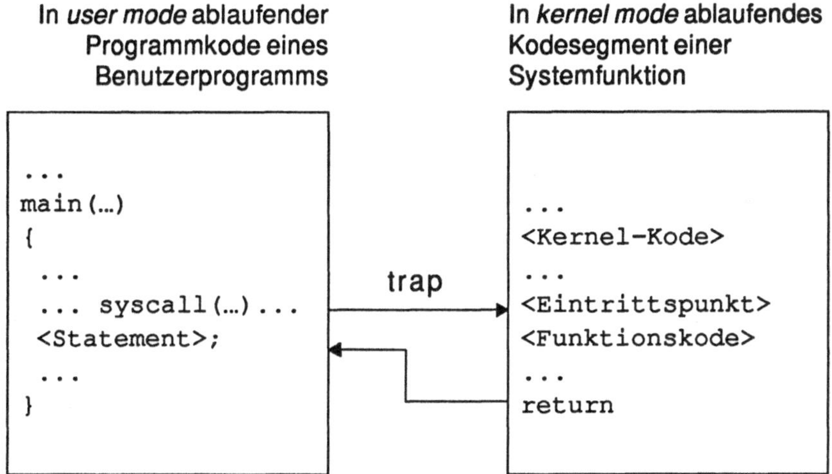

Bild 8.1: Schematischer Verlauf eines Systemaufrufes

Noch im allgemeinen *Benutzermodus* (user mode) wird bei der Ausführung eines syscall(...) nach Übergabe der Argumente ein bestimmtes CPU-Register mit dessen *Aufrufsnummer* (syscall number) belegt, worauf mit dem CPU-Befehl trap ein *Eintrittspunkt* im Ausführkode des Kernels (kernel entry point) angesteuert wird. Damit ist der Prozeß in den *Kernel-Modus* (kernel mode, system mode) eingetreten und durchläuft nun das

Kodesegment der aufgerufenen Systemfunktion. Nach der Ausführung kehrt der Prozeß mit dem CPU-Befehl `return` wieder in das Benutzerprogramm und somit in die *user mode* zurück und setzt die Ausführung mit der Instruktion fort, die dem Systemaufruf unmittelbar folgt. Damit sind zugleich die zwei *Ausführungszustände* (run states) *user mode* und *kernel mode*, auch *system mode* genannt, verbindlich definiert.

Der handelsüblich ausgelieferte UNIX-Kernel des Systems V von AT&T stellt etwa 80-90 Systemfunktionen zur Verfügung, von denen etwa 70 auf der allgemeinen Benutzerebene in der C-Programmierung zugänglich sind, während der Rest, die sogenannten *Kernel-Routinen* (kernel routines), nur in den *Kodesegmenten* aufgerufen werden kann, die im *Kernel* eingebunden sind (control sections). Die Kernel-Routinen sind daher der Systemprogrammierung vorbehalten, was insbesondere die Programmierung von Gerätetreibern und Prozeßkanälen einschließt. [12]

Die Systemfunktionen werden in der offiziellen UNIX-Dokumentation unter der Indexgruppe "(2)" aufgeführt und detailliert beschrieben. Methoden und Beispiele zur Anwendung werden in ROCHKIND (1985) besprochen. BACH (1986) beschreibt die zugrundeliegenden Prinzipien und Algorithmen. Eine verbindliche wenngleich etwas knappe Zusammenfassung der originären Begriffsbestimmungen sowie eine Auflistung der Fehlerzustände und -meldungen wird unter dem Eintrag **intro(2)/PHB** gegeben. Das interne Ablaufschema der Systemaufrufe wird im Abschnitt "Assembler" im Leitfaden der Software-Entwicklungswerkzeuge (Support Tools Guide) unter Bezugnahme auf die für das jeweilige System geltenden Vereinbarungen und CPU-Befehle (resident assembler) verbindlich beschrieben.

Die möglichen *Fehlerzustände* (failure conditions) bei Systemaufrufen können in drei hauptsächliche Kategorien aufgegliedert werden:

• Fehlerhafte Argumente
• Unterbrechung durch Signale
• Interne Ausführungsfehler

Dabei handelt sich ausschließlich um *Laufzeitfehler* (runtime errors). Ein Fehlerzustand wird im allgemeinen durch den Rückgabewert −1 angezeigt; die wenigen Ausnahmen davon sind einfache Hilfsfunktionen wie getpid(2), getuid(2) und umask(2) usw.

---

12. Die Kernel-Routinen werden im Leitfaden für Gerätetreiber (Device Driver Guide) unter der Indexgruppe "(k)" aufgeführt. TEIXERA and EGAN (1988) geben eine pragmatische Einführung in die Thematik.

Fehlerhafte Argumente können bereits beim Kompilieren durch eine
vollständige Deklaration nach dem ANSI-Schema weitgehend erkannt und
vermieden werden (Abschnitt 8.1.1), wobei von der unter dem jeweiligen
Eintrag gegebenen *Kurzbeschreibung* (synopsis) auszugehen ist, wo die
gegebenenfalls vorgeschriebene *Zusatzdatei* (header file) ebenfalls aufgeführt ist.

Erfolgt nach einer Unterbrechung durch ein Signal eine Rückkehr in die
Systemfunktion, wird der Rückgabewert auf −1 gesetzt; andernfalls bleibt
der Wert unbestimmt. Signale wurden bereits im Abschnitt 7.2 im Zusammenhang mit der asynchronen Ablaufsteuerung besprochen.

Zusätzlich zum Rückgabewert wird nach jedem Systemaufruf die Systemvariable `errno` mit einem *Zustandskode* (condition code) belegt, wobei
der Wert 0 einen fehlerfreien, und jeder andere Wert ≠ 0 einen fehlerhaften
Verlauf anzeigt. Der Zustandskode fungiert als Index zu dem Systemvektor
`sys_err`, mit dessen Elementen die entsprechenden Fehlermeldungen als
Zeichenketten abgegriffen werden können. Ein einfaches Beispiel mag die
Anwendung veranschaulichen:

```
$ cat etest1.c
extern int errno;
extern char *sys_errlist[];
main(int argc, char **argv)
{
  int fd, open(char *,int);
  fd = open(argv[1],2);
  printf("fd: %d, errno: %d, emsg: %s\n\n",
         fd, errno, sys_errlist[errno]);
}
```

Die Variable `errno` und der Zeigervektor `sys_err` werden als externe
Objekte deklariert. Mit der Systemfunktion **open(2)** (Abschnitt 9.3) soll
eine Datei an den *Dateibezeichner* (file descriptor) `fd` gebunden werden;
der Dateiname wird als Argument beim Aufruf (Abschnitt 8.1.5) eingegeben.

Mit dem UNIX-Befehl **ls(1)** wird auf der Shell-Ebene der Status von drei
Dateien, `unsinn`, `nogo` und `hold`, abgefragt:

```
$ ls -l unsinn nogo hold
unsinn not found
-rw-rw-rw-  1 Hubert        229 Jun 17 15:33 hold
----------  1 Hubert        229 Jun 17 16:22 nogo
```

Eine Datei namens `unsinn` existiert nicht im aktuellen Arbeitsverzeichnis; die Datei `nogo` existiert zwar, kann aber wegen fehlender
Zugriffsberechtigung nicht angebunden werden; die Datei `hold` steht

jedoch zur Verfügung. Das unter dem Namen et est kompilierte
Programm wird mit unsinn als Argument aufgerufen:

```
$ etest unsinn
fd: -1, errno: 2, emsg: No such file or directory
```

Wie zu erwarten entsteht ein Fehlerzustand mit dem Rückgabewert −1.
Gleichzeitig wurde errno auf 2 gesetzt; die entsprechende Fehlermeldung
beschreibt den Fehlerzustand. Ein anderer Fehlerzustand entsteht beim
Aufruf mit der Datei nogo:

```
$ etest nogo
fd: -1, errno: 13, emsg: Permission denied
```

Die Gegenprobe mit hold ergibt schließlich:

```
$ etest hold
fd: 3, errno: 0, emsg: Error 0
```

Da wo nur Fehlermeldungen ohne Bezug auf den Zustandskode ausgegeben werden sollen, kann die Bibliotheksfunktion **perror(3C)** (print
error) benutzt werden:

```
$ cat etest2.c
main(int argc, char **argv)
{int fd, open(char *,int);
 void perror(char *);
 fd = open(argv[1],2);
 perror(argv[1]);
}
```

Mit dem als etest2 kompilierten Programm ergibt sich unter den obigen
Bedingungen:

```
$ etest2 unsinn
unsinn: No such file or directory
$ etest2 nogo
nogo: Permission denied
$ etest2 hold
hold: Error 0
```

Die für das jeweilige System verbindlichen Fehlermeldungen können
einfachst aufgelistet werden, wobei die Systemvariable sys-nerr die
jeweils definierte Anzahl enthält:

```
$ cat elist.c
extern int sys_nerr;
extern char *sys_errlist[];
main()
{int i;
 for(i = 0; i < sys_nerr; i++)
 printf("\n%d %s",errno,sys_errlist[errno]);
}
```

```
$ elist
0 Error 0
1 Not owner
2 No such file or directory
3 No such process
4 Interrupted system call
5 I/O error
...
```

Die verschiedenen Fehlerzustände können als logische Bedingungen erfaßt
oder auf Sprungmarken des `switch-case`-Konstruktes (Abschnitt
7.1.3.1) abgebildet werden. Die Zusatzdatei `<errno.h>` stellt dafür
standardisierte symbolische Konstante zur Verfügung:

```
#include  <errno.h>
extern int errno;
extern char *sys_errlist[];
...
switch(errno)
{
  case ENOENT:
          <(2) Unbekannte Datei oder Verzeichnis>
          ...
  case EACCES:
          <(13) Keine Zugriffsberechtigung>
          ...
  case EISDIR:
          <(21) Keine Datei, sondern ein Verzeichnis>
  ...
}
```

Eine vollständige Auflistung der Zustandskodes und -kürzel sowie der
Fehlermeldungen wird unter dem Eintrag **intro(2)/PHB** gegeben.

8.2.2 Bibliotheksfunktionen

Die traditionelle Aufgliederung des Leistungsbereiches der *Bibliotheksfunktionen* (library functions) besteht aus vier Indexgruppen:

(3C): Allgemeine C-Funktionen (common functions):
  - Datei- und Verzeichnisverwaltung
  - Datums- und Zeitbestimmung
  - Dynamische Speicherverwaltung
  - Erweiterte Ablaufsteuerung
  - Prüfung und Umwandlung von Zeichen
  - Manipulationen von Zeichen und Zeichenketten

- Schnittstellen zur Ausführungsumgebung
- Such- und Sortier-Operationen
- Hilfs- und Prüffunktionen

(3S): (standard I/O package) E/A-Standardfunktionen zur gepufferten
Eingabe und Ausgabe :

- Formatierte und unformatierte Eingabe und Ausgabe von Zeichen und Zeichenketten sowie
- die damit assoziierte Steuerung der Datenströme.

(3M): Mathematische Funktionen:

- Wurzel- und Potenzfunktionen
- Trigonometrische Funktionen
- Exponential- und Logarithmusfunktionen
- Andere transzendentale Funktionen

(3X): (extended) Funktionen mit erweiterten Leistungsmerkmalen :

- Dynamische Speicherverwaltung
- Manipulationen von Sonderdateien
- Lexikalische Manipulationen
- Vollschirm-E/A
- Hilfs- und Prüffunktionen

Eine weitere Indexgruppe, "(3F)", enthält ausschließlich Funktionen der
unter UNIX ebenfalls unterstützten Programmiersprache **FORTRAN-77**.
Mit **SVR4** wurde dazu noch die Gruppen "(3G)" und "(3E)" eingeführt,
wobei erstere Allgemeinzweck-Funktionen enthält, und letztere Spezial-
funktionen zur Manipulation von Objektdateien und Archiven. Eine
zusammenfassende Beschreibung der gesamten Indexgruppe "(3*)" wird
unter dem Eintrag **intro(3)/PHB** gegeben.

Unter der traditionellen Aufgliederung stellen die Indexgruppen "(3C)"
und "(3S)" die C-Bibliothek (C library) dar. Die ANSI-Standardbibliothek
(standard library) schließt dazu noch wesentliche Bestandteile der Gruppe
"(3M)" ein.

Im Gegensatz zu den Systemfunktionen, deren Ausführkode fester
Bestandteil des Kernels ist, werden Bibliotheksfunktionen beim Linken
fest in das Programm eingebunden; sie unterscheiden sich in dieser
Hinsicht nicht von benutzerprogrammierten Funktionen. Ebenfalls im
Gegensatz zu Systemfunktionen bestand für Bibliotheksfunktionen unter
dem traditionellen Standard kein einheitliches Schema zur Fehlerbehandlung; es galten die jeweils individuell für eine Funktion oder Funktionsgruppe festgelegten Vereinbarungen über Rückgabewerte. Mit dem

ANSI-Standard erfolgte eine Angleichung an das für Systemfunktionen gültige Schema; die Zusatzdatei `<errno.h>` wurde dahingehend erweitert.

Bibliotheksfunktionen sollten ebenfalls nach dem ANSI-Schema unter Angabe der Funktions- und Parametertypung deklariert werden, wofür dedizierte Zusatzdateien (header files) zur Verfügung stehen, welche die Deklarationen enthalten. Die ANSI-Standardbibliothek nimmt Bezug auf die folgenden 15 Zusatzdateien:

`<assert.h>` Bestätigungsprüfung (assertion) von programmierten Bedingungen mit dem Makro **assert(3X)**.

`<ctype.h>` Bestimmung von Zeichenklassen.

`<errno.h>` Erweiterte Fehlerbestimmung.

`<float.h>` Grenzwerte für Gleitpunkt-Typen (Abschnitt 5.3.2).

`<limits.h>` Grenzwerte für integrale Typen (Abschnitt 5.3.1).

`<locale.h>` Anpassung an lokale Verhältnisse.

`<math.h>` Deklarationen von mathematischen Funktionen.

`<setjmp.h>` Typungsvereinbarungen und Deklarationen für die kontextübergreifenden Sprungfunktion **longjmp(3C)** (Abschnitt 7.1.1.1).

`<signal.h>` Symbolische Konstante und Deklarationen zur Signalverarbeitung (Abschnitt 7.2.2).

`<stdarg.h>` Typenvereinbarung und Deklarationen für variable Argumentlisten (Abschnitt 8.1.3.5).

`<stddef.h>` Vereinbarungen der ANSI-Typen (Abschnitt 5.3.4).

`<stdio.h>` Definitionen von symbolischen Konstanten und E/A-Makros sowie die Deklarationen der E/A-Standardfunktionen der Indexgruppe "(3S)" (Abschnitt 9.4).

`<stdlib.h>` Symbolische Konstante, Makros und Deklarationen für
`<string.h>` spezielle Funktionen der Indexgruppe "(3C)"
`<time.h>`

Zu beachten ist, daß die ANSI-Zusatzdateien sich mit einer Teilmenge der traditionellen UNIX-Zusatzdateien überlagern. Bei Überkreuzungen, wenn traditionelle Zusatzdateien mit dem ANSI-Kompiler benutzt werden und umgekehrt, können obskure Fehlerzustände entstehen. Die für Bibliotheksfunktionen vorgeschriebenen Zusatzdateien werden unter dem jeweiligen Eintrag im Programmier-Handbuch aufgeführt.

8.3 Die Verwaltung von Funktionen

Im allgemeinen werden nur sehr einfache Programme als Hauptprogramme ohne oder bestenfalls mit einigen kleinen Benutzerfunktionen in einer Quelldatei abgelegt, die dann in einem einzigen Schritt mit dem einheimischen C-Kompiler übersetzt und zu einem ausführbaren Programm gebunden werden kann.

Schon bei Programmen mittlerer Komplexität legt sich ein *strukturierter Ansatz* (structured approach) nahe, wobei die vorgegebenen *Leistungsmerkmale* (capabilities) in möglichst eigenständige und gegenseitig unabhängige Aufgaben aufgegliedert werden, die dann als Funktionen programmiert werden können. Nur die überaus wichtigen Kontroll- und Steuerfunktionen verbleiben dann noch im Hauptprogramm, wo alle Fäden zusammenlaufen. Eventuelle Fehler und die damit verbundenen Korrekturen bleiben dabei weitgehend auf einzelne Funktionen beschränkt. Insbesondere können Funktionen einzeln aktualisiert und wie Bausteine ausgetauscht werden. Bei größeren und komplexen Software-Projekten ist dieses *Modul-Konzept* heutzutage unabdinglich. Eine der wichtigsten Aufgabenstellungen in der modernen Systemanalyse besteht darin, einen vorgegebenen Satz von Leistungsmerkmalen optimal aufzugliedern.

Genau daran anknüpfend besteht eine der wichtigsten Aufgabenstellungen im modernen *systems engineering* darin, ein vorgegebenes Strukturkonzept optimal als *Programmverbund* (program suite, ensemble) zu realisieren und zu verwalten. Das UNIX-Systempaket stellt dafür eine Vielzahl von genau aufeinander abgestimmten *Hilfseinrichtungen* (utilities) und *Werkzeugen* (tools) zur Verfügung, deren gebündelte Mächtigkeit teilweise bis heute unterschätzt geblieben ist.

Die Verwaltung von Funktionen (function management) auf der Shell-Ebene stellt eine der praktischen Hauptaufgaben in diesem Zusammenhang dar. In den folgenden zwei Unterabschnitten sollen die wichtigsten Prozeduren einführend vorgestellt werden.

8.3.1 Kompilieren und Linken

Eine *Quelldatei* (source file), die ein *Hauptprogramm* (main program) mit allen aufgerufenen *Benutzerfunktionen* (user functions) zusammenfaßt und insgesamt nur System- und Bibliotheksaufrufe (syscalls, libcalls) der Indexgruppen "(2)", "(3C)" und "(3S)" enthält, kann nach der *CR-Prozedur* (compile-and-ready) mit dem einheimischen C-Kompiler **cc**(1) übersetzt und zu einem ausführbaren Programm gebunden werden:

```
$ cc  -o pgmx  main.c
```

wobei mit der Argumentoption −o (output) der Aufrufname der *ausführbaren Binärdatei* (executable binary file) — hier pgmx — festgelegt wird; bei Auslassung wird der Name a.out automatisch zugewiesen. Der Befehl **cc(1)** verbindet den *Kompilierschritt* (compile step) mit dem *Linkschritt* (link step).

Das kompilierte und gebundene Programm kann dann als *Befehl* (command) auf der Shell-Ebene aufgerufen werden:

```
$ pgmx [<Argumente>}       bzw.      $ a.out [<Argumente>]
```

Eine Datei a.out kann mit dem UNIX-Befehl **mv(1)** nachträglich umbenannt werden:

```
$ mv a.out pgmx
```

Eine wesentlich andere Situation entsteht, wenn eine Quelldatei Bibliotheksaufrufe anderer Indexgruppen enthält, wie zum Beispiel die Qudratwurzelfunktion **sqrt(3M)** (square root):

```
$ cat wurzel.c
...
#include <math.h>
...
... double x,y, ...;
...
... y = sqrt(x) ...
...
$ cc wurzel.c
undefined symbol: sqrt ...
```

wobei zwar kein Kompilierfehler, wohl aber ein *Linkfehler* entstand, indem der Bibliotheksaufruf nicht mit einer entsprechenden Funktionsdefinition verknüpft werden konnte (undefined symbol). Das Programm muß dann mit einem expliziten Verweis auf die *Link-Bibliothek* (linklib) der Indexgruppe "(3M)" gebunden werden:

```
$ cc wurzel.c −lm
```

wobei mit der Argumentoption −l und dem nachgestellten Buchstaben m die Link-Bibliothek /lib/libm.a der mathematischen Funktionen (mathlib) angegeben wird. Dies wird im nachfolgenden Abschnitt 8.3.3 weitergeführt.

Größere und komplexere Programme werden nach dem *strukturierten Ansatz* (structured approach) als ein *Programmverbund* (program suite, ensemble) angelegt, der auf der *Quellkode-Ebene* (source level) aus einer Anzahl von Quelldateien besteht, von denen genau eine das Hauptprogramm enthält (main modul), während die anderen Dateien einzelne oder gruppierte Funktionen enthalten. Ein Programmverbund bestehend aus den

Quelldateien `main.c`, `dat1.c`, `dat2.c`, ... kann mit **cc(1)** mit der
ebenfalls aus einem einzigen Befehl bestehenden *CAR-Prozedur* (compile-
all-and-ready) kompiliert und zu einem ausführbaren Programm `pgmx`
gebunden werden:

```
$ cc -o pgmx main.c dat1.c dat2.c ...
main.c:
dat1.c: ... <Fehlermeldung>
dat2.c:
...
```

Dabei spielt die Reihenfolge der Dateinamen in der Befehlszeile keine
Rolle; eventuelle Fehlermeldungen — hier bei `dat1.c` — werden den
entsprechenden Dateien zugeordnet. Der Kompilierschritt terminiert mit
der letzten Quelldatei. Der Linkschritt wird bei einem Fehlerzustand
ausgesetzt; es verbleiben die *Objektdateien* (object files) der fehlerfrei
kompilierten Quelldateien:

```
$ ls *.o
main.o dat2.o ...
```

Fehlerhafte Quelldateien — hier also `dat1.c` — können einzeln nachge-
bessert und einzeln kompiliert werden, wozu die symbolische Option `-c`
(compile) gesetzt wird:

```
$ cc -c dat1.c
...
```

Ein fehlerfrei kompiliertes Ensemble von Objektdateien kann dann in
einem nachfolgenden Linkschritt zu einem ausführbaren Programm
gebunden werden, was ebenfalls mit dem Befehl **cc(1)** unter Angabe der
Dateien ausgeführt werden kann:

```
$ cc -o pgmx main.o dat1.o dat2.o ...
```

oder einfachst,

```
$ cc -o pgmx  *.o
```

falls sich keine weiteren mit dem Suffix `.o` gekennzeichneten Objektdateien im aktuellen Arbeitsverzeichnis befinden. Ein gemischter Aufruf von
cc(1) mit Quell- und Objektdateien ist zulässig:

```
$ cc -o pgmx  dat1.c  *.o
```

Bei großen und komplexen Programmverbunden wird grundsätzlich nach
der *CLR-Prozedur* (compile-link-and-ready) verfahren, wobei zuerst die
Quelldateien mit der Option `-c` einzeln und unter gezielter Anwendung
anderer Kompiler-Optionen zu Objektdateien kompiliert werden:

```
$ cc -c [-<andere Optionen>] main.c
$ cc -c ... dat1.c
...
```

Die Optionen werden unter dem Eintrag **cc(1)/BHB** detailliert beschrieben, wobei den verschiedenen Möglichkeiten zur Optimierung besondere Beachtung zu schenken ist.

Erst nach dem fehlerfreien Kompilieren der Objektdateien wird der Linkschritt durchgeführt, wozu im einfachsten Fall wiederum der Befehl **cc(1)** benutzt werden kann:

```
$ cc -o pgmx main.o dat1.o dat2.o ...
```

Alternativ kann der *einheimische Linkeditor* **ld(1)** (resident loader) benutzt werden:

```
$ ld -o pgmx /lib/crt0.o main.o dat1.o dat2.o ... -lc ...
```

Mit der Argumentoption -o wird der Aufrufname der ausführbaren Programmdatei (executable program file) — hier ebenfalls pgmx — angegeben. Die Objektdatei /lib/crt0.o enthält die zum Programmstart notwendigen Daten- und Funktionsobjekte und kann im allgemeinen nicht ausgelassen werden. Objektdateien dieser Art werden als *Objektmodule* bezeichnet, was gleich nachfolgend weitergeführt wird. Die Liste der Objektdateien wird von den Argumentoptionen -1 gefolgt, mit denen die *Link-Bibliotheken* (linklibs) angegeben werden; der Verweis -lc auf die *Standard-Bibliothek* kann bei ld(1) im allgemeinen nicht ausgelassen werden.

Die Leistungsmerkmale des *Linkeditors* **ld(1)** gehen weit über die des *Kompilierbefehls* **cc(1)** hinaus, der ja an die C-Sprache gebunden ist. Mit ld(1) können Programme aller unter UNIX unterstützten Programmiersprachen gebunden werden, wie zum Beispiel FORTRAN-77 und PASCAL. Insbesondere können damit Subroutinen und Funktionen, die mit diesen Programmiersprachen kompiliert wurden, in C-Programme eingebunden werden und umgekehrt. Eine weitere Anwendung, die Erzeugung von Objektmodulen, wird gleich nachfolgend besprochen.

Der Linkeditor wird nach dem folgenden Schema aufgerufen, um ausführbare Programmdateien zu erzeugen:

```
ld [-o <A-Name>]  [-<andere Link-Optionen>] \
                  <Objektmodule und -dateien>.o \
                  [<private Link-Bibliotheken>.a] \
                  -lc [-l<x> ... ] \
                  [<Link-Steuerdatei>]
```

Bei Auslassung der Argumentoption -o mit dem Aufrufsnamen wird eine ausführbare Datei mit dem Bezeichner a.out angelegt. Mit den anderen Link-Optionen können spezielle Laufzeit-Eigenschaften und -Leistungsmerkmale bestimmt werden, darunter insbesondere:

- die Disposition der programminternen *Symboltabelle* (symbol table), die zur Optimierung ausgelassen oder zum Entfehlern mit **adb(1)/sdb(1)** beibehalten werden kann;
- Ausführungsmerkmale wie *shared text mode*, womit der Ausführkode nur beim ersten Aufruf in den Arbeitsspeicher geladen wird, um dann bei nachfolgenden Aufrufen *mitbenutzt* werden zu können (text sharing);
- Adressierungsformen, mit denen die topologische Lage des Ausführkodes im Arbeitsspeicher bestimmt werden kann.

Eine vollständige Auflistung und Beschreibung der Link-Optionen wird unter dem Eintrag **ld(1)/PHB** gegeben.

Die zu bindenden Objektmodule und -dateien sind durch den Suffix `.o` gekennzeichnet und können in beliebiger Reihenfolge angegeben werden. Die Link-Bibliotheken müssen der Objektliste folgen, wobei die UNIX-Systembibliotheken mit der Argumentoption -1 und einem Kürzel, und private Bibliotheken mit Verweisen (pathname) aufgeführt werden können. Die Bibliotheken werden in der angegebenen Reihenfolge von links nach rechts nach den jeweils noch zu bindenden externen Daten- und Funktionsobjekten (external symbols, references) durchsucht, wobei verschachtelte Funktionsaufrufe (nested calls) entweder in derselben oder aber in einer weiter rechts nachfolgenden Bibliothek gefunden werden müssen. Objekte, die dabei *ungebunden* bleiben, verursachen einen fatalen Link-Fehler (unresolved external symbols, references). Der Suchvorgang wird nur einmal ausgeführt; die Reihenfolge der Bibliotheken bestimmt daher die *Suchfolge* (searching order). Link-Bibliotheken werden im nachfolgenden Abschnitt 8.3.3 weiterführend besprochen.

Bei besonderen Anforderungen kann mit einer Link-Steuerdatei (link editor control file) gearbeitet werden, die als Textdatei mit *Link-Anweisungen* (link editor commands) programmiert werden kann. Eine eingehende Beschreibung des Link-Vorganges und der Link-Anweisungen wird unter dem Eintrag "The Link Editor"/LSE gegeben.

8.3.2 Objektmodule

Objektmodule (object modules) enthalten im allgemeinen Gruppen von verwandten Funktionen[13] und können wie einfache Objektdateien, die jeweils nur eine Funktion enthalten, als Ganzes in ein ausführbares Programm eingebunden werden, wobei lediglich eine Aufgliederung in *Ausführkode* (`.text`) sowie in *statische* (`.data`, `.bss`) und *dynamische*

---

13. Objektmodule werden daher auch häufig als *Load-Bibliotheken* (load libraries, loadlibs) bezeichnet. Im IBM-Schrifttum ist gelegentlich auch von *control sections* die Rede.

(stacks) Speicherbereiche erfolgt (Abschnitt 4.2).[14] Sie unterscheiden sich unter anderem in dieser Hinsicht von Link-Bibliotheken, aus denen Funktionen selektiv eingebunden werden können. Objektmodule werden daher fast ausschließlich zweck- oder projektgebunden verwendet. Eine andere Anwendung besteht darin, Varianten externer Datenaggregate mit unterschiedlicher Größe und Vorbelegung nach Bedarf einzubinden; etwa im Sinne von **blockdata** bei **FORTRAN**. Die Quelldateien enthalten dann lediglich die vollständigen Definition der Datenobjekte ohne jegliche Funktionsdefinitionen.

Objektmodule können mit **cc**(1) und der symbolischen Option −c unmittelbar aus einem dafür speziell zusammengestellten *Quellmodul* (source modul) kompiliert werden:

```
cc -c [-<andere Optionen>] -o <O-Modul>.o  <Q-Modul>.c
```

was im wesentlichen einem normalen Kompilierschritt entspricht.

Alternativ können Objektmodule mit **ld**(1) aus Objektdateien und anderen Objektmodulen nach dem folgenden Schema angelegt werden:

```
ld -o <O-Modul>.o  -r  <dat1>.o ... <datn>.o
```

was im wesentlichen einem unvollständigen Linkschritt entspricht. Mit der Argumentoption −o wird in beiden Fällen der Name des resultierenden Objektmoduls festgelegt, wobei der Suffix '.o' explizite erzwungen werden muß. Bei ld(1) wird mit der symbolischen Option −r ein interner Schalter (relocation bit) gesetzt, wodurch das resultierende Objektmodul als *versetzbar* (relocatable) gekennzeichnet wird und somit bei weiteren Linkschritten benutzt werden kann. Zu beachten ist, daß Link-Bibliotheken dabei nicht einbezogen werden können.

Der Vorteil von Objektmodulen gegenüber größeren Sammlungen von kleineren Objektdateien, die jeweils nur eine oder nur sehr wenige Funktionen enthalten, liegt darin, daß das letztendliche Binden eines ausführbaren Programmes drastisch vereinfacht wird, was nicht nur beträchtliche organisatorische Vorteile mit sich bringt, sondern auch die zum Erstellen einer ausführbaren Datei notwendige Rechenleistung deutlich verringert. Eine der Hauptanwendungen liegt bei Anwendungssystemen mit *programmierbaren Benutzerschnittstellen* (programmable user interfaces), wobei die *Benutzerfunktionen* (user functions) die einzige variable Komponente darstellen. Die Objektdateien der kompilierten Benutzerfunktionen werden dann einfachst mit einem oder mehreren

---

14. Eine ausführliche Beschreibung der internen Struktur von Objektdateien wird im Abschnitt "Common Object File Format"/LSE gegeben.

vorgebundenen Objektmodulen, welche den Kern des Anwendungssystems enthalten, zu einem Programmverbund gebunden. Ein typisches Beispiel ist der UNIX-Kernel selbst, der in der Form von Objektmodulen zum Einbinden von benutzerprogrammierten *Kodesegmenten* (control sections) zur Verfügung steht.[15] Andere Beispiele sind Datenbanken mit 4GL-Schnittstellen, die mittelbar durch *Meta-Übersetzer* (meta compiler) Objektkode erzeugen, welcher dann mit den Objektmodulen der eigentlichen (proprietary) DB-Software zu einer ausführbaren Instanz der Datenbank gebunden wird.

Mit dem C-Entwicklungspaket steht unter UNIX eine Anzahl von Objektmodulen zur Verfügung, welche die zum Programmstart und -ende notwendigen Daten- und Funktionsobjekte enthalten; darunter den Eintrittspunkt (entry point) `main` des Hauptprogramms und den Prolog des Systemaufrufs **exit(2)**. Programme, die ohne jegliche Leistungprofilierung ausgeführt werden sollen, werden mit dem bereits vorgestellten Systemmodul `crt0.o` gebunden. Während der Entwicklungs- und Optimierungsphase können Programme jedoch mit der Option −p (profile) kompiliert und dann mit dem Systemmodul `mcrt0.o` gebunden werden, wodurch ein Profil des Laufzeitverhaltens mit den Funktionen **profile(2)** und **monitor(3C)** sowie dem Befehl **prof(1)** abgefragt werden kann. Einzelheiten sind unter den entsprechenden Einträgen sowie unter **prof(5)/PHB** zu finden. Die Systemmodule sind normalerweise in dem Systemverzeichnis `/lib`, zuweilen aber auch in `/usr/lib` enthalten.

Die Bezeichner und Attribute der in einem Objektmodul enthaltenen Daten- und Funktionsobjekte können mit dem Befehl **nm(1)** (names) aufgelistet werden:

```
$ nm /lib/crt0.o
Symbols from crt0.o:
Name           ...   Class    ...   Section
crt0.s    | ... | file  | ... |
exit      | ... |extern| ... |
start%    | ... |extern| ... |.text
main      | ... |extern| ... |
environ   | ... |extern| ... |.data
splimit%  | ... |extern| ... |.data
```

---

15. Wie zum Beispiel Gerätetreiber (device drivers). Eine Beschreibung wird unter dem Eintrag **config(1m)/SHB** gegeben.

8.3.3 Link-Bibliotheken

Link-Bibliotheken (linklibs) können bei den Befehlen **cc(1)** und **ld(1)** mit
−1 als Argumentoptionen angegeben werden,

```
cc ...   -l<x> -l<y> ...          ld ... -l<x> -l<y> ...
```

wobei <x>, <y>, ... Wortzeichen darstellen, welche die Basisnamen
(basenames) von Bibliotheken vervollständigen, die in den Systemverzeichnissen /lib und /usr/lib enthalten sind:

```
$ cd /lib             bzw.          $ cd /usr/lib
$ ls lib*
libc.a  libcurses.a  libm.a ...
```

Die Bibliothek libc.a enthält die unabkömmlichen System- und Bibliotheksfunktionen der Indexgruppen "(2)" beziehungsweise "(3C)" und
"(3S)" und wird beim Binden mit cc(1) automatisch einbezogen. Beim
Binden eines ausführbaren Programmes mit ld(1) muß die Bibliothek
jedoch immer angegeben werden:

```
$ ld ... -lc ...
```

Im Gegensatz dazu müssen bei speziellen Funktionen die entsprechenden
Bibliotheken sowohl bei cc(1) als auch bei ld(1) immer angegeben werden;
wie zum Beispiel bei den mathematischen Funktionen und den Vollschirmfunktionen der Indexgruppe "(3M)" beziehungsweise "(3X)":

```
$ cc ... -lm             $ ld ... -lcurses
```

Private Link-Bibliotheken, die in den beiden Systemverzeichnissen /lib
und /usr/lib enthalten sind, können auf gleiche Weise als Argumentoptionen von cc(1) und ld(1) angegeben werden. Bibliotheken, die in anderen
Verzeichnissen abgelegt sind, können nur mit ld(1), nicht aber mit cc(1)
benutzt werden.

Mit der Argumentoption −L von ld(1) kann ein zusätzliches Verzeichnis
angegeben werden, das dann noch vor /lib und /usr/lib nach den mit
−1 aufgeführten Bibliotheken abgesucht wird:

```
$ ld ... -L <Verzeichnis> -l<z> ... -lc ...
```

Schließlich können private Link-Bibliotheken durch Angabe von
Verweisen (pathnames) aufgeführt werden:

```
$ ld ... <Verweis1>.a ... -lc ...
```

In allen Fällen ist zu beachten, daß die Reihenfolge der Bibliotheksver-
weise die *Suchfolge* (searching order) bestimmt.

Link-Bibliotheken sind durch den Suffix .a gekennzeichnet und stellen *Archive* (archives) dar, die mit dem Befehl **ar(1)** angelegt und verwaltet werden können. Der Inhalt einer Bibliothek kann mit der Option t (table) aufgelistet werden:

```
$ ar libc.a
... abs.o ... bsearch.o ... chdir.o ... dup.o ...
...
```

Die Bibliothek enthält also unter anderen die Bibliotheksaufrufe abs(3C) und bsearch(3C) sowie die Systemaufrufe chdir(2) und dup(2). Bei letzteren sei daran erinnert, daß nur die Prologe (Argumentübergabe, Trap-Befehl, usw.) in der Bibliothek enthalten sind; der eigentliche Ausführkode liegt im Kernel.

Archive sind *reguläre Dateien* (regular files), die andere reguläre Dateien als *Komponenten* (members) enthalten und mit internen Tabellen verwalten. Archive können sowohl *Text-* als auch *Binärdateien* (text, binary, files) als Komponenten enthalten; insbesondere also auch linkfähige Objektdateien. Die interne Struktur wird unter dem Eintrag **ar(4)/PHB** eingehend beschrieben.[16]

Link-Bibliotheken werden aus Objektdateien angelegt, die zumeist nach Anwendungszweck gruppiert jeweils nur eine Funktion enthalten. Beim Linken können die Funktionen dann selektiv als Komponenten abgegriffen und eingebunden werden, was über eine *interne Symboltabelle* (symbol table) gesteuert wird, die als erste Komponente abgelegt ist.

Eine Link-Bibliothek wird nach dem folgenden Schema verwaltet:

```
ar  [c]r[v]  <Archivname>.a <dat1>.o <dat2.o> ...
```

Mit der Optionskombination cr (create) wird eine neue Bibliothek angelegt; mit r (replace) können existierende Komponenten ersetzt oder neue Komponenten hinzugefügt werden. Mit der Option v (verbose) erfolgt dabei eine detaillierte Auflistung der Komponenten. Die Reihenfolge der aufgeführten Objektdateien bestimmt die Reihenfolge der Komponenten innerhalb der Bibliothek.

Im allgemeinen kommt dieser *Reihenfolge* keine besondere Bedeutung zu, da der Linkeditor beim Zugriff auf eine Bibliothek alle jeweils noch *ungebundenen Objektverweise* (currently unresolved references) wiederholt, mit deren Symboltabelle vergleicht und erst dann die dabei gefundenen Daten- und Funktionsobjekte selektiv abgreift, wobei die Bibliothek

---

16. In der Struktur und Anwendung gleicht ein UNIX-Archiv dem *partitioned data set* unter MVS (IBM).

gegebenenfalls wiederholt durchlaufen wird (multiple passes), was allerdings bei verschachtelten Aufrufen in größeren Bibliotheken eine gewisse Ineffizienz bedeuten kann.

Link-Bibliotheken, die *verschachtelte Aufrufbäume* von Funktionen (nested function trees) enthalten sollen, können durch eine entsprechende *topologische Reihenfolge* (topological order) der Komponenten optimiert werden, die auf dem mathematischen Prinzip der *partiellen Ordnung* (partial ordering) von Paaren von *Vorgängern* und *Nachfolgern* (predecessors, successors) beruht. Jede aufrufende Funktion stellt einen Vorgänger dar, jede aufgerufene einen Nachfolger; eine Funktion kann wiederholt mit jeweils anderen Partnern sowohl Vorgänger als auch Nachfolger sein.

Die praktische Ausführung dieses etwas abstrakten Prinzips ist frappierend einfach unter UNIX, wie ein Beispiel veranschaulichen mag. Gegeben sei ein Ensemble von kompilierten Funktionsdateien `funk1.o`, `funk2.o`, ..., die der Einfachheit halber mit einem lexikalischen Muster (lexical pattern) im *aktuellen Arbeitsverzeichnis* (current working directory) kollektiv erfaßt werden können:

```
$ ls funk*.o
funk1.o funk2.o ...
```

Mit dem Befehl **lorder(1)** (link order) werden aus dem Ensemble *Paare* von aufrufenden (Vorgänger) und aufgerufenen (Nachfolger) Funktionen erzeugt und durch Umlenkung der Ausgabe (output redirection) in einer Auffangdatei `hold` abgelegt, die dann mit dem Ausgabebefehl **cat(1)** zwecks Inspektion aufgelistet wird:

```
$ lorder funk*.o > hold
$ cat hold
funk1.o funk8.o
funk2.o fun5.o
funk5.o funk3.o
...
```

Mit dem Befehl **tsort(1)** (topological sort) wird dann aus den Aufrufpaaren die *topologische Reihenfolge* erzeugt und wiederum durch Umlenkung der Ausgabe in einer Listendatei `torder` abgelegt, die dann ebenfalls aufgelistet wird:

```
$ tsort hold > torder
$ cat torder
funk2.o
funk5.o
funk3.o
...
```

Mit **ar(1)** wird schließlich die optimierte Link-Bibliothek `libsam1.a` angelegt:

```
$ ar crv libsam1.a `cat torder`
a - funk2.o
a - funk5.o
a - funk3.o
...
```

wobei die Argumentliste der Objektdateien durch den mit umgebenden *obversen Apostrophen* `` `...` `` (exec quotes) *zitierten Aufruf* (quoted execution) von **cat(1)** mit der Listendatei `torder` erzeugt wurde. Die drei Schritte können mit einer *zitierten Pipeline* in einer einzigen Befehlszeile zusammengefaßt werden:[17]

```
$ ar crv libsam1.a `lorder funk*.o | tsort`
a - funk2.o
...
```

Die Bibliothek kann in das Systemverzeichnis `/usr/lib` versetzt werden,

```
$ mv   libsam1.a   /usr/lib
```

um dann mit −l als Argumentoption bei **cc(1)** und **ld(1)** zur Verfügung zu stehen:

```
$ cc ... -lsam1 ...          $ ld ... -lsam1 ...
```

Der Vorgang wird im Benutzer-Handbuch unter den bereits aufgeführten Befehlsverweisen beschrieben.

---

17. Eine grundlegende Behandlung dieser und anderer Leistungsmerkmale der UNIX-Shells wird in KA (1992) gegeben.

9 Eingabe und Ausgabe

In der C-Sprache, wie auch in den weitaus meisten Hochsprachen, erfolgt die *Eingabe* und die *Ausgabe* (E/A; I/O: input, output) von Daten grundsätzlich durch spezielle *E/A-Funktionen* (I/O functions), die erst aus Link-Bibliotheken (link libraries; Abschnitt 8.3.3) in ein Programm eingebunden werden müssen. Die unter UNIX zur Verfügung stehenden E/A-Funktionen können nach den folgenden *E/A-Ebenen* (I/O levels) aufgegliedert werden:

- Unmittelbare, maschinennahe Byte-E/A
- Mittelbare, gepufferte Eingabe und Ausgabe
- Vollschirm-E/A
- Grafik-E/A

Unter UNIX werden grundsätzlich alle *E/A-Dienstleistungen* (I/O services) vom *Kernel* ausgeführt, was über *Eintrittspunkte* (entry points) zu internen Kodesegmenten erfolgt (Abschnitt 8.2.1). Diese stellen die eigentlichen *Gerätetreiber* (devicer drivers) dar, welche die *Schnittstellen* zu physischen und virtuellen Geräten (physical, virtual, devices) steuern. Alle auf der Anwendungsebene in C-Programmen aufrufbaren E/A-Funktionen bauen unmittelbar oder mittelbar darauf auf; die wesentlichen Unterschiede liegen in der Art der Datenübernahme und -übergabe sowie in den anwendungsorientierten Dienstleistungen, welche die E/A-Funktionen der verschiedenen Ebenen erbringen.

Die *maschinennahe* (low level) Byte-E/A wird durch *Systemfunktionen* (system functions) der Indexgruppe "(2)" ausgeführt, die unmittelbar auf die im *Kernelbereich* (kernel, system, space) liegenden internen Puffer der Gerätetreiber zugreifen, ohne daß eine automatische Zwischenpufferung im *Benutzerbereich* (user, process, space) stattfindet. Aus diesem Grunde ist hier zuweilen auch von *ungepufferter* E/A die Rede.[1] Programme, die mit Systemaufrufen arbeiten, sind nur innerhalb der UNIX-Systemgruppe portierbar, wobei allerdings auch noch systemspezifische Unterschiede zu beachten sind.

Mittelbare, gepufferte Eingabe und Ausgabe (stream I/O) wird dagegen durch *Bibliotheksfunktionen* (library functions; Abschnitt 8.2.2) der Indexgruppe "(3S)" ausgeführt, wobei eine automatische Zwischenpufferung im

---

1. Eine für das jeweilige System verbindliche Beschreibung der internen Arbeitsweise der E/A-Systemfunktionen wird im Leitfaden für Gerätetreiber (Device Driver Guide) gegeben. EGAN and TEIXERA geben eine pragmatische Einführung in die Thematik; Bach (1986) gibt eine zusammenfassende Beschreibung.

Benutzerbereich erfolgt. Der dazu benutzte E/A-Puffer wird im originären Sprachgebrauch als "stream" bezeichnet, was nachfolgend auch als *terminus technicus* beibehalten werden soll. Gepufferte E/A kann unter anwendungsgerechten Bedingungen zu einer deutlichen Entlastung des Kernels führen, da die E/A-Zugriffe ausschließlich im Benutzerbereich stattfinden und nicht jedesmal zwangsläufig mit einem *Kontextwechsel* (context switch) zwischen *Benutzer-Modus* (user mode) und *Kernel-Modus* (kernel, system, mode) und zurück verbunden sind, wie das ja bei den Systemfunktionen der Fall ist!

Die E/A-Funktionen der Indexgruppe "(3S)" sind seit jeher fester Bestandteil der *traditionellen C-Bibliothek* (traditional C library) und sind im wesentlichen unverändert von der darauf aufbauenden *ANSI-Standardbibliothek* (standard library) übernommen worden. Sie sind daher mit einem sehr hohen Portabilitätsgrad (portability) behaftet.

Vollschirm-E/A (full screen I/O) dient ausschließlich zur Darstellung von Masken und Menues (masks, menus) auf ASCII-Monitoren und ist daher grundsätzlich zeichen-orientiert (character-oriented). Sie wird durch Bibliotheksfunktionen der Indexgruppe "(3X)" ausgeführt, die ihrerseits auf den unteren E/A-Zugriffsebenen aufbauen und sich durch zusätzliche Pufferung und Dienstleistungen von diesen unterscheiden. Programme, die mit Vollschirm-E/A arbeiten, sind innerhalb der UNIX-Systemgruppe frei portierbar, wobei allerdings noch systemspezifische Unterschiede zu beachten sind.

Grafik-E/A (graphics I/O) erfolgt fast ausschließlich über die Benutzerschnittstelle einer *Graphik-Oberfläche* (GUI; graphical user interface). Ein typisches Beispiel ist die *Anwendungsschnittstelle* (API; application programmer's interface) des **OPEN LOOK** Graphical User Interface (GUI), welches inzwischen unter **SVR4** zur Verfügung steht. Graphik-Programme sind nicht nur an die zumeist streng proprietären GUIs gebunden, sondern auch wegen der dazu benötigten hochauflösenden Monitore und speziellen Steuer-Platinen im höchsten Maße hardware-abhängig.

In diesem Kapitel sollen die E/A-Funktionen der ersten zwei Ebenen eingehend besprochen werden.[2] Dem voran soll eine vorbereitende Einführung in die dazu benötigten Termini und Begriffe gehen, was von einer Einführung in die Zugriffsmethoden sowie der Datei- und Verzeichnisverwaltung auf der Programm-Ebene gefolgt wird.

---

2. Eine Beschreibung der Vollschirmfunktionen wird unter dem Eintrag **curses(3X)/PHB** sowie im Abschnitt "The Curses and Terminfo Package"/PLF gegeben.

9.1 E/A-Objekte

Die Begriffe *Eingabe* (input) und *Ausgabe* (output) sind grundsätzlich *programmbezogen*: Die Eingabe erfolgt von einer *Datenquelle* (data source) *zum* Programm und die Ausgabe *von* diesem zu einer *Datensenke* (data sink). Quellen und Senken von Daten werden im originären UNIX/C-Sprachgebrauch gemeinschaftlich als *files* bezeichnet — ein Terminus, dessen Bedeutung weit über die geläufige und etwas vereinfachende Übersetzung "Datei" hinaus geht und erst im spezifischen Zusammenhang verengt wird. In diesem erweiterten Sinne soll im folgenden denn auch beständig von *E/A-Objekten* (files) anstelle von "Dateien" die Rede sein.

Mit Ausnahme der gleich nachfolgend besprochenen transienten Prozeß-kanäle sind die *eigentlichen* E/A-Objekte permanente und benannte Bestandteile des UNIX-Dateisystems (file system), die auf der Anwendungsebene in vier Kategorien aufgegliedert werden können:

- [–] Reguläre Dateien
- [d] Verzeichnisdateien
- [b, c] Gerätekanäle
- [p] Permanente Prozeßkanäle

wobei die eingeklammerten Zeichen die Typen-Kennungen darstellen. Mit den Befehlen ls(1) und file(1) kann der Typ eines Objektes festgestellt werden, was im folgenden wiederholt veranschaulicht werden soll (siehe auch Bild 2.2, Abschnitt 2.3).

Reguläre Dateien (regular files) und *Verzeichnisdateien* (directory files) sind *speichergebundene* Objekte, die Daten enthalten und sich im wesentlichen nur durch Inhalt und Verwendung unterscheiden. Erstere enthalten allgemeine Nutzdaten, was von *ausführbaren Binärkode* (executable binary code) über Objektkode und andere binäre Daten bis zum reinen ASCII-Text reicht. Verzeichnisdateien enthalten dagegen die *Namensbindungen* (links) aller in einem Verzeichnis enthaltenen Objekte an die *Inodes* (index nodes), die ihrerseits auf die eigentlichen *Datenblöcke* (data blocks) im Massenspeicher verweisen. Sie können auf der allgemeinen Benutzerebene zwar gelesen, nicht aber beschrieben werden.

Gerätekanäle (device files) und *permanente Prozeßkanäle* (named pipes) werden im originären UNIX/C-Sprachgebrauch unter dem Terminus *special files* zusammengefaßt, was im folgenden durch *Datenkanäle* ausgedrückt werden soll.[3] Gerätekanäle leiten die *Datenströme* (data streams) zwischen Prozessen und den Schnittstellen *physischer* oder *virtueller Geräte* (real, virtual, devices), während Prozeßkanäle zwei *kooperierende*

Prozesse (cooperating processes) verbinden. Datenkanäle sind zumeist in dem Systemverzeichnis /dev angesiedelt. Neben den permanenten Prozeßkanälen, die eigentliche E/A-Objekte sind, unterstützt das UNIX-System noch *transiente interne Prozeßkanäle* (transient internal pipes), die als uneigentliche E/A-Objekte in C-Programmen mit Systemaufrufen nach Bedarf angelegt und freigesetzt werden können. Sie stellen keine benannten Objekte im Dateisystem dar. Eine für das jeweilige System verbindliche Beschreibung der Datenkanäle wird zumeist unter dem Thema "Special Files" im Eintrag **intro(7)/SHB** gegeben.

Allen standardmäßig installierten Prozeßkanälen der Typung **p** (pipe) ist gemeinsam, daß sie als *Einweg-Schlangen* nach dem *FIFO-Prinzip* (first-in, first-out queues) arbeiten. Duplex- und Multiplex-Kanäle sowie *Postfächer* (mailboxes) können nach entsprechenden *Protokollen* (protocols) als *Pseudo-Gerätetreiber* (pseudo device driver) programmiert und in den Kernel eingebunden werden. EGAN und TEIXERA (1988) geben eine pragmatische Einführung in die Thematik.

9.2 Objektzugriff und -verwaltung

Für die *eigentlichen E/A-Objekte* (files) gelten die *Zugriffsmethoden und -regeln* (access methods, rules) des UNIX-Dateisystems. Von besonderer Bedeutung für die E/A-Programmierung sind die Zugriffswege innerhalb der *hierarchischen Baumstruktur* (hierarchical tree structure) des Dateisystems sowie die Zugriffsrechte auf E/A-Objekte. Eine eingehende Beschreibung der Objektverwaltung (file management) auf der Shell-Ebene wird in KA (1992) gegeben. ROCHKIND (1985) beschreibt die Anwendung von Systemfunktionen in C-Programmen. Eine Zusammenfassung der originären Begriffsbestimmungen ist unter dem Eintrag **intro(2)/PHB** zu finden. Im folgenden sollen die Grundprinzipien nebst den wichtigsten Systemfunktionen auf der Programm-Ebene einführend vorgestellt werden.

Die *Zugriffswege* (access paths) wurden bereits eingangs im Abschnitt 2.3 einführend besprochen, wobei die Begriffe *Basisname* (basename), *Weiser* (path) und *Verweis* (pathname) verbindlich definiert wurden. E/A-Objekte werden grundsätzlich über *relative* oder *absolute* Verweise angesprochen, die von einem *Ausgangsverzeichnis* (origin directory) ausgehend über *Zwischenverzeichnisse* (intervening directories) in ein *Zielverzeichnis* (target directory) laufen und mit dem Basisnamen eines angesprochenen

---

3. Die Übersetzungen "Gerätedateien" beziehungsweise "Sonderdateien" erscheinen uns in diesem Zusammenhang nicht sehr glücklich.

Objektes enden. Bei Objekten, die sich innerhalb des *aktuellen Arbeitsver-zeichnisses* (current working directory) befinden, reduziert sich der Verweis auf den Basisnamen.

Das aktuelle Arbeitsverzeichnis kann mit dem Systemaufruf **chdir(2)** unter Angabe des absoluten oder relativen Verweises jederzeit neu festgelegt werden:

```
int chdir(char *name); /* Funktionsdeklaration */
char name[] = "/ben/Hubert/cwork";
...
    if(chdir(name)) { <Fehlerzustand> }
...
```

wobei das gleich nachfolgend besprochene Suchrecht x für alle aufge-führten Verzeichnisse bestehen muß. Bei erfolgreicher Ausführung gibt chdir den Nullwert 0 zurück; andernfalls ensteht mit der Rückgabe von − 1 ein Fehlerzustand, der mit der externen Systemvariablen errno oder der Bibliotheksfunktion **perror(3C)** diagnostiziert werden kann (Abschnitt 8.2.1). Diese Zustandsbestimmung soll auch in den nachfolgenden Beispielen unterstellt sein.

Alle E/A-Operationen setzen *Zugriffsrechte* (access permissions) auf die angesprochenen E/A-Objekte voraus, andernfalls entsteht ein Fehlerzu-stand (EACCES; Abschnitt 8.2.1). Zugriffsrechte sind grundsätzlich objektbezogen und stellen Attribute in dem Sinne dar, daß jedes Objekt eindeutig durch eine *Eignerkennung* **OID** (owner ID) und eine *Gruppen-kennung* **GID** (group ID) gekennzeichnet ist.

Die Eignerkennung eines Objektes muß der numerischen *Benutzerkennung* **UID** (user ID) eines in der Paßwortdatei /etc/passwd eingetragenen Benutzers entsprechen und wird durch dessen *Login-Kennung* **LID** (login ID) namentlich dargestellt. Die Gruppenkennung **GID** wird als ein abstrakter Ganzzahlkode zugewiesen, der sowohl in der Paßwortdatei als auch in der Gruppen-Datei /etc/group enthalten sein kann. Die beiden Systemdateien werden unter den Einträgen **passwd(4)/PHB** beziehungs-weise **group(4)/PHB** eingehend beschrieben.

Das Zugriffsrecht eines Benutzers wird durch den *Alias-Status* bestimmt, unter dem ein von ihm aufgerufenes Programm als *Prozeß* abläuft. Ähnlich wie Objekte werden Prozesse durch eine *effektive Benutzer-Kennung* **EUID** (effective user ID) und eine *effektive Gruppen-Kennung* **EGID** (effective group ID) gekennzeichnet, die im allgemeinen mit der *tatsäch-lichen Benutzer-Kennung* **RUID** (real user ID) und der *aktuellen Gruppen-Kennung* **RGID** (real group ID) des aufrufenden Benutzers überein-stimmen, was auch im folgenden vorausgesetzt werden soll.[4]

Jeder Benutzer gehört einer *Login-Gruppe* (login group) an, deren numerische Kennung **LGID** in seinem Eintrag in der Paßwortdatei enthalten ist und unmittelbar nach dem Einloggen als die *aktuelle Gruppen-Kennung* **RGID** (real group ID) in Kraft tritt. Zusätzlich kann jeder Benutzer einer oder mehreren *Host-Gruppen* (host groups) mit einer entsprechenden Kennung **HGID** angehören, was nur durch Einträge in der Gruppen-Datei `/etc/group` festgelegt werden kann. Mit dem Befehl **newgrp(1)** kann die aktuelle Gruppen-Kennung RGID des Benutzers auf der Shell-Ebene verändert werden, wobei die neue GID anzugeben ist:

```
$ newgrp  <GID>
```

Der durch die aktuellen Kennungen EUID und EGID bestimmte *Alias-Status* eines Prozesses bestimmt dessen Zugriffsrecht auf ein Objekt nach dem folgenden hierarchischen Schema:

- Superuser: EUID = 0
- Eigner: EUID = Eigner-Kennung
- Gruppenzugehörigkeit: EGID = Gruppen-Kennung
- Allgemeinheit: weder Eigner noch Gruppenzugehörigkeit

Nur der Superuser mit der EUID 0 hat unbeschränkten Zugriff auf alle Objekte in einem UNIX-Dateisystem. Auf jeder anderen *Zugriffsebene* (access level) können drei *Zugriffsmodi* (access modes) in jeglicher Kombination gesetzt werden:

- Leserecht (read permission, r: 4)
- Schreibrecht (write permission, w: 2)
- Ausführ- bzw. Suchrecht (exec/search permission, x: 1)

Die Zugriffsmodi sowie die numerischen Eigner- und Gruppenkennungen (numerical owner, group, IDs) können mit dem Befehl **ls(1)** und der Optionskombination `-ln` aufgelistet werden:

---

4. Mit den Systemaufrufen **setuid(2)** und **setgid(2)** können die beiden Kennungen und damit der *Alias*-Status jedoch innerhalb eines Programmes dynamisch verändert werden. Durch die Ausführungsmerkmale *set user ID* und *set group ID*, die auf der Shell-Ebene mit dem Befehl **chmod(1)** und auf der Programm-Ebene mit dem nachfolgend besprochenen Systemaufruf **chmod(2)** bei ausführbaren Binärdateien gesetzt werden können, wird der *Alias*-Status vom aufrufenden Benutzer automatisch auf die Eigner- und die Gruppen-Kennung der Programmdatei verlegt. Eine eingehende Erläuterung wird in KA (1992) gegeben.

```
$ ls -ln ...
...
-rw-r--r--   ... 110  21  ... prog1.c
-rwx--x--x   ... 110  21  ... prog1x
drwxr-x---   ... 110  21  ... sicher
```

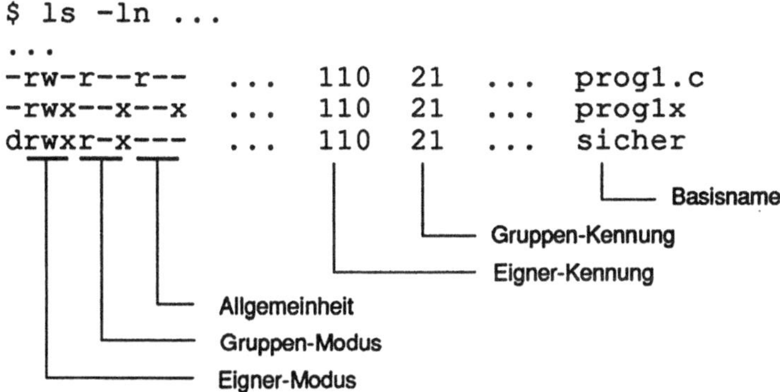

Die Auflistung zeigt drei Objekte, mit der Eignerkennung 110 und der Gruppenkennung 21: Zwei *reguläre Dateien* (−; regular file) sowie ein *Unterverzeichnis* (d; subdirectory). Die Quelldatei prog1.c kann vom Eigner sowohl gelesen als auch beschrieben (rw−) und von allen anderen Benutzern nur gelesen (r−−) werden. Die ausführbare Datei prog1x kann vom Eigner gelesen, beschrieben und als Befehl aufgerufen (rwx), und von allen anderen Benutzern nur aufgerufen (−−x) werden. Das Unterverzeichnis sicher kann vom Eigner gelesen, verändert und abgesucht (rwx) und von der Gruppe nur gelesen und abgesucht (r−x) werden, und ist für alle anderen Benutzer unzugänglich (−−−).

Bei den Wirkungen der Zugriffsmodi ist zwischen Verzeichnissen einerseits und regulären Dateien sowie Datenkanälen andererseits zu unterscheiden:

- Bei Verzeichnissen bedeutet das Schreibrecht **w** nur, daß Objekte angelegt (created) und gelöscht (deleted) werden können, nicht aber daß eine Verzeichnisdatei beschrieben werden kann, was einzig und allein dem Kernel vorbehalten ist. Mit dem Leserecht **r** können Verzeichnisdateien wie reguläre Dateien gelesen, und als Verzeichnisse mit ls(1) voll aufgelistet werden. Besondere Bedeutung kommt dem Suchrecht **x** zu: Es muß für alle Verzeichnisse vorhanden sein, die ein *Verweis* (pathname) durchläuft, um auf ein Objekt zugreifen zu können.

- Bei regulären Dateien und Datenkanälen bedeutet das Schreib- und das Leserecht nur, daß diese beschrieben (Ausgabe) beziehungsweise gelesen (Eingabe) werden können. Insbesondere bedeutet **w** also nicht, daß ein Objekt gelöscht werden kann. Mit der Ausführberechtigung **x** kann eine ausführbare Binärdatei auf der Shell-Ebene als Befehl, und auf der Programmebene mit dem Systemaufruf exec(2) (Abschnitt 10.3) zur Ausführung aufgerufen werden. Shell-Skripte, die auf der Shell-Ebene aufgerufen werden sollen, müssen dazu noch das Leserecht **r** bestehen, da die Shells die Dateien zur Ausführung erst einlesen müssen.

Die Zugriffsmodi können nach dem folgenden Oktal-Schema kodiert
werden:

0 : ---   kein Zugriff (no access)

1 : --x   nur Ausführen/Suchen (exec/search only)

2 : -w-   nur Schreiben (write only)

4 : r--   nur Lesen (read only)

woraus sich die übrigen Kombinationen ergeben:

3 : -wx   Schreiben und Ausführen/Suchen, aber kein Lesen

5 : r-x   Lesen und Ausführen/Suchen, aber kein Schreiben

6 : rw-   Lesen und Schreiben, aber kein Ausführen/Suchen

7 : rwx   Lesen, Schreiben und Ausführen/Suchen

Die Oktalwerte werden dann als Oktal-Konstante mit drei Stellen kodiert.
Zum Beispiel entspricht die Oktal-Konstante 0711 dem Zugriffsvektor
rwx--x--x.

Das tatsächliche, von den jeweiligen Kennungen RUID und RGID ausgehende Zugriffsrecht eines Benutzers auf ein Objekt kann mit dem Systemaufruf **access(2)** unter Angabe des Verweises und des Zugriffsmodus
geprüft werden; wie zum Beispiel in:

```
int access(char *name, int mode); /* Deklaration */
... char name[] = "dateix";
... int mode = 06;
...
    if(access(name, mode)) { <Kein Zugriff> }
...
```

wo das Schreib- (02) und das Leserecht (04) gleichzeitig (= 06) für die
Datei dateix getestet werden. Mit mode : 00 kann ein einfacher
Existenztest durchgeführt werden. Bei einem Rückgabewert von 0 besteht
das abgefragte Zugriffsrecht auf mindestens einer der drei Zugriffsebenen;
andernfalls wird −1 zurückgegben.

Die Zugriffsrechte können auf der Shell-Ebene mit dem allgemeinen
Benutzerbefehl **chmod(1)**, und in C-Programmen mit dem Systemaufruf
chmod(2) verändert werden. Das folgende Fragment zeigt die Anwendung
des Systemaufrufes auf eine Datei mit dem Basisnamen dateix im
aktuellen Arbeitsverzeichnis:

```
int chmod(char *name, int mode);   /* Deklaration */
... char datname[] = "dateix";
... int mode = 0711;
...
    if(chmod(datname, mode)) { <Fehlerzustand> }
...
```

Nur der Eigner und der Superuser können die Zugriffsberechtigung
verändern.

Die Eigner- und die Gruppenkennung eines Objektes können auf der Shell-
Ebene mit dem Benutzerbefehl **chown(1)**, und in C-Programmen mit dem
Systemaufruf **chown(2)** verändert werden. Das folgende Fragment veran-
schaulicht die Anwendung des letzteren auf eine Datei mit dem Basis-
namen dateix im aktuellen Arbeitsverzeichnis, deren Eigner- und
Gruppenkennungen auf 115 beziehungsweise 32 gesetzt werden sollen:

```
int chown(char *name, int eigner, int gruppe); /* Dkln */
... char name[] = "dateix";
... int eigner = 115, gruppe = 32;
...
    if(chown(name, eigner, gruppe)) { <Fehlerzustand> }
...
```

Nur der Eigner und der Superuser können die Zugriffsberechtigung
verändern.

Mit dem Systemaufruf **unlink(2)** kann die *Namensbindung* (link) eines
Objektes unter Angabe des absoluten oder relativen Verweises aus einem
Zielverzeichnis (target directory) gelöscht werden; wie zum Beispiel in,

```
int unlink(char *verweis); /* Deklaration */
... char verweis[] = "./work/dateix";
...
    if(unlink(verweis)) { <Fehlerzustand> }
...
```

wo die Namensbindung dateix aus dem Unterverzeichnis work des
aktuellen Arbeitsverzeichnisses gelöscht wird, für welches sowohl das
Schreibrecht **w** als auch das Suchrecht **x** bestehen muß. Bei Namensbindungen im aktuellen Arbeitsverzeichnis braucht nur der Basisname
angegeben zu werden. Auf der Shell-Ebene stehen dafür der allgemeine
Benutzerbefehl **rm(1)** sowie der Superuser-Befehl **unlink(1m)** zur
Verfügung, der unter dem Eintrag **link(1m)/PHB** beschrieben ist.

Zu beachten ist, daß bei *multiplen Namensbindungen* (multiple links)
lediglich ein Verzeichniseintrag, nicht aber das eigentliche Objekt gelöscht
wird. Erst mit dem Löschen der einzigen oder letzten Namensbindung wird
die Inode und damit der Datenbereich des Objektes freigesetzt.

Als Eigenheit von `unlink` ist zu beachten, daß die Namensbindungen von Verzeichnissen nur von solchen Programmen gelöscht werden können, die unter der Superuser-Kennung EUID 0 ausgeführt werden.

Nach Möglichkeit sollte jedoch `unlink` bei Verzeichnissen überhaupt nicht oder nur dann angewandt werden, wenn diese vollkommen leer sind oder wenn überzählige Namensbindungen zu löschen sind. Wird mit `unlink` die *einzige* oder *letzte* Namensbindung eines nichtleeren Verzeichnisses gelöscht, so sind alle jene Objekte "verwaist" (orphaned), deren einzige oder letzte Namensbindung darin enthalten waren; auf sie kann dann nicht mehr über Verweise zugegriffen werden. Mit dem Superuser-Befehl **fsck(1m)** muß dann versucht werden, diese Objekte aufzufinden. Bei Erfolg werden die "geretteten" Objekte im "Fundbüro"-Verzeichnis `/lost+found` abgelegt, wobei die numerischen Inode-Indexe als behelfsmäßige Basisnamen zugewiesen werden. Eben aus diesem Grund ist `unlink` auf den Superuser beschränkt!

Mit dem Systemaufruf **link(2)** kann umgekehrt ein bereits existierendes Objekt mit weiteren Namensbindungen belegt werden; wie zum Beispiel in:

```
int link(char *alt, char *neu); /* Deklaration */
... char alt[] = "dateiz", neu[] = "./sicher/dateiz";
...
    if(link(alt, neu)) { <Fehlerzustand> }
...
```

wo das unter der Namensbindung `dateiz` im aktuellen Arbeitsverzeichnis eingetragene Objekt mit einer weiteren Namenbindung gleichnamig im Unterverzeichnis `./sicher` eingetragen wird, was zugleich einen effektiven Schutz gegen unabsichtliches Löschen bedeutet. Auch hier müssen die Zugriffsrechte **w** und **x** bestehen. Zu beachten ist, daß eine bereits unter dem *Zielverweis* (target pathname) existierende Namensbindung gelöscht wird, was bei einer letzten oder einzigen Namensbindung zum Verlust des ursprünglichen Objektes führt. Auf der Shell-Ebene steht der Superuser-Befehl **link(1m)** zur Verfügung.

Mit dem Systemaufruf **rename(2)** können die Namensbindungen verändert werden, was zum Versetzen (moving) eines Objektes von einem Verzeichnis zu einem anderen benutzt werden kann; wie zum Beispiel in:

```
int rename(char *von, char *zu); /* Deklaration */
... char von[] = "dateix", zu[] = "./work/filex";
...
    if(rename(von, zu)) { <Fehlerzustand> }
...
```

wobei die alte Namenbindung `dateix` im aktuellen Arbeitsverzeichnis gelöscht, und eine neue Namenbindung `filex` im Unterverzeichnis `work` angelegt wird, ohne daß der eigentliche Datenkörper dabei kopiert wird. Ein Versetzen innerhalb des gleichen Verzeichnisses läuft auf eine einfache *Umbenennung* (renaming) hinaus. `rename` kann nicht zum Versetzen zwischen zwei unterschiedlichen Dateisystemen benutzt werden. Zu beachten ist, daß eine bereits unter dem *Zielverweis* (target pathname) existierende Namensbindung gelöscht wird, was bei einer letzten oder einzigen Namensbindung zum Verlust des ursprünglichen Objektes führt. Auf der Shell-Ebene steht der Befehl **mv(1)** zur Verfügung, der unter dem Eintrag **cp(1)/BHB** aufgeführt wird.

Mit dem Systemaufruf **mkdir(2)** können neue Verzeichnisse angelegt werden, wie zum Beispiel in:

```
int mkdir(char *neu); /* Deklaration */
...
... char neu[] = "/ben/Hubert/arbeit";
...
    if(mkdir(neu)) { <Fehlerzustand> }
...
```

wobei ein Unterverzeichnis `arbeit` im Verzeichnis `/ben/Hubert` angelegt wird. Auf der Shell-Ebene steht dafür der Benutzerbefehl **mkdir(1)** zur Verfügung.

Mit **rmdir(2)** können bereits existierende aber leere Verzeichnisse gelöscht werden:

```
int rmdir(char *alt); /* Deklaration */
...
... char alt[] = "./test";
...
    if(rmdir(alt)) { <Fehlerzustand> }
...
```

wo das Unterverzeichnis `test` aus dem aktuellen Arbeitsverzeichnis gelöscht wird. Auf der Shell-Ebene stehen dafür die Benutzerbefehle **rmdir(1)** und **rm(1)** zur Verfügung, wobei letzterer bei nichtleeren Verzeichnissen mit der Option −r aufgerufen werden muß.

Die *Attribute* eines Objektes (file attributes) können mit dem Systemaufruf **stat(2)** abgefragt (nicht aber verändert) werden. Das folgende Fragment zeigt den Grundansatz dazu:

```
...
#include <sys/types.h>
#include <sys/stat.h>
...
int stat(char *name, struct stat *ST); /* Deklaration */
... struct stat ST;
... char name[] = "dateix";
...

    if(stat(name, &ST))
      {
       perror("stat"); exit(1);
      }
...

    printf("\nUID: %d, GID: %d, mode: %O, size: %d\n",
        ST.st_uid, ST.st_gid, ST.st_mode, ST.st_size);
...

        UID: 115, GID: 32, mode: 100711, size: 1863
```

Die Zusatzdatei <sys/types.h> enthält die Vereinbarungen der
generell für UNIX verbindlichen *Systemtypen* (system types), mit welchen
die Komponenten der in <sys/stat.h> enthaltenen *Strukturvereinbarung* (structure specification; Abschnitt 5.6.1) stat definiert sind. Die
beiden Zusatzdateien müssen daher in der gezeigten Reihenfolge eingebunden werden. Eine vollständige Beschreibung wird unter den Einträgen
stat(5)/PHB und **types(5)/PHB** gegeben.

Mit der Strukturvereinbarung stat wird eine Struktur ST definiert, deren
Adresse als zweites Argument an die gleichnamige Funktion stat
übergeben wird. Als erstes Argument wird der Verweis beziehungsweise
der Basisname des zu bestimmenden Objektes übergeben. Beim erfolgreichen Aufruf wird 0 zurückgegeben; die Objektattribute stehen dann als
die Komponenten der Struktur stat zur Verfügung. Zu beachten ist, daß
— wie gezeigt — der in der Komponente st_mode enthaltene Zugriffsmodus als dreistelliger Oktalwert interpretiert werden muß. Bei regulären
Dateien (regular files) gibt die Komponente st_size die Größe in Bytes
an, was zur Größenangabe beim dynamischen Anlegen von Puffern
(Abschnitt 5.8.1) benutzt werden kann, um eine Datei als Ganzes einzulesen.

Die Systemfunktion **fstat(2)**, die unter dem Eintrag **stat(2)/PHB**
beschrieben ist, stellt lediglich eine Variante von **stat(2)** dar, die anstelle
eines Verweises mit einer *E/A-Kennung* (file descriptor) arbeitet, die zuvor
mit **open(2)** erzeugt wurde, was im nachfolgenden Abschnitt besprochen
wird.

9.3 Unmittelbare, maschinennahe Byte-E/A

Die C-Programmierumgebung unter UNIX stellt einen vollständigen Satz von E/A-Systemfunktionen zur Verfügung, die im Prinzip alle Aufgaben der *byte-orientierten Eingabe und Ausgabe* (byte-oriented I/O) erfüllen können. Neben der bereits eingangs in diesem Kapitel angesprochenen Frage der *Portabilität* (portability) muß dabei allerdings auch die *Effizienz* (efficiency) in Betracht gezogen werden, was im allgemeinen nur aus der Anwendungssituation heraus verbindlich entschieden werden kann. Als Paradigma gilt jedoch, daß Systemfunktionen immer dann in Betracht zu ziehen sind, wenn

- die E/A-Zugriffe regelmäßig sowie mit größeren und konstanten Datenmengen erfolgen, wobei eine beständige Zufuhr und Abgabe aus Datenquellen beziehungsweise zu Datensenken gesichert ist. Ein typisches Beispiel ist der Transfer größerer Datenkörper von und zu Massenspeichern.

- die Eingabe oder Ausgabe genau mit dem sporadischen Eintreffen beziehungsweise Absenden von Daten im *Gerätetreiber* (device driver) synchronisiert sein muß, wie das bei bestimmten Telekommunikationsanwendungen (telecom applications) sowie bei Echtzeit-Gerätesteuerung (real-time device control) der Fall ist.

Im folgenden sollen lediglich die wichtigsten E/A-Systemfunktionen im Kontext der C-Programmierung vorgestellt werden. Eine weiterführende Behandlung ist in ROCHKIND (1985) zu finden; BACH (1986) beschreibt die zugrundeliegenden Algorithmen.

Für die E/A-Systemfunktionen gelten die bereits im Abschnitt 8.2.1 besprochenen allgemeinen Fehlerursachen und -zustände, was im folgenden noch durch Hinweise auf spezielle Ursachen ergänzt werden soll. Von besonderer Bedeutung ist auch hier eine zuverlässige Fehlerdiagnose, wozu sowohl die externe Systemvariable `errno` als auch die Bibliotheksfunktion **perror(3C)** benutzt werden kann.

Im Gegensatz zu den E/A-Bibliotheksfunktionen sind die Deklarationen der E/A-Systemfunktionen generell nicht in einer standardisierten Zusatzdatei zusammengefaßt. Im folgenden soll eine hypothetische Zusatzdatei `<sysfunks.h>` die jeweils benötigten Deklarationen enthalten.

Das *grundsätzliche* Operativmerkmal der E/A-Systemfunktionen ist die *Anbindung von E/A-Objekten* (open files) an numerische *E/A-Kennungen* (file descriptors), über die dann der eigentliche Zugriff erfolgt. Mit der *ersten* Aufrufsform der Systemfunktion **open(2),**

```
int open(char *verweis, int zstatus)
```

wird ein durch seinen *Verweis* (pathname) angegebenes, bereits existierendes E/A-Objekt an eine E/A-Kennung gebunden, die als ganzzahliger
Wert zurückgegeben wird.

Der Zugriffsstatus `zstatus` (file status) wird als Oktalwert kodiert, wobei
die folgenden Werte im hier gegebenen Zusammenhang von Interesse sind:

    `00`: nur Lesen (read only; `O_RDONLY`)

    `01`: nur Schreiben (write only; `O_WRONLY`)

    `02`: Lesen und Schreiben (read and write; `O_RDWR`)

   `010`: Anhängen am Dateiende (append; `O_APPEND`)

  `0400`: automatisches Anlegen (default create; `O_CREAT`)

`01000`: Abschneiden des bestehenden Inhaltes (truncate; `O_TRUNC`)

`02000`: Exklusives Anbinden (exclusive open; `O_EXCL`)

Die entsprechenden symbolischen Konstanten `O_RDONLY`, ... sind in der
Zusatzdatei `<fcntl.h>` enthalten und werden unter dem Eintrag
fcntl(5)/PHB beschrieben. Sie können — soweit sinnvoll — durch bitbezogenes OR (Abschnitt 6.5.2) kombiniert werden; wie zum Beispiel:

```
O_RDONLY|O_EXCL| : 02000
```

d.h. exklusives Lesen einer bereits bestehenden Datei, wobei der Zugriff
durch andere Prozesse blockiert ist; oder,

```
O_WRONLY|O_EXCL|O_CREAT : 02401
```

d.h. Schreiben einer exklusiv neu anzulegenden Datei. Eine bereits existierende Datei kann also nicht zum Schreiben angebunden werden!

Bei der *zweiten* Aufrufsform von **open(2)**,

```
int open(char *verweis, ... O_CREAT, int modus)
```

wo `O_CREAT` im zweiten Argument logisch enthalten ist, muß als drittes
Argument dann noch der *Zugriffsmodus* (access mode; Abschnitt 9.2)
gesetzt werden, mit dem eine neue Datei gegebenenfalls angelegt werden
soll.

Mit dem Rückgabewert -1 wird ein Fehlerzustand angezeigt, wobei nur
durch Abgreifen der externen Systemvariablen `errno` oder mit der Bibliotheksfunktion **perror(3C)** (Abschnitt 8.2.1) zwischen eigentlichen Systemfehlern und Zugriffsfehlern unterschieden werden kann.

Typische Beispiele von Zugriffsfehlern sind:

- O_CREAT ist nicht gesetzt und die Datei mit dem angegebenen Verweis existiert nicht (ENOENT; no entry error);
- O_EXCL|O_CREAT ist gesetzt und eine Datei unter dem angegebenen Verweis existiert bereits (EEXIST; exists error);
- O_RDONLY und kein Leserecht, oder O_WRONLY und kein Schreibrecht, oder beides (EACCESS; access error)

Eine vollständige Auflistung der möglichen Fehlerzustände wird unter dem Eintrag **open(2)/PHB** gegeben.

Mit der erfolgreichen Ausführung von open wird bei *regulären Dateien* (regular files) zugleich ein mit der zurückgegebenen E/A-Kennung assoziierter interner *Dateizeiger* (file pointer) auf eine *Ausgangsstellung* (initial location) gesetzt, von welcher die Eingabe beziehungsweise Ausgabe beginnt. Die Ausgangsstellung wird durch den Zugriffsstatus bestimmt: Bei O_APPEND am Ende der Datei; andernfalls am Anfang. Die Möglichkeit, den Dateizeiger willkürlich zu verschieben wird nachfolgend im Zusammenhang mit **lseek(2)** im Abschnitt 9.3.3 besprochen.

Die Gesamtzahl aller jeweils *aktiven Dateibindungen* (open files) ist durch die Größe der *E/A-Zugriffstabellen* (file tables) beschränkt und beträgt bei kleineren bis mittleren UNIX-Systemen insgesamt 200 – 300, mit maximal 50 – 80 Dateibindungen pro Prozeß.[5] Selbst innerhalb der jeweiligen Obergrenze kann eine größere Anzahl von Dateibindungen einen deutlichen Leistungsabfall verursachen, da der Kernel dann übermäßig mit der Verwaltung der Zugriffstabellen belastet ist. Dateibindungen sollten daher unmittelbar nach dem letzten beabsichtigten Zugriff gelöst werden!

Mit dem Systemaufruf **close(2)**,

```
int close(int fdx)
```

wird eine durch die E/A-Kennung fdx gegebene Dateibindung *gelöst* (close file). Bei erfolgreicher Ausführung wird 0 zurückgegeben, andernfalls −1. Bei Auslassung von close werden alle noch bestehenden Dateibindungen automatisch beim Exit des Prozesses gelöst. Zu beachten ist, daß eine mit O_CREAT als neu angebundene Datei erst mit dem Aufruf von close beziehungsweise beim Exit als Objekt im Dateisystem angelegt wird. Grundsätzlich gilt, daß Dateibindungen, die nicht mehr benötigt werden, unverzüglich gelöst werden sollten.

---

5. Die Größe der E/A-Zugriffstabellen wird durch eine Konstante bei der Systemgenerierung (sysgen) festgelegt. Einzelheiten sind unter dem Eintrag **config(1m)/SHB** zu finden.

9.3.1 Der grundlegende sequentielle Ansatz

Die folgende Ausgangsversion eines sehr einfachen Kopierprogrammes für
reguläre Dateien jeglicher Art zeigt ein grundlegendes Anwendungsszenario der dazu geeigneten E/A-Systemfunktionen:

```
$ cat kopy1.c
#define MAXB     32768
#include    <fcntl.h>
#include    <sysfunks.h>
char buff[MAXB];

main(int argc, char **argv)
{
  int fdin, fdout, nin, nout, tin = 0, tout = 0;
  if(argc != 3)
     {
      printf( "Anzahl Argumente\n"); exit(1);
     }
  if((fdin = open(argv[1],O_RDONLY|O_EXCL)) < 3)
     {
      perror(argv[1]); exit(2);
     }
  if((fdout = open(argv[2],
     O_WRONLY|O_EXCL|O_CREAT,0664)) < 4)
     {
      perror(argv[2]); exit(3);
     }
  while((nin = read(fdin,buff,MAXB)) > 0)
       {
         tin += nin;
         if((nout = write(fdout,buff,nin)) == nin)
           tout += nout;
         else break;
       }
  if(nin == -1) perror(argv[1]);
  close(fdin); close(fdout);
  printf("\n%s(%d): %d, %s(%d): %d\n",
         argv[1],fdin,tin,argv[2],fdout,tout);
  exit(0);
}
```

Das kompilierte Programm soll dann nach dem folgenden Schema als
Befehl aufgerufen werden:

```
$ kopy1   <Eingabedatei>   <Ausgabeidatei>
```

wobei eine reguläre Eingabedatei zu einer regulären Ausgabedatei nach
den folgenden Regeln kopiert wird:

- Abbruch, falls eine gleichnamige Ausgabedatei bereits existiert;
- andernfalls wird automatisch eine neue Datei mit dem Zugriffsmodus `0664: rw-rw-r--` angelegt.
- Für die Dauer des Kopiervorganges sind beide Dateien gegen Zugriff aus anderen Prozessen geschützt.

Mit der symbolischen Konstanten `MAXB` wird die maximale Anzahl von Bytes festgelegt, die während des Kopiervorganges in dem Puffer `buff` zwischengespeichert werden soll. Die hier benutzte Größe von 32KB stellt einerseits für die weitaus meisten Systeme keine besondere Speicheranforderung dar und kann andererseits die weitaus meisten Benutzerdateien bequem als Ganzes aufnehmen.

Mit dem ersten Aufruf von open(2) wird eine bereits bestehende Eingabedatei an die E/A-Kennung `fdin`, und mit dem zweiten Aufruf die neu anzulegende Ausgabedatei an `fdout` gebunden. Bei einer bereits unter dem angebenen Verweis existierenden Ausgabedatei entsteht wegen der Kombination ... `O_EXCL|O_CREAT` ... ein Fehlerzustand; der Prozeß wird terminiert.

Zu beachten ist, daß bereits die Rückgabewerte `fdin` < 3 beziehungsweise `fdout` < 4 als erweiterte Fehlerzustände behandelt werden, was den eigentlichen Fehlerzustand −1 einschließt. Der Grund für die Erweiterung liegt darin, daß die E/A-Kennungen 0, 1 und 2 grundsätzlich für die drei *Standard-Datenströme* (standard data streams) reserviert sind, was im nachfolgenden Abschnitt 9.3.4 weitergeführt wird.

Mit dem Systemaufruf **read(2)**,

```
int read(int fdin, char *zin, unsigned int nbytes)
```

wird eine mit `nbytes` vorgegebene Anzahl von Bytes — oben `MAXB` — aus dem mit `fdin` angebundenen E/A-Objekt in dem durch den Zeigerausdruck `zin` angegebenen Speicherbereich — oben `buff` — eingelesen. Der Rückgabewert — oben `nin` zugewiesen — gibt die tatsächlich eingelesene Anzahl an, wobei der Wert 0 das *Dateiende* (EOF; end of file) anzeigt.

Bei regulären Dateien beginnt die Eingabe bei der aktuellen Position des mit der E/A-Kennung assoziierten Dateizeigers, der dann um die tatsächlich eingelesene Anzahl von Bytes vorwärts verschoben wird. Fortgesetztes Einlesen führt dann zwangsläufig zum Dateiende. In dem obigen Beispiel wird die Eingabedatei mit einer `while`-Schleife ausgeschöpft.

Mit einem Rückgabewert von −1 wird ein Fehlerzustand angezeigt, was
neben Systemfehlern und Signalen auch durch wiederholte Aufrufe nach
einem EOF verursacht wird. Der Dateizeiger verbleibt dann in der
aktuellen Position.

Mit dem Systemaufruf **write(2)**,

```
    int write(int fdout, char *zout, unsigned int nbytes)
```

wird eine mit `nbytes` vorgegebene Anzahl von Bytes — oben die gerade
eingelesene Anzahl `nin` — aus dem mit dem Zeiger `zout` angegebenen
Speicherbereich — oben wieder `buff` — zu dem mit `fdout` angebundenen E/A-Objekt ausgegeben. Der Rückgabewert — oben `nout`
zugewiesen — gibt die tatsächlich ausgegebene Anzahl an.

Bei regulären Dateien beginnt die Ausgabe bei der aktuellen Position des
Dateizeigers, der dann um die tatsächlich ausgegebene Anzahl von Bytes
vorwärts verschoben wird. Fortgesetzte Ausgabe führt dann zwangsläufig
zu einer Vergrößerung der Ausgabedatei.

Mit dem Rückgabewert −1 wird ein Fehlerzustand angezeigt, was neben
Systemfehlern und Signalen sowohl durch das physische Ende eines
Datenträgers als auch das Erreichen der maximal zulässigen Dateigröße
verursacht werden kann. Die Maximalgröße kann unter der Superuser-
Kennung EUID 0 mit dem Systemaufruf **ulimit(2)**, und auf der Shell-
Ebene mit dem Befehl **setulimit(1)** verändert werden. Der Dateizeiger
verbleibt in der aktuellen Position.

Mit den beiden Aufrufen von close(2) wird die Anbindung der beiden
Dateien an die als Argumente angegebenen E/A-Kennungen (file
descriptors) gelöst. Erst mit der erfolgreichen Ausführung von `close`,
spätestens jedoch nach dem normalen Exit des Prozesses, steht eine neuan-
zulegende Datei als benanntes Objekt innerhalb des Dateisystems zur
Verfügung. Die Fehlerbehandlung wurde ausgelassen.

Die Gesamtzahl der eingelesenen und der ausgegebenen Bytes wird in den
Variablen `tin` (total in) beziehungsweise `tout` (total out) kumuliert. Das
mit **cc(1)** kompilierte Programm,

```
$ cc -o kopy1 kopy1.c
```

wird mit seiner eigenen Binärdatei `kopy1` als Eingabedatei, und einer neu
anzulegenden Ausgabedatei `hold` aufgerufen:

```
$ kopy1 kopy1 hold
kopy1(3): 11862, hold(4): 11862
```

Zu beachten ist, daß die Eingabedatei `kopy1` an die E/A-Kennung 3, und die Ausgabedatei an 4 angebunden wurde. Die E/A-Kennungen fungieren als Indexe zur internen E/A-Tabelle (file table) des Prozesses.

Eine Nachprüfung der Dateigrößen und des vorgegebenen Zugriffsmodus 0664 der neu angelegten Datei `hold` ergibt:

```
$ ls -1 kopy1 hold
-rwxrwxr-x      ...       11862 ... kopy1*
-rw-rw-r--      ...       11862 ... hold
```

Eine bereits existierende Datei kann wegen der Statuskombination O_WRONLY|O_EXCL|O_CREAT nicht überschrieben werden, wie eine Wiederholung des Aufrufs verdeutlichen mag:

```
$ kopy1 kopy1 hold
hold: File exists
```

Eine wesentlich ausgereiftere Alternative für den interaktiven Gebrauch wäre, den Status der Ausgabedatei erst mit **access(2)** (Abschnitt 9.2) zu testen und bei deren Existenz die Optionen Neubeschreiben, Überschreiben, Anhängen und Abbruch anzubieten. Das folgende Fragment zeigt einen typischen Ansatz dazu:

```
...
#include<stdio.h>
...
int zstat = O_WRONLY|O_CREAT, ...;
...
if((access(argv[2],02)) == 0)
{
printf("\nDatei %s existiert bereits,\
Anhängen(a), Neubeschreiben (n),\
Überschreiben(u), Abbruch(x): ",argv[2]);
switch(getchar())
    {
      case 'a': zstat |= O_APPEND; break;
      case 'n': zstat |= O_TRUNC; break;
      case 'u': break;
      default: exit(0);
    }
} /* Ende if */
if((fdout = open(argv[2],zstat,0664)) < 4)
...
```

Die Statusvariable `zmod` wird mit der für alle drei Fälle notwendigen Status-Kombination O_WRONLY|O_CREAT vorbelegt; O_EXCL wird ausgelassen. Die Benutzereingabe erfolgt mit der in `<stdio.h>` deklarierten Bibliotheksfunktion **getchar(3S)** (Abschnitt 9.4.3) und wird mit dem `switch-case`-Konstrukt (Abschnitt 7.1.3.1) aufgegliedert, wobei

die Statusvariable `zstat` entsprechend erweitert wird. Mit der Option a
ergibt sich dann:

```
...
 if((fdout = open(argv[2],
    O_WRONLY|O_APPEND|O_CREAT,0664)) < 4)
...
```

Nach vorherigem Löschen der Ausgabedatei `hold`,

```
$ rm hold
```

ergibt sich mit dem unter `kopy2` neu kompilierten Programm beim ersten
Aufruf,

```
$ kopy2 kopy2 hold
kopy2(3): 13642, hold(4): 13642
```

mit dem Resultat:

```
$ ls -l kopy2 hold
-rwxrwxr-x        ...        13642 ... kopy2*
-rw-rw-r--        ...        13642 ... hold
```

Beim zweiten Aufruf mit der nun bereits bestehenden Ausgabedatei `hold`
wird dann die Option abgefragt:

```
$ kopy2 kopy2 hold
Datei hold existiert bereits, Anhängen (a)...: a[RET]
kopy2(3): 13642, hold(4): 13642
```

das Resultat:

```
$ ls -l kopy2 hold
-rwxrwxr-x        ...        13642 ... kopy2*
-rw-rw-r--        ...        27284 ... hold
```

d.h. die Dateigröße wurde in diesem Fall wie erwartet verdoppelt.

Zu beachten ist auch der Unterschied zwischen Neubeschreiben (n) und
Überschreiben (u). Im ersteren Fall wird der Inhalt einer bereits existie-
renden Datei mit `O_TRUNC` abgeschnitten (truncated); die Datei wird vollkommen neu beschrieben. Im zweiten Fall wird der Inhalt von Anfang an
nur fortlaufend überschrieben, was sowohl zu einem vollständigen als auch
zu einem teilweisen Überschreiben je nach Ausgabevorrat führen kann.

Als eine etwas einfachere Alternative zu der zweiten Aufrufsform von
open(2) steht die Systemfunktion **creat(2)** zur Verfügung:

```
    int creat(char *verweis, int modus)
```

womit eine neu anzulegende Datei an die zurückgegebene E/A-Kennung
(file descriptor) gebunden wird. Das zweite Argument, `modus`, bestimmt

dann den Zugriffsmodus, mit dem die neue Datei angelegt wird. Bei einer bereits bestehenden Datei wird der Inhalt gelöscht, was dem Zugriffsmodus `O_TRUNC` bei `open` entspricht.

9.3.2 Objekt-orientierte Eingabe und Ausgabe

Die beiden Systemaufrufe **read(2)** und **write(2)** sind grundsätzlich **byteorientiert**, indem mit einem Zeiger vom Typ `char` auf einen Speicherbereich zugegriffen, und das eigentliche E/A-Quantum in Bytes ausgedrückt wird. Die einfachste Anwendung besteht darin, eine vorgegebene Anzahl von Bytes in einen Vektor vom Typ `char` einzulesen beziehungsweise von diesem auszugeben:

```
...  char buf[1200] ...;
...
...  read(fdin, buf, 500) ...
...  write(fdout, &buf[200], 100) ...
```

wobei sowohl vom Anfang als auch von einem beliebigen Element ausgegangen werden kann, das dann allerdings mit dem Adressenoperator & abgegriffen werden muß.

NUL-terminierte Zeichenketten können einfachst als Ganzes ausgegeben werden, wobei die unter dem Eintrag **string(3C)/PHB** aufgeführte Bibliotheksfunktion **strlen(3C)** zur Längenbestimmung benutzt wird:

```
#include   <string.h>
...
...  char msg[] = "Hallo Freunde";
...  write(fdout, msg, strlen(msg)) ...
```

Bei der Eingabe und Ausgabe von Datenobjekten anderer Typung und Artung muß dagegen eine entsprechende *Anpassung* (type casting; Abschnitt 6.2) erfolgen. Als einfachstes Beispiel wäre die Ausgabe und Eingabe von Variablen und Singletons zu betrachten:

```
...  double u, v[10] ...;
...
...  write(fdout, (char *)&u, sizeof(u)) ...
...  read(fdin, (char *)&v[3], sizeof(double)) ...
```

In beidem Aufrufen wird zuerst mit dem Adressenoperator & ein *Zeigerausdruck* (pointer expression) vom Type `double` erzeugt, der dann mit dem *Anpassungsoperator* (cast operator) `(char *)` dem erforderlichen Typ `char` angepaßt wird. Die Anzahl der zu transferierenden Bytes muß dem ursprünglichen Objekttyp entsprechen, was mit `sizeof(...)` immer gewährleistet ist.

Der Ansatz läßt sich einfachst auf Arrays jeglichen Ranges (rank;
Abschnitt 5.5.2.1) erweitern:

```
... double mat[3][3], ...;
...
... write(fdout, (char *)mat, sizeof(mat)) ...
... read(fdin, (char *)mat, 72) ...
```

wobei zu beachten ist, daß der *ungeschmückte* (plain) Array-Bezeichner
bereits einen Zeigerausdruck darstellt, der lediglich noch angepaßt werden
muß. Das Array wird dann als Ganzes transferiert.

Subarrays (Abschnitt 5.5.2.2) sowie Folgen von Elementen werden nach
den folgenden Schemata transferiert:

```
... write(fdout, (char *)mat[1], sizeof(mat[1])) ...
... read(fdin, (char *)&mat[1][1], 16) ...
```

Mit `write` wird die zweite Zeile von `mat` als Vektor von 3 Elementen
ausgegeben; mit `read` wird das zweite und das dritte Element dieser Zeile
wieder eingelesen. Zu beachten ist, daß dabei wieder der Adressenoperator
benutzt werden muß, da `mat[1][1]` keinen Zeigerausdruck, sondern
einen *L-Wert* (lvalue; Abschnitt 6.2.1) darstellt.

Bei *Strukturen* und *Überlagerungen* (structures, unions; Abschnitte 5.6.1
und 5.6.2) muß ebenfalls eine Anpassung erfolgen:

```
... struct p_adresse {
                   char nachname[16];
                   ...;
             } PERS, *ZP = &PERS, ...;
...
... read(fdin, (char *)&PERS, sizeof(PERS)) ...
... write(fdout, (char *)ZP, sizeof(struct p_adresse))
```

wobei zu beachten ist, daß der Adressenoperator & bei dem *Strukturbezeichner* PERS benutzt werden muß, da dieser selbst keinen *Zeigerausdruck* darstellt. Im Gegensatz dazu entfällt der Adressenoperator bei dem
Struktur-Zeiger ZP. Das gezeigte Prinzip überträgt sich analog auf *Überlagerungen* (unions).

Bei Strukturen und Überlagerungen ist dazu noch zu beachten, daß *Komponenten* (members), die Zeiger sind, nur als Zeigerwerte ein- und ausgegeben werden; auf die damit erfaßten eigentlichen Datenobjekte wird nicht
zugegriffen. Während mit dem obigen Struktur-Muster die Komponente
nachname mit allen 16 Bytes eingelesen und ausgegeben wird, würde bei
dem Struktur-Muster,

```
... struct zp_adresse { char *znachname; ... } ...
```

eben nur der jeweilige Zeigerwert von znachname — also eine Adresse
— transferiert werden!

Als Alternative zu der hier vorgestellten Anpassungsmethode können
Überlagerungen (unions) von Aggregaten benutzt werden, was bereits im
Abschnitt 5.6.2 vorgestellt wurde und hier noch einmal in Bezug auf die
beiden obigen Beispiele zurückgerufen werden soll. Für die Ausgabe und
Eingabe eines Arrays ergibt sich:

```
typedef float xmat[3][3];
#define  SIZE_M   sizeof(xmat)
...
... union ux {
              xmat mat;
              char vek[SIZE_M];
              } UM ...;
...
... write(fdout, UM.vek, SIZE_M) ...
... read(fdin, UM.vek, 72) ...
```

wobei mit typedef der Array-Typ xmat vereinbart, und dessen Größe
mit der symbolischen Konstanten SIZE_M angegeben wird. Das mit xmat
definierte Array mat wird von dem Zeichenvektor vek genau überlagert
und kann mit diesem ohne jegliche Anpassung einfachst aus- und eingegeben werden.

Der Ansatz überträgt sich analog auf Strukturen, wobei zwangsläufig mit
einer vorhergehenden Struktur-Vereinbarung (structure specification)
gearbeitet werden muß:

```
struct p_adresse {
                  char nachname[16];
                  ...;
                  };
...
#define  SIZE_S    sizeof(struct p_adresse)
... union us {
              struct p_adresse PERS;
              char vek[SIZE_S];
              } US ...;
...
... read(fdin, US.vek, SIZE_S) ...
... write(fdout, US.vek, SIZE_S) ...
```

Wie gezeigt sollten die *Objektgrößen* (object sizes) grundsätzlich mit
sizeof(...) bestimmt und als symbolische Konstanten definiert werden,
um die *Portabilität* (portability) zu gewährleisten.

9.3.3 Höhere Zugriffsmethoden

Die im vorhergehenden vorgestellten Ansätze stellen die Grundlage der *sequentiellen Zugriffsmethode* (sequential access method; SAM) dar, wobei eine *reguläre Datei* (regular file) vom Anfang bis zum Auffinden der gesuchten Daten linear eingelesen werden muß, was im allgemeinen noch das geringere Problem darstellt. Falls die gefundenen Daten dazu noch verändert, die Datei also *aktualisiert* (updated) werden soll, so muß nach einer von zwei zwar bewährten, aber aufwendigen Methoden verfahren werden:

- Der gesamte Datei-Inhalt wird im Arbeitsspeicher zwischengepuffert um nach der Aktualisierung erneut sequentiell in dieselbe oder eine alternative Datei ausgeschrieben zu werden.

- Die alte und die neue Datei werden im Gleichschritt eingelesen beziehungsweise ausgeschrieben; die Aktualisierung erfolgt als bedingungsgebundener Zwischenschritt (old master in, new master out).

Mit dem Systemaufruf **lseek(2)** kann auf den Inhalt von regulären Dateien durch Angabe einer absoluten oder relativen Adresse geziehlt zugegriffen werden:

```
long lseek(int fdx, long offset, int whence)
```

wo der erste Parameter `fdx` die *E/A-Kennung* (file descriptor) einer bereits bestehenden *Dateibindung* (open file) darstellt. Der zweite Parameter `offset` gibt den *Verschiebungsbetrag* (offset) des *internen Dateizeigers* (file pointer) vom jeweiligen *Ausgangspunkt* (current location) an, der durch den dritten Parameter `whence` (wovon, woher) nach dem folgenden Kodierschema bestimmt wird:

0   vom Anfang der Datei ausgehend

1   von der aktuellen Position ausgehend

2   vom jeweiligen Ende der Datei ausgehend

Bei erfolgreicher Ausführung der Verschiebung wird die resultierende absolute Zeiger-Position als vorzeichenfreie Ganzzahl (Bytes) zurückgegeben, was zum Festhalten der aktuellen Position benutzt werden kann, um diese zu einem späteren Zeitpunkt mit `lseek` wieder herstellen zu können. Mit dem Rückgabewert -1 wird ein Fehlerzustand angezeigt.

Mit `whence` = 0 erfolgt eine absolute Adressierung, wobei der Dateizeiger vom Anfang der Datei ausgehend um den in `offset` enthaltenen vorzeichenfreien Betrag (Bytes) vorwärts versetzt wird; bei einem negativen Betrag entsteht zwangsläufig ein Fehlerzustand.

Mit whence = 1 oder whence = 2 erfolgt eine *relative Adressierung* (relative addressation), wobei der Dateizeiger von der aktuellen Position beziehungsweise vom jeweiligen Ende der Datei ausgehend um den in offset enthaltenen Betrag je nach Vorzeichen vorwärts (+) oder rückwärts (–) versetzt wird; bei einem negativen Betrag, der über den Dateianfang hinausläuft, entsteht ebenfalls ein Fehlerzustand.

Eine über das jeweilige Ende der Datei hinausgehende Vorwärtsverschiebung verursacht keinen Fehlerzustand, wobei allerdings zu beachten ist, daß aus einer solchen Position heraus keine Eingabe mit read mehr möglich ist. Bild 9.1 veranschaulicht die topologische Bedeutung der Kodes.

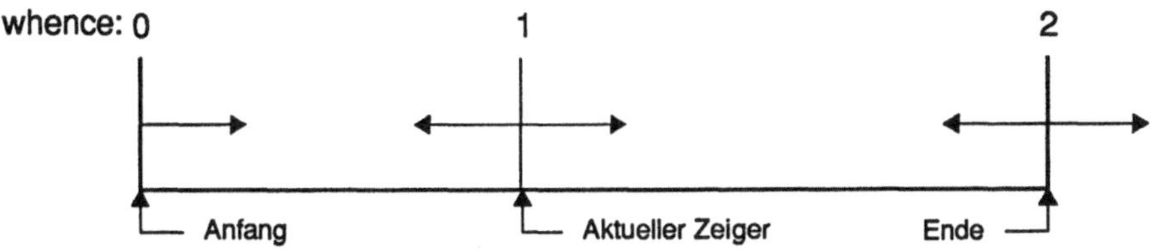

Bild 9.1: Zugriffstopologie mit lseek(2)

Mit lseek können die herkömmlichen *Methoden des Direktzugriffs* (DAMs; direct access methods) von Grund auf programmiert werden. Als ein erstes Anwendungsbeispiel wäre die absolute numerische Indexierung von *Sätzen festliegender Größe* (fixed length records) zu betrachten, die durch eine Struktur dargestellt werden. Bild 9.2 zeigt die zugrundeliegende Dateistruktur.

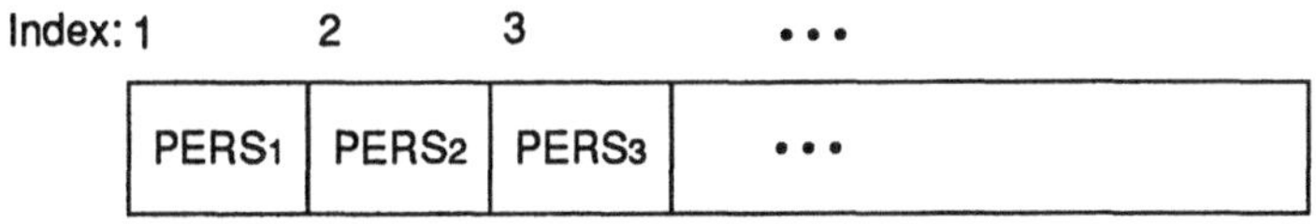

Bild 9.2: Indexierte Satzstruktur

Eine solche Datei kann einfachst durch die im vorhergehenden Abschnitt besprochene sequentielle Ausgabe und Eingabe einer Struktur angelegt beziehungsweise gelesen werden. Das folgende Fragment zeigt den grundsätzlichen Ansatz zum Direktzugriff auf die durch ihre absolute Position indexierten Sätze:

```
...
#include<fcntl.h>
#include<sysfunks.h>
...
struct p_adresse
      {
       char nachname[16];
       ...
       unsigned short PLZ;
      };
...
#define  SIZE_S    sizeof(struct p_adresse)
...
... int fd, ...;
... long indx, ...;
... struct p_adresse PERS, ...;
...
... fd = open(<Dateiverweis>, O_RDWR) ...
...
... indx = ...
...
... lseek(fd, (indx - 1) * SIZE_S, 0) ...
...
    ... read(fd, (char *)&PERS, SIZE_S) ...
    ...
    ... <aktualisieren des Satzes>
    ...
... lseek(fd, -SIZE_S, 1) ...

    ... write(fd, (char *)&PERS, SIZE_S) ...
...
... close(fd) ...
...
```

Eine durch ihren Verweis angegebene reguläre Datei wird mit open(2) an
die E/A-Kennung (file descriptor) fd zur Ein- und Ausgabe (O_RDWR)
angebunden. Der numerische Index wird durch Eingabe oder Listenabgriff
bestimmt und der Variablen indx zugewiesen. Mit lseek wird dann die
absolute Zugriffsposition (whence = 0) bestimmt, wobei der um Eins
herabgezählte Index multipliziert mit der Größe (Bytes) SIZE_S der Satz-
Struktur den *Verschiebungsbetrag* (offset) ergibt; beim ersten Satz mit
indx : 1 also einen Betrag von 0. Der mit indx : k bestimmte k-te Satz
kann dann mit read(2) unmittelbar eingelesen und aktualisiert werden.
Nach dem Rücksetzen des Dateizeigers mit dem negativen Betrag
−SIZE_S wird der Satz mit write(2) unmittelbar *in situ* zurückge-
schrieben.

Bei einer über das aktuelle Ende der Datei hinausgehenden Verschiebung des Dateizeigers sind zwei besondere Bedingungen zu beachten:

- Die Eingabe ist blockiert: read gibt lediglich 0 zurück.
- Eine Ausgabe mit write kann erfolgen, wobei die Datei entsprechend erweitert wird; gegebenenfalls mit unbeschriebenen Zwischensätzen.

Bereits existierende aber inzwischen überflüssige Sätze können lediglich mit bedeutungslosen Fülldaten *in situ* überschrieben und als erloschen gekennzeichnet und dann gegebenenfalls zur Wiederverwendung freigegeben werden, wozu eine interne Listenverwaltung erforlich ist. Ein physisches Löschen von Sätzen in situ ist nicht möglich. Erst durch sequentielles Kopieren unter Auslassung der als erloschen gekennzeichneten Sätze kann eine Datei *komprimiert* (compressed) werden.

Im allgemeinen werden solche Dateien mit zusätzlichen Index-Listen verwaltet, die *Suchschlüssel* (search keys), wie Name oder Anschrift usw., über *Such-Algorithmen* (search algorithms) auf die numerischen Zugriffsindexe abbilden (index mapping). Eine Vervollkommnung dieses Prinzips führt zur *index-sequentiellen Zugriffsmethode* (ISAM; index sequential access method). Auf die Sätze in ISAM-Dateien kann sowohl sequentiell als auch über einzelne oder multiple Schlüssel zugegriffen werden.

Der Zugriff auf Teilbereiche einer Datei kann wahlfrei abgeblockt und wieder freigegeben werden (file locking). Insbesondere können die Sätze von strukturierten Dateien einzeln oder zusammenhängend gruppiert gegen den Zugriff aus anderen Prozessen blockiert werden, die ebenfalls Zugriffsberechtigung auf die Datei haben. Zwei Methoden stehen dafür zur Verfügung, von denen nur die etwas offensichtlichere hier vorgestellt werden soll. Die zweite Methode ist unter dem Eintrag **fcntl(2)/PHB** beschrieben.

Mit dem Systemaufruf **lockf(2)**:[6]

```
int lockf(int fdx, int anweisung, int betrag)
```

können *Sektionen* (sections) einer über die E/A-Kennung (file descriptor) fdx angebundenen regulären Datei gegen Zugriff *abgeblockt* (locked) werden. Die zu blockierende Sektion erstreckt sich linear von der aktuellen Position des Dateizeigers (file pointer) ausgehend über den angegebenen Betrag (Bytes). Als Sonderfall kann vom Anfang einer Datei ausgehend und mit der Dateigröße als Betrag der gesamte Inhalt abgeblockt werden.

---

6. Zuweilen auch als Bibliotheksfunktion unter dem Eintrag **lockf(3C)** aufgeführt.

Insgesamt stehen die folgenden Anweisungen in der Form von numerischen Kodes zur Verfügung:

0: F_ULOCK   Freigeben einer blockierten Sektion (unlocking)

1: F_LOCK   Exklusives Blockieren einer Sektion (locking)

2: F_TLOCK   Testen und exklusives Blockieren

3: F_TEST   Testen

Die symbolischen Konstanten F_ULOCK, ... sind in der Zusatzdatei <unistd.h> enthalten (SVR4).

Bei erfolgreicher Ausführung der Anweisungen F_LOCK und F_TLOCK wird der Wert 0 zurückgegeben; andernfalls −1 und insbesondere, falls die Sektion bereits von einem anderen Prozeß blockiert wird. F_TEST gibt bei einer bestehenden Blockierung −1 zurück; andernfalls 0. Die E/A-Kennung muß den *Zugriffsstatus* (file status) O_WRONLY oder O_RDWR besitzen.

Das folgende Fragment zeigt den Grundansatz zum Blockieren einer Folge von Sätzen:

```
...
#include    <fcntl.h>
#include    <unistd.h>
#include    <sysfunks.h>
...
struct p_adresse {
                char nachname[16];
                ...
                };
...
#define  SIZE_S    sizeof(struct p_adresse)
...
... int fd, ...;
... long von_indx, bis_indx, betrag, ...;
...
... fd = open(<Dateiverweis>, O_RDWR) ...
...
... von_indx = ...; bis_indx = ...;
...
... lseek(fd, (indx - 1) * SIZE_S, 0) ...
...
... betrag =  (bis_indx - von_ind + 1) * SIZE_S;
...
... lockf(fd, F_LOCK, betrag) ...
...
```

Eine durch ihren Verweis angegebene reguläre Datei wird mit dem Status O_RDWR an die E/A-Kennung `fd` gebunden. Die Folge der zu blockierenden Sätze wird durch die Indexe `von_indx` und `bis_indx` bestimmt, woraus dann mit der Satzgröße `SIZE_S` die Größe `betrag` (Bytes) des zu blockierenden Sektors bestimmt wird. Eventuelle Fehlerzustände müßten natürlich mit entsprechender `if`-Logik abgefangen werden.

An dieses Szenario anknüpfend würde der Zugriff auf die Sätze einer unter Blockierung stehenden Datei nach dem folgenden Schema erfolgen:

```
...
#define   SIZE_S     sizeof(struct p_adresse)
...
int fd, ...;
long indx, ...;
struct p_adresse PERS, ...;
...
... fd = open(<Dateiverweis>, O_RDWR) ...
...
... indx = ...;
...
... lseek(fd, (indx - 1) * SIZE_S, 0) ...
...
    if(lockf(fd, F_TEST, SIZE_S ))
      {<Zugriff abgeblockt>}
    else{ /* Zugriff frei */
      ...
      ... read(fd, (char *)&PERS, SIZE_S) ...
      ...
      ... write(fd, (char *)&PERS, SIZE_S) ...
      ...
    } /* Ende Zugriff */
...
```

Mit `lockf` und der Anweisung `F_TEST` wird geprüft, ob der durch `indx` angegebene Satz blockiert ist; wenn ja wird −1 zurückgegeben. Andernfalls, bei einer Rückgabe von 0, kann auf den Satz zugegriffen werden.

Beim Zugriff mit read(2) oder write(2) auf einen blockierten Sektor entsteht kein Fehlerzustand, sondern lediglich ein unbestimmter Wartezustand, der normalerweise bis zur Freigabe durch den blockierenden Prozeß oder bis zum Eintreffen eines unterbrechenden Signals anhält.

Eine alternative Methode besteht darin, mit einem *asynchronen Zeitgeber* (asynchronous timer; Abschnitt 7.2.4) zu arbeiten. Das folgende Fragment zeigt den Grundansatz:

```
...
#include<signal.h>
...
main(...)
{
...
... lseek(fd, (indx - 1) * SIZE_S, 0) ...
...
... signal(SIGALRM, alarm); alarm(<wartezeit>);
...
    if((nin = read(fd, (char *)&PERS, SIZE_S)) != -1)
    { /* erfolgreicher Zugriff */
     signal(SIG_ALRM, SIG_IGN);
     ...
    }
    else
    { /* blockiert und unterbrochen */
     ...
    }
...
}
...
void alarm(void) { ... }
```

Mit dem Systemaufruf **signal(2)** wird das Signal `SIGALRM` (14) mit einer
Aktionsfunktion `alarm` belegt, die auch leer sein kann. Danach wird der
kernel-interne *Zeitgeber* (timer) *alarm(2)* mit einer vorgegebenen
Wartezeit aufgerufen. Der unmittelbar darauf folgende Aufruf von `read`
wird entweder sofort mit einer nichtleeren Eingabe honoriert oder aber
blockiert. Im ersten Fall muß das Signal unverzüglich mit `SIG_IGN` ausgeblendet werden; im zweiten erfolgt nach Ablauf der Wartezeit eine Unterbrechung. Wie angedeutet müssen diese zwei Möglichkeiten mit einer
entsprechenden `if`-Logik abgehandelt werden.

Auf den bisher gezeigten Ansätzen und Szenarien aufbauend und unter
Zuhilfnahme anderer System- und Bibliotheksfunktionen können sehr
leistungsfähige Dateiverwaltungssysteme (file management systems) und
darüber hinaus auch Datenbanksysteme (database systems) entwickelt
werden.

9.3.4 Datenströme auf der Shell-Ebene

Bei Programmen, die auf der Shell-Ebene aufgerufen werden, und im allgemeinen als Tochterprozesse (child processes) einer Shell ablaufen, kommt den E/A-Kennungen (file descriptors) eine besondere Bedeutung zu. Die ersten drei Kennungswerte bestimmen die Standard-Datenströme (standard data streams) auf der Shell-Ebene:

0   Normaleingabe (standard input)

1   Normalausgabe (standard output)

2   Fehlerausgabe (standard error)

In der *Terminal-Shell* (terminal shell) [7] sind die drei Standard-Datenströme normalerweise an den *Gerätekanal* (device file) des *TTY-Dienstports* des Benutzer-Terminals gebunden, um von diesem eingelesen beziehungsweise zu diesem ausgegeben zu werden.

Das folgende einfache Programm veranschaulicht die Funktion der Standard-Datenströme:

```
$ cat filta.c
#define     MAXB      5120
#include    <fcntl.h>
#include    <stdio.h>
#include    <sysfunks.h>
char buff[MAXB];
main()
{
  int nin, nout, tin = 0, tout = 0;
  while((nin = read(0,buff,MAXB)) > 0)
       {
         tin += nin;
         if((nout = write(1,buff,nin)) == nin)
            tout += nout;
       } /* Ende while */
  write(2,"\nFehlerausgabe",15);
  fprintf(stderr,"\nin: %d, out: %d\n", tin,tout);
}
```

Die E/A-Kennungen 0, 1 und 2 der Standard-Datenströme stehen ohne vorherigen Aufruf von open(2) zur Verfügung; sie können — wie gezeigt — unmittelbar als Konstante in read(2) beziehungsweise write(2) eingesetzt werden. Zu beachten ist, daß anstelle des bisherigen Bibliotheksaufrufs printf(3S) jetzt fprintf(3S) benutzt wird, wobei der Stream `stderr`

---

7. Login-Shell und Terminal-Shell sind unmittelbar nach dem Einloggen und darüber hinaus im allgemeinen identisch. Eine grundlegende Erläuterung dieser Begriffe sowie der E/A-Steuerung auf der Shell-Ebene wird in KA (1992) gegeben.

mit der Fehlerausgabe identisch ist. Die Puffergröße wurde auf 5 KB reduziert, was der maximalen Länge einer Eingabezeile entspricht.

Das unter dem Aufrufsnamen `filta` kompilierte Programm wird in der **BOURNE-Shell** aufgerufen — was auch nachfolgend unterstellt sei — und reagiert auf zeilenweise Eingabe mit unmittelbarer Ausgabe:

```
$ filta
0123456789[RET]                         (Terminaleingabe)
0123456789                              (Terminalausgabe)
aaaaaaaaaa[RET]                         (Terminaleingabe)
aaaaaaaaaa                              (Terminalausgabe)
[CTL_D]
Fehlerausgabe
in: 22, out: 22
```

Mit der Eingabe von `[CTL_D]`, was der normalen Belegung des Parameters `eof` von **stty(1)** entspricht, wird ein EOF-Zustand erzeugt, worauf das Programm mit den über die Fehlerausgabe geleiteten Meldungen terminiert. In diesem Szenario fungiert die Fehlerausgabe also lediglich als Hilfskanal.

Als erste Variation wird das identische Programm mit *Umlenkung* (redirection) der Normalausgabe auf eine Auffangdatei namens `hold` aufgerufen, wozu die aus der Ziffer 1 und dem linken Winkelzeichen bestehende Dyade 1> benutzt wird. Die Fehlerausgabe bleibt dabei an das Terminal gebunden. Der Inhalt der Auffangdatei wird sofort inspiziert:

```
$ filta 1>hold                    $ cat hold
0123456789[RET]                   0123456789
aaaaaaaaaa[RET]                   aaaaaaaaaa
[CTL_D]
Fehlerausgabe
in: 22, out: 22
```

Als nächste Variation wird das identische Programm mit Umlenkung der Fehlerausgabe auf eine zweite Auffangdatei aufgerufen, wozu die Ziffer 2 dem Winkelzeichen unmittelbar vorangestellt wird. Die Normalausgabe bleibt dabei unverändert an das Terminal gebunden. Der Inhalt der Auffangdatei wird gleich wieder inspiziert:

```
$ filta 2>hold                    $ cat err
0123456789[RET]                   Fehlerausgabe
0123456789                        in: 22, out: 22
aaaaaaaaaa[RET]
aaaaaaaaaa
[CTL_D]
```

Als dritte Variation wird das identische Programm mit beiden Umlenkungen aufgerufen,

```
$ filta 1>hold  2>err          $ cat hold
0123456789[RET]                ...
aaaaaaaaaa[RET]                $ cat err
[CTL_D]                        ...
```

Schließlich können noch die beiden Ausgabe-Ströme *zusammengelegt* werden (merging), wobei dann die gesamte Ausgabe in eine Auffangdatei umgelenkt wird:

```
$ filta 1>holdall  2>&1        $ cat holdall
0123456789[RET]                0123456789
aaaaaaaaaa[RET]                aaaaaaaaaa
[CTL_D]                        Fehlerausgabe
                               in: 22, out: 22
```

Mit der *Merge-Klausel* (merge clause) 2>&1, die der Umlenkungsklausel 1>holdall folgen muß, wird die Fehlerausgabe mit der Normalausgabe zusammengelegt (und nicht umgekehrt!).

Weitere Variationen beginnen mit der Umlenkung der Normaleingabe (input redirection) auf eine Datei, wozu die Dyade 0< benutzt wird. Als Eingabedatei dient die zuletzt benutzte Auffangdatei holdall:

```
$ filta 0<holdall
0123456789
aaaaaaaaaa

Fehlerausgabe
22 22

Fehlerausgabe
44 44
```

Alle obigen Variationen der Ausgabe-Umlenkung können mit der Eingabe-Umlenkung kombiniert werden. Letztendlich können alle drei Standard-Datenströme gleichzeitig umgelenkt werden:

```
$ filta  0<holdall  1>hold  2>err...
$ filta  0<holdall  1>hold  2>&1...
```

Bei der Umlenkung der Standard-Datenströme können die Ziffern 0 und 1, nicht aber 2, teilweise ausgelassen werden:

```
$ filta  <holdall  >hold  2>err...
$ filta  <holdall  >hold  2>&1...
```

Zu beachten ist, daß hier wie auch im weiteren die **BOURNE-Shell** benutzt wird. Für die C-Shell gilt eine etwas andere Syntax mit wesentlichen Einschränkungen hinsichtlich der Fehlerausgabe.

Die bemerkenswerten Fähigkeiten des kleinen Programmes sind damit bei weitem noch nicht erschöpft. Als nächstes wäre seine Funktion als *Durchlaufprogramm* (filter) in linear E/A-gekoppelten Prozeßverbunden (pipelines) zu betrachten.

Da das Programm seine Hauptausgabe über die *Normalausgabe* (standard output) ausgibt, kann es als *Ausgangsstufe* (initial stage) einer *Shell-Pipeline* benutzt werden, die mit dem Vertikalstrich | eingeleitet und mit einem Programm fortgesetzt wird, das seine Haupteingabe über die Normaleingabe einliest. Zur Veranschaulichung wird der UNIX-Befehl **wc(1)** (word count) als *Endstufe* (final stage) benutzt:

```
$ filta | wc
0123456789[RET]
aaaaaaaaaa[RET]
[CTL_D]
Fehlerausgabe
22 22
        2         2         22
```

wobei die letzte, von wc erzeugte Ausgabezeile die Anzahl der Zeilen (2), Worte (2) und Zeichen (22) angibt. Zu beachten ist, daß die Fehlerausgabe von filta nicht in wc eingespeist wurde, was jedoch einfachst mit einer *Merge-Klausel* (merge clause) bewirkt werden kann:

```
$ filta   2>&1 | wc
  ...
```

Da filta ebenfalls seine Haupteingabe über die Normaleingabe einliest, kann es auch als Endstufe benutzt werden, mit dem allgemeinen Ausgabebefehl **cat(1)** als Eingangsstufe:

```
$ cat hold | filta
0123456789
aaaaaaaaaa
Fehlerausgabe
in: 22, out: 22
```

Schließlich kann das Programm auch als Zwischenstufe in einer *dreistufigen* (three-stage) Pipeline benutzt werden:

```
$ cat hold | filta | wc
Fehlerausgabe
in: 22, out: 22
        2         2         22
```

In diesem Szenario fungierte `filta` schließlich als eigentliches Durchlaufprogramm — also als *Filter* im engeren Sinn des Wortes. Wiederum zu beachten ist, daß die Fehlerausgabe von `filta` nicht in `wc` eingespeist wurde, was jedoch auch hier mit einer *Merge-Klausel* (merge clause) bewirkt werden kann:

```
$ cat hold | filta  2>&1 | wc
...
```

Die gezeigten Ansätze lassen sich analog auf *mehrstufige* (multi-stage) Pipelines erweitern.

Die BOURNE-Shell (nicht aber die C-Shell!) stellt eine *erweiterte E/A-Steuerung* (extended I/O control) zur Verfügung, mit welcher zusätzliche Datenströme über E/A-Kennungen höherer Ordnung (file descriptors of higher order) manipuliert werden können. Das folgende Programm `filtb` unterscheidet sich von dem eingangs vorgestellten `filta` nur darin, daß Eingabe und Ausgabe jetzt über die E/A-Kennungen 3 beziehungsweise 4 erfolgen; auch hier wieder ohne eine vorherige Anbindung mit open(2). Die Ausgabe von Meldungen erfolgt wiederum über die Fehlerausgabe mit der E/A-Kennung 2:

```
$ cat filtb.c
...
  while((nin = read(3,buff,MAXB)) > 0)
       {
         tin += nin;
         if((nout = write(4,buff,nin)) == nin)
          tout += nout;
       }
  write(2,"\nFehlerausgabe",15);
  fprintf(stderr,"\nin: %d, out: %d\n", tin,tout);
}
```

Da die E/A-Kennungen 3 und 4 nicht innerhalb des Programmes mit open angebunden werden und auch nicht von vornherein an die *Standard-Datenströme* (standard data streams) der Shell gebunden sind, muß eine nachträgliche Anbindung beim Aufruf auf der Shell-Ebene erfolgen; in diesem Fall an den *virtuellen Terminalkanal* /dev/tty (virtual terminal file), über welchen dann auch die Ein- und Ausgabe erfolgt:

```
$ filtb  3</dev/tty  4>/dev/tty
0123456789[RET]
0123456789
aaaaaaaaaa[RET]
aaaaaaaaaa
[CTL_D]
Fehlerausgabe
in: 22 out: 22
```

Ein alternativer, aber nicht äquivalenter Ansatz besteht darin, die Datenströme 3 und 4 mit den entsprechenden Standard-Datenströmen 0 und 1 zusammenzulegen, was nachfolgend im Zusammenhang mit Pipelines noch einmal aufgegriffen wird:

```
$ filtb  3>&0  4>&1
0123456789[RET]
0123456789
aaaaaaaaaa[RET]
aaaaaaaaaa
[CTL_D]
Fehlerausgabe
in: 22 out: 22
```

Zu beachten ist, daß in beiden Szenarien die Ausgabe der Meldungen unverändert über die Fehlerausgabe 2 erfolgt.

Alle oben durchgespielten E/A-Variationen können mit den E/A-Kennungen 3 und 4 anstelle von 0 und 1 analog wiederholt werden:

```
$ filtb  3</dev/tty  4>hold        $ cat hold
0123456789[RET]                    0123456789
aaaaaaaaaa[RET]                    aaaaaaaaaa
[CTL_D]
Fehlerausgabe
in: 22, out: 22
```

Mit der *Merge-Klausel* (merge clause) 1 2>&4, die wiederum der Umlenkungsklausel 4>holdall folgen muß, wird die Fehlerausgabe mit dem Ausgabestrom 4 zusammengelegt (merging):

```
$ filtb  3</dev/tty  4>holdall  2>&4   $ cat holdall
0123456789[RET]                        0123456789
aaaaaaaaaa[RET]                        aaaaaaaaaa
[CTL_D]                                Fehlerausgabe
                                       in: 22, out: 22
```

Auch hier kann der Eingabestrom 3 auf eine Eingabedatei umgelenkt werden:

```
$ filtb  3<holdall  4>/dev/tty
0123456789
aaaaaaaaaa
Fehlerausgabe
22 22

Fehlerausgabe
44 44
```

und so weiter und so fort.

Da Shell-Pipelines nur die Normalausgabe 1 mit der Normaleingabe 0 verbinden, und keine anderen Datenströme, muß eine der jeweiligen Stufenlage entsprechende *Merge-Klausel* (merge clause) angebracht werden; bei einer Zwischenstufe also:

```
$ cat holdall | filtb 3>&0 4>&1 | wc
Fehlerausgabe
44 44
        5       5       44
```

Bei bestimmten Anwendungen kann die ungeschützte Terminal-E/A über die Standard-Datenströme oder über Datenströme mit höheren Kennungen wegen der Möglichkeit der Umlenkung oder Einbindung in eine Pipeline zum *Sicherheitsrisiko* (security risk) werden. Durch "festverdrahtetes" (hardwired) Anbinden an den *virtuellen Terminalkanal* (virtual terminal file) /dev/tty,

```
    ... open("/dev/tty", O_RDWR ...) ...
```

kann die Eingabe vom jeweiligen Benutzer-Terminal beziehungsweise die Ausgabe zu diesem erzwungen werden, ohne daß eine nachträgliche Umlenkung oder Pipeline auf der Shell-Ebene möglich wäre. Dies kann noch dahingehend verengt werden, daß die Terminal-E/A nur über bestimmte TTY-Kanäle erfolgen darf beziehungsweise bestimmte Kanäle davon ausgeschlossen sind.

9.3.5 Datenkanäle

Im Gegensatz zu den *regulären Dateien* (regular files), die gespeicherte Datenkörper darstellen, leiten *Datenkanäle* (special files) Datenströme zwischen Prozessen und transiente *Datenquellen* (data sources) und -*senken* (sinks). Dabei muß zwischen *Gerätekanälen* (device files) und *Prozeßkanälen* (pipes) unterschieden werden. Erstere leiten die Datenströme zwischen Prozessen und den Schnittstellen *physischer oder virtueller Geräte* (real, virtual, devices). Von besonderem Interesse sind dabei die seriellen TTY-Ports, was im zweiten Unterabschnitt behandelt wird.

Prozeßkanäle dienen ausschließlich der *zwischenprozeßlichen Kommunikation* (IPC: interprocess communication) und stellen deren ursprünglichste und älteste Form unter UNIX dar. Sie ermöglichen den unmittelbaren Datenaustausch zwischen *beilaufenden Prozessen* (concurrent processes), ohne daß ein Zwischenspeichern in regulären Auffangdateien erforderlich ist. Zwei Arten von Prozeßkanälen stehen zur Verfügung:

- *Permanente Prozeßkanäle* (named pipes), die als benannte Objekte im UNIX-Dateisystem enthalten sind und Prozesse jeglicher Art verbinden können.

- *Transiente Prozeßkanäle* (transient pipes), die zwischen kooperierenden Prozessen aufgebaut werden und spätestens mit dem Exit des letzten Partnerprozesses erlöschen.

Die oben vorgestellten Shell-Pipelines werden durch interne Prozeßkanäle zwischen der Shell und den in der Pipeline aufgerufenen Prozessen aufgebaut. Transiente Prozeßkanäle zwischen kooperierenden Prozessen können erst im Zusammenhang mit der Prozeßsteuerung im Abschnitt 10.2 sinnvoll besprochen werden.

9.3.5.1 Permanente Prozeßkanäle

Permanente Prozeßkanäle sind normalerweise in dem Systemverzeichnis /dev (devices) enthalten und können mit dem Superuser-Befehl **mknod(1m)** nach Bedarf angelegt werden:[8]

```
# mknod pype1 p
...
```

wobei das hier als Shell-Prompt fungierende *Dur-Zeichen* # (sharp sign) den Superuser-Status anzeigt.

Permanente Prozeßkanäle werden durch den Buchstaben **p** in der Ausgabe von **ls(1)** gekennzeichnet:

```
# ls -l pype1 ...
prw-rw-rw-    1 root       0 Jul 30 16:24 pype1
...
```

und werden von **file(1)** als *FIFO-Schlangen* (first-in-first-out queues) beschrieben:

```
$ file pype1 ...
pype1: fifo
...
```

Sie fungieren also als *Einweg-Kanäle* (simplex channels), mit je einem schreibenden und lesenden Prozeß als Quelle beziehungsweise Senke des Datenstromes. Das folgende einfache Programm, das in den Alias-Rollen eines Senders (s) und eines Empfängers (e) ablaufen kann, veranschaulicht das Grundprinzip:

---

8. Permanente Prozeßkanäle können unter der Superuser-Kennung mit den Befehlen mv(1) und rm(1) umbenannt beziehungsweise gelöscht werden.

```
$ cat pype1.c
#define    MAXB    1024
#include   <fcntl.h>
#include   <sysfunks.h>
char buff[MAXB];
main(int argc, char **argv)
{
 int fdp, np;
 switch(argv[2][0])
 {
  case 'e': /* Empfänger */
            fdp = open(argv[1],O_EXCL|O_RDONLY);
            np = read(fdp, buff,MAXB);
            write(1, buff,np);
            break;
  case 's': /* Sender */
            fdp = open(argv[1],O_EXCL|O_WRONLY);
            np = write(fdp, "\nHallo\n",7);
            break;
  default: exit(1);
 } /* Ende switch */
 close(fdp);
}
```

Das unter dem Aufrufnamen `pype1` kompilierte Programm wird mit dem
Verweis des Prozeßkanals als erstes, und der Alias-Option als zweites
Argument aufgerufen werden. Der Prozeßkanal wird je nach der Alias-
Rolle zum Lesen (e) oder zum Schreiben (s) angebunden, wobei der
Zugriffsstatus (file status) O_EXCL die Exklusivität sichert. In der Sender-
Rolle wird die Zeichenkette "Hallo" zu dem Prozeßkanal ausgegeben; in
der Empfänger-Rolle können bis 5120 Zeichen aus diesem eingelesen und
über die Normalausgabe ausgegeben werden.

Der erste Aufruf erfolgt als Empfängerprozeß, der im *Hintergrund*
(background) ablaufend auf das Eintreffen der Daten wartet, wozu das
Ampersand & am Ende der Befehlszeile gesetzt wird:

```
$ pype1 /dev/kkpypel e &
449
```

Der zweite Aufruf erfolgt als Senderprozeß, der im *Vordergrund*
(foreground) ablaufend die Meldung "Hallo" an den wartenden Empfängerprozeß sendet:

```
$ pype1 /dev/kkpypel s
Hallo
```

9.3.5.2 Gerätekanäle

Gerätekanäle (device files) sind grundsätzlich im Systemverzeichnis /dev
(devices) enthalten.[9] Im folgenden sollen lediglich TTY-Kanäle betrachtet
werden, die Prozesse mit seriellen Anschlußports für zeichen-orientierte
Terminals, Drucker, MODEMs und PADs verbinden.[10]

Die TTY-Kanäle werden durch den Buchstaben **c** in der Ausgabe von ls(1)
gekennzeichnet

```
$ ls -l /dev/tty*
crw-rw-rw-  1 root      11, 0  ...  /dev/tty00
crw-rw-rw-  1 root      11, 1  ...  /dev/tty01
...
```

und werden von file(1) als solche beschrieben:

```
$ file /dev/tty00 ...
tty00: character special (11/0)
...
```

TTY-Kanäle fungieren zumeist als *Zweiweg-Kanäle* (duplex channels),
über die eine gleichzeitige Ein- und Ausgabe erfolgen kann, wie zum
Beispiel beim Terminalbetrieb.

Bei der Ein- und Ausgabe über diese Kanäle muß sowohl die *Übertra-
gungsvereinbarung* (line protocol) als auch die *Verarbeitungsvereinbarung*
(line discipline) in Betracht gezogen werden, was von der Art des zu
betreibenden Gerätes abhängt. Erstere legt die *Übertragungsparameter*
(transmission parameters), wie *Geschwindigkeit* (speed), *Zeichengröße*
(character, frame, size) und *Prüfparität* (parity) fest; zweitere bestimmt die
Art der *Aufbereitung* bei der Ein- und Ausgabe (preprocessing, postpro-
cessing), darunter die Interpretation von *Sonder- und Steuerzeichen*
(special, control, characters). Die beiden Begriffe sollen im folgenden
unter dem Terminus *TTY-Vereinbarung* zusammengefaßt werden.

Zur dynamischen Einstellung der TTY-Vereinbarung steht der Systemaufruf **ioctl(2)** (I/O control) zur Verfügung:

```
    int ioctl(int fdx, int anweisung, struct termio *proto)
```

---

9. Gerätekanäle können ebenfalls mit dem Superuser-Befehl **mknod(1m)** unter Angabe der
    Haupt- und Nebenkennung (major, minor, device number) angelegt, und unter der Super-
    user-Kennung mit den Befehlen mv(1) und rm(1) umbenannt beziehungsweise gelöscht
    werden.

10. Die TTY-Schnittstelle dient hauptsächlich zur *seriell-asynchronen* Zeichenübetragung
    und wird zumeist als Steckverbindung mit 9, 15 oder 25 Stiften gemäß CCITT V.24 (RS-
    232C) implementiert. "TTY" ist das herkömmliche Kürzel für 'teletype' (Fernschreiber).

wo der erste Parameter `fdx` die *E/A-Kennung* (file descriptor) einer bereits mit **open(2)** erfolgreich angelegten Bindung an einen TTY-Kanal darstellt. Die beiden folgenden Anweisungen sind vorerst von Interesse:

TCGETA   Abgreifen der aktuellen TTY-Parameter

TCSETA   Setzen der Parameter nach vorgegebenen Werten

Die Parameter werden durch eine Struktur vom Typ `termio` übergeben, deren Vereinbarung (specification; Abschnitt 5.6.1) nebst den symbolischen Definitionen der Anweisungen und anderer Konstanten in der Zusatzdatei `<termio.h>` ist. Eine eingehende Beschreibung wird unter dem Eintrag **termio(7)/SHB** gegeben, von welcher im folgenden auch ausgegangen werden soll.

Das folgende Beispiel zeigt den Grundansatz zum Abgreifen der TTY-Parameter:

```
$ cat ioctla.c
#include     <stdio.h>
#include     <termio.h>
#include     <fcntl.h>
#include     <sysfunks.h>
main(argc,argv) int argc; char *argv[];
{int CTTY,i;
 struct termio proto;
 if((CTTY = open(argv[1],O_RDONLY|O_NDELAY)) < 0)
    {
     perror(argv[1]); exit(2);
    }
 if(ioctl(CTTY,TCGETA,&proto) < 0)
    {
     perror("TCGETA"); exit(3);
    }
 printf("\n\nOktale Darstellung:\
\niflag: %O, oflag: %O, cflag: %O, lflag: %O\n",
  proto.c_iflag,proto.c_oflag proto.c_cflag,
  proto.c_lflag);
 printf("\narray c_cc:\n");
 for(i=0; i < NCC; i++)
    printf("[%d]=%O  ",i,proto.c_cc[i]);
 printf("\n\nHexadezimale Darstellung:");
 printf("\niflag: %X, oflag: %X, cflag: %X,\
lflag: %X,\n", proto.c_iflag,proto.c_oflag,
          proto.c_cflag,proto.c_lflag);
 printf("\narray c_cc:\n");
 for(i=0; i < NCC; i++)
    printf("[%d]=%X  ",i,proto.c_cc[i]);
 close(CTTY); exit(0);
}
```

Der als erstes Aufrufsargument angegebene TTY-Kanal wird mit open(2)
an die E/A-Kennung `CTTY` angebunden. Mit dem Zugriffsstatus
`O_NDELAY` wird vermieden, daß `open` von einem *inaktiven Kanal*
blockiert wird (blocking), sich also daran "aufhängt"[11]. Die Anweisung
`TCGETA` wird zusammen mit der Adresse der mit `termio` definierten
Struktur `proto` an `ioctl` übergeben; bei erfolgreicher Ausführung stehen
die Parameter dann in den Komponenten `c_iflag`, ..., `c_cc` zur
Verfügung.

Die Parameter werden sowohl im Oktal- als auch im Hexadezimal-Format
ausgegeben; ersteres um die Werte gemäß **termio(7)** interpretieren zu
können; letzteres um einen unmittelbaren Vergleich mit der Ausgabe des
Befehls **stty(1)** zu ermöglichen.

Das mit dem Aufrufsnamen `ioctla` kompilierte Programm wird mit dem
Verweis eines TTY-Kanals aufgerufen, über welchen ein Terminal (oder
ein Drucker) angeschlossen werden kann:

```
$ ioctla /dev/tty00
Oktale Darstellung:
iflag: 2446, oflag: 14005, cflag: 4655, lflag: 73

array c_cc :
[0]=177  [1]=34   [2]=10   [3]=30   [4]=4   [5]=0   [6]=0
[7]=0

Hexadezimale Darstellung:
iflag: 526, oflag: 1805, cflag: 9AD, lflag: 3B,

array c_cc :
[0]=7F   [1]=1C   [2]=8    [3]=18   [4]=4   [5]=0   [6]=0
[7]=0
```

Von besonderem Interesse ist die Komponente `c_cflag`; sie gibt die
aktuellen Übertragungsparameter an. Der Oktalwert 04655 gliedert sich in
die folgenden Kennwerte auf:

00015:	B9600	Übertragungsrate = 9600 Baud (speed)
00040:	CS7	Zeichengröße = 7 Bits (character size)
00200:	CREAD	Betriebsbereitschaft mit DSR herstellen (enable receiver)
00400:	PARENB	Paritätsprüfung mit dem 8.Bit (parity enable)
04000:	CLOCAL	Lokale Verbindung, kein Anwählen (local line)

---

11. Wo keine *Betriebsbereitschaft* (DSR: data set ready) besteht; d.h. Stift 6 in der 25er
Steckverbindung ist nicht mit der Signalspannung belegt ("down").

Die symbolischen Konstanten B9600, ... sind in <termio.h> definiert.
Die übrigen Komponenten werden auf analoge Weise gemäß termio(7)
interpretiert.

Als Gegenprobe werden die Parameter mit dem Befehl **stty(1)** und der
Option −g abgefragt, wobei die Hexadezimalwerte ausgegeben werden:

```
$ stty -g < /dev/tty00
526:1805:9ad:3b:7f:1c:8:18:4:0:0:0
```

Von links nach rechts entsprechen die durch Doppelpunkte getrennten
Werte den Komponenten c_iflag, ... sowie den 8 Elementen von c_cc.
Mit der Option −a gibt stty eine interpretierte Auflistung aus:

```
$ stty -a </dev/tty00
speed 9600 baud; ...
intr = DEL; quit = ^|; erase = ^h; kill = ^x; ...
eof = ^d; eol = ^`; swtch = ^Z ...
...
parenb -parodd cs7 -cstopb -hupcl cread clocal
echo echoe echok -echonl ...
...
```

Um einzelne TTY-Parameter dynamisch zu verändern, wird ioctl zuerst
mit TCGETA aufgerufen, um die Struktur proto mit allen aktuellen
Werten vorzubelegen. Unmittelbar danach werden die zu verändernden
Komponenten mit den neuen Werten belegt, wobei die in <termio.h>
enthaltenen symbolischen Konstanten mit dem bit-bezogenen OR-Operator
(Abschnitt 6.5.2) kombiniert werden können; wie in:

```
#include    <termio.h>
...
... ioctl(CTTY,TCGETA,&proto) ...
    proto.c_cflag = B4800|CS8|CREAD|CLOCAL;
    ...
... ioctl(CTTY,TCSETA,&proto) ...
...
... write(CTTY, ...) ...
...
```

wo die Übertragungsrate auf 4800 Baud und die Zeichengröße auf 8 Bit
gesetzt werden. Die Betriebsbereitschaft wird hergestellt; die Verbindung
soll lokal benutzt werden. Unmittelbar nach den Zuweisungen wird ioctl
mit TCSETA aufgerufen, um die Struktur proto mit den veränderten
Werten zurückzugeben, womit die neue TTY-Vereinbarung sofort in Kraft
tritt. Nach erfolgreicher Ausführung kann die Ausgabe beziehungsweise
die Eingabe sofort einsetzen. Eventuelle Fehlerzustände sollten mit einer
anwendungsgerechten if-Logik abgehandelt werden. Der gezeigte Ansatz
kann einfachst zu einer TTY-Steuerfunktion für Kommunikations- und
Terminalprogramme erweitert werden.

9.4 Mittelbare, gepufferte E/A

Das grundsätzliche Leistungsmerkmal der *mittelbaren, gepufferten Eingabe und Ausgabe* (stream I/O) ist die automatische Zwischenpufferung im Benutzerbereich, was bei sporadischen E/A-Zugriffen mit stark variierenden Mengen zu einer deutlichen Leistungsverbesserung führen kann, da die Zugriffe ausschließlich im Benutzerbereich stattfinden und somit keinen *Kontextwechsel* (context switch) erzwingen.[12] Darüber hinaus stehen auf dieser Ebene noch zahlreiche anwendungsorientierte Dienstleistungen zur Verfügung, darunter insbesondere die formatierte Eingabe und Ausgabe von Zeichen und Zeichenketten.

Diese E/A-Ebene wird ausschließlich durch Bibliotheksfunktionen der Indexgruppe "(3S)" dargestellt, die fester Bestandteil der *traditionellen C-Bibliothek* (C library) sind und im wesentlichen unverändert in die *ANSI-Standardbibliothek* (ANSI standard library) aufgenommen wurden. Ein entsprechend hoher *Portabilitätsgrad* (portability) ist daher gewährleistet.

Im Gegensatz zu den E/A-Systemfunktionen, die mit rein numerischen *E/A-Kennungen* (file descriptors) arbeiten, benutzen die Bibliotheksfunktionen einen Zeiger auf eine Struktur, die ihrerseits einen Zeiger auf den eigentlichen E/A-Puffer sowie die zur Steuerung notwendigen Parameter enthält. Die Struktur wird im originären C-Schriftum als *stream* bezeichnet, was auch im folgenden als konzeptbezogener Terminus beibehalten werden soll.

Die *Strukturvereinbarung* (structur specification) ist unter dem Bezeichner FILE in der ANSI-Zusatzdatei <stdio.h> enthalten, die darüber hinaus auch die Deklarationen der E/A-Bibliotheksfunktionen sowie die Definitionen symbolischer Konstanten enthält. Eine Beschreibung wird unter dem Eintrag **stdio(5)/PHB** gegeben. K&R (1988) beschreiben eine Form der Implementierung.

Das *Anbinden* eines durch seinen Verweis angegebenen E/A-Objektes an einen *Stream* (open a stream) erfolgt mit dem Bibliotheksaufruf **fopen(3S)**:

```
#include <stdio.h>
        FILE *fopen(char *verweis, char *zstatus)
```

Bei erfolgreicher Ausführung wird ein Zeigerwert vom Typ FILE zurückgegeben; andernfalls der NULL-Zeiger. Eventuelle Fehlerzustände können mit errno und **perror(3C)** diagnostiziert werden (Abschnitt 8.2.1).

---

12. Ein Kontextwechsel erfolgt erst beim Nachfüllen bzw. Entleeren des Puffers.

Der *Zugriffsstatus* (file status) wird als *Zeichenkette* (character string) nach dem folgenden Schema kodiert:

"r"   Nur *Lesen* (read only).

"w"   Nur *Schreiben*, wobei der Inhalt einer bereits bestehenden regulären Datei abgeschnitten (truncate) und diese von Anfang an neu beschrieben wird; andernfalls wird eine neue Datei angelegt.

"a"   *Anhängen* (append) der Ausgabe am Ende einer bereits bestehenden regulären Datei; andernfalls Neuanlegen.

"r+"   *Aktualisieren* (update): Sowohl Lesen als auch Schreiben ohne Abschneiden des bestehenden Inhaltes; andernfalls Neuanlegen.

"w+"   Aktualisieren (update): Sowohl Lesen als auch Schreiben mit Abschneiden (truncate) des bestehenden Inhaltes; andernfalls Neuanlegen.

"a+"   Aktualisieren (update): Sowohl Lesen als auch Schreiben, aber vom Ende des bestehenden Inhaltes ausgehend; andernfalls Neuanlegen.

Als eine besondere Eigenheit ist zu beachten, daß beim Aktualisieren einer *regulären Datei* (regular file) Schreiben und Lesen nicht wechselseitig unmittelbar aufeinanderfolgen dürfen, sondern erst durch einen Aufruf von **fseek(3S)**, **rewind(3S)** oder **fflush(3S)** getrennt werden müssen, damit der jeweils aktualisierte Pufferinhalt nicht verloren geht.

Mit dem ANSI-Standard wurde eine explizite Unterscheidung zwischen *Text-Streams* und *Binär-Streams* eingeführt. Letztere werden mit einem zusätzlichen **b** im Zugriffsstatus gekennzeichnet:

"rb"   Lesen von binären Daten ...

"wb"   Schreiben von binären Daten ...

. . .

"ab+" Aktualisieren einer binären Datei ...

Mit *Binär-Streams* (binary streams) werden die Daten als unstrukurierter Strom von 8-Bit-Oktetts ohne jegliche Interpretation oder Modifikation transferiert. Insbesondere werden die *ASCII-Steuerzeichen* (ASCII control codes) unverändert durchgegeben.

Text-Streams (text streams) werden dagegen unter ANSI nach der *Zeilenstruktur* von ASCII-Textdateien (Abschnitt 2.2) interpretiert, was eine originalgetreue Darstellung auf unterschiedlichen Systemen sichern soll. Zum Beispiel wird die Eingabe von einem Terminal, das mit LF-CR-Zeilenbegrenzung arbeitet, beim Einlesen als Text-Stream in ein System mit LF-Begrenzung durch Entfernen des CR angepaßt. In der Gegenrichtung wird das CR dann hinzugefügt.

Unter UNIX sind bisher zumeist nur Binär-Streams implementiert. Eine zwingende Notwendigkeit für Text-Streams besteht nicht, da die Ein- und Ausgabe von Text über TTY-Kanäle mit der Systemfunktion **ioctl(2)** und dem Befehl **stty(1)** gesteuert werden kann. Im folgenden soll der Binär-Status jedoch explizite mit einem **b** angezeigt werden.

Symbolische Konstante sind für den Zugriffsstatus nicht offiziell definiert. Der Benutzer kann jedoch sinnvolle eigene Symbole definieren; wie etwa:

```
#define    OS_RDONLY_TXT     "r"
#define    OS_WTRUNC_BIN     "wb"
...
```

Im Gegensatz zu open(2) kann mit fopen(3S) der Zugriffsmodus (access mode) beim Neuanlegen einer Datei nicht explizite bestimmt werden. Dazu muß dann der Systemaufruf **umask(2)** benutzt werden, was im nachfolgenden Unterabschnitt weitergeführt wird.

Jeder aktive Stream ist implizite mit einer *E/A-Kennung* (file descriptor) assoziiert, die mit der Funktion **fileno(3S)** bestimmt werden kann, was im Abschnitt 9.4.2 weitergeführt wird. Die Gesamtzahl aller jeweils aktiven Streams unterliegt denselben Beschränkungen wie die maximale Anzahl von E/A-Bindungen auf der Systemebene. Die symbolische Konstante FOPEN_MAX gibt die jeweilige Maximalzahl pro Prozeß an, wobei ein Minimum von 8 gewährleistet ist (ANSI+). Nicht mehr benutzte Streams sollten unverzüglich abgebaut (closed) werden, wozu die Funktion **fclose(3S)** benutzt wird:

```
    int fclose(FILE *fx)
```

Bei Aktualisierung wird der aktuelle Pufferinhalt ausgeschrieben. Bei erfolgreicher Ausführung wird 0 zurückgegeben; andernfalls EOF: -1.

Ebenso wie auf der Systemebene (Abschnitt 9.3.4) stehen auch hier drei *Standard-Datenströme* (standard data streams) zur Verfügung:

```
stdin      (0)  Normaleingabe (standard input)
stdout     (1)  Normalausgabe (standard output)
stderr     (2)  Fehlerausgabe (standard error)
```

Die drei Standard-Streams, die mit den eingeklammerten E/A-Kennungen assoziiert sind, stehen ohne vorherigen Aufruf von fopen zur Verfügung und können unmittelbar als FILE-Zeiger in E/A-Bibliotheksaufrufen benutzt werden. Zu beachten sind die *Voreinstellungen* (defaults), daß die Normaleingabe und die Normalausgabe als *Zeilengepufferte* (line buffered) Streams fungieren, während die Fehlerausgabe als *ungepufferter* Stream fungiert. Dies wird im Zusammenhang mit den Funktionen **freopen(3S)** und **setvbuf(3S)** noch einmal im Abschnitt 9.4.2 aufgegriffen.

9.4.1 Byte- und objekt-orientierte E/A

Zur byte- und objekt-orientierten Eingabe und Ausgabe stehen die Bibliotheksfunktionen **fread(3S)** und **fwrite(3S)** zur Verfügung.[13] Mit den objekt-orientierten Aufrufsformen (ANSI+):[14]

```
#include  <stdio.h>
#include  <stddef.h>

    int fread(void *zbuf, size_t quantum,
                     size_t anzahl, FILE *fx)

    int fwrite(void *zbuf, size_t quantum,
                      size_t anzahl, FILE *fx)
```

wird eine vorgegebene Anzahl von gleichgroßen Byte-Quanten aus dem Stream `fx` in einem durch den *opaken* (opaque) Zeigerausdruck `zbuf` angegebenen Speicherbereich eingelesen beziehungsweise aus diesem ausgegeben. Der Rückgabewert gibt die tatsächlich eingelesene beziehungsweise ausgegebene Anzahl der Quanten an, wobei der Wert 0 beim Einlesen entweder das Dateiende (EOF; end of file) oder einen Fehlerzustand anzeigt.

Die byte-orientierten Aufrufsformen

```
    ... fread(void *zbuf, 1, nbytes, FILE *fx) ...
    ... fwrite(void *zbuf, 1, nbytes, FILE *fx) ...
```

mit 1 Byte als Quantum und `nbytes` als Anzahl entsprechen den Systemaufrufen read(2) und write(2).

Beim *Aktualisieren* (updating) einer regulären Datei können beide Funktionen mit demselben Stream benutzt werden, wobei allerdings zu beachten ist, daß Eingabe und Ausgabe nicht unmittelbar abwechselnd erfolgen dürfen, da sonst der aktualisierte Pufferinhalt verloren gehen kann. Das Ausschreiben des aktuellen Pufferinhaltes kann mit den im nachfolgenden Abschnitt besprochenen Funktionen **fseek(3S)**, **rewind(3S)** und **fflush(3S)** erzwungen werden.

Die folgende Variante des eingangs im Abschnitt 9.3.1 vorgestellten Kopierprogrammes für reguläre Dateien jeglicher Art zeigt ein grundlegendes Anwendungsszenario der byte-orientierten Eingabe und Ausgabe:

---

13. Gemeinsam unter dem Eintrag fread(3S)/PHB aufgeführt.

14. Die traditionellen Deklarationen sind:

```
    int fread|fwrite(char *zbuf,int quantum,int anzahl,FILE *fx)
```

```
$ cat fkopy1.c
#include   <stdio.h>
char buff[BUFSIZ];
main(int argc, char **argv)
{
 FILE *fin, *fout;
 int  nin, tin = 0, tout = 0;
 if((fin = fopen(argv[1],"rb")) == NULL)
    {
     perror(argv[1]); exit(1);
    }
 setbuf(fin,NULL);
 umask(0066);
 if((fout = fopen(argv[2],"wb")) == NULL)
    {
     perror(argv[2]); exit(2);
    }
 setbuf(fout,NULL);
 while(!feof(fin))
      {
        nin = fread(buff,1,BUFSIZ,fin);
        if(ferror(fin)){perror(argv[1]); exit(3);}
        tin += nin;
        tout += fwrite(buff,1,nin,fout);
        if(ferror(fout)){perror(argv[2]); exit(4);}
      }
 fclose(fin); fclose(fout);
 printf("\nvon %s: %d, zu %s: %d\n",
         argv[1],tin,argv[2],tout);
 exit(0);
}
```

Das kompilierte Programm soll als Befehl mit zwei Argumenten aufgerufen werden:

```
$ fkopy1  <Eingabedatei>  <Ausgabeidatei>
```

wobei eine reguläre Eingabedatei zu einer regulären Ausgabedatei kopiert
wird.

Die Eingabedatei wird mit dem Zugriffsstatus "r" zum Einlesen an den
Stream fin gebunden, die Ausgabedatei mit "w" an fout. Eine bereits
bestehende Ausgabedatei wird von Anfang an überschrieben; andernfalls
wird eine neue Datei angelegt.

Mit dem Bibliotheksaufruf **setbuf(3S)**,

```
     void setbuf(FILE *fx, char *zbuf)
```

der oben unmittelbar nach fopen ausgeführt werden muß, kann ein mit
dem Zeigerausdruck zbuf vorgegebener Speicherbereich,

```
... char buf[BUFSIZE];
```

als alternativer Puffer benutzt werden, dessen Größe in Bytes mit der in `<stdio.h>` enthaltenen symbolischen Konstanten `BUFSIZE` festgelegt wird, deren Wert bei den Rechnern der TOWER-Klasse zumeist 1024 beträgt. Mit dem `NULL`-Zeiger wird die Zwischenpufferung ausgeschaltet, was in dem obigen Programm sinnvoll ist, da die Ein- und Ausgabe konstant mit der Größe von `BUFSIZE` erfolgen soll.

Mit dem Systemaufruf **umask(2)** kann der *Zugriffsmodus* (access mode) von neu anzulegenden Dateien voreingestellt werden, wobei das folgende Schema gilt:

```
umask(0ijk)            entspricht          06-i6-j6-k
```

Mit dem obigen Aufruf `umask(0066)` wird also der Zugriffsmodus `0600: rw--------` voreingestellt.

Mit der Bibliotheksfunktion **feof(3S)**,

```
    int feof(FILE *fx)
```

wird der Stream `fx` auf Dateiende (end of file) geprüft, was oben als Bedingung der `while`-Schleife fungiert. Die Funktion ist unter dem Eintrag **ferror(3S)/PHB** aufgeführt.

Die Ein- und Ausgabe erfolgt dann mit `fread` und `fwrite`, wobei jeweils maximal `BUFSIZE` Bytes eingelesen, und dann die tatsächlich eingelesene Anzahl `nin` ausgegeben werden.

Mit der Bibliotheksfunktion **ferror(3S)**,

```
    int ferror(FILE *fx)
```

wird der Stream `fx` auf einen Fehlerzustand geprüft, was mit einem Rückgabewert $\neq 0$ angezeigt wird und oben als Abbruch-Bedingung fungiert.

Das mit **cc(1)** kompilierte Programm,

```
$ cc -o fkopyl fkopyl.c
```

wird mit seiner eigenen Binärdatei `fkopyl` als Eingabedatei, und einer neu anzulegenden Ausgabedatei `holdx` aufgerufen:

```
$ fkopyl dateix holdx
von dateix: 2392, zu holdx: 2392
```

Eine Nachprüfung der Dateigrößen und des mit `umask` vorgegebenen Zugriffsmodus `0600` der neu angelegten Datei `holdx` ergibt:

```
$ ls -l dateix hold
-rwxrwxr-x        ...      2392 ...  dateix
-rw-------        ...      2392 ...  holdx
```

Die folgende einfache Variante des obigen Programms veranschaulicht die
Funktion der Standard-Datenströme:

```
$ cat ffilta.c
#include    <stdio.h>
char buff[BUFSIZ];
main()
{
  int  nin, tin = 0, tout = 0;
  while(!feof(stdin))
      {
       nin = fread(buff,1,BUFSIZ,stdin);
       tin += nin;
       tout += fwrite(buff,1,nin,stdout);
      }
  fprintf(stderr,"\n%d in, %d out\n",tin,tout);
}
```

Das unter dem Aufrufsnamen `ffilta` kompilierte Programm wird auf der
Shell-Ebene aufgerufen und reagiert auf zeilenweise Eingabe mit gepuf-
ferter und daher verzögerter Ausgabe:

```
$ ffilta
0123456789[RET]                         (Terminaleingabe)
aaaaaaaaaa[RET]
[CTL_D]
0123456789                              (Terminalausgabe)
aaaaaaaaaa

22 in, 22 out
```

Das Programm kann mit den im Abschnitt 9.3.4 gezeigten Variationen der
E/A-Umlenkung (I/O redirection) in der BOURNE-Shell aufgerufen
werden:

```
$ ffilta 1>hold$ffilta 1>hold  2>&1...
$ ffilta 0<dateix  1>hold...
```

Das Programm kann ebenfalls in allen Stufen von Pipelines benutzt
werden:

```
$ ffilta | ...
$ ... | ffilta | ...
$ ... | ffilta
```

Auch hier sei wieder daran erinnert, daß nur durch Anbindung an den
virtuellen Terminalkanal (virtual terminal file) /dev/tty,

```
    ... fopen("/dev/tty",...) ...
```

Umlenkungen und Pipelines effektiv unterbunden, und die Ein- und
Ausgabe zum Terminal erzwungen werden kann!

Im Gegensatz zu den ausschließlich byte-orientierten Systemaufrufen
read(2) und write(2) sind fread(3S) und fwrite(3S) jedoch auf Grund ihrer
vorgegebenen Parameter im wesentlichen objekt-orientiert. Als einfachstes
Beispiel wäre wiederum die Ein- und Ausgabe von Variablen und
Singletons zu betrachten:

```
...  FILE fx, fy, fz, ...;
...  double u, v[10]...;
...
...  fread(&u,sizeof(u),1, fx) ...

...  fwrite(&v[3],sizeof(double),1,fy) ...
```

wobei jeweils ein Objektinhalt von der mit `sizeof(...)` bestimmten Größe
transferiert wird.

NUL-terminierte Zeichenketten können einfachst als Ganzes ausgegeben
werden, wobei die unter dem Eintrag **string(3C)/PHB** aufgeführte Bibliotheksfunktion **strlen(3C)** zur Längenbestimmung benutzt wird:

```
#include   <string.h>
...
...  char msg[] = "Hallo Freunde";

...  fwrite(msg,strlen(msg),1, fz) ...
```

Arrays können sowohl als Ganzes transferiert werden:

```
...  double v[10], mat[3][3], ...;
...
...  fread(v,sizeof(v),1, fx) ...

...  fwrite(mat,sizeof(mat),1, fy) ...
```

als auch als Subarrays (Abschnitt 5.5.2.2) und als Folgen von Elementen:

```
...  fread(mat[1],sizeof(mat[1]),1, fx) ...

...  fwrite(&mat[1][1],sizeof(double),16, fy) ...
```

Strukturen und *Überlagerungen* (structures, unions; Abschnitte 5.6.1 und
5.6.2) können einzeln, als Arrays und als Folgen von Elementen in Arrays
transferiert werden:

```
...  struct p_adresse { ... } PERS, V_PERS[10], ...;
...
...  fread(&PERS,sizeof(PERS),1, fx) ...

...  fread(V_PERS,sizeof(V_PERS),1, fy) ...

...  fwrite(&V_PERS[3],sizeof(struct p_adresse),6, fz) ...
```

wobei wiederum zu beachten ist, daß Komponenten (members), die Zeiger
sind, eben nur als Zeigerwerte transferiert werden.

9.4.2 Steuer- und Hilfsfunktionen

Zur Implementierung höherer Zugriffsmethoden steht als Gegenstück zur
Systemfunktion lseek(2) die Bibliotheksfunktion **fseek(3S)** zur Verfügung:

```
int fseek(FILE *fx, long offset, int whence)
```

wo der erste Parameter `fx` einen bereits bestehenden Binär-Stream mit
dem beabsichtigten Zugriffsstatus auf eine *reguäre Datei* (regular file)
darstellt. Der zweite Parameter `offset` gibt wiederum den *Verschiebungsbetrag* (offset) des internen *Dateizeigers* (file pointer) vom jeweiligen
Ausgangspunkt (current location) an, der durch den *Bezugsparameter*
`whence` (woher) nach dem folgenden Kodierschema bestimmt wird:

```
0:  SEEK_SET    vom Anfang der Datei ausgehend
1:  SEEK_CUR    von der aktuellen Position ausgehend
2:  SEEK_END    vom jeweiligen Ende der Datei ausgehend
```

Die symbolischen Konstanten sind in der Zusatzdatei `<stdio.h>`
enthalten (ANSI+).

Bei erfolgreicher Ausführung wird der Dateizeiger auf die angesteuerte
Position gesetzt und bei Aktualisierung (update) auch der aktuelle Pufferinhalt in die Datei zurückgeschrieben. Erfolgreiche Ausführung wird durch
den Rückgabewert 0 angezeigt; jeder andere Wert $\neq 0$ zeigt einen Fehlerzustand an, was mit `errno` oder **perror(3C)** diagnistiziert werden kann.

Die Wirkungsweise von `fseek` gleicht im wesentlichen der von lseek(2)
(Bild 9.1). Insbesondere können damit die im Abschnitt 9.3.3 umrissenen
Methoden des *Direktzugriffs* (DAMs; direct access methods) ebenfalls von
Grund auf und dazu programmiert werden, wobei dann ein hohes Maß an
Portabilität gewährleistet ist. Allerdings stehen auf der reinen Bibliotheks-
ebene "(3S)" keine Funktionen zur Zugriffsblockierung (file locking) zur
Verfügung.

Im Gegensatz zu lseek(2) gibt `fseek` lediglich den Fehlerkode, nicht aber
die resultierende absolute Zeiger-Position zurück. Diese kann mit dem
Aufruf von **ftell(3S)** bestimmt werden:

```
long ftell(FILE *fx)
```

was zum Festhalten der aktuellen Position benutzt werden kann, um diese
zu einem späteren Zeitpunkt mit `fseek` wieder herstellen zu können. Die
Funktion wird unter dem Eintrag **fseek(3S)/PHB** aufgeführt.

Unter dem ANSI-Standard stehen zum Festhalten und Wiederherstellen der
aktuellen Position des Dateizeigers zusätzlich die Funktionen **fgetpos(3S)**
und **fsetpos(3S)** zur Verfügung:

```
int fgetpos(FILE *fx, fpos_t *zpos)
int fsetpos(FILE *fx, fpos_t *zpos)
```

wobei `zpos` ein Zeigerausdruck von dem in `<stdio.h>` definierten Typ `fpos_t` ist. Bei erfolgreicher Ausführung wird 0 zurückgegeben; jeder andere Wert $\neq 0$ zeigt einen Fehlerzustand an.

Mit der Funktion **rewind(3S)** kann der interne Dateizeiger aus der aktuellen Position heraus zum Anfang der Datei zurückgesetzt werden:

```
void rewind(FILE *fx)
```

was dem Aufruf

```
... fseek(fx, 0L, 0) ...
```

entspricht. Bei Aktualisierung (update) wird zugleich der aktuelle Pufferinhalt in die Datei zurückgeschrieben; bei Eingabe wird der aktuelle Pufferinhalt gelöscht, was bei interaktiven Anwendungen nützlich sein kann. Bei erfolgreicher Ausführung kann die Datei dann vom Anfang an erneut gelesen oder neu beschrieben werden. Die Funktion wird unter dem Eintrag **fseek(3S)/PHB** aufgeführt.

Mit dem Aufruf von **fflush(3S)** ("spülen") kann die Ausgabe des aktuellen Pufferinhaltes erzwungen werden:

```
int fflush(FILE *fx)
```

wobei der Rückgabewert 0 erfolgreiche Ausführung, und EOF: -1 einen Fehlerzustand anzeigt. Die Funktion wird häufig im Zusammenhang mit der Terminal-Ausgabe benutzt; sie ist unter dem Eintrag **fclose(3S)/PHB** aufgeführt.

Mit den bereits eingangs im Abschnitt 9.4.1 vorgestellten Funktionen **feof(3S)** und **ferror(3S)** kann das Dateiende beziehungsweise ein Fehlerzustand abgefragt werden. Der interne Zustandsindikator kann mit der Funktion **clearerr(3S)** zurückgesetzt (cleared) werden:

```
void clearerr(FILE *fx)
```

was zumeist bei TTY-Anbindungen Anwendung findet. Die Funktion wird unter dem Eintrag **ferror(3S)/PHB** aufgeführt.

Neben der bereits eingangs im Abschnitt 9.4.1 vorgestellten Funktion **setbuf(3S)** steht zur *erweiterten Puffersteuerung* (extented buffer control) die Funktion **setvbuf(3S)** zur Verfügung:

```
int setvbuf(FILE *fx, char *zbuf, int modus,
                            size_t nbytes)
```

Die Funktion muß unmittelbar nach dem Anbinden eines Streams `fx` mit
fopen(3S) oder freopen(3S) aufgerufen werden. Mit dem Zeigerausdruck
`zbuf` wird ein zuvor angelegter Speicherbereich von `nbytes` als Puffer
angemeldet, dessen Größe zwar nicht formal beschränkt ist, optimal aber
nahe `BUFSIZE` liegen sollte. Dieser Puffer steht dann innerhalb des
Programmes zur unmittelbaren Manipulation zur Verfügung. Im Gegensatz
dazu wird mit dem `NULL`-Zeiger ein interner Puffer der angegebenen
Größe angelegt, der nicht innerhalb des Programmes, sondern nur mit den
Bibliotheksfunktionen abgegriffen werden kann.

Die Steuerung erfolgt über den Parameter `modus` mit den in `<stdio.h>`
definierten symbolischen Konstanten:

`_IOFBF`   Maximale und stetige E/A-Pufferung unter Benutzung des
angemeldeten Puffers, was zumeist bei Binär-Streams (binary
streams) benutzt wird.

`_IOLBF`   Zeilen-Pufferung (line buffering) bei Ausgabe: der aktuelle
Pufferinhalt wird immer dann unverzüglich über den Stream
ausgegeben (flushing), wenn ein LF übergeben wird, der
Puffer voll ist oder eine Eingabe erfolgt. Dies ist die Voreinstellung bei der Normaleingabe `stdin` und der Normalausgabe `stdout`.

`_IONBF`   Überhaupt keine Pufferung. Dies ist die Voreinstellung bei
der Fehlerausgabe `stderr`.

Erfolgreiche Ausführung wird mit dem Rückgabewert 0 angezeigt; jeder
andere Wert $\neq$ 0 bedeutet einen Fehlerzustand. Die Funktion wird unter
dem Eintrag **setbuf(3S)/PHB** aufgeführt.

Ein aktiver Stream `fx` kann mit der Funktion **freopen(3S)** freigesetzt und
unmittelbar darauf *erneut angebunden* (reopen) werden:

```
FILE *freopen(char *verweis, char *zstatus, FILE *fx)
```

was der Aufrufsfolge `fclose` – `fopen` entspricht. Für den *Zugriffsstatus*
(file status) `zstatus` gelten identisch die Werte von fopen(3S). Bei
erfolgreicher Ausführung wird der identische Zeigerwert zurückgegeben;
andernfalls der `NULL`-Zeiger. Eine Anwendung dieser Funktion besteht
darin, die Standard-Streams `stdin`, `stdout` und `stderr` dynamisch von
den Standard-Datenströmen der Shell abzukoppeln und an andere E/A-
Objekte anzubinden; wie zum Beispiel in:

```
... freopen("/dev/tty", "r", stdin) ...
... freopen("/dev/tty", "w", stdout) ...
... freopen("/dev/tty", "w", stderr) ...
```

wodurch die Standard-Streams an den *virtuellen Terminalkanal* (virtual terminal file) angebunden werden, was die Eingabe vom beziehungsweise die Ausgabe zum jeweiligen Benutzer-Terminal erzwingt, ohne daß eine Umlenkung oder Pipeline auf der Shell-Ebene möglich wäre.

Eine weitere Anwendung von freopen besteht darin, einen Stream erneut und identisch anzubinden, um die Pufferung dann mit setbuf(3S) oder setvbuf(3S) dynamisch verändern zu können. Die Funktion **freopen(3S)** wird unter dem Eintrag **fopen(3S)/PHB** aufgeführt.

Unter UNIX stehen zwei Hilfsfunktionen zum Übergang von der E/A-Bibliotheksebene zur E/A-Systemebene und umgekehrt zur Verfügung. Mit der Funktion **fileno(3S)**,

```
    int fileno(FILE *fx)
```

wird ein bereits aktiver Stream fx mit einer *numerischen E/A-Kennung* (file descriptor) assoziiert, mit der dann Steuerfunktionen wie fcntl(2), lockf(2) und ioctl(2) benutzt werden können, die auf der Bibliotheksebene nicht zur Verfügung stehen. Die Funktion wird unter dem Eintrag **ferror(3S)/PHB** beschrieben und ist eigentlich als Makro in <stdio.h> definiert.

Für die Standard-Streams ergibt sich die bereits bekannte Zuordnung der numerischen E/A-Kennungen:

```
... printf("\nstdin: %d, stdout: %d, stderr: %d",
    fileno(stdin), fileno(stdout), fileno(stderr);
...
    stdin: 0, stdout: 1, stderr: 2
```

Bei gemischter Eingabe mit System- und Bibliotheksfunktionen ist die *Synchronisation* im allgemeinen nicht gewährleistet; bei gemischter Ausgabe muß die Synchronisation mit fflush(3S) auf der *Stream-Ebene*, und mit ioctl(2) auf der *Systemebene* erzwungen werden. Besonders zu beachten ist, daß mit close(2) nicht nur die assoziierte E/A-Kennung, sondern auch der ursprüngliche Stream verloren geht!

Umgekehrt kann mit der Funktion **fdopen(3S)** eine bereits aktive E/A-Kennung fdx mit einem Stream assoziiert werden:

```
    FILE *fdopen(int fdx, char *zstatus)
```

Für den *Zugriffsstatus* (file status) zstatus gelten identisch die Werte von fopen(3S), wobei allerdings Übereinstimmung mit dem ursprünglichen Status der E/A-Kennung bestehen muß. Bei erfolgreicher Ausführung wird der assoziierte Stream als Zeigerwert zurückgegeben; andernfalls der NULL-Zeiger. Der assoziierte Stream kann dann zur Zeichen- und Zeichen-ketten-E/A sowie zur formatierten Eingabe und Ausgabe benutzt werden, was auf der Systemebene wiederum nicht zur Verfügung steht. Bei gemischter Eingabe und Ausgabe auf beiden Ebenen ist das Synchronisationsproblem zu beachten. Besonders zu beachten ist, daß mit fclose(3S) nicht nur der assoziierte Stream, sondern auch die ursprüngliche E/A-Kennung auf der Systemebene verloren geht. Die Funktion **fdopen(3S)** wird unter dem Eintrag **fopen(3S)/PHB** beschrieben.

Zum Anlegen von *transienten Arbeitsdateien* (temporary files) steht die Funktion **tmpfile(3S)** zur Verfügung:

```
FILE *tmpfile(void)
```

Bei erfolgreicher Ausführung wird ein Stream mit dem Zugriffsstatus "wb+" angebunden; andernfalls der NULL-Zeiger. Die Datei wird mit dem Aufruf von fclose(3S), spätestens aber beim Exit des Prozesses automatisch gelöscht.

Zum Erzeugen von *Verweisen* (pathnames) mit *differenzierten Basisnamen* (unique basenames) für *benannte Arbeits- und Auffangdateien* (named working, holding, files) steht die Funktion **tmpnam(3S)** zur Verfügung:

```
#include <stdio.h>
...
char verweis[L_tmpnam], *zverweis = verweis;
        char *tmpnam(char *zverweis)
```

wobei die symbolische Konstante L_tmpnam die maximale Länge von Verweisen für das jeweilige System verbindlich angibt. Der *Weiser* (path) wird durch die symbolische Konstante P_tmpdir bestimmt; die Vorbelegung ist zumeist /usr/tmp. Beide Konstanten sind in <stdio.h> enthalten. Bei erfolgreicher Ausführung wird der identische Zeigerwert zurückgegeben; andernfalls der NULL-Zeiger. Die erzeugten Verweise können dann mit open(2), fopen(3S) und freopen(3S) benutzt werden.

Beim Aufruf mit dem NULL-Zeiger als Argument,

```
... zverweis = tmpnam(NULL) ...
```

wird die Adresse eines automatisch angelegten internen Zeichenvektors zurückgegeben, der dann den Verweis enthält.

Zumeist (aber nicht immer) steht unter UNIX noch die fast namensgleiche erweiterte Version **tempnam(3S)** zur Verfügung. Sie wird unter dem Eintrag **tmpnam(3S)/PHB** beschrieben.

9.4.3 Zeichen- und Zeichenketten-E/A

Eine Hauptanwendung der Zeichen- und Zeichenketten-E/A liegt bei interaktiven Programmen sowie bei Durchlaufprogrammen zur lexikalischen Textverarbeitung (lexical text filters). Bei solchen Anwendungen, wo die Ein- und Ausgabe zumeist sporadisch und mit stark variierenden Zeichenmengen erfolgt, kommt dann auch die Zwischenpufferung der Stream-E/A zum Tragen.

Zur *Zeichen-E/A* (character I/O) über einen aktiven Stream fx stehen die folgenden Funktionen zur Verfügung:

```
Eingabe                      Ausgabe
int fgetc(FILE *fx)          int fputc(char c,FILE *fx)
int getc(FILE *fx)           int putc(char c,FILE *fx)
int getchar(void)            int putchar(char c)
```

wobei zu beachten ist, daß getc, putc, getchar und putchar als Makros implementiert sind und daher nicht als Funktionszeiger benutzt werden können. getchar und putchar sind Varianten von getc beziehungsweise putc, wobei gilt:

```
getchar()       entspricht       getc(stdin)
putchar(c)      entspricht       putc(c,stdout)
```

Zum *Rücksetzen* (push back) eines unmittelbar zuvor eingelesenen Zeichens steht dann noch die Funktion **ungetc(3S)** zur Verfügung:

```
int ungetc(char c, FILE *fx)
```

Sie wird zumeist dann gebraucht, wenn ein gerade eingelesenes Zeichen den Anfang einer bestimmten Texteinheit darstellt, die als Ganzes oder unter Format eingelesen werden soll. Dies wird nachfolgend im Zusammenhang mit der Eingabe von Zeichenketten noch einmal aufgegriffen.

Die Funktionsdeklarationen und die Makro-Definitionen sind in der Zusatzdatei <stdio.h> enthalten. Die Eingabefunktionen **fgetc(3S)**, **getchar(3S)** sind unter dem Eintrag **getc(3S)/PHB**, und die Ausgabefunktionen **fputc(3S)** und **putchar(3S)** unter **putc(3S)/PHB** aufgeführt.

Die Funktionen geben die Zeichen als Ganzzahlwerte gemäß **ascii(5)** zurück; mit EOF: −1 wird das Dateiende oder ein Fehlerzustand angezeigt, was nur bei ASCII-Zeichen mit 7 Bits ein zuverlässiger Indikator ist. Wenn mit erweiterten Zeichensätzen mit 8 Bits gearbeitete wird, die das Oktett 0377 enthalten, müssen die Funktionen **feof(3S)** und **ferror(3S)** zur Bestimmung des Dateiendes bzw. eines Fehlerzustandes benutzt werden.

Von den obigen Funktionen werden zumeist `getchar` und `putchar` in interaktiven Anwendungen mit Abfrage und Auswahl benutzt. Das folgende Fragment zeigt den typischen Ansatz dazu:

```
...
#include  <stdio.h>
...
char c, ...;
...
do {
    printf("\nDatei %s existiert bereits, "
    "Anhängen(a), Neubeschreiben (w), "
    "Überschreiben(u), Abbruch(x): ", ...);
    switch(c = getchar())
        {
          case 'a': ...; break;
          case 'w': ...; break;
          case 'u': ...; break;
          case EOF: perror("stdin");
          case 'x': exit(0);
           default: c = 0; putchar('\07');
        }
    } while (!c);
...
```

Zu beachten in dem `switch-case`-Paragraphen (Abschnitt 7.1.3.1) ist, daß mit EOF sowohl das Dateiende als auch ein Fehlerzustand erfaßt wird, was sich allerdings mit feof(3S) und ferror(3S) noch trennen ließe. Andernfalls wird die Aufforderung so lange wiederholt, bis eine zulässige Auswahl getroffen wird.

Das folgende Fragment zeigt den ausbaufähigen Grundansatz zu einem einfachen *lexikalischen Textfilter* (lexical text filter), der die 8-Bit-Umlaute Ä, ä, ... sowie das ß von dem Zeichensatz **PC-8** auf **LATIN-1** (ISO 8859/1) abbildet und den CR-Zeilenanfang (carriage return) entfernt. Zu beachten ist, daß die beiden 8-Bit-Zeichensätze die *darstellbaren Zeichen* (printable characters) sowie die *Ausgabe-Steuerzeichen* (print control characters) des 7-Bit-ASCII als eigentliche Teilmenge enthalten. Das Durchlaufprogramm liest über die Normaleingabe `stdin` ein und gibt über die Normalausgabe `stdout` aus; es kann daher mit E/A-Umlenkung oder in Pipelines auf der Shell-Ebene, und als Ausgabefilter im Zusammenhang mit dem Druckauftragsverwalter **lp(1)** benutzt werden. Der Durchlauf wird mit einer `while`-Schleife gesteuert, die sowohl das Dateiende als auch die Fehlerzustände erfaßt.

```
...
#include <stdio.h>
...
#define    Ae1    '\216'    /* PC-8 */ (Ä)
#define    ae1    '\204'    /* PC-8 */ (ä)
...
#define    Sz1    '\236'    /* PC-8 */ (ß)
...
#define    Ae2    '\304'    /* LATIN-1 */ (Ä)
#define    ae2    '\344'    /* LATIN-1 */ (ä)
...
#define    Sz2    '\337'    /* LATIN-1 */ (ß)
#define    CR     '\r'

main();
{
 char c;
 while((c = getchar()) != EOF
       && !ferror(stdin) && !ferror(stdout))
     {
      switch(c)
         {
           case Ae1: putchar(Ae2); break;

           case ae1: putchar(ae2); break;

           ...

           case Sz1: putchar(Sz2); break;
            case CR: break;
            default: putchar(c);

         }
     } /* Ende while */
 exit(0);
}
```

Zur *Zeichenketten-E/A* (character string I/O) über einen Text-Stream `fx`
stehen die folgenden Funktionen zur Verfügung:

Eingabe

```
char *fgets(char *zk,int anzahl,FILE *fx)
char *gets(*zk)
```

Ausgabe

```
int fputs(char *zk,FILE *fx)
int puts(char *zk)
```

wobei gilt:

```
gets(...)        entspricht        fgets(..., stdin)
puts(...)        entspricht        fputs(..., stdout)
```

Die Funktionsdeklarationen sind in der Zusatzdatei `<stdio.h>` enthalten.
fgets(3S) wird unter dem Eintrag **gets(3S)/PHB** aufgeführt, **fputs(3S)**
unter **puts(3S)/PHB**.

Beide Eingabefunktionen lesen Zeichenketten variabler Länge, die mit
dem Zeilenvorschub LF (012) abgeschlossen sind, aus dem Stream `fx`
beziehungsweise `stdin` in den mit dem Zeigerausdruck `zk` angegebenen
Speicherbereich ein, wobei vorausgesetzt wird, daß dieser groß genug ist,
die Zeichenkette zuzüglich einer abschließenden ASCII-NUL (00) aufzunehmen, mit welcher der LF automatisch ersetzt wird. Bei `fgets` wird die
maximale Anzahl von Zeichen mit dem zweiten Parameter angegeben. Bei
erfolgreicher Ausführung geben beide Funktionen den identischen Wert
des Zeigerausdrucks `zk` zurück; andernfalls `NULL`-Zeiger. Dateiende und
Fehlerzustände müssen daher mit feof(3S) und ferror(3S) getrennt werden.

Beide Ausgabefunktionen geben Zeichenketten variabler Länge, die mit
der ASCII-NUL abgeschlossen sind, aus dem mit dem Zeigerausdruck `zk`
angegebenen Speicherbereich zu dem Stream `fx` beziehungsweise
`stdout` aus. Die ASCII-NUL selbst wird nicht mitausgegeben. Bei `puts`
wird noch zusätzlich ein LF angehängt. Mit dem Rückgabewert `EOF: -1`
wird sowohl das Dateiende als auch ein Fehlerzustand angezeigt, was
wiederum mit feof(3S) und ferror(3S) getrennt werden kann.

Von den vier Funktionen werden zumeist `gets` und `puts` in interaktiven
Anwendungen zum vereinfachten Abfragen beziehungsweise zur verein-
fachten Ausgabe von Aufforderungen (prompts) benutzt. Das folgende
Fragment zeigt den typischen Ansatz dazu:

```
...
#include   <stdio.h>
...
char name[80];
FILE *fa = stdout;
...
puts("Ausgabedatei, stdout(RET): ");
gets(name);
if(name[0])
   {
    fa = fopen(name, "w") ...
    ...
   }
...
```

Mit der Leereingabe (RET) wird lediglich die NUL in das erste Byte von
name übetragen, was als unmittelbare Prüfbedingung in einem if-
Statement benutzt werden kann.

Als eminente Schwachstelle von gets ist zu beachten, daß ein *bösartiger
Laufzeitfehler* (pernicious runtime error) entstehen kann, wenn die Eingabe
die Länge — hier 80 Bytes — des aufnehmenden Zeichenvektors überschreitet, in welchem Fall der unmittelbar angrenzende Speicherbereich
ungeschützt überschrieben wird.

Das folgende Fragment zeigt den Grundansatz einer gesicherten Abfrage
von maximal 14 Zeichen:

```
...
#include  <stdio.h>
...
char name[15];
...
do {
    fputs("Bitte Namen eingeben: ",stderr);
    fgets(name,14,stdin);
  } while(!name[0]);
...
```

Die Abfrage kann zusätzlich noch durch Ausblenden der Signale SIGINT,
SIGQUIT und SIGHUP gegen Unterbrechung von der Tastatur oder durch
Abbruch der Terminalverbindung geschützt werden (Abschnitt 7.2.2).
Durch Anbinden der Standard-Streams an den *virtuellen Terminalkanal*
(virtual terminal file) /dev/tty kann eine Umlenkung oder Pipeline auf
der Shell-Ebene unterbunden werden. Typische Anwendungen liegen bei
sporadischen Abfragen von Paßworten und Kennungen, die nur dem
berechtigten Benutzer bekannt sind.

Bei der Eingabe von Zeichenketten werden alle anführenden Leer- und
Tabulatorzeichen (leading white spaces) miterfaßt, was bei Namen und
Paßwörtern usw. zu unnötigen Fehlanzeigen führt. Das Problem kann mit
ungetc(3S) nach dem folgenden Ansatz vermieden werden:

```
...
#include  <stdio.h>
#include  <ctype.h>
...
char c, name[15];
...
    while(isspace(c = getchar()));
    ungetc(c, stdin);
    fgets(name,14,stdin);
...
```

Die Funktion **isspace(3C)** ist in der Zusatzdatei <ctype.h> als Makro
definiert und wird unter dem Eintrag **ctype(3C)/PHB** aufgeführt.

Zumeist (aber nicht immer) stehen unter UNIX als Zwischenstufe noch die
wort-orientierten E/A-Funktionen **getw(3S)** und **putw(3S)** zur Verfügung:

```
int getw(FILE *fx)      int putw(int wort,FILE *fx)
```

die eine Anzahl von Zeichen eingeben beziehungsweise ausgeben, welche
der jeweiligen internen *Wortlänge* (word size) `sizeof(int)` entspricht
— also zumeist (aber eben nicht immer) 4 Zeichen. Die Funktionen sind
unter dem Eintrag **getc(3S)/PHB** beziehungsweise **putc(3S)/PHB** aufgeführt.

9.4.4 Formatierte Eingabe und Ausgabe

Der Hauptzweck der *formatierten Eingabe und Ausgabe* (formated I/O)
liegt in der Umwandlung (conversion) von externen Benutzerdaten zu
internen Datenformaten und umgekehrt. Typische Anwendungen sind die
Eingabe und Ausgabe von formatierten Tabellen, Listen und Berichten.

Zur formatierten Ausgabe über einen Stream `fx` steht die Funktion
fprintf(3S) zur Verfügung:

```
int fprintf(FILE *fx, char *zformat [,<Ausgabeliste>])
```

zusammen mit der bisher oft bemühten Variante printf(3S),

```
int printf(char *zformat [,<Ausgabeliste>])
```

die über die `stdout` ausgibt; d.h.

```
printf(...)       entspricht       fprintf(stdout,...)
```

Beide Funktionen sind unter dem Eintrag printf(3S)/PHB aufgeführt. Bei
erfolgreicher Ausführung wird die Gesamtzahl der ausgegebenen Zeichen
zurückgegeben; andernfalls `EOF`: −1.

Die optionale *Ausgabeliste* (output list) besteht aus einem oder mehreren
durch Kommas getrennten wertspendenden Ausdrücken:

```
<Ausgabeliste>: <Ausdruck1> [, <Ausdruck2>, ...]
```

Mit dem Zeigerausdruck `zformat` wird ein Speicherbereich angegeben,
der das *Ausgabeformat* (output format) als NUL-terminierte Zeichenkette
enthält. Das Format kann also dynamisch aus Zeichenvektoren substituiert
werden, wird aber zumeist als Zeichenketten-Konstante unmittelbar eingebettet, was auch im folgenden unterstellt wird.

Das Format stellt das generelle Ausgabemuster dar. In der einfachsten
Anwendungsform ohne Ausgabeliste wird das Format als einfache
Zeichenkette ausgegeben:

```
... printf("Hallo Freunde") ...
        Hallo Freunde
```

Innerhalb eines Formats können alle *darstellbaren Zeichen* (printable
characters) sowie die in Tabelle 4.2 (Abschnitt 4.2.3.2) aufgeführten
symbolischen Steuerzeichen und die Oktal-Kodierung benutzt werden:

```
... printf("\nHallo\n\tFreunde\07") ...
        Hallo
              Freunde [PIEP]
```

Daran erinnert sei, daß *Doppelzitate* (double quotes) innerhalb der
umgebenden Doppelzitate mit dem Backslash, und dieser mit sich selbst
abgedeckt werden muß:

```
... printf("Doppelzitat \" und Backslash \\") ...
        Doppelzitat " und Backslash \
```

Ein überlanges Format kann mit dem Backslash unmittelbar gefolgt vom
Zeilenvorschub LF (012) über mehrere Zeilen fortgesetzt werden:

```
printf("\nDatei %s existiert bereits, \[LF]
Anhängen(a), Neubeschreiben (n), \[LF]
Überschreiben(u), Abbruch(x): ", argv[1]) ...
```

oder in unmittelbar aufeinanderfolgende Zeichenketten aufgeteilt werden,
die nur durch *Standard-Trennzeichen* (standard separators; Abschnitt 4.1),
nicht aber durch Kommas, getrennt sind (ANSI+):

```
printf("\nDatei %s existiert bereits, "
       "Anhaengen(a), Neubeschreiben (n), "
       "Ueberschreiben(u), Abbruch(x): ", argv[1]) ...
```

Bei einer nachfolgenden Ausgabeliste muß das Format eine entsprechende
Folge von Formateffektoren (format effectors) enthalten:

```
... printf("\n%s %5.3f %+3d", "Hallo:",1.0/3.0,3+4) ...
        Hallo: 0.333  +7
```

Ein Formateffektor beginnt mit dem *Prozentzeichen* % (percent sign) und
besteht aus einem optionalen *Modifikator* (flag) und einem immer erforderlichen *Feld-Deskriptor* (field descriptor):

```
<Formateffektor> : %[<Modifikator>]<Feld-Deskriptor>
```

wie zum Beispiel %+3d, mit dem Modifikator + und dem Feld-Deskriptor
3d. Formateffektoren können nicht mit dem Backslash abgedeckt werden,

sondern müssen als separater Ausdruck ausgegeben werden:

```
... printf("Formateffektoren: %s","%s %5.3f %+3d") ...
        Formateffektoren: %s %5.3f %+3d
```

Lediglich ein alleinstehendes Prozentzeichen kann als solches ausgegeben werden.

Die Folge der Formateffektoren muß der Folge der auszugebenden Ausdrücke eineindeutig entsprechen. Überzählige oder inkompatible Formateffektoren, wie in,

```
... printf("%s %s",msg) ...
```

beziehungsweise in,

```
... printf("%s ...",123, ...) ...
```

können üble Laufzeitfehler (runtime errors) verursachen. Bei fehlenden Formateffektoren werden die überzähligen Ausdrücke nicht ausgegeben.

Ein *Feld-Deskriptor* besteht aus einer optionalen Konstanten **w**, welche die minimale *Feldlänge* (field width) des Feldes festlegt, einer weiteren optionalen Konstanten **p**, welche die *Präzision* (precision) bei Gleitpunktwerten bestimmt und durch einen Dezimalpunkt von der Feldlänge getrennt ist, sowie einem immer erforderlichen *Umwandlungszeichen* (conversion character), welches die Darstellungsart bestimmt:

```
<Feld-Deskriptor>: [w][.p]<Umwandlungszeichen>
```

wie zum Beispiel 5.3f, mit einer Feldlänge von insgesamt 5 Zeichen und einer Präzision von 3 Dezimalstellen hinter dem Punkt bei einer Ausgabe von Gleitpunktwerten gemäß dem Umwandlungszeichen **f** (floating point). Zu beachten ist, daß die angegebene Feldlänge nur als Minimalvorgabe gilt und gegebenenfalls automatisch so erweitert wird, daß bei numerischen Werten keine führenden Dezimalstellen verloren gehen und bei Zeichenketten *keine Verkürzung* (truncation) erfolgt.

Die beiden Konstanten können mit dem Asterisk * teilweise oder vollständig aus Hilfsausdrücken substituiert werden, die dem auszugebenden Ausdruck vorangestellt sind:

```
... printf("\nHallo: %*.*f %*d",8,6,1.0/3.0,4,123) ...
        Hallo: 0.333333  123
```

was der festen (hardwired) Kodierung entspricht:

```
... printf("\nHallo: %8.6f %4d",1.0/3.0,123) ...
```

Tabelle 9.1 listet die zur Verfügung stehenden Modifikatoren auf.

M	Wirkung
–	Minuszeichen (minus sign): Linksseitige Justierung innerhalb des Feldes; andernfalls immer rechtsseitig.
+	Pluszeichen (plus sign): Bei einer Umwandlung zu vorzeichenbehafteten (signed) Werten wird je nach Parität ein + oder – vorangestellt.
	Leerzeichen (blank, space): Mit Ausnahme von vorzeichenbehafteten Werten wird ein Leerzeichen vorangestellt.
#	Dur-Zeichen (sharp sign): Bei einer Umwandlung zur Oktal- oder Hexadezimal-Darstellung wird einem Wert $\neq 0$ eine Null 0 beziehungsweise die Dyade 0X vorangestellt. Bei einer Umwandlung zur Gleitpunkt-Darstellung wird immer ein Dezimalpunkt gesetzt, selbst wenn keine Dezimalstellen folgen. Bei den variablen Umwandlungen g und G werden die Dezimalstellen mit nachfolgenden Nullen (trailing zeros) vervollständigt.
0	Null: Führende Nullen (leading zeros) bei rechtsseitig justierten numerischen Werten.

Tabelle 9.1: Modifikatoren in Feld-Deskriptoren (Ausgabe)

Tabelle 9.2a enthält die Umwandlungzeichen (Z) für Gleitpunktwerte vom Typ `float` und `double`, die grundsätzlich von *R-Werten* (rvalues) erzeugt werden müssen. Ohne jegliche Präzisionsangabe werden insgesamt 6 Stellen ausgegeben. Bei einem Präzisionsfaktor der Form w.0 werden der Dezimalpunkt und alle nachfolgenden Stellen ausgelassen.

Z	Umwandlung von R-Werten (rvalues)
f	Gewöhnliche, vorzeichenbehaftete Dezimaldarstellung (signed common decimal format): [–][...nnn].[mmm...].
e, E	Normalisierte Exponential-Darstellung (normalized exponential, scientific, format): [–]1.[mmm...]e|E[+|–][hh...], mit einem mindestens 2-stelligen Exponenten. Bei E wird E im Exponenten gesetzt.
g, G	Generalisiertes Format (generalized format): Bei einem Exponeten < –4 oder größer als die angegebene Präzision wird gemäß e (g) oder E (G) ausgegeben; andernfalls gemäß f.

Tabelle 9.2a: Umwandlungszeichen für Gleitpunktwerte

Tabelle 9.2b enthält die Umwandlungzeichen (Z) für Ganzzahlwerte der Typen `char`, `short`, `int`, `long` und für Einzelzeichen vom Typ `char`. Die Werte können sowohl von *R-Werten* (rvalues) als auch von Zeigerausdrücken erzeugt werden. Unabhängig von der Feldlänge werden grundsätzlich alle Stellen ausgegeben.

Z	Umwandlung von R-Werten (rvalues)
d, i	Ganzzahlige, vorzeichenbehaftete (signed) Dezimal-Darstellung.
o	Oktal-Darstellung (octal format)
u	Ganzzahlige Darstellung als vorzeichenfreier (unsigned) Integral-Typ
x, X	Hexadezimal-Darstellung (hexadecimal format), mit Klein- (x) oder Großbuchstaben (X).
c	R-Werte (rvalues): 8-Bit-Ganzzahlwerte als Einzelzeichen .

Tabelle 9.2b: Umwandlungszeichen für Ganzzahlwerte und Zeichen

Tabelle 9.2c enthält die Umwandlungzeichen (Z) für Zeigerausdrücke. Bei **s** kann die Anzahl der auszugebenden Zeichen mit der Präzision gesteuert werden. Mit **p** werden lediglich die numerischen Adressenwerte ausgegeben. Mit **n** erfolgt keine Ausgabe, sondern eine Übergabe der Anzahl von jeweils ausgegebenen Zeichen.

Z	Umwandlung von Zeigerausdrücken (pointer expressions)
s	NUL-terminierte Zeichenketten vom Typ `char`
p	Zeigerausdrücke jeglicher Art als Adressenwerte. (ANSI+)
n	Zeigerausdruck vom Typ `int`, der einen Speicherbereich erfaßt, in dem die Anzahl der ausgegebenen Zeichen abgelegt wird (ANSI+).

Tabelle 9.2c: Umwandlungszeichen für Zeigerausdrücke

Als typische Beispiele wären zu betrachten:

```
printf("|%f|",200.0L/3.0)          |66.666667|
printf("|%5.2f|",200.0L/3.0)       |66.67|
printf("|%20f|",200.0L/3.0)        |           66.666667|
printf("|%20.5f|",200.0L/3.0)      |            66.66667|
printf("|%20.0f|",200.0L/3.0)      |                  67|
printf("|%-20f|",200.0L/3.0)       |66.666667           |
printf("|%-20.5f|",200.0L/3.0)     |66.66667            |
printf("|%f|",1.0/8.0L)            |0.125000|
printf("|%G|",1.0/8.0L)            |.125|
printf("|%#G|",1.0/8.0L)           |.125000|
printf("|%G|",1.0E+10/8.0L)        |1.25E+09|
printf("|%20.6G|",1.0/8.0L)        |                .125|
```

```
printf("|%#20.6G|",1.0/8.0L)        |                 .125000|
printf("|%20.6G|",1.0E+10/8.0L)     |                 1.25E+09|
printf("|%#20.6G|",1.0E+10/8.0L)    |              1.25000E+09|
printf("|%-#20.6G|",1.0E+10/8.0L)   |1.25000E+09              |
printf("|%d|",12345)                |12345|
printf("|%20d|",12345)              |               12345|
printf("|%020d|",12345)             |00000000000000012345|
printf("|%-20d|",12345)             |12345               |
printf("|%c|",'c')                  |c|
printf("|%20c|",'c')                |                   c|
printf("|%-20c|",'c')               |c                   |
...
char m[] = "Hallo Freunde";
...
printf("|%s|",m)                    |Hallo Freunde|
printf("|%20s|",m)                  |       Hallo Freunde|
printf("|%20.5s|",m)                |               Hallo|
printf("|%20.0s|",m)                |                    |
printf("|%-20s|",m)                 |Hallo Freunde       |
printf("|%-20.5s|",m)               |Hallo               |
```

Die Umwandlungzeichen **p** und **n** sind neu mit ANSI. Mit p werden
Zeigerwerte jeglicher Typung und Ordnung — also Adressenwerte —
ausgegeben:

```
...
int mat[2][3][4];
double x;
...
printf("|%p|",mat)                  |365212|
printf("|%p|",&x)                   |365184|
```

Mit n wird die Anzahl der mit dem Aufruf ausgegebenen Zeichen festgehalten, was am Formatende dem Rückgabewert entspricht:

```
...
int nout;
...
    printf("\n%d %d", printf("Hallo%n", &nout), nout);
...
    Hallo 6 6
```

Sowohl fprintf(3S) als auch printf(3S) können zwar mit beliebig variierenden Argumenten beliebig oft aufgerufen werden, aber jeder Aufruf bedingt ein eigenes Statement, was bei der Ausgabe aus variadischen Funktionen (variadic functions), die selbst mit variablen Argumentlisten arbeiten, zu zahlreichen if-bedingten Aufrufen führen würde. Für solche Anwendungen stehen dann die Ausgabefunktionen **vfprintf(3s)** und **vprintf(3S)** zur Verfügung:

```
int vfprintf(FILE *fx, char *format, va_list za)

int vprintf(char *format, va_list za)
```

wobei die üblichen Regeln für das Format gelten. Anstelle einer Liste von wertspendenden Ausdrücken wird ein Argument vom Typ va_list übergeben, das die variable Argumentliste enthält. Das folgende, auf den im Abschnitt 8.1.3.5 vorgestellten Prinzipien aufbauende Beispiel zeigt den Grundansatz unter dem ANSI-Standard:

```
$ cat vprnt.c
#include         <stdio.h>
#include         <stdarg.h>
main()
{
 void avg(char *, int, ...);
 avg("\n%6.2f %6.2f %6.2f",3,0.12,3.2,6.82);
 avg("\n%8.4f %8.4f %8.4f",5,100.2,-44.2,0.22,35.1,7.32);
 exit(0);
}

void avg(char *format, int na, ...)
{
 va_list za; double du; int k;
 va_start(za,na);
 for(k = 0; k < na; k++) du += va_arg(za, double);
 va_end(za);
 va_start(za,na);
 vprintf(format,za);
 va_end(za);
 printf("  Durchschnitt: %f\n",du/na);
 return;
}
```

Die variadische Funktion avg enthält als festvorgegebene Parameter das Ausgabeformat format und die Anzahl na der variierenden Aufrufsargumente; beide Parameter stehen innerhalb der Funktion unmittelbar zur Verfügung. Die variierenden Argumente werden mit dem Makro va_arg aus dem mit za erfaßten Argumentpuffer extrahiert und zur Berechnung des Durchschnitts benutzt. Danach wird der Puffer mit va_start zurückgesetzt und vprintf mit den variierenden Argumenten aufgerufen.

Der Aufruf des kompilierten Programms ergibt dann:

```
$ vprnt
  0.12    3.20    6.82  Durchschnitt: 3.380000
100.2000 -44.2000   0.2200  Durchschnitt: 19.728000
```

Das folgende Fragment zeigt den entsprechenden Ansatz unter dem traditionellen Standard:

```
#include         <stdio.h>
#include         <varargs.h>
...
void avg(va_alist) va_dcl
{
 va_list za;
 char *format;
 int k, na;
 double du = 0;
 va_start(za);
 format = va_arg(za, char *);
 na = va_arg(za, int);
 vprintf(format, za);
 for(k = 0; k < na; k++) du += va_arg(za, double);
 va_end(za);
 printf("  Durchschnitt: %f\n",du/na);
}
```

Zur formatierten Eingabe über einen Text-Stream (text stream) fx steht die Funktion **fscanf(3S)** zur Verfügung:

```
    int fscanf(FILE *fx, char *zformat, <Eingabeliste>)
```

zusammen mit der Variante **scanf(3S)**,

```
    int scanf(char *zformat, <Eingabeliste>)
```

die über die Normaleingabe stdin (standard input) einliest; d.h.

```
    scanf(...)        entspricht       fscanf(stdin,...)
```

Beide Funktionen sind unter dem Eintrag **scanf(3S)/PHB** beschrieben. Bei erfolgreicher Ausführung wird die *Anzahl der eingelesenen Werte* (oder Posten; items) zurückgegeben — also nicht die Zahl der eingelesenen Zeichen! Dateiende und Fehlerzustände werden mit EOF: −1 angezeigt, was mit **feof(3S)** beziehungsweise **ferror(3S)** diagnostiziert werden kann.

Die Eingabeliste besteht aus einem oder mehreren durch Kommas getrennten *Zeigerausdrücken* (pointer expressions), welche die Speicherbereiche angeben, in denen die Eingabewerte abgelegt werden sollen:

```
<Eingabeliste>: <Zeigerausdruck1>[, <Zeigerausdruck2>,...]
```

Im Gegensatz zu `printf` ist die Eingabeliste bei `scanf` immer erforderlich und besteht grundsätzlich nur aus Zeigerausdrücken!

Mit dem Zeigerausdruck `zformat` wird ein Speicherbereich angegeben, der das Eingabeformat (input format) als NUL-terminierte Zeichenkette enthält. Die Grundregeln für das Format entsprechen analog denen für `printf`.

Das Format stellt das generelle Eingabemuster dar und enthält eine der Eingabeliste entsprechende Folge von Formateffektoren (format effectors), die aus einer optionalen *Feldlänge* **w** (field width), einem optionalen *Modifikator* (modifier) und einem immer erforderlichen *Umwandlungszeichen* (conversion characters) bestehen:

```
<Formateffektor> : %[w][<Mod>]<Umwandlungszeichen>
```

wobei mit Ausnahme der Großbuchstaben **E**, **G**, und **X** alle in Tabellen 9.2a-c aufgeführten Umwandlungszeichen gelten.

Typische Beispiele von Formateffektoren ohne Modifikatoren sind `%s` und `%14s` womit eine Zeichenkette unbestimmter Länge beziehungsweise mit maximal 14 Zeichen eingelesen wird; `%d` und `%6d`, womit eine Ganzzahl unbestimmter Länge beziehungsweise mit maximal 6 Stellen eingelesen wird; usw.

Als Modifikatoren stehen zur Verfügung:

h,l nur zulässig in Verbindung **d**, **i**, **u**, **o**, **x**, um Ganzzahlwerte an Objekte vom Typ `short` beziehungsweise `long` anstelle von `int` zuzuweisen; wie zum Beispiel in:

```
short u; int k; long m;
      ... scanf("%hd %d %ld", &u, &k, &m) ...
```

l nur zulässig in Verbindung **e**, **f**, **g**, um Gleitpunktwerte an Objekte vom Typ `double` anstelle von `float` zuzuweisen; wie zum Beispiel in:

```
float x; double w;
      ... scanf("%g %lg", &x, &w) ...
```

Mit der Sonderform des Formateffektors:

```
%[<Feldlänge>]*<Umwandlungszeichen>
```

wo ein Asterisk vor dem Umwandlungzeichen steht, werden Eingabewerte der angegebenen Art *übersprungen* (skipped), was zumeist zum selektiven Einlesen von Tabellen usw. benutzt wird. Anstelle des Umwandlungszeichens kann ein *Zeichenbereich* (scanset) benutzt werden, was nachfolgend weitergeführt wird.

Im Grundbereich verhalten sich die Funktionen printf und scanf
reziprok; d.h. mit einem im wesentlichen gleichen Format kann die
Ausgabe von printf mit scanf identisch eingelesen werden und
umgekehrt:

```
char ma[15],mi[15];
int h,k;
float x,y;
...
```

```
      ... printf("\n%14s %5.3f %3d", ma, x, h) ...
                    Hallo            0.333   123
      ... scanf("%14s %5f %3d", mi, &y, &k) ...
```

Das folgende interaktive Testprogramm mag die Wirkungsweise von
scanf veranschaulichen:

```
$ cat scanf1a.c
#include <stdio.h>
main()
{
 char name[15];
 int   nin;
 unsigned int anz;
 float wert;
 while((nin = scanf("%s %d %f",name,&anz,&wert)) != EOF)
  {
   if(nin == 3) printf("%s %d %f\n\n",name,anz,wert);
   else {
        fflush(stdout);
        fprintf(stderr,"Eingabefehler,nin: %d\n\n",nin);
        rewind(stdin);
        }
  }  /* Ende while */
}
```

Der Unterschied zwischen der Eingabeliste von scanf und der Ausgabeliste von printf ist zu beachten: erstere besteht durchweg aus Zeigerausdrücken, während letztere nur den Array-Bezeichner name als Zeigerausdruck enthält und sonst nur R-Werte.

Die while-Schleife terminiert bei Dateiende — also bei Eingabe von
CTL-D auf der Shell-Ebene. Bei jedem Durchlauf sollen 3 Werte eingelesen werden: eine zusammenhängende Zeichenkette name, ein Ganz-
zahlwert anz und ein Gleitpunktwert wert. Weniger als 3 Werte werden
als Eingabefehler angezeigt. Mit **fflush(3S)** wird die Ausgabe des Pufferinhaltes von stdout erzwungen, bevor die Fehlermeldung erscheint.
Danach wird der Eingabepuffer mit **rewind(3S)** zurückgesetzt, um die
darin noch verbleibenden Daten zu löschen.

Das kompilierte Programm wird auf der Shell-Ebene aufgerufen, wobei
mehrere Eingabe-Szenarios durchgespielt werden:

```
$ scanfla
melonen 55 233.25[RET]          (korrekte Eingabe)
melonen 55 233.250000          (Ausgabe)

birnen    7o 143.75[RET]        (fehlerhafte Eingabe)
Eingabefehler, nin: 2

birnen 70 l43.75[RET]           (fehlerhafte Eingabe)
Eingabefehler, nin: 2

birnen 70 143.75[RET]           (korrekte Eingabe)
birnen 70 143.750000           (Ausgabe)

bananen[RET]                   (Eingabe, unvollständig)
1000[RET]                      (Eingabe, fortgesetzt)
[RET]                          (Leerzeile)
3333.50[RET]                   (Eingabe, vollständig)
bananen 1000 3333.500000        (Ausgabe)

gurken       99[TAB]10.5[RET]  (korrekte Eingabe)
gurken 99 10.500000            (Ausgabe)
[CTL_D]
$
```

Bei der ersten Eingabe von birnen wurde 7o (7-oh) anstelle von 70
eingegeben; bei der zweiten l43.75 (el-43.75) anstelle von 143.75;
beide Eingabefehler wurden sofort erkannt. Bei der Eingabe von bananen
wurde die Eingabe über mehrere Zeilen fortgesetzt; scanf wartet
geduldig die vollständige Eingabe ab, und läßt sich auch durch Leereingabe nicht beirren. Bei der Eingabe von gurken ist zu beachten, daß
die Werte sowohl durch überzählige Leerzeichen als auch durch das
Tabulatorzeichen korrekt getrennt werden. Mit CTL_D wird die Eingabe
beendet.

Als Schwachstellen bei der Eingabe sind zu beachten, erstens, daß eine
Zeichenkette mit mehr als 14 Zeichen aus dem aufnehmenden Zeichenvektor name herausläuft, was üble Laufzeitfehler (runtime errors) verursachen kann; und zweitens, daß der mit unsigned definierten Variablen
anz negative Werte zugewiesen werden können. Die folgende Variation
des Eingabeformats zeigt einen ersten Ansatz dazu:

```
...
    ... scanf("%14s %4u %f",name, &anz, &wert) ...
...
```

```
affenbrotbaumwurzel 123 0.0[RET] (Name zu lang)
Eingabefehler, nin: 1

affenbrotbaum   123   0.0[RET]          (korrekte Eingabe)
affenbrotbaum   123   0.0

zitronen -110 67.50[RET]               (fehlerhafte Eingabe)
Eingabefehler, nin: 1

zitr0nen 110  67.50[RET]               (? Eingabe)
zitr0nen 110  65.500000                (? Ausgabe)
[CTL_D]
$
```

Ein zu langer Name wird jetzt als Eingabefehler erkannt; bis zu 14 Zeichen
können eingegeben werden. Ein negative Wert für unsigned anz wird
ebenfalls erkannt und zurückgewiesen. Nicht als Fehler erkannt wurde die
Null in zitr0nen, was jedoch durch Angabe eines *Zeichenbereiches*
(scanset) erzwungen werden kann:

```
... scanf("\n%14[A-Za-z] %4u %f",name, &anz, &wert)...
...
zitr0nen 110 67.50[RET]               (fehlerhafte Eingabe)
Eingabefehler, nin: 1

zitronen 110 67.50[RET]               (korrekte Eingabe)
zitronen 110 65.500000                (Ausgabe)
...
```

Zeichenbereiche werden mit *umgebenden eckigen Klammern* (enclosing
square brackets) kodiert, welche eine Teilmenge der *darstellbaren Zeichen*
(printable characters) enthalten. Sie sind nur bei Zeicheneingabe sinnvoll
und zulässig; sie können anstelle des Umwandlungszeichen **s** in Formateffektoren gesetzt werden, um die Eingabe auf eine vorgegebene Teilmenge
von Zeichen zu beschränken beziehungsweise diese von der Eingabe
auszuschließen. Typische Beispiele sind:

`%3[abcijk]`	Eine Zeichenkette von maximal 3 Zeichen, die sich nur aus den aufgeführten Buchstaben zusammensetzen kann;
`%[a-z]`	Eine Zeichenkette unbestimmter Länge, die sich nur aus Kleinbuchstaben,
`%[A-Z]`	beziehungsweise Großbuchstaben zusammensetzen kann;
`%14[A-Za-z]`	Eine Zeichenkette von maximal 14 Zeichen, die sich nur aus Groß- und Kleinbuchstaben zusammensetzen kann;
`%[0-9]`	Eine Zeichenkette unbestimmter Länge, die sich nur aus Ziffern zusammensetzen kann;

`%8[0-9A-Z_a-z]`   Eine *alphamerische* (alphameric) Zeichenkette von
                    maximal 8 Zeichen;

Zu beachten ist, daß ein mit dem Minuszeichen angegebener Bereich von
der *Sortierfolge* (collating order) gemäß **ascii(5)** bestimmt wird.

Mit dem *caret* ^ unmittelbar nach der linken Klammer können vorgegebene Zeichenbereiche von der Eingabe ausgeschlossen werden:

`%5[^0-9]`   Eine Zeichenkette von maximal 5 Zeichen, die keine
                    Ziffern enthalten kann;

`%[^%@]`   Eine Zeichenkette unbestimmter Länge, die weder das
                    Prozentzeichen noch das *at*-Zeichen enthalten kann;

Während die linke eckige Klammer überall innerhalb der umgebenden
Klammern eingesetzt werden kann, gelten für die übrigen Sonderzeichen
die folgenden Regeln:

	Einbeziehen	Ausschließen
]	`[]...]`	`[^]...]`
^	`[...^...]`	`[^^...]`
−	`[−...], [...−]`	`[^−...]`

Als eine weitere Variation können jetzt alternative Formen der Trennung
der Eingabewerte in Betracht gezogen werden, wie zum Beispiel mit
Kommas:

```
  ... scanf("\n%14[A-Za-z], %4u, %f",name,&anz,&wert) ...
  ...
mangos, 87, 43.50[RET]              (korrekte Eingabe)
mangos 87 43.5000000               (Ausgabe)

grapes  29  77.70[RET]             (fehlerhafte Eingabe)
Eingabefehler, nin: 1
  ...
```

Bei Auslassung eines Kommas entsteht dann ein Eingabefehler. Der
Ansatz läßt sich zu einer strikten *Eingabedisziplin* (input discipline) mit
vorgestellten Zuweisungsklauseln verfeinern:

```
  ... scanf("\nname= %14[A-Za-z], anz= %4u, wert= %f",
                           name, &anz, &wert) ...
  ...

name= kiwis, anz= 65, wert=34.5[RET]     (Eingabe)
kiwis 65 34.5000000                       (Ausgabe)

name=kirschen, 234, wert= 21.25[RET]     (Eingabefehler)
Eingabefehler, nin: 1
  ...
```

Die Eingabe wird als fehlerhaft zurückgewiesen, falls auch nur eine
Zuweisungsklausel fehlt!

Da wo einzelne Zeichen oder Zeichenketten mit einer genau vorgegebenen
Länge einzulesen sind, wie das z.B. häufig bei Kennungen der Fall ist, muß
mit dem Umwandlungszeichen **c** anstelle von **s** gearbeitet werden; wie
zum Beispiel in:

```
char letter, kennung[11];
        ... scanf("%c %10c", &letter, kennung) ...
```

Mit dieser Form der Eingabe können dann auch eingebettete Leer- und
Tabulatorzeichen miteingelesen werden.

Das Umwandlungszeichen **p** ist für Eingabe von Adressenwerten reserviert
(ANSI+):

```
#include                          <stdio.h>
...
void *zv, **zw;
...
    ...scanf("%p %p", &zv, zw) ...

        365184      365212
        ...         ...
```

wobei die Eingabe mit Zeigerausdrücken *zweiter Ordnung* (Abschnitt
5.4.2) aufgenommen werden muß. Im allgemeinen werden damit Adressenwerte eingelesen, die zuvor mit printf(3S)/fprintf(3S) identisch unter p
ausgegeben wurden. Die Anwendung ist kaum portable und bleibt zumeist
der Systemprogrammierung vorbehalten.

Mit dem Umwandlungszeichen **n** kann die Anzahl der bei der Eingabe
durchlaufenen (scanned) Zeichen fortlaufend überprüft werden:

```
char m[20]; int k,n1,n2,n3; float w;
...
... nin = scanf("%s%n %d%n %f%n",
                m, &n1, &k, &n2, &w, &n3) ...
...
                Hallo 1234 22.44
...
    ... printf("\nnin:%d, n1:%d, n2:%d, n3:%d",
              nin,n1,n2,n3)
...
                nin: 3  n1:5, n2:10, n3:16
```

Eingegeben wurden 3 Posten (items). Unmittelbar nach Hallo waren 5
Zeichen durchlaufen, nach 1234 bereits 10, und nach 22.44 ingesamt 16.
Die Einrichtung wird zumeist zur strikten Eingabe-Kontrolle benutzt.

Als spezielle Varianten von printf(3S) und scanf(3S) stehen schließlich
noch die Transferfunktionen **sprintf(3S)** beziehungsweise **sscanf(3S)** zur
Verfügung:

```
int sprintf(char *buf, char *zformat [,<Ausgabeliste>])

 int sscanf(char *buf, char *zformat ,<Eingabeliste>)
```

Bei sprintf wird die formatierte Ausgabe in einen Speicherbereich
abgelegt; bei sscanf wird ein Speicherbereich formatiert abgegriffen. Im
übrigen gelten identisch die Regeln von printf beziehungsweise scanf,
unter deren Einträgen die Funktionen auch aufgeführt sind.

In der allereinfachsten Anwendungsform können Zeichenketten zugewiesen werden:

```
#include<stdio.h>
...
char m1[10],m2[10],m3[20];
...
    ... sprintf(m1,"Hallo") ....
    ... sscanf("Freunde","%s",m2) ...
    ... sprintf(m2,">>%s %s<<",m1,m2) ...
...
    ... printf("\n%s %s %s",m1,m2,m3) ...
...
    Hallo Freunde >>Hallo Freunde<<
```

sprintf wird häufig dazu benutzt, konstante Ausgabezeilen zu forma-
tieren, die dann wiederholt mit write(2) oder fwrite(3S) als Byte-Strom,
oder mit puts(3S)/fputs(3S) als Zeichenketten ausgegeben werden.

Eine typische Anwendung von sscanf liegt bei interaktiven Programmen,
wo Befehlszeilen erst als Ganze eingelesen und dann nach unterschiedlichen Formaten zerlegt werden (command parsing). Das folgende
Fragment zeigt einen Ansatz dazu:

```
...
#include  <stdio.h>
...
char cmd[81],fname[21],...;
int e,s,...;
...
do  {
    puts("\n: ");
    fgets(cmd,80,stdin);
    switch(cmd[0])
       {
        case 0: break;/* Leereingabe */
        ...
```

```
      ...
      case 'l':/* Auflisten */
            ... sscanf(cmd,"%*s %u %u", &s, &e) ...
            ...
            ... break;
      ...
      case 'w':/* Abspeichern */
            ... sscanf(cmd,"%*s %20s",fname) ...
            ...
            ... break;
      ...
      default:/* Eingabefehler */
            printf("Fehler: %s",cmd);
            ...
  }
  ...

  } while(!ferror(stdin));
...
```

Eine fußgesteuerte while-Schleife (Abschnitt 7.1.2.2) treibt den *Arbeitszyklus* (duty cycle). Der Prompt wird mit puts(3S) ausgegeben, die Befehlszeilen werden mit fgets(3S) bis zu einer maximalen Länge von 80 Zeichen in cmd eingelesen und in dem switch-case-Paragraphen (Abschnitt 7.1.3.1) nach dem ersten Zeichen aufgeschlüsselt. Leerzeilen werden einfach übersprungen.

Eine mit dem Buchstaben l beginnende Befehlszeile, wie

```
: list   5   20         oder einfach              : l 3 10
```

wird als Listbefehl mit zwei Zeilennummern interpretiert und mit sscanf entsprechend zerlegt. Eine mit dem Buchstaben w beginnende Befehlszeile, wie

```
: write   dateix        oder einfach              : w dateix
```

wird als Ausgabebefehl mit nachgestellten Dateinamen interpretiert und mit sscanf dementsprechend zerlegt; usw.

10 Beilaufende Prozesse

Womit denn auch der zweite intellektuelle Quantensprung ansteht, den die C-Programmierung unter UNIX dem werdenden Adepten abverlangt. Weit zurück in unseren Betrachtungen liegt schon der Übergang von der klassischen synchronen Semantik mit ihren räumlich-dichotomen Paradigmen zu der asynchronen mit ihren zeitlich-unbestimmten Ereignissen (Abschnitt 7.2). Aber auch dabei blieb das absolute Bezugssystem, das *ein* Programm darstellt, noch erhalten, wurde der Rahmen *eines* zusammenhängenden Vorganges noch nicht gesprengt, lief zu *einem* gegebenen Zeitpunkt eben nur *ein Prozeß* aus der Sicht des Beobachters ab. Daß unter UNIX wie auch unter anderen modernen Betriebssystemen mehrere Prozesse anscheinend gleichzeitig ablaufen können, war zwar bekannt, lag aber außerhalb dieser Perspektive, war überdies ohnehin nur eine Frage des Durchsatzes, der Produktivität schlechthin. Nun aber soll diese *quasi-ptolemäische* Betrachtungsweise durch eine *quasi-kopernikanische* ersetzt werden. *Mehrere Ereigniswelten* sind nun gleichzeitig, gleichberechtigt zu betrachten.

In diesem abschließenden Kapitel soll die Erzeugung und Steuerung von beilaufenden Prozessen unter UNIX auf der Ebene von C-Programmen einführend vorgestellt werden. Die zugrundeliegenden originären Begriffsbestimmungen sind unter dem Eintrag **intro(2)/PHB** aufgeführt. Eine eingehende Beschreibung der systeminternen Vorgänge ist in BACH (1986) zu finden. ROCHKIND (1985) gibt praktische Programmierbeispiele. Im folgenden soll nach einem heuristischen Ansatz verfahren werden, dem die obige dialektische Betrachtungsweise zugrundeliegt.

10.1 Prozeßerzeugung und -synchronisierung

Das folgende, etwas unscheinbare Programm soll als Einstieg dienen:[1]

```
$ cat fork1.c
#include   <stdio.h>
#include   <sysfunks.h>
main()
{
  fork();
  printf("\nHallo");
  exit(0);
}
```

---

1. Die Deklarationen der benutzten Systemfunktionen sollen auch hier wie nachfolgend wieder in der hypothetischen Zusatzdatei <sysfunks.h> enthalten sein.

Das kompilierte Programm wird auf der Shell-Ebene aufgerufen:

```
$ fork1
Hallo
Hallo
```

Nur ein `printf`-Statement, offensichtlich, aber das "Hallo" wurde doch zweimal ausgeben — also zwei Aufrufe von `printf`? Aber vom *wem* wurde dann der zweite Aufruf ausgeführt? *Wo* erfolgte dieser?

Nun, das "Hallo" wurde *von* zwei *beilaufenden Prozessen* (concurrent processes) je einmal ausgegeben. Der erste Prozeß wurde mit dem Programmaufruf auf der Shell-Ebene initiiert, der zweite vom ersten mit dem Systemaufruf **fork(2)** "gezeugt" (spawned). Das `printf`-Statement wurde *in* jedem Prozeß genau einmal ausgeführt. Beide Prozesse terminierten dann mit dem Systemaufruf **exit(2)**. Bild 10.1 zeigt das Verlaufsschema dieser *Gabelung* (forking).

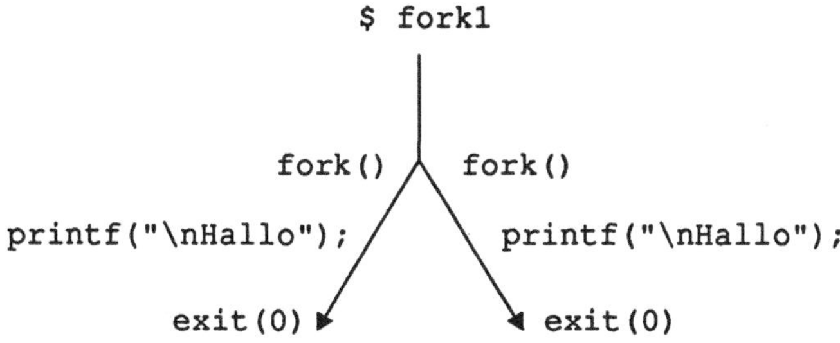

Bild 10.1: Verlaufsschema einer Gabelung

Aus den Fragestellungen ergibt sich die zur Programmierung von *beilaufenden Prozessen* (concurrent processes) erforderliche Erweiterung der bisherigen Semantik um zwei komplementäre Betrachtungsweisen:

- Die *Alias*-Perspektive: *wer* tut was?
- Die *Alibi*-Perspektive: was geschieht *wo*?

Erst auf dieser dialektischen Basis kann eine Arbeitsteilung zwischen beilaufenden Prozessen sinnvoll konzipiert werden!

Mit dem Systemaufruf **fork(2)**,

```
int fork(void)
```

wird der aufrufende Prozeß zum *Mutterprozeß* (parent process) eines neu erzeugten *Tochterprozesses* (child process), was einer *Gabelung* (forking) in der zeitlichen Verlaufsebene gleichkommt. Bei erfolgreicher Ausführung sind *zwei* Rückgabewerte aus der Alibi-Perspektive zu betrachten:

- Im Mutterprozeß: Die Prozeßnummer PID des Tochterprozesses.
- Im Tochterprozeß: Der Nullwert 0.

Bei einem Fehlerzustand, wo kein Tochterprozeß entsteht, wird im aufrufenden Prozeß der Wert -1 zurückgegeben, was mit `errno` oder **perror(3C)** diagnostiziert werden kann (Abschnitt 8.2.1). Die Gesamtzahl aller auf einem System sowie der jeweils unter einer Benutzerkennung beilaufenden Prozesse ist beschränkt; beim Überschreiten entsteht ein Fehlerzustand (`EAGAIN`). [2]

Der Tochterprozeß "ererbt" (inherits) von seinem Mutterprozeß die beim Aufruf von `fork` *aktuelle Prozeßumgebung* (current process environment), was insbesondere alle Datenobjekte und deren Inhalt, alle *aktiven Dateibindungen* (open files) und *Signalbelegungen* (signal values; Abschnitt 7.2.2) sowie die *aktuellen und tatsächlichen Benutzer- und Gruppen-Kennungen* **EUID** (effective user ID), **EGID** (effective group ID), **RUID** (real user ID), **RGID** (real group ID), einschließt, welche die *Zugriffsrechte* auf Objekte des Dateisystems (access permissions; Abschnitt 9.2) und die *Signalberechtigung* (signal permissions; Abschnitt 7.2.3) bestimmen.

Dieser *Vererbungsvorgang* erfolgt durch einfaches Kopieren des dem Mutterprozeß gehörenden Datenbereiches im Arbeitsspeicher sowie dessen Einträgen in der *Prozeßtabelle* (process table) und der *Benutzertabelle* (user table). Der eigentliche *Ausführkode* des Mutterprozesses wird dagegen normalerweise nicht kopiert, sondern von den beiden Prozessen *gemeinsam weiterbenutzt* (text sharing). Die Ausführung einer Gabelung ist im allgemeinen mit einem beträchtlichen Leistungsaufwand seitens des Kernels verbunden.

Die unter **SVR4** zur Verfügung stehende Variante **vfork(2)** unterscheidet sich von **fork(2)** im wesentlichen darin, daß der Mutterprozeß bis zum Exit des Tochterprozesses suspendiert bleibt und daß der Datenbereich nicht kopiert, sondern von beiden Prozessen gemeinsam benutzt wird, was mit einem wesentlich geringeren Leistungsaufwand verbunden ist. *vfork* wird zumeist im Zusammenhang mit Prozeßumwandlungen durch **exec(2)** benutzt, was im Abschnitt 10.3 weitergeführt wird.

Das folgende Programm veranschaulicht den Alias-Ansatz zur gesteuerten Arbeitsteilung zwischen einem Mutter- und einem Tochterprozeß:

---

2. Typische Grenzwerte für kleinere Rechner der TOWER-Klasse sind insgesamt 70 – 100 Prozesse, mit 30 – 50 pro Benutzerkennung. Die Grenzwerte können verändert werden, wozu eine Neugenerierung des Kernels (sysgen) notwendig ist. Einzelheiten sind unter **config(1m)/SHB** zu finden.

```
$ cat fork2.c
#include <stdio.h>
#include <sysfunks.h>
int ALIAS, MUTTER, TOCHTER;
main()
{int i;
 MUTTER = getpid();
 if((TOCHTER = fork()) == 0) TOCHTER = getpid();
 ALIAS = getpid();
 if(ALIAS == MUTTER)
    for(i = 0; i < 4; i++)
       printf("\nHier Mutterprozess, ALIAS: %d",ALIAS);
 else /* im Tochterprozeß */
    for(i = 0; i < 4; i++)
       printf("\nHier Tochterprozess, ALIAS: %d",ALIAS);
 exit(0);
}
```

Die drei Variablen ALIAS, MUTTER, TOCHTER werden vom Tochterprozeß ererbt, wobei die von dem Systemaufruf **getpid(2)**,

```
     int getpid(void)
```

während des *Prologs* (prolog) erzeugte PID des Mutterprozesses bereits in MUTTER enthalten ist. Im Mutterprozeß gibt fork die Tochter-PID $\neq 0$ zurück, so daß die Zuweisung mit getpid im Tochterprozeß erfolgen muß. Die Variable ALIAS bekommt im jeweiligen Prozeß die jeweilige PID zugewiesen; sie stellt sozusagen das "Ich bin" des Betrachters dar und fungiert als interne Kennung der Prozesse. Die Alias-Bestimmung kann jetzt als klassische TRUE-FALSE-Bedingung formuliert und die Arbeitsteilung mit den Konstrukten der *synchronen Ablaufsteuerung* (synchronous flow of control) erzwungen werden.

Das kompilierte Programm wird aufgerufen, mit dem Resultat:

```
$ fork2
Hier Mutterprozess, ALIAS: 423
Hier Tochterprozess, ALIAS: 424
...
Hier Mutterprozess, ALIAS: 423
Hier Mutterprozess, ALIAS: 423
Hier Tochterprozess, ALIAS: 424
```

Wie die irregulär abwechselnde Ausgabe andeuten mag, liefen die beiden Prozesse zwar anscheinend gleichzeitig aber auch ohne jegliche *Synchronisierung* (synchronization) ab. Zu beachten ist, daß die Variable ALIAS zwar vom Tochterprozeß ererbt wurde, dann aber in diesem als eigenständiges Datenobjekt fortbesteht, ohne daß eine Wechselwirkung mit dem Namensvetter im Mutterprozeß erfolgt. Bild 10.2 zeigt das Verlaufsschema des Prologs und der Gabelung.

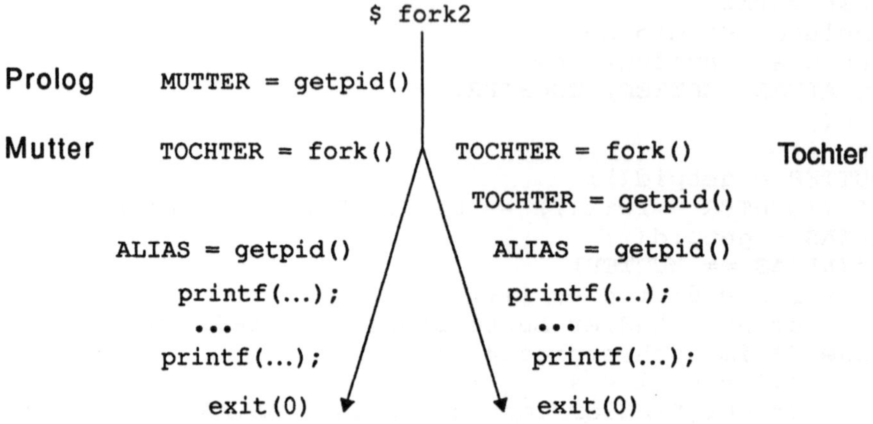

Bild 10.2: Verlaufsschema ohne Synchronisierung

Als ein erster Ansatz zur Synchronisierung wäre die folgende Variation der
Prozeßzweige des obigen Programmes zu betrachten.

```
$ cat fork3.c
...
 if(ALIAS == MUTTER)
   {int t_stat, x_pid;
    x_pid = wait(&t_stat); t_stat = t_stat >> 8;
    printf("\nExit Tochter, pid: %d, Status: %d",
                x_pid,t_stat);
    for(i = 0; i < 4; i++)
      printf("\nHier Mutterprozess, ALIAS: %d", ALIAS);
    exit(0);
   }
 else /* Tochterprozess */
   {
    for(i = 0; i < 4; i++)
      printf("\nHier Tochterprozess, ALIAS: %d",
                              ALIAS);
    exit(255);
   }
...
```

Die Synchronisierung zwischen dem Mutter- und dem Tochterprozeß wird
mit dem Systemaufruf **wait(2)** erzwungen:

```
int wait(int *zstat)
```

wobei der Mutterprozeß in einen indefiniten Wartezustand eintritt, der erst
durch den Exit eines Tochterprozesses oder ein Signal beendet wird. Im
ersteren Fall wird die PID des Tochterprozesses zurückgegeben; andernfalls ein −1, wobei mit `errno` zwischen einer Signalunterbrechung und
einem Fehlerzustand unterschieden werden kann.

Der als Argument zu übergebende Zeigerausdruck `zstat` gibt einen Speicherbereich vom Typ `int` an, in dessen unteren (low order) 16 Bits der *Statuskode* (status code) des terminierten Tochterprozesses abgelegt wird. Bei einer Terminierung des Tochterprozesses mit dem Systemaufruf **exit(2)** wird dessen Argument in den oberen 8 Bits abgelegt, während die unteren 8 Bits leer bleiben. Bei einer Terminierung des Tochterprozesses durch ein Signal wird die Signalnummer in den oberen 8 Bits abgelegt, während die unteren 8 Bits den Oktalwert `0177` enthalten. Das folgende Diagramm mag dies verdeutlichen:

`exit(k)`	0	k	**leer**
`signal n`	0177	n	**leer**
Bit	0 7	8 15	16 31

Das kompilierte Programm wird aufgerufen, mit dem Resultat:

```
$ fork3
Hier Tochterprozess, ALIAS: 340
...
Hier Tochterprozess, ALIAS: 340
Exit Tochter, pid: 340, Status: 255
Hier Mutterprozess, ALIAS: 339
...
Hier Mutterprozess, ALIAS: 339
```

Bild 10.3 zeigt das Verlaufsschema der mit `wait` synchronisierten Prozeß-Gabelung.

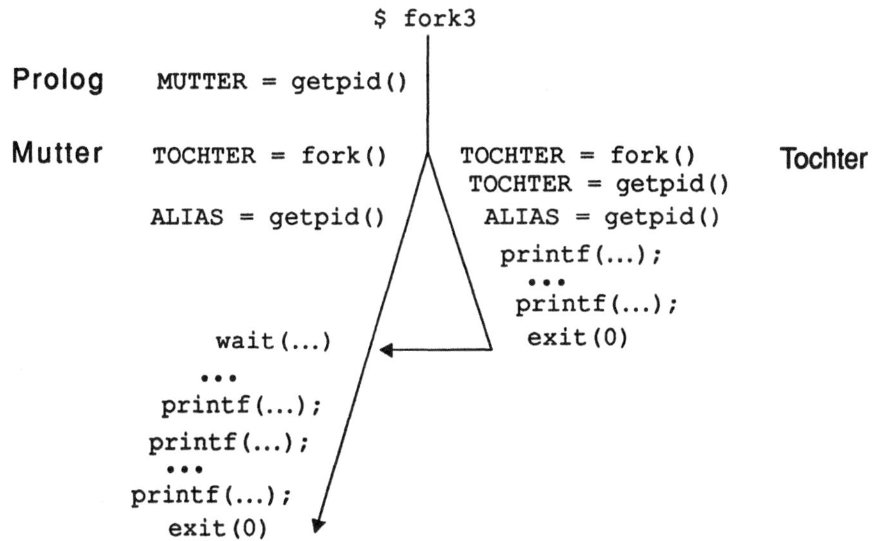

Bild 10.3: Verlaufsschema mit Synchronisierung

10.2 Zwischenprozeßliche Kommunikation

Mit der Synchronisierung entsteht denn auch die Frage der *zwischenprozeßlichen Kommunikation* (IPC: interprocess communiation). Als erstes in diesem Zusammenhang zu betrachten wäre der Datenaustausch zwischen Mutter- und Tochterprozessen, und bei mehreren Tochterprozessen, zwischen diesen. Der wohl einfachste Ansatz wäre, einen *gemeinsamen Speicherbereich* (shared memory) zu benutzen, der von dem einen Prozeß beschrieben und von dem anderen gelesen werden kann. Der naheliegende Gedanke, dazu die von den Tochterprozessen ererbten Datenobjekte zu benutzen, ist bei einer Prozeßerzeugung mit **fork(2)** allerdings nicht möglich, wie das Verhalten der Variablen `ALIAS` und `i` in den obigen Beispielen bereits gezeigt haben mag.

Die älteste und inzwischen klassische Methode des Datenaustausches zwischen kooperierenden Prozessen benutzt *Prozeßkanäle* (pipes). *Permanenten Prozeßkanäle* (named pipes) wurden bereits im Abschnitt 9.3.5 vorgestellt; im folgenden sollen *transiente Prozeßkanäle* (transient pipes) vorgestellt werden, die mit dem Systemaufruf **pipe(2)** angelegt werden:

```
int pipe(int *pype)
```

wo mit dem Zeigerausdruck `pype` ein Speicherbereich erfaßt wird, in dem zwei Ganzzahlwerte abgelegt werden, die als *Einweg*-E/A-Kennungen (unidirectional file descriptors) fungieren:

`pype[0]`   Eingangskennung zum Lesen: `read(pype[0],...)`

`pype[1]`   Ausgangskennung zum Schreiben: `write(pype[1],...)`

Bei erfolgreicher Ausführung wird 0 zurückgegeben; andernfalls −1. Die Anzahl der aktiven Kanäle pro Prozeß ist wie bei Dateibindungen (open files) durch die Größe der internen E/A-Zugriffstabellen (file tables) beschränkt; sie beträgt 63 bei kleineren bis mittleren Systemen.[3]

Transiente Prozeßkanäle fungieren als *FIFO-Schlangen* (first-in, first-out queues), wobei die Ausgabe im Kernelbereich zwischengespeichert wird; sie können jeweils nur in einer Richtung beschrieben und gelesen werden, was dem *Halbduplex-Modus* (half-duplex mode) entspricht. Die aufnehmende Kapazität ist systemsspezifisch begrenzt, beträgt aber zumeist 4096 Bytes oder mehr.

---

3. Die Größe der E/A-Zugriffstabellen wird durch eine Konstante bei der Systemgenerierung (sysgen) bestimmt. Einzelheiten sind unter dem Eintrag **config(1m)/SHB** zu finden.

Das folgende Beispiel zeigt den Grundansatz zum *synchronisierten Daten-austausch* (synchronized data interchange) über einen transienten Prozeß-kanal:

```
$ cat pype1.c
#include  <stdio.h>
#include  <signal.h>
#include  <sysfunks.h>
int ALIAS, MUTTER, TOCHTER, pype[2];
void pint(int);
main()
{
  if(pipe(pype)) {perror("pipe open"); exit(1);}
  signal(SIGCLD, pint);
  signal(SIGPIPE, pint);
  MUTTER = getpid();
  if((TOCHTER = fork()) == 0) TOCHTER = getpid();
  ALIAS = getpid();
  if(ALIAS == MUTTER)
    {char msg[10];
     read(pype[0],msg,6);
     puts(msg);
     write(pype[1],"Hallo",6);
     pause(); close(pype[0]);
     write(pype[1],"Hallo",6);
     perror("pipe write");
     exit(0);
    }
  else /* Tochterprozess */
    {char mld[10];
     write(pype[1],"hello",6);
     read(pype[0],mld,6);
     puts(mld);
     exit(0);
    }
}
void pint(int sino)
{
  fprintf(stderr,"\nSignal: %d",sino);
}
```

Der Prozeßkanal pype muß bereits während des *Prologs* angelegt werden, um dann in beiden Prozessen zur Verfügung zu stehen. Ebenfalls noch während des Prologs werden mit dem Systemaufruf **signal(2)** die Signale SIGCLD (18) und SIGPIPE (13) mit der Aktionsfunktion pint belegt, um den Exit des Tochterprozesses beziehungsweise einen weiter unten provo-zierten *Abbruch des Kanals* (broken pipe) zu erfassen.

Unmittelbar nach der *Gabelung* (forking) tritt der Mutterprozeß mit dem Aufruf von read in einen Wartezustand ein, der erst mit dem Eintreffen von Daten (oder durch ein Signal) beendet wird. Der synchronisierte Datenaustausch wird vom Tochterprozeß mit der Übergabe von "hello" an den Mutterprozeß eingeleitet, worauf dieser aus dem Wartezustand springt, die empfangene Meldung ausgibt und die Antwort "Hallo" zurücksendet, die vom inzwischen wartenden Tochterprozeß empfangen und ausgegeben wird, gefolgt von `exit`, worauf der inzwischen mit dem Systemaufruf **pause(2)** suspendierte Mutterprozeß mit dem Signal SIGCLD (death of child) aufgeweckt wird.

Der weitere Verlauf im Mutterprozeß ist eine beabsichtigte Provokation, um das Signal SIGPIPE auszulösen. Mit **close(2)** wird die Ausgangskennung auf der eigenen Seite gelöst; mit **sleep(2)** wird über den Exit des Tochterprozesses hinaus gewartet, wodurch der Prozeßkanal dann völlig abgebrochen ist (broken pipe). Mit einem weiteren `write` wird dann das Signal und der mit **perror(3C)** diagnostizierte Fehlerzustand provoziert.

Das kompilierte Programm wird aufgerufen, mit dem erwarteten Resultat:

```
$ pype1
hello
Hallo
Signal: 18
Signal: 13
pipe: Broken pipe
```

Bild 10.4 zeigt das Verlaufsschema des synchronen Datenaustausches und der Signaleinwirkungen.

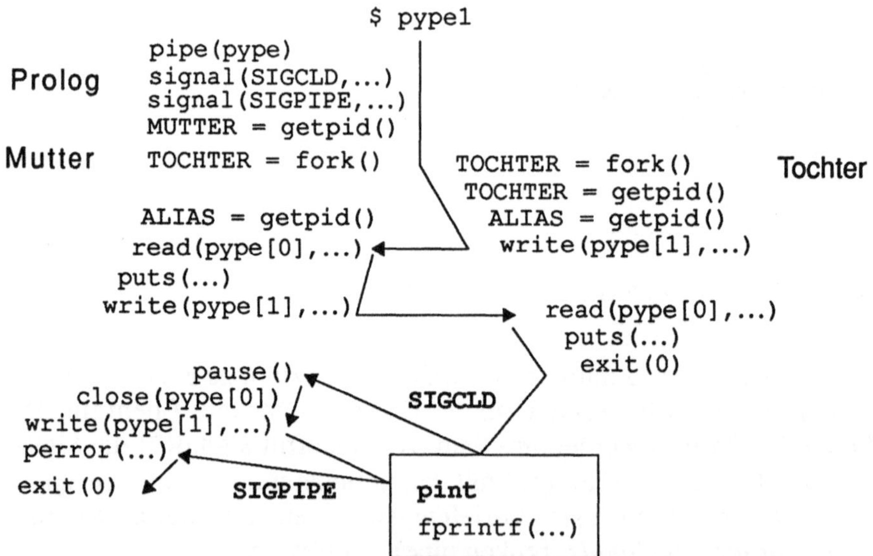

Bild 10.4: Synchroner Datenaustausch und Signalwirkung

Als Besonderheit der Voreinstellung ist zu beachten, daß Lesen und
Schreiben immer dann blockiert sind, wenn der Kanal keine Daten enthält
beziehungsweise keine mehr aufnehmen kann (blocking pipe I/O). Mit dem
Systemaufruf **fcntl(2)** kann die Blockierung aufgehoben werden. Die
folgende Variante des obigen Programmrahmens zeigt den Grundansatz:

```
$ cat pype2.c
...
main()
{int zstat;
 if(pipe(pype)) { perror("pipe:"); exit(1);}
 if((zstat = fcntl(pype[0],F_GETFL,0)) == -1
    || fcntl(pype[0],F_SETFL,zstat|O_NDELAY) == -1)
       { perror("fcntl"); exit(2);}
 signal(SIGCLD, SIG_IGN);
 ...
 if(ALIAS == MUTTER)
   {char msg[10];
    while(!read(pype[0],msg,6))
          {
            puts("\nMutterprozess wartet");
            sleep(1);
          }
    puts(msg);
    exit(0);
   }
 else /* Tochterprozess */
   {char mld[10];
    sleep(2);
    write(pype[1],"hello",6);
    exit(0);
   }
}
...
```

Mit dem ersten Aufruf von fcntl mit der Anweisung F_GETFL wird der
aktuelle *Zugriffsstatus* (file status) des Eingangskanals pype[0] zurückgegeben und der Variablen zstat zugewiesen. Mit dem zweiten Aufruf
mit F_SETFL wird der Zugriffsstatus durch bitbezogenes OR um
O_NDELAY erweitert, was die Blockierung aufhebt. Die Anweisungen sind
als symbolische Konstanten in der Zusatzdatei <fcntl.h> definiert; eine
eingehende Beschreibung ist unter den beiden Einträgen **fcntl(2)** und
fcntl(5)/PHB zu finden.

Ebenfalls im Prolog wird das Signal SIGCLD (18) mit SIG_IGN außer
Kraft gesetzt (Abschnitt 7.2.2). Der Mutterprozeß tritt in eine indeterminate while-Schleife ein, die wegen des nicht blockierten read solange
weiterläuft, bis eine Meldung vom Tochterprozeß eingelesen wird.

Das kompilierte Programm wird aufgerufen, mit dem folgenden Resultat:

```
$ pype2
Mutterprozess wartet
Mutterprozess wartet
hello
```

Die folgende Variante des Programmrahmens von pype1 zeigt schließlich den Grundansatz zum asynchronen Datenaustausch über transienten Prozeßkanäle:

```
$ cat pype3.c
...
#include  <signal.h>
...
char pbuf[10];
void pint();
main()
{
  if(pipe(pype)) {perror("pipe:"); exit(1);}
  signal(SIGUSR1, pint);
  ...
  if(ALIAS == MUTTER)
    {
     puts("\nMutterprozess wartet");
     pause();
     puts(pbuf);
     write(pype[1],"Hallo",6);
     kill(TOCHTER,SIGUSR1);
     exit(0);
    }
  else
    {
     sleep(2);
     write(pype[1],"hello",6);
     kill(MUTTER,SIGUSR1);
     pause();
     puts(pbuf);
     exit(0);
    }
}
void pint(sino) int sino;
{
  fprintf(stderr,"Signal: %d\n",sino);
  if(sino == SIGUSR1) read(pype[0],pbuf,10);
}
```

Zu beachten ist, daß die durch das Signal SIGUSR1 asynchron aufgerufenen Aktionsfunktion pint Zugriff auf einen ausreichend großen, *externen* Pufferbereich haben muß — hier pbuf —, in welchen die übermittelten Meldungen dann mit read(2) abgelegt werden.

Der Aufruf des kompilierten Programmes ergibt:

```
$ pype3
Mutterprozess wartet
Signal: 30
hello
Signal: 30
Hallo
Signal: 20
```

Beginnend mit **SVR3** und unter **SVR4** verbessert stehen neben Prozeßkanälen und Signalen noch die folgenden IPC-Einrichtungen zur Verfügung:

* *Semaphoren* (semaphores), die als passive Signale von kooperierenden Prozessen gesetzt und abgegriffen werden können. Eine Beschreibung ist unter den Einträgen **semctl(2)**, **semget(2)** und **semop(2)/PHB** zu finden.

* *Meldungsschlangen* (message queues), die von kooperierenden Prozessen belegt und abgegriffen werden können. Eine Beschreibung ist unter den Einträgen **msgctl(2)**, **msgget(2)** und **msgop(2)/PHB** zu finden.

* *Gemeinsame Speicherbereiche* (shared memory), die von kooperierenden Prozessen beschrieben und gelesen werden können. Eine Beschreibung ist unter den Einträgen **shmctl(2)** und **shmget(2)/PHB** zu finden.

Alle drei Einrichtungen werden unter dem Eintrag **intro(2)/PHB** zusammenfassend beschrieben. BACH (1986) beschreibt die zugrundeliegenden Algorithmen. ROCHKIND (1985) gibt praktische Kodierbeispiele.

10.3 Prozeßumwandlung

Es sei die fundamentale Begriffsbestimmung zurückgerufen, daß ein *Prozeß* die *Instanz* (instance) eines sich in der Ausführung befindlichen Programmes darstellt.[4] Unter UNIX kann sich ein Prozeß aus der Instanz eines Programmes in die Instanz eines anderen Programmes umwandeln. Die Rationale einer solchen *Mutation* liegt darin, die einmal aufgebaute Prozeßumgebung und -attribute über zwei oder sogar mehrere Programm-Instanzen hinweg zu erhalten.

Mit dem Systemaufruf **execl(2)**,

```
    int execl(char *verweis, char *arg0, ..., (char *)0)
```

wandelt sich der aufrufende Prozeß in eine Instanz des mit dem Zeigerausdruck `verweis` angegebenen Programmes um, als dessen Argumente die mit dem Zeigerausdrücken `argv0`, ... erfaßten Zeichenketten übergeben werden. Die Argumentliste muß mit einem Null-Zeiger terminiert werden.

---

4. Zurückzuführen auf BACH (1986).

Nur bei einem Fehlerzustand wird −1 zurückgegeben; bei erfolgreicher Ausführung findet keine Rückgabe mehr statt. Das aufgerufene Programm kann sowohl eine *binäre Datei* als auch *ein Shell-Skript* (shell script) sein.

Neben execl(2) stehen noch die Varianten **execv(2)**, **execle(2)**, **execve(2)** sowie **execvp(2)** zur Verfügung; sie sind gemeinsam unter dem Eintrag **exec(2)/PHB** aufgeführt. Im folgenden sollen mit execl die Grundprinzipien einführend vorgestellt werden.

Das folgende einfache Programm zeigt die Form der Kodierung:

```
$ cat execl1.c
#include  <stdio.h>
#include  <sysfunks.h>
main(int argc, char **argv )
{
 printf("\nPID: %d",getpid());
 execl(argv[1],argv[1],argv[2],argv[3], (char *)0);
 perror("execl");
}
```

Zu beachten ist, daß `argv[1]` in der ersten Position als Verweis auf die ausführbare Programmdatei, und in der zweiten als das eigentliche `argv[0]` des aufgerufenen Programmes fungiert.

Das Programm wird unter dem Namen `execl1` kompiliert:

```
$ cc -o execl1  execl1.c
```

Als einfaches Testprogramm, in das sich die Instanz von `execl1` umwandeln soll, fungiert:

```
$ cat main1.c
#include          <stdio.h>
main(int argc,char **argv,char **env)
{
 printf("\n%d Argumente:",argc);
 while(*argv) printf("%s",*argv++);
 printf("\nPID: %d:",getpid());
 puts("\nEnvironmentvariable\n");
 while(*env) printf("\n%s",*env++);
 exit(99);
}
```

Das Programm wird unter dem Namen `main1` kompiliert:

```
$ cc -o  main1  main1.c
```

`execl1` wird mit `main1` und zwei nachgestellten Argumenten aufgerufen:

```
$ execl1 main1 Hallo Freunde
PID: 342
3 Argumente: main1 Hallo Freunde
PID: 342
```

```
Environmentvariable
...
HOME=/ben/Hubert/arbeit
...
PATH=.:/bin:/usr/bin:/etc
...
USER=Hubert
...
```

Wie aus den PIDs zu ersehen ist, wurde die aufrufende Instanz `execl1`
durch `main1` ersetzt, das dann auch die Aufrufsargumente sowie das
aktuelle Shell-Environment übernahm (Abschnitt 8.1.5).

Als nächstes Aufrufsprogramm wäre das Shell-Skript zu betrachten:[5]

```
$ cat script
#!/bin/sh
echo "$# Argumente: $0 $1 $2"
echo "PID: $$"
exit 99
```

Mit der Klausel `#!/bin/sh` wird die Ausführung des Skriptes in der
BOURNE-Shell erzwungen; mit `#!/bin/csh` in der C-Shell.

Der Aufruf mit dem Namen des Skriptes und der nachstellten Skript-
Argumente ergibt:

```
$ execl1 script Hallo Freunde
PID: 385
2 Argumente: script Hallo Freunde
PID: 385
```

wobei `execl1` durch die ausführende Instanz der Shell ersetzt wurde.

Da bei einer erfolgreichen Umwandlung keine Rückkehr in die aufrufende
Instanz erfolgen kann — diese wird ja dann durch die aufgerufene Instanz
ersetzt! — wird `exec` zumeist in einem Tochterprozeß aufgerufen, nach
dessen Umwandlung und Exit der Mutterprozeß das Resultat auswerten
kann. Das folgende Programm zeigt den Grundansatz dazu:

```
$ cat execl2.c
#include  <stdio.h>
#include  <sysfunks.h>
main(argc,argv) int argc; char **argv;
{
  if(fork()) /* Mutterprozess */
    {int t_stat, x_pid;
     x_pid = wait(&t_stat); t_stat = t_stat >> 8;
```

---

5. Die Grundlagen der Shell-Programmierung werden in KA(1992) eingehend besprochen.

```
        printf("\nExit Tochter, pid: %d, Status: %d",
               x_pid,t_stat);
        exit(0);
    }
  else /* Tochterprozess */
    {
      printf("\nPID: %d",getpid());
      execl(argv[1],argv[1],argv[2],argv[3], (char *)0);
      perror("execl");
    }
}
```

Der Mutterprozeß wartet mit **wait(2)** auf den Exit des umgewandelten Tochterprozesses, und gibt dann dessen PID und Exit-Kode (siehe oben) aus. Das unter dem Namen `execl2` kompilierte Programm wird zuerst wieder mit dem obigen Programm `main1` aufgerufen:

```
$ execl2 main1 Hallo Freunde
PID: 483
3 Argumente: main1 Hallo Freunde
PID: 483
Environmentvariable
...
HOME=/ben/Hubert/arbeit
...
Exit Tochter, pid: 483, Status: 99
```

Der Aufruf mit dem obigen Shell-Skript `script` ergibt:

```
$ execl2 script Hallo Freunde
PID: 502
2 Argumente: script Hallo Freunde
PID: 502
Exit Tochter, pid: 483, Status: 99
```

Mit dem Programm können auch UNIX-Befehle mit bis zu 2 Argumenten aufgerufen werden, wie zum Beispiel **date(1)**, das keine Argumente benötigt:[6]

```
$ execl2 /bin/date
PID: 511
Sat May 9 16:54:10 EDT 1992
Exit Tochter, pid: 511, Status: 0
```

---

6. In diesem Zusammenhang sei auch auf die Bibliotheksfunktion **system(3S)** verwiesen, mit welcher UNIX-Befehle und Shell-Anweisungen ohne Umwandlung des aufrufenden Prozesses ausgeführt werden können.

Bei dem letzten Beispiel erfolgte keinerlei Datenaustausch zwischen dem Mutter- und dem Tochterprozeß; insbesondere blieb die Normalausgabe der mit `execl` aufgerufenen Programme an den Terminal gebunden. Das folgende Beispiel zeigt die Anbindung der Normaleingabe und der Normalausgabe eines mit `execl` aufgerufenen Programmes an zwei transiente Prozeßkanäle:

```
$ cat execl3.c
#include  <stdio.h>
#include  <signal.h>
#include  <string.h>
#include  <sysfunks.h>
int pypes[2][2];
void pint(int);
main()
{
  signal(SIGCLD, pint);
  pipe(pypes[0]); pipe(pypes[1]);
  if(fork()) /* Mutterprozess */
    {char pbuf[512];
     char liste[] = "zappa\npappa\nbabba\nkappa\nabba\n";
     int nin, tin = 0;
     write(pypes[1][1],liste, strlen(liste));
     close(pypes[1][1]);
     while((nin = read(pypes[0][0],&pbuf[tin],512)) != -1)
        tin += nin;
     fprintf(stderr,"\n%s\n%d Zeichen",pbuf,tin);
     exit(0);
    }
  else /* Tochterprozess */
    {
     close(0); dup(pypes[1][0]); close(pypes[1][0]);
     close(1); dup(pypes[0][1]); close(pypes[0][1]);
     execl("/bin/sort", (char *)0); perror("execl");
    }
}
void pint(sino) int sino;
{
  fprintf(stderr,"\nSignal: %d",sino);
}
```

Mit den zwei Aufrufen von **pipe(2)** werden die E/A-Kennungen des Eingabe- und des Ausgabekanals der ersten beziehungsweise der zweiten Zeile der Matrize pypes zugewiesen. Im Tochterprozeß wird die *E/A-Kennung* (file descriptor) 0 der *Normaleingabe* zuerst mit **close(2)** von der Terminalbindung gelöst und dann mit dem Systemaufruf **dup(2)** der *Eingangskennung* des *Ausgabekanals* gleichgesetzt, worauf dieser als überflüssig freigesetzt wird. Der Vorgang wird analog mit der Normalausgabe 1 und der Ausgangskennung des Eingabekanals wiederholt.

Mit dem Systemaufruf **dup(2)** (duplicate):

```
int dup(int fdx)
```

wird die aktuelle Objektbindung einer E/A-Kennung `fdx` auf eine zweite Kennung übetragen, die als ganzzahliger Wert zurückgegeben wird; -1 zeigt einen Fehlerzustand an. Grundsätzlich wird der numerisch kleinste jeweils verfügbare Kennungswert zurückgegeben.

Das mit `execl` aufgerufene Sortierprogramm **sort(1)** liest also seine Eingabe aus dem Ausgabekanal und schreibt seine Ausgabe zu dem Eingabekanal.[7]

Der Mutterprozeß gibt mit write(2) eine Zeichenkette, die sortiert werden soll, über den Ausgabekanal aus und löst diesen unmittelbar danach, um bei `sort` ein Dateiende zu erzeugen. Die sortierte Zeichenkette wird dann mit read(2) über den Eingabekanal wieder eingelesen.

Der Aufruf des kompilierten Programmes ergibt:

```
$ execl3
abba
babba
kappa
pappa
zappa
Signal: 18
30 Zeichen
```

In diesem Zusammenhang sei auch auf die Bibliotheksfunktion **popen(3S)** verwiesen.

---

7. Beim Lesen dieser Fußnote wird das Aha-Erlebnis wohl schon eingetreten sein.

Literaturhinweise

Bach, M. J., *The Design of the UNIX Operating System*, Prentice-Hall Inc., Eaglewood Cliffs, NJ, 1986.

Bourne, S. R.,"The UNIX Time-Sharing System: The UNIX Shell," *Bell Systems Technical Journal*, Vol.57, No.6/2, 1978, pp. 1971-1990.

Bourne, S.R., *The UNIX System*, Addison-Wesely, Reading MA, 1983 et seq.

Cox, B., J., Novobilski, A., J., *Object-Oriented Programming.* An Evolutionary Approach, Addison-Wesely, Reading MA, 1991

Egan, J. I., Teixera, J.T., *Writing a UNIX Device Driver*, John Wiley & Sons, New York, 1988.

Iverson, K. E. A., *A Programming Language*, John Wiley, New York, 1962

Joy, W., *An Introduction to the C-Shell,* Computer Science Division, University of California, Berkely, 1983.

[KA, 1992] Kannemann, K., *UNIX — Das Betriebssystem und die Shells.* Eine grundlegende Einführung. VIEWEG, Wiesbaden, Germany, 1992

Kernighan, B. W., Pike, R., *The UNIX Programming Environment*, Prentice-Hall Inc., Eaglewood Cliffs, NJ, 1984 et seq.

Kernighan, B. W., Ritchie, D. M., *The C Programming Language*, Prentice-Hall Inc., Eaglewood Cliffs, NJ, 1978, 1988.

McGilton, H., Morgan, R., *Introducing the UNIX System*, McGraw-Hill, New York, NY, 1983 et seq.

McMahon, L.E., *SED - A Non-interactive Text Editor*, Bell Laboratories, Murray Hill, New Jersey, 1978.

Ossanna, J. F., *NROFF/TROFF User's Manual*, Bell Laboratories, Murray Hill, New Jersey, 1976.

Peitgen, H.-O., Richter, P.H., *The Beauty of Fractals*, Springer, Berlin, 1986.

Ralston, A., Meek, C.L., Editors, *Encyclopedia of Computer Science*, Petrocelli/Charter, New York, NY, 1976.

Ritchie, D.M., Thompson, K., "The UNIX Time-Sharing System," *Bell Systems Technical Journal*, Vol.57, No.6/2, 1978, pp. 1905-1930.

Ritchie, D.M., "A Retrospective," *Bell Systems Technical Journal*, Vol.75, No.6/2, 1978, pp. 1947-1970.

Rochkind, M.J., *Advanced UNIX Programming*, Prentice-Hall, Eaglewood Cliffs, 1985.

Tompson, K., "UNIX Implementation," *Bell Systems Technical Journal*, Vol.75, No.6/2, 1978, pp. 1931-1946.

Generische UNIX-Verweise

UNIX-Befehle und Shell-Anweisungen, System- und Bibliotheksaufrufe sowie allgemeine Systemverweise

English Core Terminology

A

a priori conditions 285
absolute kill, *signal* 290
absolute path 22
absolute pathname 22, 66
abstract notation 15
abstraction, *in programs* 42
access conventions 21
access expression 205
access levels 378
access methods, rules 376
access mode 378, 386, 418, 421
access path 376
access permissions 306, 377, 452
accessible, *memory region* 201
action 86
action function 290, 293
active control logic 250
address operator & 138, 201
adjacent field 157
Administrator Guide 14
Administrator Reference Manual 12
admissible sequence of operations 198
adorned, *pointer* 92, 121ff, 142, 200,
    206ff, 217ff, 245, 330, 343
affine differentiation, *of pointers* 239
alarm clock, *signal* 287, 290
alert, *audible bell* 78
algebraic identity 216, 218
Algorithmic Language 4
alphameric character string 446
alphameric characters 20, 51, 72
alternate expression 236
ambiguity, *of evaluation order* 198
angular brackets <...> 66
anomaly, *exception* 232
anticipated event 250, 286
API, application programmer's interface 374
APL, A Programming Language 4
append, *postfix operator* 193, 209
application command language 351
approximation 213
archives, *as linklibs* 370
arena, *storage region* 191
argument counter 349

argument domain 328
argument list 207
argument passing 317
argument vector 349
argument, *as opposed to parameter* 317, 327
arithmetic bit shift 223
arithmetic comparison 227
arithmetic conversion rules 203, 227
arithmetic pointer difference 119
arithmetic types 105
array 92, 108, 125, 127
array identifier 141
array pointer 141, 183, 187
array pointer, *as argument* 332
array of array pointers 142, 183
array of pointers of higher order 140
arrow operator -> 205
ASCII control codes 417
assembly language 5
assertion, *of conditions* 361
assignment effector, operator 232
assignment expression 232
associativity, *of operators* 56, 83, 197ff,
    234
asynchronous flow of control 10, 250, 286
asynchronous response logic 8
asynchronous timer 311, 401
audible bell, *alert* 78
auditory discrimination 70
authentic version, *sccs(1)* 38
automatic promotion, *of arguments* 328

B

background invocation 292, 411
background, *process* 291
backslash \ 37, 46, 47, 70
backspace 78
basename 21, 66, 376
basename, *of linklib* 369
basic prototype 183
BASIC, Beginner's All-Purpose Symbolic
    Instruction Code 4
batch processing 249
bias, *in exponent* 112, 113, 114

M

machine instruction 5, 95
machine-dependent 354
machine-independent 354
macro, call, identifier, 54, 56
mailboxes 376
main function 348
main header 348
main modul 363
main program 30, 88, 316, 348, 362
major, minor, device number 412
mapping ratio, *CPU instructions* 5
masked, *objects* 99
masks, menus, I/O 374
master file, *sccs(1)* 37
maximal length, *of identifiers* 72
member, *of structure, union* 126, 149ff,
    155, 174ff, 188, 394, 423
members, *in archives, ar(1)* 370
memory allocation 185
memory, core, storage 90
menu selection 274
merge clause, *I/O redirection* 405, 408
merge clause, *in pipeline* 406, 407, 409
merging, *of data streams* 408
merging, *of output streams* 405
message header 220
message queues 120, 461
meta compiler 368
minus sign – 437
mnemonics 5
modifier, *formatted input* 442
modular integer arithmetic 106
module flag, *sccs(1)* 37
module structure 316
monitor process 287, 304
move command, *mv(1)* 350, 382
multidimensional array 9
multi-line comment 45
multiple instances, *of one program* 185
multiple links, *to inodes* 381
multiple passes, *through linklibs* 371
multiple process control 9, 10
multiple statement line 84
multipurpose programs 350
multi-stage pipeline 407

N

named pipes 21, 375, 410, 456
named working, holding, file 428
naming conventions 21
native, *UNIX shells* 10
native compiled 160
native system and library functions 315
nested blocks 87
nested calls, *functions* 253, 366
nested function blocks 88
nested function trees 371
nested indirection 125
nested, *switch-case constructs* 275
nesting of structures 169
nesting, *of binary decision trees* 260
new release, *of compilers and tools* 315
new runoff, *nroff(1)* 35
niblet, *half-byte, jargon* 75
no nested comments 46
nodes, *in data structures* 172, 173
node, *of binary decision tree* 261
non void, *pointer* 239
noncommutative, *operators* 221
nonfatal contingency 310
normalized exponential format, scientific
    format 437
not-a-number, *NaN* 115
null pointer 121, 124, 137, 186
null statement 85
null string 80
numeral 19
numerical consistency 185
numerical constants 74
numerical discrimination 116
numerical IDs, *displaying with ls(1)* 378

O

object declaration, *definition* 86
object file, module 6, 89, 316, 364ff
object identifier 154
object management 91
object time 73, 86, 95
object-oriented 9, 90
object-related programming 150
octal coding 75
octal format 438

S

SAM, *sequential access method* 396
scalar, *general* 127
scalar constants 73
scalar operands 193
scalar value 328
scalar variable 127
scale unit 209, 239
scanned, scanning, *input* 447
scanset, *formatted input* 442, 445
scope, *of structure specification* 150
scope, *of type definition* 181
scope, *of function declaration* 317ff
scope, *of identifier* 72, 86ff, 92, 95ff
scope, *of label* 257
search algorithm, *indexed access* 399
search and retrieval commands 30
search key, *records, file* 399
search string 266
searching order, *linklibs* 366, 369
secondary pointer 125
section, *of file, locking* 399
security risk, *at I/O* 409
seed file, *sccs(1)* 36
segmentation violation, *signal* 287, 290, 310
self-referential nesting 170
semantic power, interpretation 2, 3
semantics, *of function call* 316
semaphores 461
separator, *viz. standard seprators*
shared memory 456, 461
shared memory released 252
sharp sign #   47, 49, 238, 410, 437
sheet, *of array* 131
shell environment 349
shell script 462
shell variable 352
side effects, *interactions* 196, 288
sign bit 106, 220
sign change 220
signal number 289, 293
signal permission 289, 306, 452
signal processing 286
signal raising 307
signal value 293, 452
signed 79, 119, 159, 214, 272
signed common decimal format 437
significant characters, *in identifiers* 72
significant digits 113

simple statement 84
simplex channel 410
single dot . 22
single line comment 45
single quote ' 54
singleton, *general* 126
singularity, *mathematical* 177
size, *storage, of object* 99, 105, 121, 151
size, *of pointer* 121
skalar constants, *as arguments* 329
skipped, *input data* 442
slash \   21, 22, 45, 217
smallest directly controllable, predictable,
    unit, *statement* 250
sounds 70
source code control system, *sccs(1)* 36
source code master file, *sccs(1)* 65
source code preprocessing 43
source files, modules 89, 316, 362, 367
source level 363
space, blank 70, 78
sparse matrices 148
spawned, *child process* 451
special files 375, 409
special, control, characters 412
specification, *structure, union* 91, 149, 150
specifier, *in typing* 93
speed, *Baud, transmission* 412ff
spread sheets 7
spurious deviations 213
square macro 55
square root function, *sqrt(3M)* 363
stack 95, 367
stack overflow 296
stacking, *of cases, in switch* 272
standalone program 3
standard data streams 389, 403, 407, 418
standard error 403, 418
standard C functions 354
standard I/0 package 360
standard input 34, 146, 268, 274, 403, 418,
    441
standard library, ANSI 354, 360, 374, 416
standard output 26, 31ff, 35, 43, 403, 406,
    418
standard separators, *white spaces* 20, 70,
    80, 211, 219, 435
standard streams 418
standard style, *cb(1)* 27

Ausgewählte Begriffe: Deutsch-Englisch

Bei gleicher oder annähernd gleicher Schreibweise sind die Termini nur jeweils einmal aufgeführt.